Schauer/Caspari
Der große
BLV Pflanzenführer

Dr. Thomas Schauer (Text)
Claus Caspari (Farbzeichnungen)

Der große BLV Pflanzenführer

Über 1500 Blütenpflanzen Deutschlands und der Nachbarländer – davon 1140 farbig abgebildet

Fünfte, durchgesehene Auflage

BLV

CIP-Titelaufnahme der Deutschen Bibliothek

Schauer, Thomas:
Der große BLV Pflanzenführer: über 1500 Blütenpflanzen
Deutschlands und der Nachbarländer / Thomas Schauer (Text).
Claus Caspari (Farbzeichn.). - 5., durchges. Aufl. -
München; Wien; Zürich: BLV, 1989
ISBN 3-405-12971-0

BLV Verlagsgesellschaft mbH
München Wien Zürich
8000 München 40

Schwarzweißzeichnungen: Hermut Geipel

Farbreproduktion: Fotolito Longo, Bozen
Satz: acomp Lichtsatz Appl KG, Wemding
Druck: Mairs Graphische Betriebe, Ostfildern
Buchbinder: Pustet, Regensburg

Printed in Germany · ISBN 3-405-12971-0

Inhaltsverzeichnis

Erklärung der Abkürzungen

Pfl.	Pflanze	(Die Abkürzungen werden auch in zusammengesetzten Wörtern verwendet, z. B. b.los = blattlos, B.chen = Blättchen, Bl.b. = Blütenblatt oder -blätter, Nebenb. = Nebenblatt oder -blätter, St.b. = Stengelblatt oder -blätter, Bl.traube = Blütentraube.)
B.	Blatt	
Bl.	Blüte	
St.	Stengel	
lg.	lang	
br.	breit	
* 6–8	bedeutet Blütezeit, die Ziffern die Monate, hier z. B. Juni–August	
△	Verbreitung und Vorkommen der Pflanze	
GefGr.	Gefährdungsgrad der Pflanze (siehe S. 8)	

Einleitung

Das Interesse an der heimischen Pflanzenwelt steigt in zunehmendem Maße an, gleichsam als Reaktion auf eine zunehmende Gefährdung und Bedrohung unserer Pflanzen und ihrer Lebensräume. Um eine Sache schützen und vor der Zerstörung bewahren zu können, muß man sie aber erst kennen. Dieses Ziel, die Kenntnis über die Pflanzen und deren Lebensräume zu fördern und zu erweitern, soll Anliegen dieses Buches sein. Nach großen, umfassenden Lebensräumen sind auch die Arten aufgeführt, innerhalb derer sie in pflanzensystematischer Reihung geordnet nach Familien und Gattungen, folgen. Um das Bestimmen der Familienzugehörigkeit leichter zu gestalten, wurde auf einen binären Schlüssel verzichtet und eine Übersicht der Familien mit den wichtigsten und charakteristischen Gattungen in Detailzeichnungen gebracht (siehe S. 22–37).
Mitteleuropa war einst ein weitgehend geschlossenes Waldland. Sicherlich war es nicht mit einem einheitlichen, dichten, durchgehenden Waldteppich bedeckt wie es beispielsweise bei unseren geschlossenen Forsten der Fall ist. Blitzschlag und Brand, Windwurf, Zusammenbruch von Beständen durch Überalterung oder Krankheiten haben auch damals vorübergehend offene Stellen geschaffen, doch blieben die mehr oder weniger ständigen Freiflächen auf Moor- und Sumpfgebiete, Küstenstrecken, Felswände, extreme, lokal auftretende Trockeninseln (wie Stellen im Kaiserstuhl), in denen bei extremen Trocken- und Dürrejahren die spärlich wachsende Baum- und Strauchschicht immer wieder zurückdörrte, ferner auf die Region über der Waldgrenze der Gebirge beschränkt. Die Freiflächen wurden durch Weidebetrieb, Ackerbau, Grünlandwirtschaft und natürlich durch Siedlungen wesentlich erweitert. Die gesamte Vegetationsfläche in Mitteleuropa ist allerdings heute sehr zusammengeschrumpft. Aus der Urlandschaft wurde eine Kulturlandschaft und nahezu nirgends finden wir Lebensräume, deren Vegetation nicht vom Menschen überprägt oder verändert ist, vielleicht mit Ausnahme einiger Felsspaltengesellschaften in der alpinen Zone und einiger Restflächen unberührter Moore. Die übrigen Flächen sind in die »Nutzbarmachung« durch den Menschen in irgendeiner Weise miteinbezogen, seien es die Gewässer als Energielieferant, Transportweg oder Deponie für Abwässer oder die Trocken- und Steppenrasen und die Halbtrockenrasen, die früher durch Beweidung geprägt, heute zum Öd- oder Unland deklariert als Truppenübungsplätze oder Baugelände für Siedlungen, Industrie- oder Freizeitanlagen vergeben werden, oder seien es die Wälder, die oft mehr lebenden Holzfabriken gleichen. Kurzum, unser Vegetationsbild der einzelnen Lebensräume ist nirgends mehr ursprünglich oder natürlich, sondern bestenfalls naturnah. Am stärksten vom Menschen geprägt, bedingt und stark gefördert ist der weit umfassende Lebensraum Acker, Wegrand, Schutt und offener Kies, wenngleich heute dort das einst reiche Arteninventar stark bedroht ist. Der nächste, artenmäßig viel bescheidenere, vom Menschen geschaffene Lebensraum sind die Fettwiesen und -weiden, also das Wirtschaftsgrünland. Der Lebensraum Trocken- und Magerrasen, früher durch eine extensive Wirtschaftsweise wie Mahd (alle Jahre oder alle zwei Jahre einmal) oder Beweidung stark gefördert, ist heute auf wenige Reliktflächen zurückgedrängt und stark bedroht. Selbst für die Auenwälder, die früher die breiten Täler ausfüllten, wurde erst seit Beginn des Ackerbaues die Grundlage geschaffen, nämlich der mächtige Auenboden, der größtenteils von den Äckern abgeschwemmt, vom Fluß transportiert und bei Hochwasser vom ausufernden Fluß abgelagert wurde. Damit

sind wir beim Lebensraum Wälder angelangt, der von wenig beeinflußten, urwaldartigen, vielschichtigen und artenreichen Waldresten bis zu gleichaltrigen Fichtenmonokulturen, von schattigen, feuchten Schlucht- und Auenwälder zu sonnigen, trockenen Wald- und Gebüschsäumen reicht und somit durch Übergänge mit dem Biotop der Trockenrasen oder dem nächsten Lebensraum, dem der Gewässer, Moore und Sümpfe verbunden ist. Dieser vielgestaltige Lebensraum birgt ebenfalls Reste natürlicher oder naturnaher Standorte wie einige wenige belassene Hoch- und Niedermoore, Gebirgsbäche und vielleicht noch einige Seen, aber der größte Teil der Standorte ist stark beeinflußt oder erst vom Menschen geschaffen wie Gräben, Teiche und Speicherseen. Der nächste umfassende Lebensraum Alpen, womit die Vegetation der verschiedenen Standorte über der Waldgrenze im wesentlichen angesprochen werden soll, blieb auch nicht unberührt. Weide, Mahd, heute im vermehrten Maß Straßenbau, Fremdenverkehrseinrichtungen und Erschließungen für den Sport beeinträchtigen diesen Raum. Zuletzt bleibt nur noch der Lebensraum Meeresstrand und -küste, der weitgehend so stark verändert ist, daß oft nur an wenigen, kurzen Strecken entlang der Küste oder auf kleinen Teilen der Inseln intakte Zonen anzutreffen sind.

Tagtäglich werden in der Bundesrepublik Deutschland über 100 ha Flächen überbaut, wovon die Neuanlagen von Verkehrswegen etwa die Hälfte an Land verschlukken. Dieser jährliche Verlust an Wald- und Wiesenflächen entspricht etwa einem Siebtel aller Flächen, die in der Bundesrepublik unter Naturschutz stehen.

Nach wie vor werden Moore zur Gewinnung von Torf für den Gartenbau und andere Zwecke zerstört, werden Feuchtgebiete entwässert, um landwirtschaftliche Nutzflächen zu schaffen. Die Zunahme des »Waldsterbens« hat noch kein Ende gefunden; seine ökologischen und ökonomischen Auswirkungen sind nicht absehbar.

Eine Reihe überwiegend attraktiver Blütenpflanzen sind aufgrund ihrer »Nutzung« durch den Menschen gefährdet. Insbesondere solche Arten – im Text durch: Geschützt! gekennzeichnet – genießen in der BRD nach der Bundesartenschutzverordnung vom 19.12. 1986 gesetzlichen Schutz. Zu den Schutzvorschriften gehören neben dem Sammel- und Pflückverbot auch das Gebot des Standortschutzes.

Durch den Verlust von geeigneten Lebensräumen droht den Populationen vieler Arten eine drastische Abnahme, die bis zum völligen Erlöschen der Bestände führen kann. Diese Arten sind in der »Roten Liste der gefährdeten Tiere und Pflanzen in der BRD« (herausgegeben von Blab, Nowak, Trautmann, Sukopp; Kilda Verlag, Greven, 4. Aufl. 1984) mit ihrem jeweiligen Gefährdungsgrad (GefGr.) aufgeführt. Dabei bedeuten: GefGr. 0! Ausgestorben oder verschollen: Arten, die nachweisbar ausgestorben sind oder die mindest seit 10 Jahren nicht mehr aufgefunden wurden. GefGr. 1! Vom Aussterben bedroht: Arten, die nur in wenigen, isolierten Populationen vorkommen oder deren Bestände laufend derart zurückgehen, daß ein Überleben dieser Populationen ohne Schutzmaßnahmen unwahrscheinlich ist. GefGr. 2! Stark gefährdet: Arten, deren Bestände im nahezu gesamten heimischen Verbreitungsgebiet deutlich zurückgehen oder regional verschwunden sind. GefGr. 3! Gefährdet: Arten, deren Bestände regional sehr klein sind oder vielerorts zurückgehen oder lokal verschwunden sind. GefGr. 4! Potentiell gefährdet: Arten, die u. a. im Gebiet am Rande ihrer Verbreitung leben, so daß diese Arten wegen ihrer Seltenheit bereits durch lokale Eingriffe (im Bundesgebiet) ausgerottet werden können.

Auch in anderen Ländern (z. B. Österreich und Schweiz) gibt es Rote Listen und gesetzlich geschützte Arten; dabei sind die jeweils unterschiedlichen Gegebenheiten (z. B. natürliche Verbreitung) in den einzelnen Ländern berücksichtigt.

Angaben über Häufigkeit sind recht grob abgefaßt und gelten nur innerhalb Deutschlands; selbst da sind die Unterschiede zwischen Norden und Süden groß.

Erklärung der Fachausdrücke

Bildungen der Oberfläche der Pflanze

Stacheln harte, stechende Auswüchse der Oberhaut an B. und Stengeln (1).

Im Gegensatz dazu sind **Dornen** zu harten, verholzten, stechenden Gebilden umgewandelte B., Kurz- oder Seitensprosse (2).

Haare 1zellige oder mehrzellige, einfache oder verzweigte, gerade oder gekrümmte Vorstülpungen der Oberhaut der Pflanze z. B.

Borsthaare steif, stechend.

Drüsenhaare Haare mit einem Drüsenköpfchen an der Spitze (3).

Kraushaare steif, gekrümmt, lang.

Seidenhaare dicht, anliegend, glänzend.

Sternhaare sternförmig verzweigt (4).

Wollhaare weich, dicht, lang.

Reif abwischbarer, weißer oder bläulicher Überzug an B. oder Stengel.

Das Blatt

Man unterscheidet folgende B.:

Laubb. gewöhnliches, meist grünes B., das der Assimilation dient.

Hochb. B. im Bereich der Bl. oder des Bl.standes, meist von den übrigen Laubb. stark abweichend.

Hüllb. schuppiges oder b.artiges Hochb., eine Bl. oder Bl.stand umgebend (5).

Niederb. schuppenförmiges B. am Grund des Stengels und an unterirdischen Teilen.

Tragb. krautige oder schuppenförmige B., aus deren Achseln die Bl. oder Seitensprosse entspringen (6).

Spreub. kleine, schuppenartige B. zwischen den Einzelbl. mancher Korbblütler (7).

Vorb. kleine, schuppenförmige, oft häutige Hochb., dem Bl.stiel ansitzend (8).

B.anheftung

durchwachsen Die ungeteilte B.spreite umgibt den Stengel vollkommen (9).

1

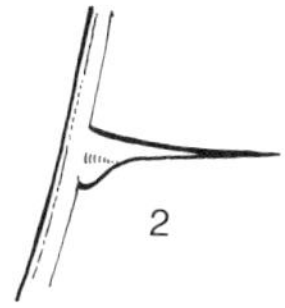
2

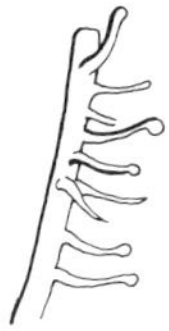
3

4

5

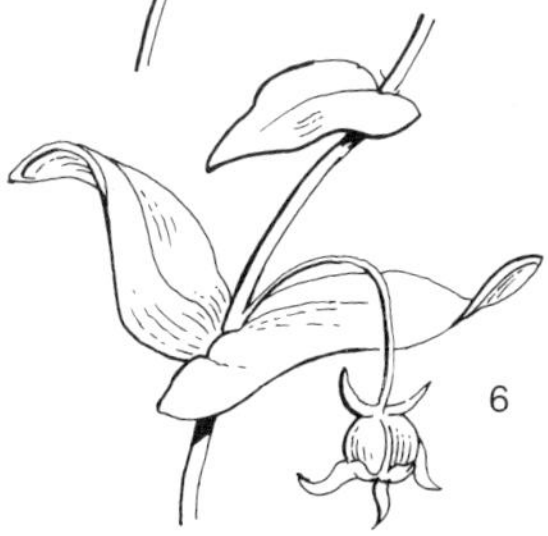
6

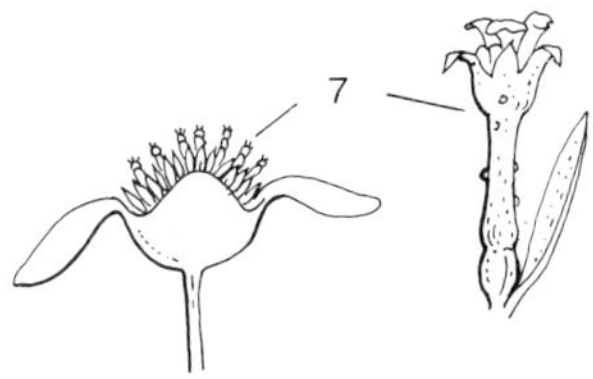
7

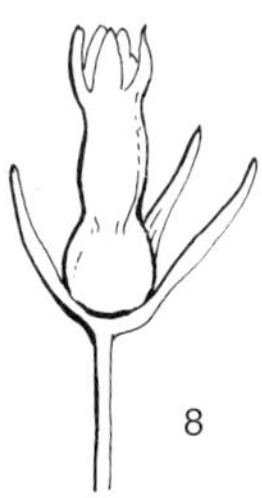
8

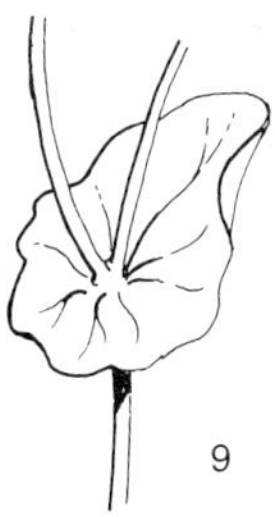
9

gestielt mit deutlichem B.stiel.

herablaufend Die B.spreite zieht sich teilweise am Stengel herab (10).

sitzend ohne B.stiel.

stengelumfassend oder **halbstengelumfassend** Das B. umgibt den Stengel mit seinem Grund ganz oder zum Teil (11).

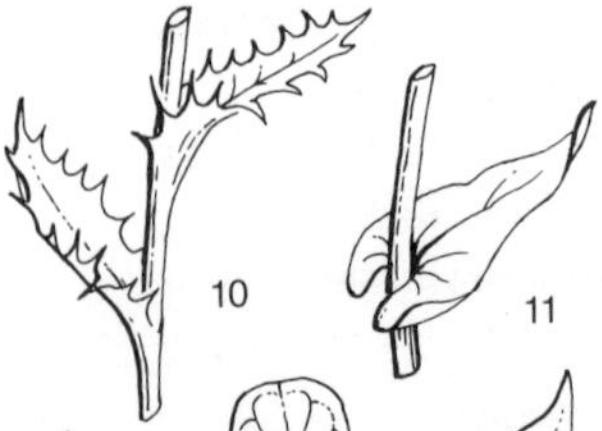

B.formen

eiförmig (12)
elliptisch (13)
herzförmig (14)
keilförmig (15)
lanzettlich (16)
linealisch (17)
nierenförmig (18)
pfeilförmig (19)
schildförmig (20)
spatelförmig (21)
verkehrt-eiförmig (22)
verkehrt-herzförmig (23)

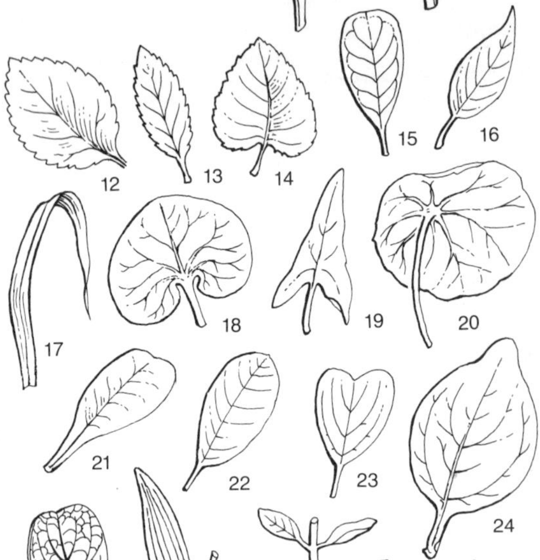

B.nervatur

fiedernervig (24)
netznervig (25)
parallelnervig (26)

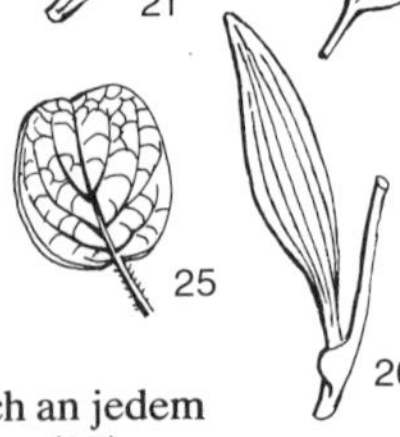

B.stellung

gegenständig 2 B. stehen sich an jedem Knoten des Stengels gegenüber (27).

grundständig B. stehen am Grund des Stengels, zu mehreren bilden sie eine Rosette (28).

kreuzgegenständig (dekussiert) Das folgende B.paar steht im rechten Winkel zum vorherigen (29).

quirlständig an jedem Knoten mehr als 2 B. stehend (30).

wechselständig an jedem Knoten mit 1 B. und nach verschiedenen Richtungen zeigend (31).

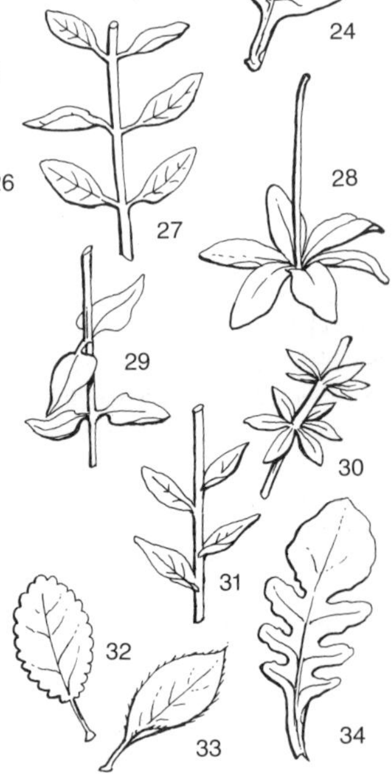

B.rand

gekerbt (32)
gewimpert (33)
gelappt mit vergrößertem Endlappen (34)

eingeschnitten (35)
3zählig (36)
handförmig gefiedert (gefingert) (37)
paarig gefiedert (38)
unpaarig gefiedert (39)
2fach und mehrfach gefiedert (40)

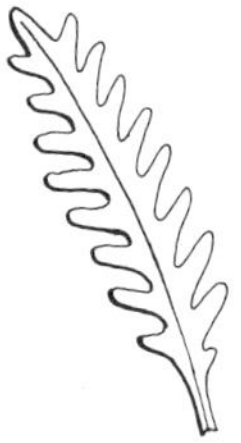
35

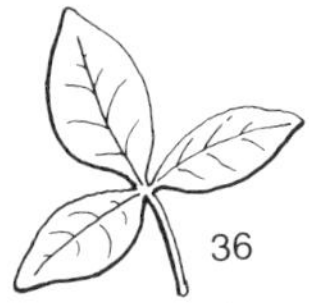
36

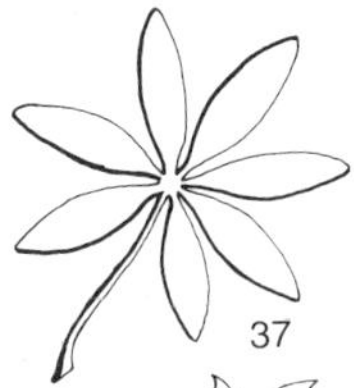
37

38

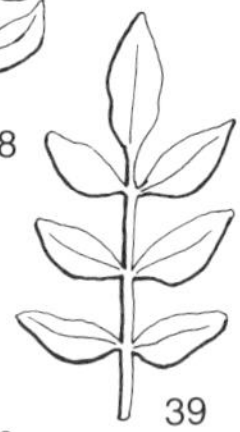
39

40

B.teile

B.achsel Winkel zwischen B. und Stengel.

B.fieder Teil eines zusammengesetzten B. (41 a).

B.häutchen kleiner Fortsatz am Übergang der B.scheide in die Spreite (z. B. bei Gräsern) (42 a).

B.öhrchen kleine, lappenförmige Anhängsel am B.grund (42 b).

B.ranke zartes, oft spiralig gedrehtes Organ zum Festhalten, aus einem B. oder B.abschnitt gebildet (41 b).

B.scheide verbreiteter, unterer Teil des B., den Stengel röhrig oder bauchig umschließend (42 c).

B.spreite meist flach ausgebreiteter Teil des B. (43 a).

B.stiel Träger der B.spreite (43 b) (manchmal sind die B.stiele b.artig zu sogenannten **Phyllodien** verbreitert).

Nebenb. schuppen- oder b.artiges, meist paariges Anhängsel am Grund des B.stieles (41 c).

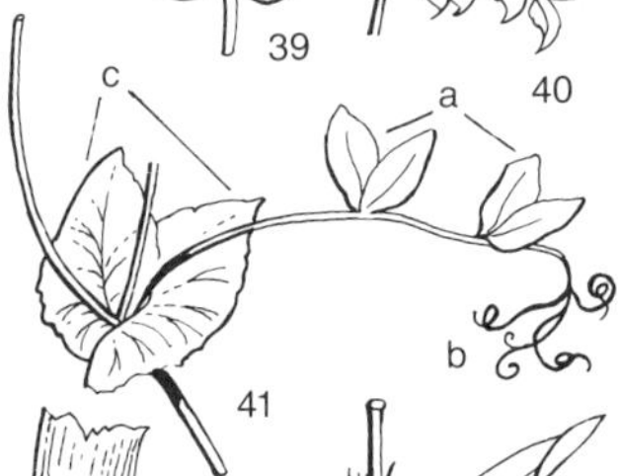

41

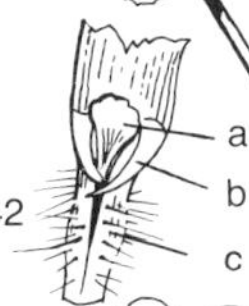

42

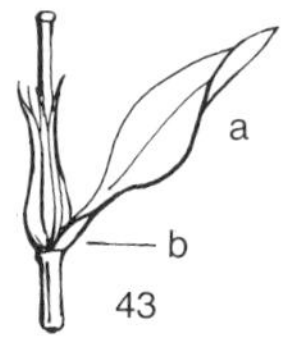

43

Die Blüte

Bl.formen

strahlig, radial symmetrisch oder **radiär** Bl.b. sind gleich, die Bl. läßt sich durch viele Längsschnitte in gleiche Teile teilen (44).

dorsiventral oder **unsymmetrisch** Ober- und Unterteil der Bl. ist verschieden, die Bl. läßt sich nur durch 1 Längsschnitt in 2 gleiche Teile teilen, z. B.

Lippenbl. entweder **1lippig,** nur mit ausgebildeter **Unterlippe** (45) oder **2lippig,** auch mit ausgebildeter **Oberlippe** (46).

Rachenbl. bei Braunwurzgewächsen (47).

Schmetterlingsbl. (48) dabei nennt man das obere Kronb. **Fahne** (48 a), das untere, gekielte **Schiffchen** (48 b) und die beiden seitlichen **Flügel** (48 c).

44

45

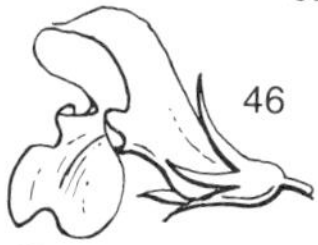
46

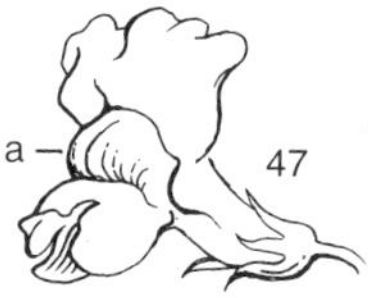

47

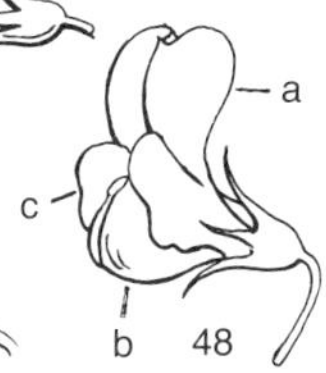

48

Zungenbl. bei Korbblütlern; Saum der Bl.krone ist flach ausgebreitet (49).

Grasbl. s. Ährchen

Bl.stand

Ähre verlängerter Bl.stand mit sitzenden Bl. (50).

Ährchen (51) Bl.stand bei Gräsern; die 2geschlechtigen Bl. sind einzeln oder zu mehreren in einem Ährchen vereinigt; jedes Ährchen besteht aus einer äußeren (51 a), einer inneren Hüllspelze (51 b) und den Bl.; jede Bl. besteht aus einer (oft begrannten) Deckspelze (51 c) und einer Vorspelze (51 d, manchmal fehlend); Staubb. 3, Narben federig, 2, Fruchtknoten 1, oberständig.

Dolde schirmförmiger Bl.stand, Bl.stiele alle vom selben Punkt entspringend (52).

Doppeldolde (53)

gabeliger oder **dichotomer Bl.stand** (54).

Kätzchen ährenartiger Bl.stand mit hängender, biegsamer Hauptachse und unscheinbaren Bl.

Köpfchen köpfchenförmiger Bl.stand aus sitzenden oder kurzgestielten, gedrängten Bl. (55).

Kolben fleischige Ähre, oft mit keulenförmigem Anhängsel an der Spitze (56).

Rispe verzweigter Bl.stand mit gestielten Bl. (57).

Schirmrispe Rispe, in der die Bl. in 1 Ebene stehen (58).

Traube verlängerter Bl.stand mit gestielten Bl. (59).

Bl.teile

Bl.hülle (60) die äußeren, nicht sexuellen Teile der Bl., bestehend aus freien oder zu einer Röhre verwachsenen Bl.hüllb. Ist die Bl.hülle doppelt, so bezeichnet man den äußeren Kreis als **Kelch** (60 a), den inneren als **Krone** (60 b).

Kelch aus meist grünen, freien, abstehenden (61) oder zurückgeschlagenen (60 a) Kelchb. oder Kelchb. unten zu einer **Kelchröhre** (62 a) verwachsen, oben mit Kelchzipfeln (62 b).

Krone aus gefärbten, freien (63) oder verwachsenen Kronb. (64).

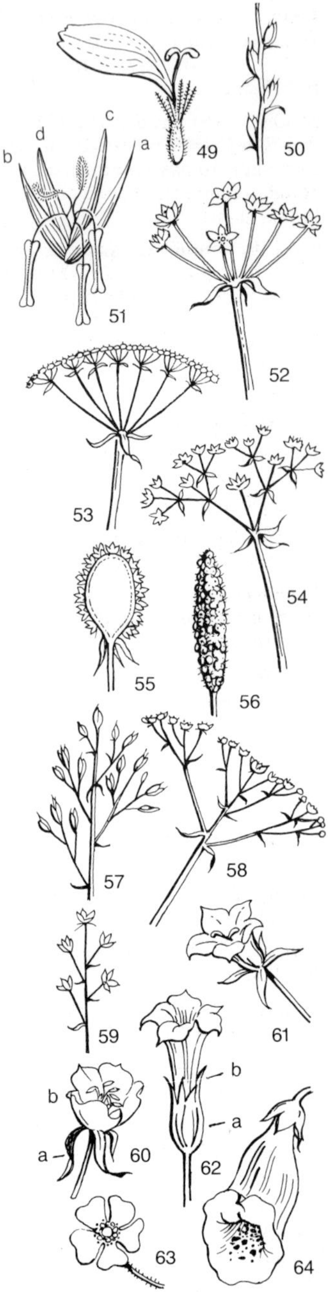

Kronb. Abschnitt der inneren Bl.hülle, oft aus einem verschmälerten Teil, dem **Nagel** (65 a), und einem verbreiterten Teil, der **Platte** (65 b), bestehend.

Staubb. bestehend aus **Staubfaden** (66 a) und dem **Staubbeutel** (66 b), der den Pollen enthält. Manchmal ist das Staubb. in ein sogenanntes **Staminodium** umgewandelt und enthält keinen Pollen mehr.

Fruchtb. enthält die **Samenanlage(n),** mehrere Fruchtb. sind zu einem **Fruchtknoten** (67 a) verwachsen, der einen oder mehrere, meist fadenförmige **Griffel** (67 b) mit verschieden gestalteter **Narbe** (67 c) zur Aufnahme des Pollens trägt. Man unterscheidet nach der Stellung des Fruchtknotens:

unterständig wenn er unterhalb des Ansatzpunktes von Kelch und Krone sitzt (68).

mittelständig wenn er teilweise in den becherförmigen Teil des Bl.bodens eingesenkt ist (69).

oberständig wenn er oberhalb des Ansatzpunktes von Kelch und Krone steht (70).

Samenanlage vom Fruchtb. oder Fruchtknoten eingeschlossen, liefert nach der Befruchtung die Samen.

Bl.boden oberster verbreiteter oder manchmal auch krugförmig ausgehöhlter (71) Teil des Bl.bodens, der die Bl.teile, bei Korbblütlern die Einzelbl. (72) trägt.

Geschlecht der Blüte

1geschlechtig entweder mit Staubb. (männliche Bl.) oder mit Fruchtknoten (weibliche Bl.).

zwittrig oder **2geschlechtig** mit Staubb. und Fruchtknoten.

Nach der Verteilung der Geschlechter der Bl. ist die Pflanze

1häusig wenn auf derselben Pflanze männliche und weibliche Bl. sitzen.

2häusig wenn männliche und weibliche Bl. auf verschiedenen Pflanzen sind.

Sonderbildungen der Blüte

Außenkelch kelchartiges Gebilde aus mehreren Hochb. dicht unter dem Kelch.

Nebenkrone kronb. ähnlicher Kranz aus freien oder verwachsenen Anhängseln im Inneren der Krone (73).

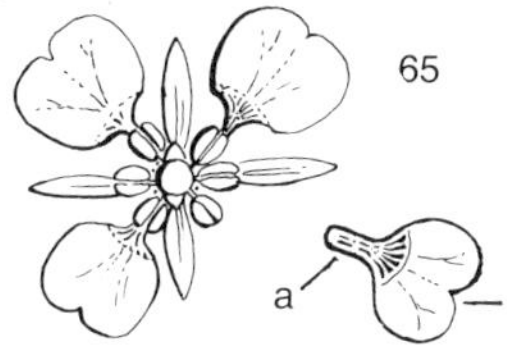

65

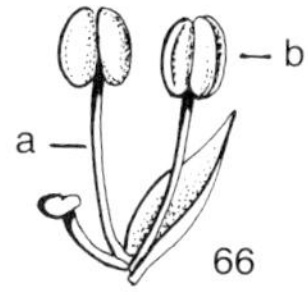

66

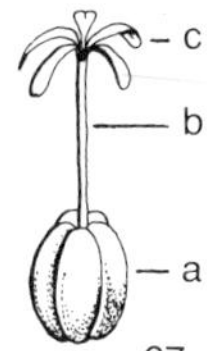

67

68

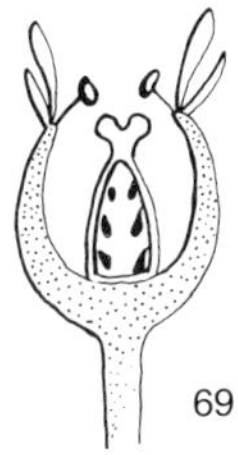

69

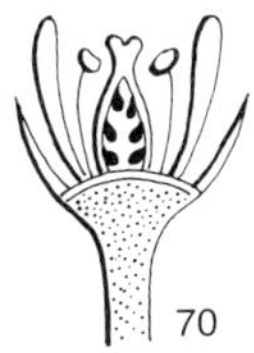

70

71

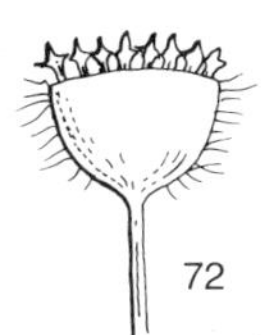

72

73

Nektardrüse zuckerhaltigen Saft (Nektar) absondernde Drüse, dient zur Anlockung von Insekten und tritt in der Bl. an verschiedenen Stellen auf.

Pappus Haare oder Borsten an den Früchten vieler Korbblütler, hervorgegangen aus dem Kelch (74).

Spelzen (75) häutige, zähe B. in der Grasbl., oft mit **Granne** (75 a).

Schlundhöcker Vorwölbungen der Unterlippe am Übergang von Kronsaum und Kronröhre **(Kronschlund)** (47 a).

Sporn hohle Aussackung von Kelch oder Krone (76).

Fruchtschlauch (77) Bei Seggen ist der Fruchtknoten in einem geschlossenen Schlauch eingehüllt.

Bl.scheide oder **Spatha** (bei Aronstabgewächsen) (78) meist gefärbte, kronb.artige Hochb.-scheide, die den Bl.stand umhüllt; die Einzelbl. sind unscheinbar und haben meist keine Bl.hülle.

Früchte

Balgfrucht aus 1 Fruchtb. bestehend, das sich nur an 1 Längslinie öffnet (79).

Beere fleischige, 1- bis mehrsamige Frucht.

Beerenzapfen (Scheinbeere) Zapfen mit fleischigwerdenden Fruchtschuppen (bei Wacholder).

Hülse trockene Frucht aus 1 Fruchtb. bestehend, öffnet sich an der Bauch- und Rückennaht (80).

Kapsel trockene Frucht aus mehreren Fruchtb. bestehend, öffnet sich durch Spalten oder Poren (81).

Nuß 1samige Frucht mit harter Schale.

Nüßchen 1samige Teilfrucht bei Arten mit vielen freien Fruchtb. (82).

Scheinbeere fleischige Frucht, an deren Bildung noch andere Organe der Bl. beteiligt sind (z. B. Erdbeere).

Schötchen Frucht der Kreuzblütler, die nicht mehr als 3mal so lang wie breit ist (83).

Schote Frucht der Kreuzblütler, die mehr als 3mal so lang wie breit (84).

Steinfrucht Frucht mit außen fleischiger, innen steinartiger Fruchtwand (85).

74

75

76

77

78

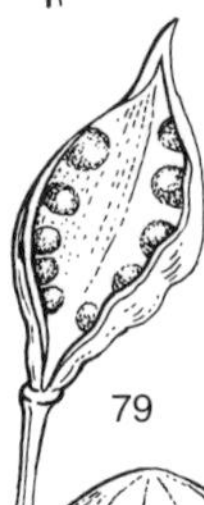
79

80

81

82

83

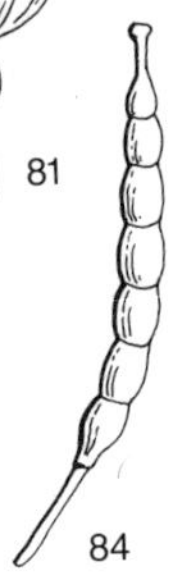
84

85

Zapfen »Frucht« der Nadelhölzer, bestehend aus zahlreichen sich überlappenden, verholzenden Fruchtschuppen (86).

Sproßachse oder Stengel

besteht aus meist langen Gliedern, die durch **Knoten** (87) begrenzt sind.

Gestalt

geflügelt mit längsverlaufenden, stark verzweigten Leisten (88).

gefurcht mit längsverlaufenden Rinnen.

kantig im Querschnitt eckig.

stielrund im Querschnitt kreisförmig.

2schneidig oder **2seitig** mit 2 längsverlaufenden Kanten.

Besondere Formen

Ausläufer ober- oder unterirdisch kriechende Seitentriebe, die an der Spitze neue Pflanzen bilden (89).

Knolle fleischig verdickter Teil der Sproßachse (Speicherorgan) (90).

Phyllocladium b.artig verbreiteter Sproß (91).

Wurzelstock kriechender, unterirdischer Teil der Sproßachse, der jedes Jahr neu austreibt.

Zwiebel unterirdisches Organ aus dichtgestellten, fleischigen Schuppenb.

Bulbillen, Brutzwiebeln oder **Brutknospen** knospenähnliche Jungpflanzen in B.achseln oder Bl.ständen der Mutterpfl., die zu Boden fallen und dort anwachsen (92).

86

87

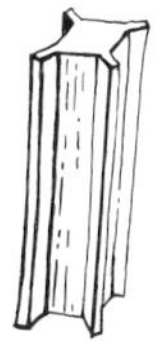
88

89

90

91

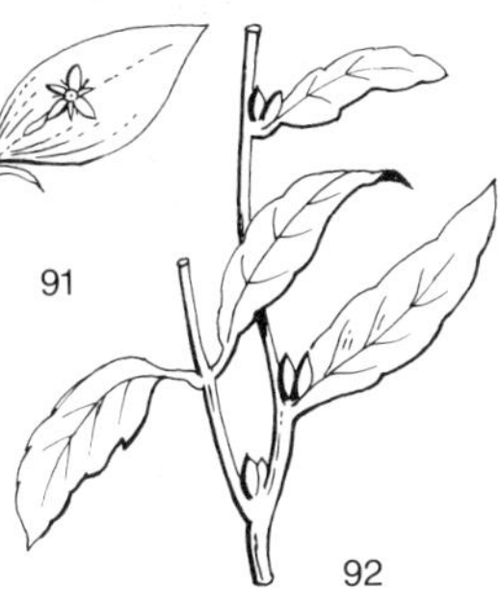
92

Kurze Charakterisierung der Lebensräume

Äcker, Schutt- und Kiesplätze, Wege

So sehr unterschiedlich die Standorte der Ruderalfluren (Schutt- und Kiesplätze, Wegränder, Dorfplätze) sowie der Segetalfluren (Äcker, Weinberge, Gärten) hinsichtlich Feuchtigkeit (trocken, feucht, staunaß) und Bodenbeschaffenheit (Kies, Sand, Feinerde, Schlamm) auch sind, so brauchen sie doch alle offenen Boden, frei von Konkurrenten der Arten aus den Wiesen- und Waldgesellschaften, und reichlich Nährstoffe, vor allem Stickstoff, der zumindest von diesen Arten gut vertragen wird.
Es sind unter ihnen viele kurzlebige, einjährige Arten, die als Erstbesiedler oder Pioniere auf diesen Rohböden oder freigestellten, vegetationslosen Flächen zunächst auftreten. Auf den humusreichen und feinerdereichen Böden der Äcker, Weinberge und Gärten würden diese Arten rasch durch Wiesen- und Waldpflanzen ersetzt, wenn nicht durch regelmäßige Bodenbearbeitung die besten Voraussetzungen für die einjährigen Ackerkräuter geschaffen würden. Auf Schutt- und Müllplätzen, in Kiesgruben, auf Bahngelände und Dorfplätzen folgen auf die einjährigen Arten, wenn nicht erneut der Boden freigehalten wird, bald mehrjährige Stauden, die auch an die extremen Bedingungen wie geringe Bodenmächtigkeit oder sehr hohe Stickstoffgaben, Belastung durch Tritt und Befahren angepaßt sind.
Die Herkunft der Ackerunkräuter ist recht unterschiedlich. Ein Teil stammt aus den Steppen und Halbwüsten Südosteuropas und Vorderasiens (Sichelmöhre, Haftdolde), aus dem Mittelmeerraum (Weinbergs-Lauch, Traubenhyazinthe, Doldiger Milchstern) oder auch aus Nord- und Mittelamerika (Nachtkerze, Kanadisches Berufkraut), ein anderer Teil, so vor allem die stickstoffliebenden Arten wie Vogelmiere, Einjähriges Rispengras und Gänsefuß-Arten aus dem Spülsaumbereich der Meeresküsten und der Flußauen.
Innerhalb der Vegetation der Äcker, Weinberge und Gärten, also der Segetalfluren unterscheidet man zwischen Hackunkrautgesellschaften und Getreideunkrautgesellschaften. Im ersten Fall erfolgt häufig mechanische Bodenbearbeitung wie Hacken auch während des Sommers, wobei nur raschwüchsige Arten wie einige Knöterich-, Gänsefuß- und Wolfsmilch-Arten, die nach dem Keimen bald reife Früchte tragen, lebensfähig sind. Im zweiten Fall erfolgt nur im Spätherbst oder im zeitigen Frühjahr eine mechanische Bodenbearbeitung. Die Arten der Getreideunkrautgesellschaften wie Kornrade oder die meisten Mohn-Arten keimen auch bei niedriger Temperatur (etwa unter 10°C), während die Arten der Hackunkrautgesellschaften zur Keimung Temperaturen von mindestens 15°, besser 20°C benötigen. In einem zur kälteren Jahreszeit umgepflügten Acker entwikkeln sich also zunächst nur die Getreideunkräuter und lassen den erst später keimenden Hackfruchtunkräutern wenig Raum; diese haben allerdings größere Lebenschancen, wenn im Sommer durch Hacken ihre im Herbst oder Frühjahr keimenden Konkurrenten entfernt werden. Zudem werden die Hackfruchtunkräuter durch Stickstoffdüngung viel stärker gefördert. Durch die chemischen Bekämpfungsmethoden sind allerdings für alle wildwachsenden Arten der Äcker kaum noch Lebensmöglichkeiten gegeben, so daß viele Pflanzen wie Kornrade, Venusspiegel oder Kornblume beinahe verschwunden sind.
Innerhalb der Ruderalfluren, also der Vegetation auf Bauschutt, Müllplätzen, Kiesgruben und Wegrainen werden zahlreiche Gesellschaften unterschieden, die hier gar nicht alle genannt werden können. So kennt man die kurzlebige Gesellschaft der Malven-Brennesselfluren auf stickstoffreichen Rohböden in Dörfern oder die Gänsefuß-Pioniergesellschaft auf nährstoffärmeren Rohböden, die wiederum von anderen, ausdauernden Arten, beispielweise von Pflanzen der Trittrasen und anderen Gesellschaften abgelöst werden. Wegrauke, Sophienkraut und Gänse-Malve sind Vertreter kurzlebiger Ruderalgesellschaften. Viel beständiger ist die farbenprächtige Gesellschaft der Eselsdistelfluren auf trockenen, warmen Standorten, die von Waldpflanzen nicht oder nur langsam erobert

werden. Wärme- und trockenheitsliebende (-ertragende) Arten wie Natternkopf, Hundszunge, Graukresse, Nickende Distel, Wilde Resede und Nachtkerze gesellen sich hinzu. Auf feuchteren Standorten oder in Gegenden mit kühlerem, feuchtem Klima haben wir die Gesellschaft aus Großer und Filziger Klette, Schöllkraut, Schierling und Taubnesseln. Hier ist auch noch die Vegetation auf nassen, schlammigen Böden, am Rand von Teichen und Gräben in Dorfnähe und an Viehtränken zu erwähnen. Diese Gesellschaften der Ufer- und Schlammfluren bestehen fast nur aus einjährigen Arten wie Pfeffer-Knöterich, Zweizahn und einigen Ampfer-Arten, die alle nährstoffreiche, gut durchfeuchtete oder nasse, zur Keimung vegetationsfreie, entblößte Böden und reichlich Licht brauchen. Durch Viehtritt oder durch mindest alljährliche, länger andauernde Überschwemmung (Fischteiche, Wasserrückhaltebecken) wird immer wieder offener Boden und damit die Voraussetzung für diese Pflanzengesellschaften geschaffen.

Trockenrasen, Magerrasen, steinige Hänge, Mauern

Offene Trockenrasen gibt es in Mitteleuropa von Natur aus nur dort, wo der Boden für Wald- und Strauchwuchs zu ungünstig ist. Meist sind die baumfreien Inseln mit steppenartiger Vegetation durch Beweidung oder einschürige Mahd entstanden oder erweitert. Die meisten Felsheiden, Steppenrasen, oder sonstigen baum- und strauchlosen Rasengesellschaften unterhalb der alpinen Waldgrenze wie der Kalkmagerrasen auf Kalk oder der Silikatmagerrasen auf saurem, kalkfreiem Gestein sind in Mitteleuropa Sekundärstandorte, die einst von Eichen-, Buchen- oder sonstigen Trockenwäldern bestockt waren. Sie sind also in ihrer Entstehung mit den natürlichen Steppen Osteuropas nicht unmittelbar vergleichbar. In Mitteleuropa haben die Trockenrasen ihren Schwerpunkt in warmen, niederschlagsarmen Gegenden. Die Pflanzen zeichnen sich durch tiefreichendes Wurzelwerk und durch Einrichtungen, die die Verdunstung herabsetzen wie versenkte Spaltöffnungen, dichte Behaarung, geringe oberirdische Masse, also durch einen xeromorphen Bau aus. Zunächst gibt es die kontinentalen Trockenrasen, deren Standorte sich durch große Trokkenheit während der Vegetationsperiode, geringe Jahresniederschläge und große jahreszeitliche und auch tägliche Temperaturextreme auszeichnen. Als Musterbeispiel sind die inneralpinen Felsensteppen (Wallis, Aostatal, Vintschgau) mit Federgras, Felsennelke, Zottigem Spitzkiel oder die Steppenrasen westlich von Mainz oder auch noch die Trokkenrasen um Würzburg zu nennen. Letztere leiten bereits zu den submediterranen-subatlantischen Trockenrasen über, die weniger extreme jahreszeitliche Temperaturschwankungen und relativ mehr Niederschläge haben. Die Pflanzen dieser Gesellschaften sind sehr wärmeliebend und häufig auch frostempfindlich und stehen oft im Kontakt mit Arten der Flaumeichenwälder. Die Halbtrockenrasen haben ähnliche Niederschlagsverhältnisse wie die Trockenrasen, nur sind sie in Gegenden mit etwas niedrigerer Temperatur und geringeren Temperaturschwankungen verbreitet. Sie sind auf tiefgründigeren Standorten mit ausgeglichenerem Wasserhaushalt von der früheren Bewirtschaftungsform noch stärker abhängig als die Trockenrasen. Auch Unterschiede in der Exposition sind entscheidend: so können auf Südhängen Trockenrasen beobachtet werden, während die benachbarten Nordhänge Halbtrockenrasen aufweisen.
Wie bereits erwähnt sind die Mager- und Halbtrockenrasen Mitteleuropas ohne Mahd oder Beweidung auf längere Sicht nicht strauch- oder baumfrei zu halten. Wenn auch in einer geschlossenen Rasendecke Bäume nur sehr ungünstige Bedingungen zum Keimen vorfinden, so können Arten wie Schlehe, Wacholder oder Zitter-Pappel durch Wurzelbrut oder Ausläufer von einem randlichen Gehölzbestand aus relativ rasch vordringen und einen brachliegenden Rasen allmählich in Besitz nehmen.
Auf nackten Felsbändern und Felskuppen, Mauerkronen und in Mauerfugen mit geringer Humusbildung und minimalem Wasserspeichervermögen können Bäume und Sträucher nur schwerlich Fuß fassen. Dort gedeihen flechten- und moosreiche Pioniergesellschaften mit vielen sukkulenten Pflanzen wie Hauswurz- und Mauerpfeffer-Arten, die mit ihren

fleischigen Blättern lange Zeit Wasser speichern können, oder andere Arten wie Felsen-Leimkraut, Hasen-Klee und Thymian, die extreme Hitze und Trockenheit gut überdauern.

Fettwiesen und -weiden

Mit den Fettwiesen und -weiden ist das intensiv genutzte Wirtschaftsgrünland gemeint. Regelmäßige Mahd und/oder Beweidung bei häufiger Düngung ließen relativ artenarme, eng umgrenzte Wiesengesellschaften entstehen, deren Arten das regelmäßige Zurückbeißen oder Abmähen ertragen und dadurch sogar gefördert werden, indem andere Lichtkonkurrenten ferngehalten werden. Je nach Niederschlagsmenge, Bodenfeuchtigkeit oder Grundwasserstand reichen diese grünen, satten Wiesen (im Gegensatz zu den meist braunen, fahlen und lückigen Mager- und Trockenrasen) von fast trockenen, frischen bis zu feuchten und nassen Gesellschaften. Viele Flächen auf trockenen, tiefgründigen Böden, die einst eine bunte Wiesengesellschaft aus Glatthafer, Wiesen-Salbei, Margerite und Wiesen-Glockenblume trugen, sind heute in Ackerland umgewandelt. Vielfach können sich nur noch die etwas feuchteren Wiesengesellschaften in den breiteren Talflächen mit Kohldistel und Wiesen-Knöterich halten, sofern sie nicht entwässert werden, wie es vielen Feucht- und Naßwiesen mit Sumpf-Dotterblume, Wasser-Greiskraut und einigen Seggen wie Wiesen- und Schlank-Segge ergangen ist. Relativ gut erhalten sind noch die Bergfettwiesen mit Goldhafer, Perücken-Flockenblume, Großer Sterndolde und im Frühjahr mit zahlreichen Blüten des Krokus sowie in den Vogesen und südlichen Gebirgstälern oder im Schweizer Jura mit Weißer Narzisse. Die Intensivweiden, die also fast ganzjährig wie in Norddeutschland von großen Rinderherden beweidet werden, bestehen hauptsächlich aus trittfesten Arten wie Ausdauerndem Lolch, Kammgras, Weiß-Klee und Gemeiner Quecke, die sich auch rasch regenerieren können.

Gewässer, Moore, Sümpfe

Dieser Lebensraum ist, mit Ausnahme der Waldmoore und der Auenwälder entlang der Gewässer, weitgehend von Natur aus waldfrei und hat noch relativ viele naturnahe Lebensgemeinschaften. Die Wasser- und Sumpfpflanzen sind oft mit besonderen Einrichtungen ausgestattet; so haben die Wurzeln und Sprosse ein reich verzweigtes Durchlüftungssystem, wodurch sie auf ständig unter Wasser stehenden Böden wachsen können. Die Unterwasserpflanzen vermögen durch die dünne Epidermis (Oberhaut) der Blätter und Stengel aus dem Wasser gelöste Gase wie Sauerstoff und Kohlendioxid oder Nährstoffe aufnehmen.
Beginnen wir mit den Vegetationsverhältnissen der Unterwasserpflanzen und zwar denen der rasch fließenden Gewässer. Durch die starke Strömung des Wassers wird eine Pflanze reichlich mit Sauerstoff und Nährstoffen versorgt; der starken mechanischen Belastung sind aber nur wenige (rheotolerante) Arten angepaßt, die meist flutende, grasähnliche oder riemenförmige Blätter (Flutender Hahnenfuß, Flutendes Laichkraut) besitzen, während die Arten der stehenden Gewässer runde oder breite Blattformen aufweisen. Begleitet werden die Bäche von einem Uferröhricht aus Rohr-Glanzgras, das durch rasche Wasserströmung nicht so leicht geknickt wird wie Schilf. Weit reichhaltiger ist die Vegetation stehender oder langsam fließender Gewässer. Man unterscheidet zwischen nährstoffarmen (oligotrophen) Gewässern mit großer Sichttiefe und geringer Pflanzenproduktion und nährstoffreichen (eutrophen) Gewässern mit großer Produktion an höheren Pflanzen, die zur Verlandung beitragen, und an niederen Lebewesen (Plankton), die die Trübung und geringe Sichttiefe des Wassers verursachen. Beginnend mit der Unterwasservegetation haben wir bei etwa 2–5 m Tiefe eine Zone aus Laichkräutern und Tausendblatt, der nach unten in oligotrophen, klaren Seen bis etwa 15 m Tiefe ein Rasen aus Armleuchteralgen

(*Chara*), nach oben, uferwärts (im Tiefenbereich zwischen 1 und 3 m), die Schwimmblattgesellschaften mit See- und Teichrose, besonders üppig in nährstoffreichen Seen, folgen; darauf schließt ein breiter Schilfgürtel an, der allmählich in ein Seggenried mit Großseggen wie Steif-, Schlank- oder Schnabel-Segge und den mit Kleinseggen wie Wiesen- und Graue Segge übergeht. Damit sind wir mitten in der artenreichen Verlandungszone, die teilweise als Streuwiesen genutzt und dadurch erhalten wird; denn ziemlich rasch entwikkelt sich dort ein Erlenbruchwald oder Weidengebüsch.
Durch die ständige Ansammlung von organischem Material, das in dem sauerstoffarmen Wasser an den Naßstandorten nicht abgebaut wird, entsteht eine Torfschicht von unterschiedlicher Mächtigkeit und unterschiedlicher Wachstumsgeschwindigkeit. Pflanzengesellschaften, unter denen eine Torfschicht entstanden ist, rechnet man zu den Mooren (im Gegensatz zu Sümpfen, womit man Naßstandorte ohne Torfbildung bezeichnet). Man unterscheidet Nieder- oder Flachmoore mit fast ebener Fläche und Hochmoore mit der typischen hochgewölbten Oberflächenform. Erstere werden vom Grund- oder Hangwasser gespeist, letztere sind vom Grundwasser nicht beeinflußt, sondern von Niederschlägen abhängig. Hochmoore gibt es daher nur in Gegenden mit großen Niederschlägen.
Die Flachmoore, besonders die kalk- und nährstoffreichen Kalkflachmoore sind reich an Blütenpflanzen, besonders an Seggen, Binsen, Simsen oder Wollgräsern, während die Hochmoore, sehr sauer und nährstoffarm, nur wenige Blütenpflanzen wie Moosbeere, Rauschbeere oder Schmalblättriges Wollgras aufweisen. Am Aufbau und an der Bildung der Hochmoore beteiligen sich hauptsächlich die vielen Arten des Torfmooses (*Sphagnum*), die nach oben unbegrenzt weiterwachsen, während die unteren, älteren Teile absterben, aber in dem sauren, sauerstoffarmen Milieu nicht zersetzt werden und nach und nach zur Bildung des Torflagers beitragen, das eine Mächtigkeit bis zu 10 m bekommen kann. Der randliche Teil eines Hochmoores, das steil abfallende Randgehänge, trägt meist einen dichten Wald aus Kiefern oder Birken. In der Mitte befinden sich oft ein oder mehrere kleine, tiefe Teiche mit bräunlichem Wasser, die Kolke, in denen sich gelegentlich schwimmende Inseln aus Torfmoosen, Blumenbinse, Schlamm-Segge und anderen Pflanzen mit langen Rhizomen, sogenannte Schwingrasen, bilden. Die Zwischenmoore nehmen eine Mittelstellung ein.
Häufig wechseln sich auf einer Hochmoorfläche aufgewölbte Bulte und wassergefüllte Schlenken ab. Die Zwischenmoore nehmen eine Mittelstellung zwischen den baumfreien Flachmoor- und den Hochmoorgesellschaften ein. Manche Schlenken und Schwingrasen und die Randsümpfe der Hochmoore haben Zwischenmoorcharakter.

Wälder, Waldränder, Gebüsche, Auen

Eine ungemein hohe Zahl von Waldgesellschaften lassen sich in Mitteleuropa aufgrund der unterschiedlichen Böden (trocken, frisch oder feucht, kalkreich, kalkarm oder sauer, flach- oder tiefgründig, steinig, sandig, lehmig oder tonig), der Höhenlage (von 0 bis etwa 2400 m Meereshöhe) und des Klimas (niederschlagsarm oder -reich, wintermild oder mit großen Temperaturgegensätzen zwischen Sommer und Winter) unterscheiden, die hier nicht einmal aufgezählt werden können. Vielfach sind die Wälder durch forstliche Nutzung oder Waldweide stark verändert, so daß natürliche oder naturnahe Wälder selten zu finden oder deren natürliche Baumarten-Zusammensetzung aus den Gräsern und Kräutern am Boden, der Krautschicht, abzuleiten ist.
Innerhalb der **Laubmischwälder** mit den Edellaubhölzern Ahorn, Buche, Esche, Linde, Ulme unterscheidet man unter anderem die buchenreichen Mischwälder auf nicht zu nassen, nicht zu trockenen und nicht zu kalten Standorten, dann die hainbuchenreichen auf trockeneren Standorten und die eschen- und erlenreichen Mischwälder auf feuchteren Standorten. Besonders reichhaltig sind die Buchenwälder der Kalkgebirge. Die an Edellaubhölzern reichen Wälder zeigen vor dem Blattaustrieb eine üppig blühende Bodenvegetation aus Leberblümchen, Buschwindröschen, Waldmeister, Frühlings-Platterbse,

Lungenkräutern und vielen anderen Frühjahrsblühern, deren Blätter bald vergilben, aber nicht (nur) aus Lichtmangel, sondern infolge der Erwärmung der bodennahen Schichten; denn sie verfallen auch auf Wiesen und entwaldeten Plätzen. In den höheren Lagen der Gebirge (in den Mittelgebirgen um 500–1000 m, in den Alpen bei 800–1350 m) haben wir den Tannen-Buchenwald, dem noch Fichte, durch den Menschen stark begünstigt, beigemischt ist, während der bodensaure Buchen-Eichenwald oft als die landschaftsbeherrschende Waldform der mitteleuropäischen Tieflagen bezeichnet wird.
Die Eiche (Trauben- und Stiel-Eiche) ist ein wärme-, trockenheits- und lichtliebende Baumart, die aufgelichtete Wälder mit einer artenreichen Strauch- und Krautschicht bildet. In sehr trockenen und wintermilden Klimagegenden ist die FlaumEiche mit vielen südlich verbreiteten Begleitpflanzen zu Hause, die wir auch in Trockenrasen auffinden. In winterkalten Gegenden mit kontinentalerem Charakter gesellt sich zu Trauben- und Stiel-Eiche die Wald-Kiefer. Auf den armen Sandböden, z. B. in Nordwestdeutschland stockt der Eichen-Birkenwald mit Heidelbeere, Heidekraut, Draht-Schmiele und Adlerfarn als Anzeiger saurer, nährstoffarmer Böden. Noch viele Edellaubhölzer gäbe es anzuführen, so der Ahorn-Eschenwald oder der Linden-Mischwald.
Wenden wir uns aber den **Nadelwäldern** zu. Die Tanne, die als hochstaudenreicher, reiner Tannenwald in den regenreichen, ozeanisch getönten Nordalpen bis 1700 m ansteigt oder als reiner Tannenwald auf Kalk oder Silikat in den Mittelgebirgen vorkommt, haben wir im Zusammenhang mit der Buche bereits erwähnt. In den kontinentaleren Inneralpen sind in den trockenen Tälern der Wald-Kiefernwald, in den höheren Lagen der Lärchen-Arvenwald verbreitet, der dort bei etwa 2400 m die Waldgrenze bildet. Die anspruchslose Wald-Kiefer tritt noch an den verschiedensten Standorten waldbildend auf, als wärmeliebender Eichen-Kiefernwald, als bodensaurer Sandkiefernwald, in Waldhochmooren und Dünen-Kiefernwäldern beispielsweise. Vielfach beherbergen sie bei dem lichten Wuchs Arten der Trockenrasen und Heiden, die sonst bei dichteren, schattigen Wäldern nur am Waldrand gedeihen können.
Die Fichte, durch die Forstwirtschaft stark gefördert, heute gebietsweise die überwiegende Baumart auf den unterschiedlichsten Standorten, kommt natürlich an der Baumgrenze, also in der subalpinen Stufe der Nordalpen bis 1900 m vor, in spätfrostgefährdeten, für Tanne und Laubhölzer unwirtlichen Kaltlufttälern, in Blockhalden der Gebirge, an Hochmoorrändern und Flußauen und vereinzelt in verschiedenen Laub- und Nadelwaldgesellschaften, in denen sie aber nie konkurrenzkräftig war um vorherrschend zu werden.
Abschließend zu den **Auenwäldern**. Charakteristisch für die Pflanzengesellschaften der Flußaue sind der schwankende Grundwasserstand und die gelegentlichen Überschwemmungen. Die Pflanzen der Aue stehen mindestens zeitweise mit dem Grundwasserhorizont in Verbindung. Vielerorts blieben durch Flußregulierung die Überflutungen aus, der Grundwasserstand sank ab, die Bedingungen für Auenwälder fehlen, auf den ehemaligen Aueböden stocken Fichtenkulturen oder Wirtschaftswiesen und Äcker reichen bis zum Fluß heran. Abschnittsweise sind noch Reste natürlicher Auenwaldgesellschaften erhalten, die grob schematisch folgende stufenweise Zonierung vom Fluß zum höheren Talrand abfolgend zeigen: Weidengebüsch (je nach Gegend aus Silber-, Grau-, Mandel oder Korb-Weide), Grauerlenwald, übergehend in den erlenreichen Eschenwald, der auf höheren, grundwasserfernerem Niveau und nur selten überschwemmt als Hartholzaue mit Ulme, Eiche, Hainbuche und Ahorn vermischt ist.

Alpen

Aus dem sehr umfassenden, vielseitigen und geographisch begrenzten Lebensraum sind vor allem die Arten gewählt, deren Hauptverbreitung mit wenigen Ausnahmen auf die Alpen und ähnliche Hochgebirge und auf die Arktis und zwar überwiegend auf die höheren Lagen nahe der Waldgrenze und darüber, beschränkt ist. Während den Eiszeiten wurde ja die Vegetation der Alpen mit dem Pflanzeninventar der Arktis vermischt, so daß man heute von arktisch-alpiner Verbreitung spricht. In der subalpinen Stufe (in den Nordalpen etwa bei 1350–1900 m, in den Zentralalpen bei 1600–2400 m und in den Südalpen etwa bei 1400–2000 m) sind neben den bereits erwähnten Wäldern (siehe S. 19) die Zwergstrauchgesellschaften mit Alpenrose, Bärentraube oder Krähenbeere, das Latschengebüsch auf trockeneren und das Grünerlengebüsch auf feuchteren, wasserzügigeren Böden zu erwähnen. Die darüber anschließende alpine Stufe umfaßt die Matten- und Felsregion, in der sehr unterschiedliche, aber immer extreme Standortsbedingungen herrschen, so auf kalk- oder silikatreichen, flachgründigen, steinigen, sonnigen Hängen der Rasengesellschaften, oder in den extrem humusarmen Felsspalten mit starken Temperaturgegensätzen, oder in den Schutthalden und Karen, die ständig in Bewegung sind, sehr lange Schneebedeckung und damit kurze Vegetationszeiten haben, oder die windexponierten Grate und Kanten, oder die Schneetälchen auf tiefgründigen, lange durchfeuchteten Böden mit extrem langer Schneebedeckung von 8–9 Monaten im Jahr. Fast alle Blütenpflanzen der Alpen zeichnen sich durch einen sehr kurzen Vegetationsablauf vom Keimen bis zum Blühen und Fruchten und durch einen gedrungenen Wuchs aus.

Meeresstrand und -küste

Die Salzpflanzengesellschaften sind relativ artenarm, da nur wenige den extremen Bedingungen des Meeresstrandes wie ständige Schwankungen des Wasserstandes durch die Gezeiten, heftige Stürme und hoher Salzgehalt standhalten. Außer dem Queller haben die sogenannten Salzpflanzen oder Halophyten ihr Lebensoptimum im salzfreien oder nur schwach salzhaltigen Milieu. Als extrem lichtbedürftige Arten, die keine Beschattung durch andere Kräuter und Stauden vertragen, ziehen sich diese salztoleranten Arten auf diese unwirtlichen Standorte zurück, um dort konkurrenzlos, meist in großer Individuenzahl, leben zu können.

Der breite, schlick- und tonreiche, nährstoffhaltige Küstensaum zwischen Hoch- und Niedrigwasser wird als Watt bezeichnet, das in dem oberen Bereich, von der mittleren Hochwasserlinie bis etwa 30 cm darunter, von einem dichten Quellerrasen besiedelt ist. Darauf folgt eine Zone aus Strand-Aster, Salzflieder und Salz-Melde und dem Andelgras, einem guten Futtergras. Letztere Pflanze zeigt den Übergang vom Watt zur Marsch an. Im Bereich der Strandnelkenrasen, der nur bei Sturmfluten überspült wird, finden wir viele stickstoffliebende Arten wie Strand-Beifuß und Strand-Salzmelde. Weiter landeinwärts, auf höherem Niveau, wo eine Aussüßung einsetzt, werden die Salzpflanzen von Arten anderer Rasengesellschaften verdrängt.

An flachen Meeresküsten wird durch die Brandung ständig Sand über die Mittelhochwasserlinie angespült, der dann oberflächlich austrocknet und durch Stürme landeinwärts transportiert wird bis er im Windschatten einer Pflanze sich ansammelt und zu einer Sanddüne heranwächst. Der Strandhafer ist ein guter Dünenbildner und vermag auch die ständig wachsende Düne zu durchwachsen. Auf dieser sogenannten Weißdüne siedeln sich noch Meersenf, Kali-Salzkraut, Strand-Melde und Stranddistel an. Verfestigt wird sie durch das fein verzweigte, weitläufige Wurzelsystem der Strand-Quecke. Bildet sich vor dieser dem Sturm ausgesetzten Weißdüne eine neue, so können in deren Windschatten mehr Pflanzen Fuß fassen und Humus bilden; die Weißdüne wird zur Graudüne, besiedelt von Arten der trockeneren Sandrasen wie Sand-Segge, Silbergras, Schillergras, später noch mit Sanddorn und Vogelbeere und an erneuten Windanrissen mit Krähenbeere.

Auch im Binnenland lebt an Salzstellen eine Salzvegetation, die besonders im südosteuropäischen Raum, bereits aber am Neusiedler See, besonders artenreich ist. Dort überwiegen die Sodapflanzen, die auch an austrocknenden Standorten gedeihen können, während die Salzpflanzen des mitteleuropäischen Raumes mehr an kochsalzhaltige, feuchte Böden gebunden sind.

Familienmerkmale

Einkeimblättrige Pflanzen mit blumenartigen, ansehnlichen, bunten Bl.

Seite **Wasserlieschgewächse**/*Butomaceae,* Sumpf-
226 und Wasserpfl. mit grundständigen B. und radiären Bl. in Scheindolden; Bl.hülle 6blättrig.

Seite **Froschlöffelgewächse**/*Alismataceae,* Sumpf-
224 und Wasserpfl. mit 1geschlechtigen Bl. und pfeilförmigen B. *(Sagittaria)* oder 2geschlechtigen Bl. *(Luronium, Alisma),* Bl.hülle 3zählig, äußere 3 Bl.b. grün, innere 3 gefärbt.

Seite **Froschbißgewächse**/*Hydrocharitaceae,* Was-
228 serpfl.; Bl. meist 1geschlechtig, vor dem Aufblühen von einer aus 1–2 Hochb. bestehenden Bl.scheide (Spatha) umhüllt; Bl.hülle 6blättrig; Staubb. 3 bis viele; Fruchtknoten unterständig; B. rundlich *(Hydrocharis),* lanzettlich, in 3er Quirle *(Elodea)* oder in Rosette *(Stratiotes).*

Seite **Liliengewächse**/*Liliaceae,* Pfl. mit Knollen,
54 Zwiebeln oder Rhizom; Bl. ansehnlich (bei
136 *Ruscus* mit immergrünen B. aber Bl. klein,
206 grünlich), meist 3zählig, mit 6 Bl.b., radiär
246 (*Maianthemum* hat 4 Bl.b.), Griffel 3 *(Tofiel-*
302 *dia, Veratrum, Colchicum),* bei den übrigen Gattungen Griffel 1; Bl.b. verwachsen (z. B. *Convalaria, Polygonatum, Muscari*) oder Bl.b. frei *(Anthericum, Lilium);* Fruchtknoten oberständig.

Seite **Einbeerengewächse**/*Trilliaceae,* ähnlich *Lilia-*
308 *ceae,* aber B. quirlständig und Bl. meist 4zählig, mit 8 Bl.b. *(Paris).*

Seite **Amaryllisgewächse**/*Amaryllidaceae,* Zwie-
138 belpfl., ähnlich *Liliaceae,* aber Fruchtknoten
206 unterständig; Bl. 3zählig (bei *Narcissus* mit
308 Nebenkrone); B. alle grundständig.

Seite **Schwertliliengewächse**/*Iridaceae,* Pfl. mit
138 Knollen, dickem Rhizom, selten Zwiebeln;
248 B. schwertförmig, bei *Crocus* grasartig; Bl. dorsiventral bei *Gladiolus,* sonst radiär; Bl.b. 6, bei *Iris* die 3äußeren anders gestaltet als die inneren 3; Fruchtknoten unterständig.

Seite **Knabenkrautgewächse**/*Orchidaceae,* Pfl. mit
140 spiralig oder 2zeilig gestellten B.; Bl. dorsiven-
248 tral, in Ähren oder Trauben *(Orchis),* seltener
310 zu 1–2 *(Cypripedium);* Bl.hülle aus Wirteln
412 mit je 3 kronb.artigen Bl.b.; 1 Bl.b. als Lippe ausgebildet, meist größer, oft 3lappig; Lippe

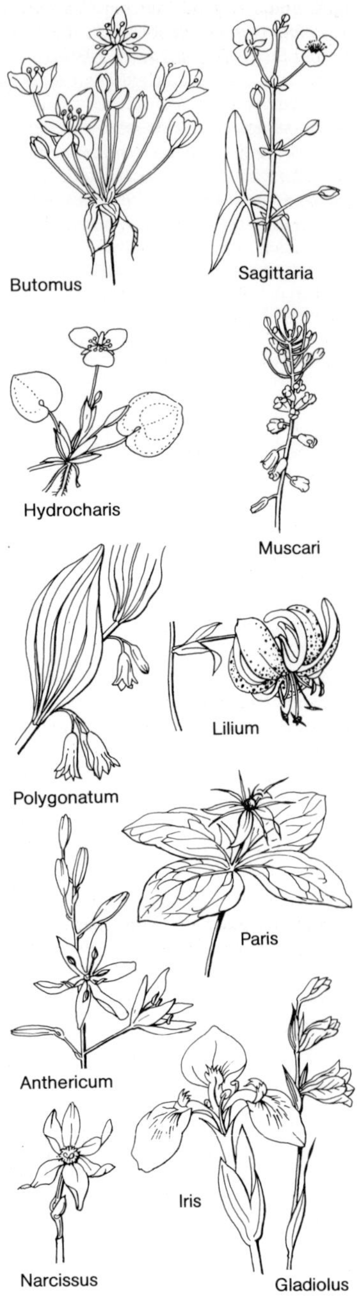

nach unten zeigend (nur bei *Nigritella, Malaxis, Epipogium* nach oben gerichtet); Bl. häufig mit Sporn *(Gymnadenia, Orchis);* Staubb. 1–2, mit dem Griffel zu einer Säule verwachsen; Pollenkörner eines Pollensackes zu einem gestielten Pollenpaket vereinigt, das bei der Bestäubung als Ganzes übertragen wird; Fruchtknoten unterständig; B. grün, nur bei den saprophytisch lebenden Moderorchideen wie *Neottia, Corallorrhiza* und *Limodorum* bleich, ohne Chlorophyll.

Einkeimblättrige Pflanzen mit unscheinbaren, kleinen, farblosen oder grünlichen, grünlichgelben oder weißlichen Bl.; viele Sumpf- und Wasserpfl.

ite 228 **Rohrkolbengewächse**/*Typhaceae,* Wasser- und Sumpfpfl. mit linealischen B. und kriechendem Rhizom; Bl. 1geschlechtig, ♂ und ♀ Bl. in verschieden, übereinanderstehenden, kolbenförmigen Bl.ständen; Bl.hülle aus lg. Haaren oder Schuppen *(Typha).*

ite 228 **Igelkolbengewächse**/*Sparganicaceae,* Wasser- und Sumpfpfl.; B. grasartig; Bl. 1geschlechtig; ♂ und ♀ Bl. in verschiedenen, kugeligen, 1–3 cm br. Köpfen; Bl.hülle aus 3–6 häutigen Schuppenb. *(Sparganium).*

ite 222 **Laichkrautgewächse**/*Potamogetonaceae,* schwimmende oder untergetauchte Wasserpfl., B. wechselständig (bei *Potamogeton densus* gegenständig), die untergetauchten B. oft grasartig oder lanzettlich, Schwimmb. eiförmig, lederig; Bl. grün, 4zählig, 2geschlechtig *(Potamogeton).*

ite 224 **Teichfadengewächse**/*Zanichelliaceae,* untergetauchte Wasserpfl.; B. fadenförmig; Bl. 1geschlechtig, ohne Bl.hülle, auf derselben Pfl. zu 1–6 in den B.achseln, von einer gemeinsamen häutigen Hülle (Spatha) umgeben *(Zannichellia).*

ite 226 240 **Dreizackgewächse**/*Juncaginaceae,* Sumpfpfl.; B. grasartig, rosettig; St. b.los; Bl. 2geschlechtig, mit 6 grünlichen Bl.b., in Trauben; Fruchtb. verwachsen, zur Reife von unten her in 3–6 Teilfrüchte aufspreizend *(Triglochin).*

ite 224 **Blasenbinsengewächse**/*Scheuchzeriaceae,* Sumpfl; B. schwach rinnig; St. beblättert; Bl. 2geschlechtig, gelbgrün, in Trauben; Bl.b. 6; Fruchtb. 3 (–6), nur am Grund verwachsen *(Scheuchzeria).*

ite 34 **Riedgrasgewächse**/*Cyperaceae,* Sumpfpfl. mit grasartigen, 3zeiligen B. und oft 3kantigem

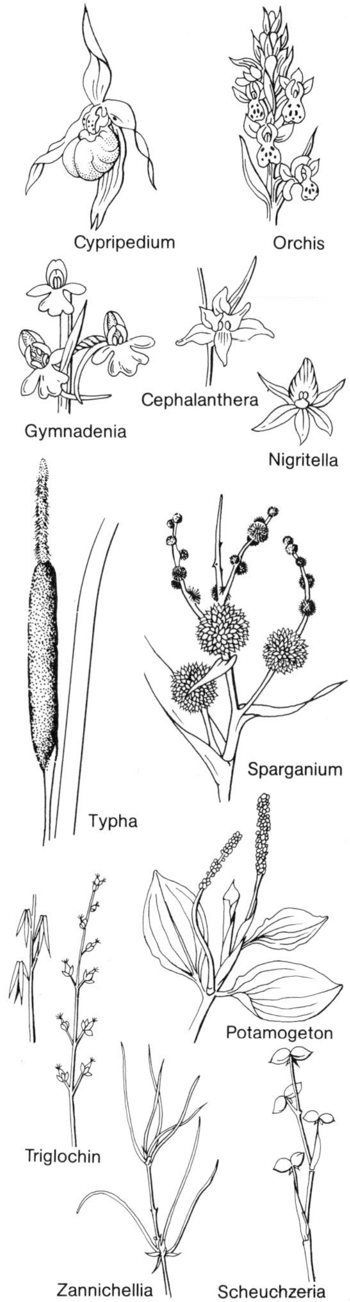

Seite St.; Bl. in 1- oder vielblütigen Ährchen in den
232 298 Achseln von Deckb. (Spelzen); Ährchen ein-
412 zeln oder meist in Ähren, Rispen oder Köpfen
440 vereinigt und in der Achseln von Tragb.; Bl.hülle aus Borsten, Haaren oder fehlend; Staubb. 3, selten 2; Fruchtknoten 1, Narbe 2 oder 3. Bei *Carex* Bl. 1geschlechtig, ♂ und ♀ Bl. in verschiedenen oder gleichen Ähren; Fruchtknoten in einem geschlossenem Schlauch eingehüllt (siehe Abbildung); übrige Gattungen mit 2geschlechtigen Bl.; bei *Trichophorum, Eleocharis, Eriophorum scheuchzeri* St. nur mit 1 endständigen, aufrechten Ährchen, übrige Gattungen St. mit mehreren Ährchen; bei *Scirpus, Schoenoplectus, Bolboschoenus* und *Cladium* (diese mit stachelig-gesägten B.) in Rispen, bei *Schoenus* und *Rhynchospora* in kopfigen Büscheln, bei *Holoschoenus* in kugeligen Köpfen, bei *Blysmus* in flachgedrückten, endständigen Ähren.

Seite **Binsengewächse**/*Juncaceae,* Pfl. grasähnlich,
54 134 mit knotenlosen, meist runden, nie scharfkan-
300 tigen St. und borstlichen, rinnigen, bin-
412 senartigen *(Juncus)* oder flachen *(Luzula)* B.; Bl. 2geschlechtig, grünlich, bräunlich oder weißlich, in rispigen, doldigen oder kopfigen Bl.ständen; Bl.b. 6, Staubb. 6, Narben 3.

Seite **Süßgräser**/*Gramineae,* Pfl. mit hohlen, an den
50 130 Knoten markigen St.; B. wechselständig, be-
202 stehend aus einer röhrigen B.scheide und
228 294 schmaler, abstehender B.spreite, dazwischen
412 mit einem kleinen Anhängsel, dem B.häutchen
438 (stattdessen manchmal ein Haarbüschel), Bl. 2geschlechtig, einzeln oder zu mehreren in sitzenden oder gestielten Ährchen vereinigt; jedes Ährchen bestehend aus einer äußeren (ä. H.) und einer inneren Hüllspelze (i. H.) und den Bl.; jede Bl. bestehend aus einer (oft begrannten) Deckspelze (D.) und einer Vorspelze (V., manchmal fehlend); Staubb. 3, Narben federig, 2, Fruchtknoten 1, oberständig. Nach der Anordnung der Ährchen im Bl.stand lassen sich 3 Gruppen unterscheiden.

Ährengräser: Ährchen ungestielt oder an sehr kurzen unverzweigten Stielen, in Ähren oder ährenförmigen Trauben, diese einzeln und endständig wie bei *Lolium* oder *Brachypodium* oder zu mehreren finger- oder fiederartig angeordnet wie bei *Bothriochloa, Spartina, Echinochloa* und *Cynodon.*

Ährenrispengräser: Ährchen in endständiger, ährenähnlicher, dichter Rispe mit sehr kurzen, verzweigten Stielen *(Cynosurus, Alopecurus).*

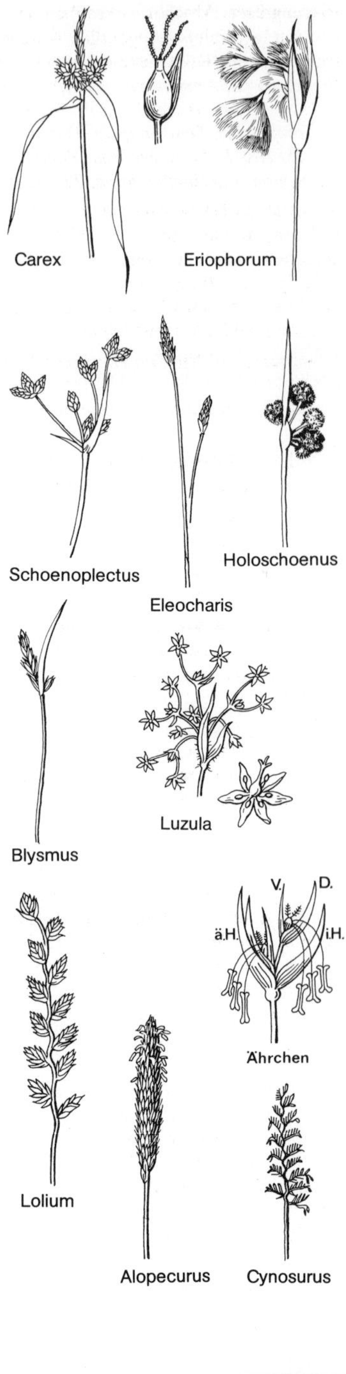

Rispengräser: Ährchen in Trauben oder Rispen mit lg. Stielen, gelegentlich Ährchen am Ende längerer Rispenäste geknäuelt *(Dactylis): Agrostis, Anthoxanthum, Apera, Arrenatherum, Avena, Briza, Bromus, Calamagrostis, Corynephorus, Deschampsia, Festuca, Glyzeria, Holcus, Milium, Molinia, Phalaris, Phragmites, Poa, Puccinellia, Stipa, Trisetum.*

ite **Aronstabgewächse**/*Araceae,* Pfl. mit dickem
246 302 Rhizom; Bl. klein, in dichten Kolben, häufig umgeben von einer kronb.artigen Bl.scheide oder Spatha *(Arum, Calla)* oder Spatha st.ähnlich, grünlich, den Bl.kolben nicht verhüllend (Acorus); Bl.hülle meist fehlend.

ite **Yamswurzgewächse**/*Dioscoreaceae,* Kletterpfl.
308 mit herzförmigen B. und kleinen, grünen, achselständigen Bl. und roten Beeren *(Tamus).*

Zweikeimblättrige Pflanzen mit ansehnlichen, strahligen oder radiären Bl.

ite **Sandelgewächse**/*Santalaceae,* meist Halb-
46 26 schmarotzer mit 1fachen, wechselständigen B. und kleinen, 4–5 teiligen, weißen Bl.; Fruchtknoten unterständig *(Thesium).*

ite **Osterluzeigewächse**/*Aristolochiaceae,* Pfl. mit
56 26 wechselständigen, 1fachen B. und radiärer *(Asarum)* oder dorsiventraler, 2lippiger Krone *(Aristolochia);* Bl.hülle 3zählig, verwachsen; Staubb. 6 oder 12; Fruchtknoten unterständig.

ite **Nelkengewächse**/*Caryophyllaceae,* Pfl. mit un-
62 46 geteilten, meist gegen- oder quirlständigen
08 B. und 5zähliger (selten 4zähliger wie bei *Sagi-*
52 28 *na, Moerhingia muscosa*) Krone oder Krone
14 fehlend (siehe S. 32); Kelchb. röhrenförmig
42 verwachsen, 5–6zipfelig *(Agrostemma, Gypsophila, Lychnis, Melandrium, Silene, Viscaria),* manchmal am Grund mit schuppenförmigen Hochb. *(Dianthus, Petrorhagia)* oder Kelchb. frei oder nur am Grund verwachsen, 4–5teilig *(Arenaria, Cerastium, Minuartia, Moehringia, Sagina, Spergula, Spergularia, Stellaria).* Staubb. 5 oder 10; Griffel 2–5; Fruchtknoten oberständig.

te **Hahnenfußgewächse**/*Ranunculaceae,* Pfl. mit
58 50 radiären Bl. (z. B. *Adonis, Aquilegia, Ranun-*
08 *culus, Thalictrum*) und dorsiventralen *(Aconi-*
54 28 *tum)* Bl.; B. wechselständig (bei *Clematis* ge-
16 genständig), häufig handförmig geteilt oder gefiedert; Bl.hülle 4- bis vielblättrig, 1fach oder in Kelch und Krone gegliedert; manchmal zwischen den Bl.hüllb. und den zahlreichen Staubb. kronb.artige Nektarb.; Fruchtknoten

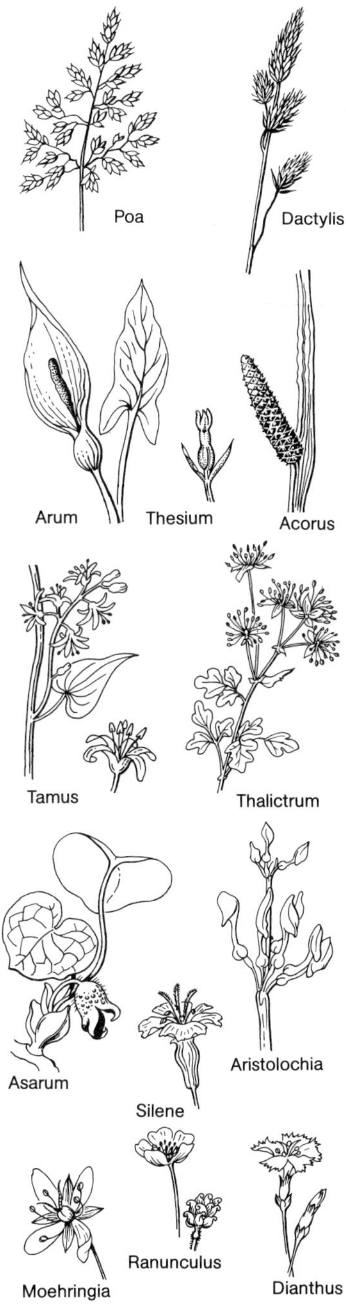

viele, nicht verwachsen, zur Reife Nüßchen oder Bälge bildend.

Seite **Mohngewächse**/*Papaveraceae,* Pfl. mit Milch-
70 418 saft; B. wechselständig, meist gefiedert;
442 Kelchb. meist 2, bald abfallend; Kronb. 4(–6); Staubb. meist viele; Narbe scheibenförmig, 4–20strahlig und Frucht eine Kapsel *(Papaver)* oder Narbe 2lappig und Frucht eine Schote *(Chelidonium).*

Seite **Kreuzblütengewächse**/*Brassicaceae,* Pfl. mit
72 152 wechselständigen, 1fachen oder fiederteiligen
208 B. und sehr einheitlichen Bl.; Kronb. 4,
258 Kelchb. 4, Staubb. meist 6 (4 lange und 2 kür-
338 418 zere); Fruchtknoten oberständig; Frucht eine
442 Schote (über 3mal so lg. wie br., z. B. *Brassica, Rhaphanus* mit Gliederschote) oder ein Schötchen (weniger als 3mal so lg. wie br., z. B. *Capsella, Thlaspi, Lunaria, Neslia, Biscutella*).

Seite **Dickblattgewächse**/*Crassulaceae,* Pfl. mit flei-
154 420 schigen, ganzrandigen B. oft in grundständiger Rosette; Bl. gebüschelt oder in Trauben; Kronb. 5 *(Sedum),* oder 8–20 *(Sempervivum)* Staubb. so viel oder doppelt so viel wie Kronb.; Fruchtknoten oberständig, meist mehrere, frei oder am Grund verwachsen.

Seite **Steinbrechgewächse**/*Saxifragaceae,* Pfl. mit
158 260 meist wechselständigen, 1fachen oder fieder-
340 teiligen B., häufig in Rosetten; Bl.hülle 1fach,
420 4blättrig, grünlichgelb *(Chrysosplenium)* oder doppelt, 5zählig *(Saxifraga);* Staubb. 8 oder 10.

Seite **Rosengewächse**/*Rosaceae,* Bäume, Sträucher
82 158 (siehe S. 34) oder Kräuter; Bl. meist 5zählig;
208 Kronb. frei meist 5 (bei *Dryas* 8, bei *Potentilla*
260 *erecta* 4, bei *Aphanes, Alchemilla, Sanguisorba*
342 420 Kronb. fehlend).

Seite **Sauerkleegewächse**/*Oxalidaceae,* Pfl. mit meist
86 358 3zähligen, wechsel- oder grundständigen B. und 5zähligen Bl.; Kronb. frei; Staubb. 10, Griffel 5 *(Oxalis).*

Seite **Storchschnabelgewächse**/*Geraniaceae,* Pfl. mit
88 210 wechselständigen, meist handförmig geteilten
264 *(Geranium)* oder fiederteiligen *(Erodium)* B.;
360 Kronb. 5, frei, Kelchb. 5; Staubb. 10, am Grund verwachsen; Fruchtknoten aus 3–5 verwachsenen Fruchtb. mit schnabelartig verlängerten Griffeln; Frucht in 1samige Teilfrüchte zerfallend.

Seite **Leingewächse**/*Linaceae,* Pfl. mit 1fachen,
170 wechselständigen B.; Kelchb. und Kronb. frei, je 5, selten 4; Staubb. meist 5, am Grund verwachsen; Griffel 3–5; Frucht eine 5fächerige Kapsel *(Linum).*

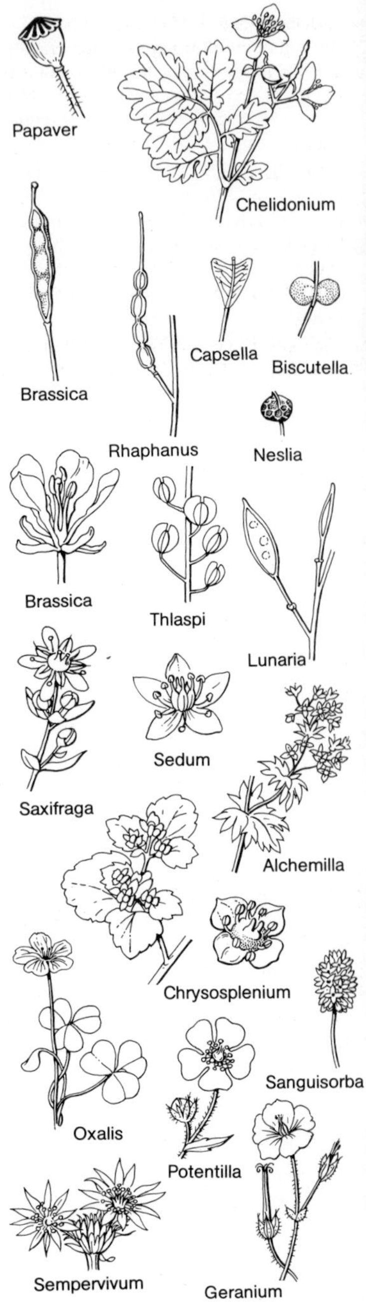

ite **Malvengewächse**/*Malvaceae,* Pfl. mit wechsel-
92 174 ständigen, handförmig geteilten B.; Kelchb.
264 und Kronb. frei, je 5; Bl. mit 6–9blättrigem *(Althaea, Alcea)* oder 3blättrigem *(Malva)* Außenkelch; Staubb. viele, zu einer Röhre verwachsen.

ite **Johanniskrautgewächse**/*Hypericaceae,* Pfl. mit
92 74 gegen- oder quirlständigen, 1fachen B., diese
70 von Öldrüsen durchscheinend punktiert; Bl. gelb; Kelchb. und Kronb. frei, je 5; Staubb. viele, zu 3–5 Bündeln verwachsen; Fruchtknoten oberständig; Griffel 3–5 *(Hypericum).*

ite **Cistrosengewächse**/*Cistaceae,* Pfl. mit wechsel-
74 ständigen, nadelförmigen *(Fumana)* oder mit gegenständigen, ei-förmigen *(Helianthemum)* B.; Kelchb. und Kronb. frei, je 5; Staubb. viele; Fruchtknoten oberständig; Griffel 1.

ite **Kürbisgewächse**/*Cucurbitaceae,* meist Klet-
94 terpfl. mit spiraligen Ranken und wechselständigen, häufig gefingerten oder gelappten B.; Bl. 1geschlechtig, 5zählig; Fruchtknoten unterständig; Frucht eine Beere *(Bryonia).*

ite **Blutweiderichgewächse**/*Lythraceae,* Pfl. mit
64 meist gegenständigen oder quirlständigen, ungeteilten B. und 4–6zähligen Bl. in lg. Ähre; Kelch röhrig; St. meist 4kantig *(Lythrum).*

ite **Nachtkerzengewächse**/*Onagraceae (Oenothe-*
94 66 *raceae),* B. meist gegenständig; Bl.achse zu ei-
70 nem kelchartigen, röhren- oder becherförmigen Achsenbecher (Hypanthium) erweitert, auf ihm je 4 *(Oenothera, Epilobium)* Kelchb., Kronb. und 8 Staubb. oder je 2 *(Circaea)* Kelchb., Kronb. und Staubb. sitzend.

te **Doldengewächse**/*Umbelliferae* oder *Apiaceae,*
94 76 Pfl. mit gefurchten, hohlen, kantigen St. und
12 meist mehrfach gefiederten, wechselständigen
58 B.; B.stiele am Grund scheidig; Bl. 5zählig,
72 24 radiär, nur Randbl. manchmal ungleich (z. B.
44 *Orlaya*); Bl. meist in aus Döldchen zusammengesetzten Dolden *(Chaerophyllum),* selten in Köpfen oder 1fachen Dolden *(Astrantia, Eryngium, Sanicula);* Bl.stand also schirmförmig, am Grund der meist lg. Doldenstrahlen oft mehrere, etwa 5–10 mm lg. Schuppenb. (Hüllb.); am Grund der meist kleineren Döldchenstrahlen ebenfalls kleine Schuppenb. (Hüllchenb.); Kronb. 5, oft ausgerandet; Griffel 2, auf einem scheibenförmigen bis kegelförmigen Griffelpolster sitzend.

Linum

Malva

Hypericum

Bryonia

Helianthemum

Lythrum

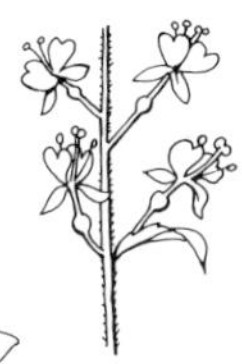
Circaea

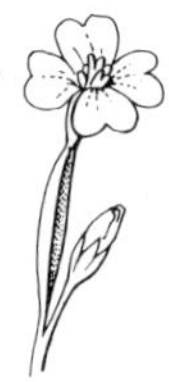
Epilobium

Astrantia

Oenothera

Chaerophyllum

Sanicula

Seite 378 **Wintergrüngewächse**/*Pyrolaceae,* Pfl. mit wechselständigen, 1fachen, immergrünen B. und 4–5zähligen Bl., meist in Trauben; Kronb. frei; Kelchb. verwachsen; Staubb. 8 oder 10; Fruchtknoten oberständig; Griffel 1 *(Pyrola).*

Seite 380 **Fichtenspargelgewächse**/*Monotropaceae,* parasitische Pfl. ohne Blattgrün; B.schuppenförmig, wechselständig, bleich; Bl. 4–5zählig *(Monotropa).*

Seite 98 272 382 426 444 **Primelgewächse**/*Primulaceae,* Pfl. mit grundständiger B.rosette *(Androsace, Primula, Soldanella)* oder B. gegen- oder quirlständig *(Anagallis, Hottonia, Lysimachia, Trientalis)* oder B. wechselständig *(Glaux);* Bl. meist 5zählig (7zählig bei *Trientalis*); Krone glokken- oder trichterförmig *(Soldanella,* bei *Glaux* fehlend); Fruchtknoten oberständig; Griffel 1.

Seite 446 **Strandnelken-** oder **Bleiwurzgewächse**/*Plumbaginaceae,* Pfl. mit ungeteilten, eiförmigen *(Limonium)* oder grasartigen *(Armeria)* B. und 5zähligen Bl. in verzweigten, doldenrispigen oder kopfigen Bl.ständen; Kelchröhre trockenhäutig, oft gefärbt. Fruchtknoten oberständig.

Seite 178 276 386 428 **Enziangewächse**/*Gentianaceae,* Pfl. mit gegenständigen, ungeteilten B. und 4–5zähligen Bl.; Krone röhrenförmig; Kronb. in der Knospe gedreht; Staubb. 4–5; Fruchtknoten oberständig; Griffel 1 *(Gentiana, Swertia).*

Seite 386 **Hundsgiftgewächse**/*Apocynaceae,* Pfl. mit gegenständigen, immergrünen, 1fachen B. und 5zähligen Bl.; Krone am Grund röhrig verwachsen; Fruchtknoten oberständig *(Vinca).*

Seite 384 **Schwalbenwurzgewächse**/*Asclepiadaceae,* Pfl. mit gegenständigen, 1fachen B. und 5zähligen Bl.; Staubb. 5, mit dem oberständigen Fruchtknoten zu einem Säulchen verwachsen, am Rücken mit 2 kronb.artigen Anhängseln, eine Nebenkrone bildend *(Cynanchum).*

Seite 98 **Windengewächse**/*Convolvulaceae,* häufig windende Pfl. mit 1fachen, wechselständigen B. und 5zähligen Bl.; Kronb. verwachsen; Fruchtknoten oberständig; Kelch von 2 großen Hochb. eingeschlossen *(Calystegia)* oder Hochb. fehlend *(Convolvulus).*

Pyrola

Monotropa

Soldanella

Primula

Armeria

Anagallis

Trientalis

Gentiana

Swertia

Calystegia

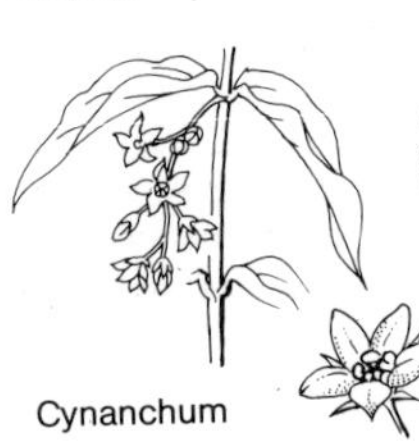
Cynanchum

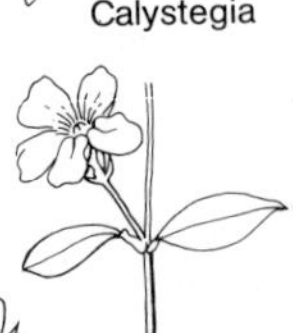
Vinca

ite **Borretschgewächse**/*Boraginaceae,* Pfl. meist
00 82 steifhaarig; B. ungeteilt, wechselständig; Bl.
278 5zählig, radiär, selten dorsiventral *(Echium),*
388 in gabelig geteilten Bl.ständen mit zurückge-
430 44 krümmten Ästen, vor dem Aufblühen schnek-
kenförmig eingerollt; Krone oft mit Schlund-
schuppen, dadurch Kronschlund geschlossen
(z. B. *Anchusa, Cynoglossum, Lappula, Symphytum, Myosotis*) oder Schlund offen *(Cerinthe, Echium, Lithospermum, Nonea, Onosma);* Frucht aus 4, oft stacheligen, 1samigen Nüßchen bestehend.

ite **Nachtschattengewächse**/*Solanaceae,* Pfl. mit
10 92 wechselständigen, 1fachen B. und 5zähligen
Bl.; Kronb. am Grund verwachsen; Staubb. 5; Krone radförmig *(Solanum)* oder trichterförmig *(Hyoscyamus, Datura)* oder glockig *(Atropa);* Narbe 2lappig; Frucht eine 2fächerige Beere oder Kapsel.

ite **Kugelblumengewächse**/*Globulariaceae,* Pfl.
32 mit wechselständigen, ungeteilten B. und kugeligen Bl.ständen; Kelch röhrenförmig, 5teilig; Krone mit schmaler Röhre, 2lippig; Staubb. 4 *(Globularia).*

ite **Rötegewächse**/*Rubiaceae,* Pfl. mit gegen- oder
98 80 quirlständigen B. und reichblütigen Bl.stän-
16 den; Krone meist klein, 3-5zipfelig; Staubb.
76 3–5; Griffel 1; Fruchtknoten unterständig
86 *(Galium).*

ite **Baldriangewächse**/*Valerianaceae,* Pfl. mit ge-
14 90 genständigen B. und meist kleinen Bl. in reich-
82 blütigen Schirmrispen; Kelch gezähnt *(Valeria-*
00 *nella)* oder zur Reife sich zu einem Haarkranz (Pappus) vergrößernd *(Valeriana)*; Krone röhrig, 5zipfelig, selten gespornt *(Centranthus);* Staubb. 1–4.

ite **Kardengewächse**/*Dipsacaceae,* Pfl. mit gegen-
14 90 ständigen B. und dichten Bl.köpfen mit klei-
16 nen Bl.; Bl.köpfe länglich (*Dipsacus,* mit ste-
00 chenden Hüllb.) oder halbkugelig *(Scabiosa, Knautia, Succisa);* Bl. 4–5zählig, etwas unregelmäßig, mit Außenkelch; Fruchtknoten unterständig.

ite **Glockenblumengewächse**/*Campanulaceae,* Pfl.
16 92 mit wechselständigen, 1fachen B. und 5zähli-
18 gen Bl.; Kronb. linealisch, zur Bl.zeit frei oder
82 00 nur an der Spitze zusammenhängend *(Phyteu-*
32 *ma, Jasione)* oder Kronb. verwachsen und Krone glockig *(Campanula, Legousia);* Fruchtknoten unterständig; Frucht eine Kapsel.

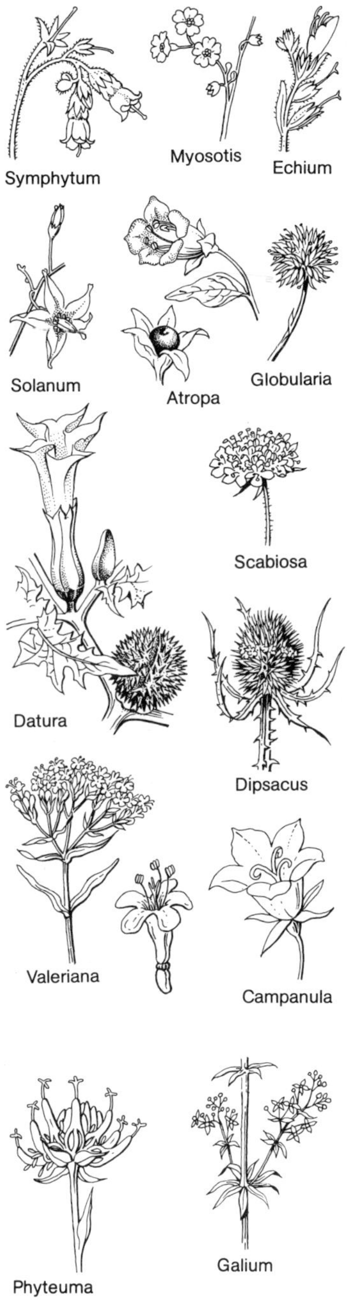

Seite **Korbblütengewächse**/*Compositae,* Pfl. mit
116 194 wechselständigen B., selten B. gegenständig
218 *(Arnica);* Bl.stand recht einheitlich; Bl. klein,
284 zu vielen in einem von Hüllb. umgebenen
402 434 Köpfchen oder Korb; Bl.- oder Korbboden oft
446 mit spelzenähnlichen Spreub.; Kelch der Einzelbl. oft zu Schuppen oder Borsten zurückgebildet oder zur Reife zu einem Haarkranz (Pappus) aus 1fachen oder federigen Haaren, als Flugorgan zur Verbreitung der Samen, umgebildet; Pfl. mit Milchsaft, dann Bl.köpfe nur mit zungenförmigen Bl. (z. B. *Taraxacum, Crepis, Sonchus*) oder Pfl. ohne Milchsaft, dann Bl.köpfe innen mit röhrenförmigen Bl., am Rand mit zungenförmigen Bl. (z. B. *Aster, Bellis, Doronicum*) oder am Rand auch mit röhrenförmigen Bl. (z. B. *Centaurea, Cirsium, Gnaphalium*).

Zweikeimblättrige Pflanzen mit ansehnlichen, unsymmetrischen oder dorsiventralen Bl.

Osterluzeigewächse/*Aristolochiaceae,* s. S. 25.

Seite **Erdrauchgewächse**/*Fumariaceae,* Pfl. mit
68 152 wechselständigen, meist geteilten B. und trau-
338 bigen Bl.ständen; Krone 4blättrig, mit Sporn, Kelchb. 2, bald abfallend; Staubb. 6, je 3 verwachsen *(Fumaria).*

Seite **Resedengewächse**/*Resedaceae,* Pfl. mit wech-
84 selständigen B. und kleinen Bl. in Trauben; Kelchb. 4–8, Kronb. 4–8, hinteres Kronb. größer und tiefer geteilt als die anderen; Fruchtknoten oberständig *(Reseda).*

Seite **Schmetterlingsblütengewächse**/*Fabaceae* oder
84 160 *Papilionaceae,* Pfl. mit wechselständigen B.,
210 diese 3zählig (z. B. *Medicago, Trifolium*) oder
264 unpaarig gefiedert (z. B. *Astragalus, Hippocre-*
352 422 *pis, Lotus*) oder paarig gefiedert, am Ende mit
444 Ranke oder kleiner Spitze *(Lathyrus, Vicia);* weiter Merkmale siehe S. 34.

Seite **Kreuzblumengewächse**/*Polygalaceae,* Pfl. mit
170 wechselständigen, ganzrandigen, ungeteilten B. und schmetterlingsförmigen Bl.; Kelchb. 5, sich überlappend, die inneren 2 größer und kronb.artig; Kronb. 5, das untere groß, mit fransigen Anhängseln; Staubb. 10; Fruchtknoten oberständig *(Polygala).*

Seite **Springkrautgewächse**/*Balsaminaceae,* B. 1fach,
364 ungeteilt; Kronb. 5, frei, Kelchb. 3, eines davon gefärbt und mit Sporn; Staubb. 5, Staubbeutel miteinander verwachsen; Frucht eine 5klappige Kapsel, zur Reife aufspringend und die Samen ausschleudernd *(Impatiens).*

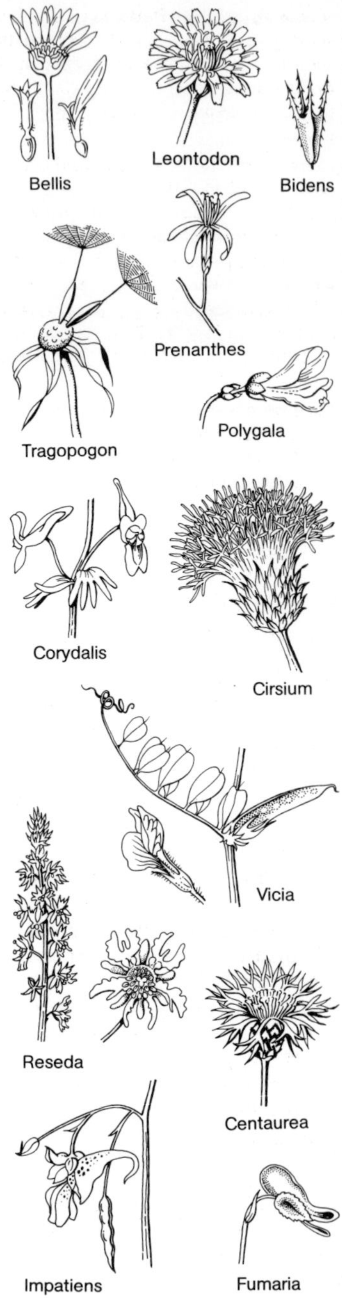

ite **Veilchengewächse**/*Violaceae,* Pfl. mit wechsel-
92 74 ständigen, 1fachen B. und unregelmäßigen, ge-
64 spornten, meist einzelnen, 5zähligen Bl., diese
66 24 mit 2 Vorb.; Staubb. 5; Kelchb. mit Anhäng-
seln; Frucht eine 3klappige Kapsel; Samen mit Ölkörper *(Viola).*

ite **Lippenblütengewächse**/*Labiatae* oder *Lamia-*
04 82 *ceae,* Pfl. mit 4kantigen St. und kreuzgegen-
14 ständigen, selten quirligen B. und Zweigen; Bl.
78 in Scheinquirlen in den Achseln der oberen B.;
90 30 Gesamtbl.stand ähren- oder traubenförmig; Kronb. 5, verwachsen; Krone meist 2lippig, selten scheinbar 1lippig *(Ajuga, Teucrium);* Staubb. 4 (2 längere, 2 kürzer), selten nur 2 Staubb. *(Salvia);* Fruchtknoten oberständig, 4teilig.

ite **Braunwurzgewächse**/*Scrophulariaceae,* Pfl. mit
10 86 meist ungeteilten, wechsel- oder gegenständi-
14 gen B. und 2lippigen, 4–5teiligen Bl. in Trau-
80 ben oder Rispen, selten Bl. fast radiär *(Vero-*
94 30 *nica, Verbascum),* bei *Digitalis* und *Scrophularia* mit bauchiger Kronröhre mit 2lippigem Rand; Staubb. selten 5 *(Verbascum),* meist 2 oder 4; Fruchtknoten oberständig; Kronschlund manchmal durch eine Ausstülpung der Unterlippe (Gaumen) verschlossen *(Antirrhinum, Cymbalaria, Linaria);* Krone bisweilen gespornt (z. B. *Chaenorrhinum, Linaria).*

ite **Sommerwurzgewächse**/*Orobanchaceae,*
88 Schmarotzerpfl. ohne Chlorophyll, mit schuppenförmigen, wechselständigen B.; Bl. in Trauben oder Ähren; Kelch 4–5spaltig oder mit 2 tief eingeschnittenen Lappen; Krone röhrenförmig, 2lippig; Staubb. 4; Fruchtknoten oberständig.

Baldriangewächse/*Valerianaceae* siehe S. 29.

Zweikeimblättrige Pflanzen mit unscheinbaren, grünen, grünlichweißen Bl. oder ohne Bl.hülle.

te **Hanfgewächse**/*Cannabaceae,* Pfl. 2häusig, auf-
26 recht *(Cannabis)* oder windend *(Humulus);* B. handförmig geteilt; Bl. 1geschlechtig, 5zählig, grünlich, in Rispen oder Ähren.

te **Brennesselgewächse**/*Urticaceae,* Pfl. 1- oder
56 2häusig, oft mit Brennhaaren *(Urtica);* B. 1fach, gegenständig *(Urtica)* oder wechselständig *(Parietaria);* Bl. meist 1geschlechtig, in Rispen, Ähren oder Köpfen; Bl.hülle 4–5zählig; Staubb. 4, in der Knospe nach innen gekrümmt, beim Aufblühen zurückschnellend und den Pollen ausschleudernd.

Viola

Veronica

Salvia

Digitalis

Scrophularia

Orobanche

Linaria

Humulus

Ajuga

Urtica

Seite **Knöterichgewächse**/*Polygonaceae,* Pfl. mit
56 206 kantigen St.; B. wechselständig, mit zu st.um-
252 fassenden Tuten verwachsenen Nebenb. (röh-
414 rige Scheiden); Bl. 2geschlechtig; Bl.b. 4 *(Oxyria),* 5 *(Fagopyrum, Polygonum)* oder 6 *(Rumex)* Fruchtknoten oberständig; Frucht eine 2–3kantige Nuß.

Seite **Gänsefußgewächse**/*Chenopodiaceae,* viele
60 440 Strand- und Ruderalpfl. mit dicken, fleischigen B. und St. *(Suaeda, Salsola, Salicornia),* B. wechselständig; Bl. grünlich; Bl.b. fehlend oder 1–5, häufig ausdauernd und mit der Frucht verwachsend; Frucht eine 1samige Nuß *(Atriplex).*

Seite **Fuchsschwanzgewächse**/*Amaranthaceae,*
62 Ruderalpfl. mit ganzrandigen, wechselständigen B. (Amaranthus) und kleinen Bl. in dichten, zusammengesetzten Bl.ständen; Bl.b. 4–5, meist trockenhäutig; Fruchtknoten oberständig; Frucht meist eine Deckelkapsel.

Seite **Portulakgewächse**/*Portulacaceae,* Sumpf- oder
252 Wasserpfl. *(Montia),* mit winzigen, weißen Bl. und gegenständigen, länglichen, fleischigen B.; Bl.b. 4–6; Staubb. 3–5.

Seite **Nelkengewächse**/*Caryophyllaceae,* Bl. radiär;
64 66 Bl. ohne Krone, in Knäueln *(Scleranthus, Herniaria, Polycnemum).* Siehe S. 25.

Seite **Wolfsmilchgewächse**/*Euphorbiaceae,* Pfl. mit
90 172 Milchsaft *(Euphorbia)* oder ohne Milchsaft
360 *(Mercurialis);* B. wechselständig (bei *Mercu-*
444 *rialis* gegenständig); Bl. 1geschlechtig, grünlich; Bl.b. 5 oder fehlend; Fruchtknoten oberständig; Frucht eine Kapsel. – Bei *Euphorbia* ist das als Bl. erscheinende eine Scheinbl. (Cyathium), bestehend aus einem glockenförmigen, 5zipfeligen Hüllbecher, am Rand mit 4 bohnen- oder halbmondförmigen Drüsen, im Inneren mit 10–20 ♂ Bl. aus je 1 Staubb. und 1 gestielten ♀ Bl. nur aus 1 Fruchtknoten bestehend; die Scheinbl. sind in mehrstrahlige Dolden angeordnet.

Seite **Seidengewächse**/*Cuscutaceae,* windende, blei-
100 180 che Schmarotzerpfl. mit 4–5zähligen, radiären Bl. in Knäueln *(Cuscuta).*

Seite **Wegerichgewächse**/*Plantaginaceae,* Pfl. mit
114 216 ungeteilten, wechselständigen, oft rosettigen
282 B. mit parallelen Nerven; Bl. 4zählig, in dich-
446 ten, endständigen Ähren oder Köpfen; Krone trockenhäutig; Staubb. 4, Staubfäden sehr lg.; Fruchtknoten oberständig; Frucht eine Deckelkapsel oder ein Nüßchen *(Plantago).*

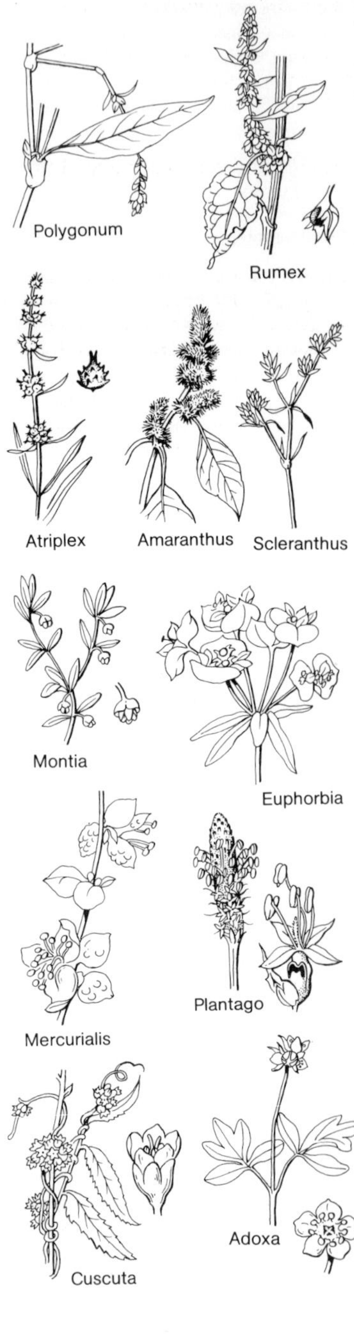

ite 400 **Moschuskrautgewächse**/*Adoxaceae,* kleine Pfl. mit gegenständigen, 3zähligen B. und kleinen, grünlichen Bl. in fast würfelförmigen Köpfen; Krone 4–5teilig; Staubb. 4–5, sehr tief 2teilig *(Adoxa).*

Bäume und Sträucher über 1 m Wuchshöhe

Nadelgehölze

ite 90 **Eibengewächse**/*Taxaceae,* B. nadelförmig, immergrün; Pfl. 2häusig, Bl. 1geschlechtig; ♂ Bl. mit kätzchenartig angeordneten Staubb.; Frucht beerenartig, rot *(Taxus).*

ite 90 **Kieferngewächse**/*Pinaceae,* B. nadelförmig, immergrün oder sommergrün *(Larix);* Pfl. meist 1häusig; Bl. meist 2geschlechtig; ♂ Bl. mit kätzchenartig angeordneten Staubb.; ♀ Bl. in Zapfen, mit Deck- und Fruchtschuppen, als Ganzes abfallend *(Pinus, Picea)* oder nur die Schuppen einzeln abfallend *(Abies).*

te 30 **Zypressengewächse**/*Cupressaceae,* B. nadel- oder schuppenförmig *(Juniperus);* ♀ Bl. aus 3–6 Fruchtschuppen, zur Reife ein kugeliger Beerenzapfen *(Juniperus).*

Laubbäume und Sträucher (siehe auch Zwergsträucher S. 36)

te 52 18 14 **Weidengewächse**/*Salicaceae,* B. wechselständig; Bl. in Kätzchen, meist vor den B. erscheinend, ohne Bl.hülle; Staubb. 2–5 *(Salix)* oder 8–30 *(Populus).*

te 20 **Walnußgewächse**/*Juglandaceae,* B. wechselständig, unpaarig gefiedert; Bl. 1geschlechtig; Pfl. 1häusig; ♂ Bl. in hängenden Kätzchen, ♀ Bl. zu 2–3; Frucht eine Nuß mit fleischiger Hülle *(Juglans).*

te 52 22 **Birkengewächse**/*Betulaceae,* Pfl. 1häusig; Bl. 1geschlechtig; ♂ Bl. in Kätzchen, ♀ Bl. zu mehreren in den Achseln jedes Tragb.; Fruchtschuppen 3lappig, zur Reife mit der geflügelten Frucht abfallend *(Betula)* oder 4–5lappig, nach der Reife verholzend und als Zapfen am Baum bleibend *(Alnus).*

te 2 **Haselgewächse**/*Corylaceae,* Pfl. 1häusig; Bl. 1geschlechtig; ♂ Bl. einzeln in den Achseln der Tragb. walziger Kätzchen; ♀ Bl. in lockeren oder knospenförmigen Kätzchen; Fruchthülle 3teilig *(Carpinus)* oder becherförmig, zerschlitzt *(Corylus).*

Taxus

Pinus

Abies

Juniperus

Salix

Populus

Juglans

Betula

Alnus

Carpinus

Seite 324 **Buchengewächse**/*Fagaceae,* Pfl. 1häusig; ♂ Bl. in kugeligen *(Fagus)* oder verlängerten, aufrechten *(Castanea)* oder hängenden *(Quercus)* Kätzchen; Frucht einzeln *(Quercus)* oder zu mehreren, von einem lederigen oder verholzten Achsenbecher umschlossen; B. ganzrandig *(Fagus),* gelappt *(Quercus)* oder dornig gezähnt *(Castanea).*

Seite 326 **Ulmengewächse**/*Ulmaceae,* B. ungeteilt am Grund unsymmetrisch; Bl. 2geschlechtig, in knäueligen Bl.ständen; Bl.hülle 4–5blättrig; Frucht eine ringsum br.geflügelte Nuß *(Ulmus).*

Seite 338 **Berberitzengewächse**/*Berberidaceae,* dornige Sträucher; B. wechselständig, 1fach; Bl. strahlig, in Trauben, meist mit 6 Kronb.; Frucht eine Beere *(Berberis).*

Seite 340 **Stachelbeergewächse**/*Grossulariaceae,* B. wechselständig, 3–5lappig; Bl. strahlig, 5zählig, in Trauben; Kronb. frei; Fruchtknoten unterständig; Griffel 2; Frucht eine Beere *(Ribes).*

Seite 342 **Rosengewächse**/*Rosaceae,* Bäume, Sträucher, Kräuter; B. wechselständig, 1fach oder zusammengesetzt, meist mit Nebenb.; Bl. radiär, meist 5zählig; Griffel 1–5 oder zahlreich; Bl.boden und Früchte bei den einzelnen Gattungen sehr verschieden, z. B. *Rosa:* Fruchtboden krugförmig, auf dessen Rand die Bl.hülle und Staubb.; Früchtchen zahlreich, vom fleischigen Kelchbecher (Hagebutte) umschlossen. Bei *Rubus:* Fruchtboden kegelförmig; Früchtchen fleischig, zu einer Sammelfrucht vereinigt. *Padus, Cerasus, Prunus:* Frucht eine Steinfrucht, aus 1 fleischigen Fruchtb. gebildet. *Pirus, Malus, Cydonia, Sorbus, Amelanchier:* Fruchtb. 2–5, zur Reife pergamentartig, in den fleischigen Bl.boden eingeschlossen, Frucht apfelartig. *Mespilus, Crataegus, Cotoneaster:* Fruchtb. 2–5, zur Reife je einen Steinkern bildend.

Seite 160 354 **Schmetterlingsblütler**/*Fabaceae,* Sträucher *(Sarothamnus, Colutea, Coronilla),* Zwergsträucher oder Kräuter (siehe auch S. 36); B. wechselständig, mit Nebenb., gefiedert oder 3zählig; Bl. dorsiventral, meist in Trauben oder Köpfen; Kronb. 5, das obere als Fahne, die beiden seitlichen als Flügel und die beiden unteren, teilweise verwachsen als Schiffchen bezeichnet; Staubb. 10, alle zu einer Röhre verwachsen oder 1 frei. Frucht eine Hülse.

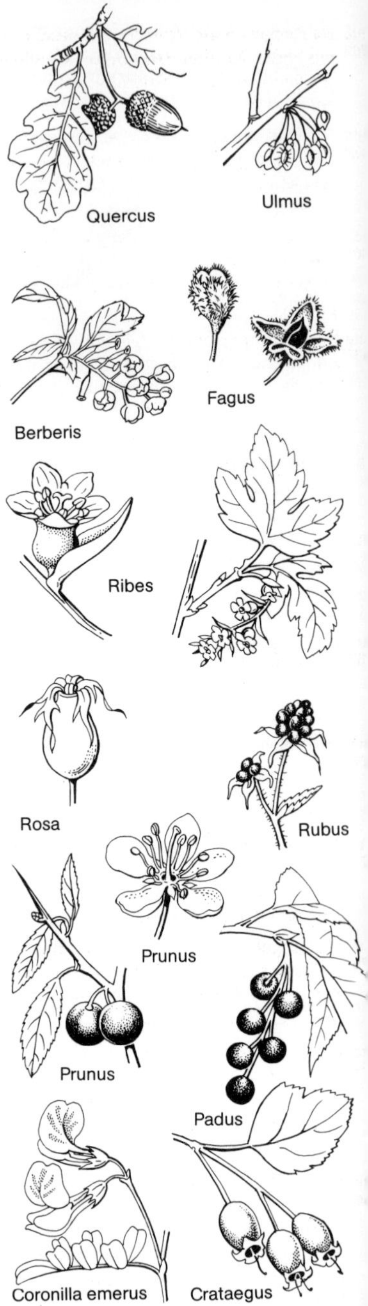

ite 362 **Rautengewächse**/*Rutaceae,* Sträucher *(Dictamnus)* oder Kräuter *(Ruta),* mit Ölzellen, stark riechend; B. wechselständig, gefiedert; Bl. dorsiventral.

ite 362 **Ahorngewächse**/*Aceraceae,* B. gegenständig, handförmig gelappt; Bl. radiär, 4–5zählig; Frucht in 2 geflügelte Hälften zerfallend (Acer).

ite 364 **Pimpernußgewächse**/*Staphyleaceae,* B. gegenständig, unpaarig gefiedert; Bl. radiär, 5zählig, in hängenden Rispen; Frucht eine Kapsel *(Staphylea).*

ite 362 **Stechpalmengewächse**/*Aquifoliaceae,* meist immergrüne Sträucher mit wechselständigen, lederigen, dornig gezähnten B. *(Ilex);* Bl. radiär meist 4zählig, 1geschlechtig, klein, weiß. Frucht beerenartig rot.

ite 364 **Baumwürgergewächse**/*Celastraceae,* B. gegenständig, ganzrandig; Bl. radiär, 4zählig; Frucht eine 3–5kantige Kapsel *(Euonymus).*

ite 66 **Kreuzdorngewächse**/*Rhamnaceae,* B. gegen- oder wechselständig, 1fach, mit kleinen Nebenb.; Bl. unscheinbar, radiär, 4–5zählig, achselständig; Frucht eine Steinfrucht *(Rhamnus).*

ite 66 **Lindengewächse**/*Tiliaceae,* B. wechselständig, 1fach; Bl. 2geschlechtig, 5teilig; Staubb. 10 und mehr; Bl.stand mit flügelartigem Hochb. *(Tilia).*

ite 68 **Ölweidengewächse**/*Eleagnaceae,* Zweige in einem Dorn endend; B. wechselständig; Bl. 1geschlechtig, klein; Pfl. 2häusig; Frucht orange, steinfruchtähnlich *(Hippophae).*

te 72 **Tamariskengewächse**/*Tamaricaceae,* Sträucher; B. wechselständig, nadel- oder schuppenförmig, klein; Bl. (4)5teilig, in dichten Trauben, klein, rosa *(Myricaria).*

te 78 **Hartriegelgewächse**/*Cornaceae,* Bäume oder Sträucher mit ungeteilten, meist gegenständigen B. und 4zähligen Bl.; Kronb. frei; Frucht eine Steinfrucht *(Cornus).*

te 34 **Ölbaumgewächse**/*Oleaceae,* Bäume mit gefiederten B. *(Fraxinus)* oder Sträucher mit ungeteilten B. *(Ligusticum);* Bl. radiär, 4zählig; Frucht eine geflügelte Nuß *(Fraxinus)* oder eine Beere *(Ligusticum)* oder eine Kapsel.

te 6 **Geißblattgewächse**/*Caprifoliaceae,* meist Sträucher, selten Kräuter *(Linnea);* B. gegenständig, 1fach oder geteilt; Bl. radiär, 5teilig, in Schirmrispen *(Sambucus, Viburnum)* oder dorsiventral, 2lippig, zu 2 auf gemeinsamen Stiel *(Lonicera).*

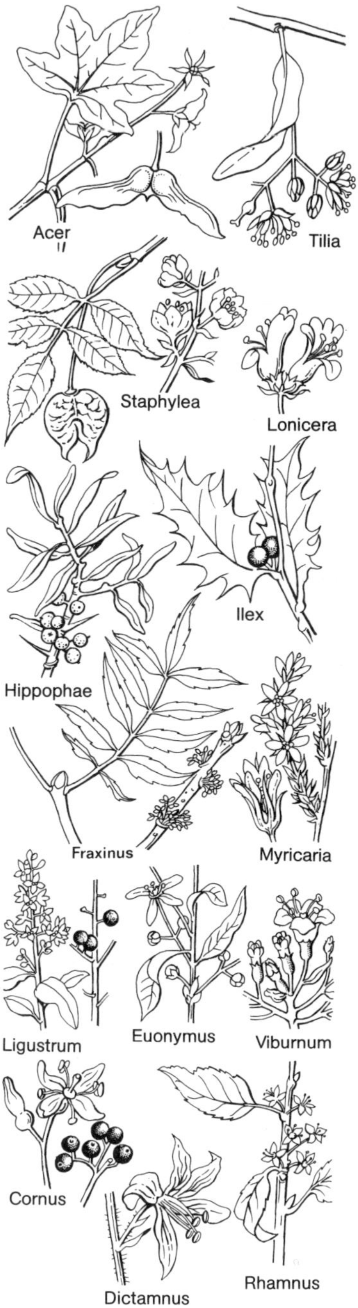

Zwergsträucher, niedrige Sträucher unter 1 m Wuchshöhe

Seite 414 **Weidengewächse**/*Salicaceae,* am Boden kriechende Spaliersträucher (Salix), siehe S. 33

Seite 252 **Birkengewächse**/*Betulaceae,* (Betula) siehe S. 33

Seite 326 **Mistelgewächse**/*Loranthaceae,* halbstrauchige Halbschmarotzer auf Bäumen; B. gegenständig, immergrün *(Viscum)* oder sommergrün *(Loranthus);* Bl. radiär, 1- oder 2geschlechtig, weißlich, in sitzenden Knäueln; Bl.b. 4 oder 6; Staubb. 4; Fruchtknoten unterständig; Frucht eine klebrige Scheinbeere.

Seite 342 **Rosengewächse**/*Rosaceae,* Zwergsträucher (Cotoneaster); B. 1fach; Bl. 2geschlechtig, klein, in 2–10blütigen Bl.ständen an kurzen Seitentrieben, siehe S. 33

Seite 174 368 **Seidelbastgewächse**/*Thymelaeaceae,* B. wechselständig, 1fach, ohne Nebenb.; Bl. radiär, Krone fehlend, Kelch gefärbt, 4–6zipfelig; Staubb. 8–10; Frucht eine Steinfrucht.

Seite 270 **Krähenbeerengewächse**/*Empetraceae,* immergrüne Zwergsträucher; B. nadelförmig, wechselständig; Bl. einzeln, 2–3zählig; Staubb. 2–4; Frucht eine beerenartige Steinfrucht.

Seite 270 380 424 **Heidekrautgewächse**/*Ericaceae,* niedrige Sträucher (Rhododendron) oder Zwergsträucher; B. meist immergrün, wechsel- oder quirlständig (bei Andromeda wechselständig); Krone radförmig, 4teilig *(Oxycoccus),* glockig oder krugförmig, 4zählig *(Calluna, Erica, Vaccinium),* glockig, 5zählig *(Loiseleuria)* oder trichterig, radförmig *(Rhododendron, Rhodothamnus);* Staubbeutel sich an der Spitze mit Löchern öffnend, oft mit hornförmigem Anhängsel.

Wasserpflanzen (im Wasser schwimmend oder flutend)

Seite 440 **Saldengewächse** /*Ruppiaceae,* in salzhaltigen Gewässern untergetauchte Pfl. mit linealischen, am Grund scheidigen B. und unscheinbaren Bl., ohne Bl.hülle, in 2blütigen Ähren *(Ruppia).*

Seite 440 **Seegrasgewächse** /*Zosteraceae,* untergetauchte Meerespfl. mit grasartigen B. und unscheinbaren, 2reihig auf einer flachgedrückten Ährenachse angeordneten Bl.

Seite 244 **Nixenkrautgewächse** /*Najadaceae,* untergetauchte Pfl. mit linealischen, gesägten B. und unschein-

Betula nana

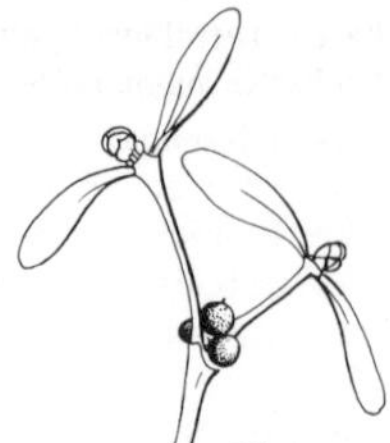
Viscum

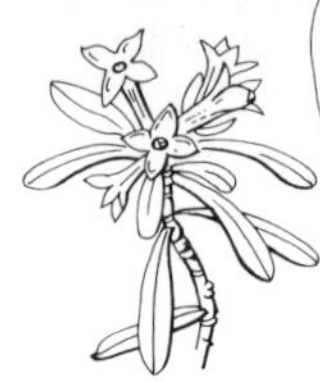
Daphne

Cotoneaster

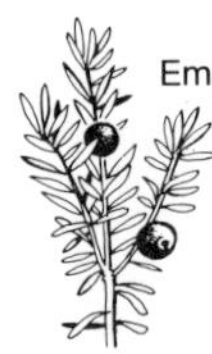
Empetrum

Oxycoccus

Erica

Andromeda

Vaccinium

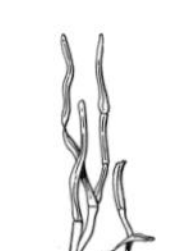
Ruppia

Zostera

baren, 1geschlechtigen Bl., umschlossen von einer becherförmigen Hülle (Najas).

eite 244 **Wasserlinsengewächse**/*Lemnaceae,* schwimmende oder untergetauchte Pfl., nicht in B. und St. gegliedert; Sprosse rundlich, b.artig, klein; Bl. winzig, ohne Bl.hülle *(Lemna, Spirodela).*

eite 254 **Seerosengewächse**/*Nymphaeaceae,* Pfl. mit ganzrandigen, großen Schwimmb. und dickem Rhizom; Bl. lg. gestielt, schwimmend; Bl.b. und Staubb. ineinander übergehend *(Nuphar).*

eite 254 **Hornblattgewächse**/*Ceratophyllaceae,* Pfl. untergetaucht; B. quirlständig, gabelteilig, oft stachelig gezähnt; Bl. 1geschlechtig; Bl.b. 8–12; selten blühend *(Ceratophyllum).*

eite 256 **Hahnenfußgewächse**/*Ranunculaceae,* Pfl. mit schwimmenden und flutenden B. *(Ranunculus);* Bl. weiß; siehe S. 25.

eite 264 **Wassersterngewächse**/*Callitrichaceae,* Pfl. mit fadenförmigen St.; B. ganzrandig, gegenständig; Bl. ohne Bl.b., nur mit 2 Vorb., 1 Staubb. und 1 Fruchtknoten mit 2 Griffeln; Frucht in 4 1samige Teilfrüchte zerfallend *(Callitriche).*

ite 266 **Wassernußgewächse**/*Trapaceae,* Pfl. mit Schwimmb. rosette und aufgeblasenen B.stielen; Bl. 4zählig; Frucht eine 1samige, steinfruchtartige Nuß, von der vergrößerten Fruchtachse umschlossen, mit 2–4 aus Kelchb. umgewandelten Dornen *(Trapa).*

ite 266 **Seebeerengewächse**/*Haloragaceae,* Pfl. untergetaucht, mit quirligen, kammförmig gefiederten B. und 4zähligen, unscheinbaren Bl.; Staubb. 2–6 *(Myriophyllum).*

ite 266 **Tannenwedelgewächse**/*Hippuridaceae,* Pfl. mit zahlreichen, linealischen, quirligen B. und achselständigen, unscheinbaren Bl.; Staubb. 1, Fruchtknoten oberständig *(Hippuris).*

ite 276 **Fieberkleegewächse**/*Menyanthaceae,* Pfl. mit rundlichen Schwimmb. *(Nymphoides)* oder mit 3zähligen B. *(Menyanthes);* Bl. radiär, 5zählig; Fruchtknoten oberständig.

ite 280 **Wasserschlauchgewächse**/*Lentibulariaceae,* Pfl. untergetaucht *(Utricularia),* mit vielteiligen B. mit Fangblasen oder Sumpfpfl. *(Pinguicula),* mit klebrig-drüsigen, ungeteilten Rosettenb.; insektenfangend; Krone 2lippig, am Grund ausgesackt oder gespornt; Staubb. 2, Fruchtknoten oberständig.

ite 42 **Gänsefußgewächse**/*Chenopodiaceae,* mit *Salicornia* im Wattenmeer, mit dickfleischigen, b.losen, gegliederten, stark verzweigten St.; übrige Merkmale der Familie siehe S. 32.

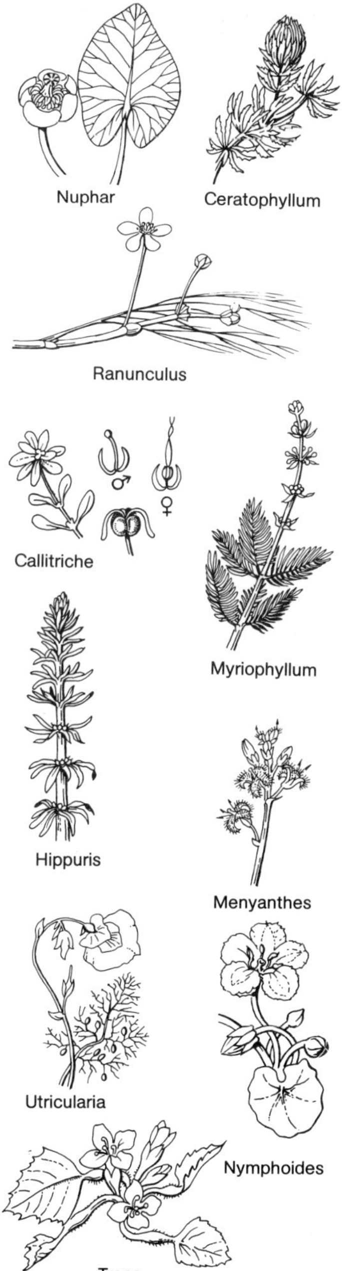

Bestimmungsschlüssel

unter besonderer Berücksichtigung der Blütenfarben

Aufbau des Bestimmungsschlüssels

Blütenfarben

- [weiß] Weiß
- [rosa] Rosa
- [rot] Rot, purpurn
- [violett] Violett
- [blau] Blau
- [gelb] Gelb
- [grünlich] Grünlich/bräunlich
- [grau] Bl. unscheinbar

Symbole

- ◆ Anzahl der Bl.blätter 4
- ◆◆ Anzahl der Bl.blätter nicht 4
- ✱ Strahlig-symmetrische Bl.
- ▲ Unsymmetrische Bl.

Hinweis: Die hinter den Pflanzennamen angegebenen Zahlen beziehen sich auf die Tafelnummern.

Pflanzen mit strahlig symmetrischen Bl.

Bl. über 10 mm im Durchmesser

[weiß]
Äcker . . .
◆ z. B. Hederich 19
◆◆ z. B. Ackerhornkraut 15
Trockenrasen . . .
◆ . . .
◆◆ . . .

[rosa]
Äcker . . .
◆ z. B. Echtes Seifenkraut 8
◆◆ z. B. Ackerwinde 25
Trockenrasen . . .
etc.

Bl. unter 10 mm im Durchmesser

[weiß]
Äcker . . .
◆ . . .
◆◆ . . .
etc.

Pflanzen mit unsymmetrischen, dorsiventralen Bl.

Bl. über 10 mm groß

[weiß]
Äcker . . .
. . .
Trockenrasen . . .
. . .

[rosa]
Äcker . . .
. . .
Trockenrasen . . .
. . .
etc.

Bl. unter 10 mm groß

[violett]
Äcker . . .
. . .
Trockenrasen . . .
. . .
etc.

Pflanzen nicht grasartig, Bl. unscheinbar

[grau]
Äcker . . .
. . .
Trockenrasen . . .
. . .

Pflanzen grasartig, Bl. unscheinbar

[grau]
Äcker . . .
. . .
Trockenrasen . . .
. . .

Bäume und Sträucher über 1 m Wuchshöhe

Mit nadelförmigen Blättern und unscheinbaren Bl.

[grau]
Trockenrasen . . .
. . .

Mit Laubblättern und auffälligen Bl.

[weiß] ✱
Bäume
. . .
Sträucher
. . .

[gelb] ✱
Bäume
. . .
Sträucher
. . .
etc.

Mit Laubblättern und auffälligen Bl.

▲ Bäume
. . .
Sträucher
. . .

Bäume
. . .
Sträucher
. . .

Zwergsträucher und Sträucher unter 1 m Wuchshöhe

* Trockenrasen . . .
. . .
Gewässer . . .
. . .
etc.

▲ Trockenrasen und Wälder
. . .
etc.

Bestimmungsbeispiel

Um den Scharfen Hahnenfuß zu bestimmen, müssen bestimmte Fragen, die Blüten betreffend, gestellt werden. Aus den Antworten ergibt sich die jeweilige Gruppe, unter der man weitersuchen muß.

1. Frage: Wie sehen die Blüten aus? Antwort: strahlig symmetrisch
2. Frage: Welche Farbe besitzen die Blüten? Antwort: gelb
3. Frage: Wie groß sind die Blüten? Antwort: über 10 mm Durchmesser
4. Frage: Wo wurde die Pflanze gefunden? Antwort: auf einer Fettwiese
5. Frage: Wieviel Bl.blätter besitzen die Bl.? Antwort: nicht 4

Nun müssen die dort angegebenen Arten nachgeschlagen und mit der zu bestimmenden Pflanze verglichen werden.

Pflanzen mit strahlig symmetrischen Blüten

Bl. über 10 mm im Durchmesser

Äcker . . .
◆ Hederich 13
Nachtviole 16
Meerrettich 16
◆◆ Dolden-Milchstern 3
Taubenkropf 7
Weiße Lichtnelke 7
Acker-Hornkraut 8
Dolden-Spurre 8
Strahlen-Breitsame 23
Zaunwinde 25
Stechapfel 31
Einjähriges Berufkraut 35
Hundskamillen 35, 36
Echte Kamille 35
Geruchlose Kamille 36
Mutterkraut 36

Trockenrasen . . .
◆◆ Traubige Graslilie 44
Ästige Graslilie 44
Weißer Affodill 44
Trichterlilie 44
Nickendes Leimkraut 49
Felsen-Leimkraut 50
Weißer Mauerpfeffer 53
Felsen-Nabelkraut 54
Knöllchen-Steinbrech 55
Hügel-Erdbeere 56
Silberdistel 75

Fettwiesen . . .
◆ Wiesen-Schaumkraut 80
◆◆ Frühlings-Krokus 79
Weiße Narzisse 79
Gänseblümchen 85
Margerite 85

Gewässer . . .
◆◆ Pfeilkraut 88
Krebsschere 89
Froschbiß 89
Weißer Germer 99
Weiße Seerose 103
Flutender Hahnenfuß 104
Wasser-Hahnenfuß 104
Spreizender Hahnenfuß 104
Eisenhutblättriger Hahnenfuß 105
Sumpf-Herzblatt 106
Moltebeere 107
Sumpf-Porst 111
Fieberklee 114
Sumpf-Schafgarbe 118

Wälder . . .
◆◆ Bär-Lauch 129
Salomonssiegel 129
Weißwurz-Arten 129
Schneeglöckchen 130
Frühlings-Knotenblume 130
Hain-Sternmiere 140
Große Sternmiere 140
Taubenkropf 140
Christrose 141
Busch-Windröschen 142
Großes Windröschen 142
Gewöhnliche Waldrebe 143

Aufrechte Waldrebe 143
Himbeere 148
Bereifte Brombeere 148
Steinbeere 149
Echte Brombeere 149
Felsen-Fingerkraut 149
Weißes Fingerkraut 150
Erdbeer-Fingerkraut 150
Wald-Erdbeere 150
Wald-Sauerklee 155
Große Sterndolde 162
Moosauge 165
Rundblättriges Wintergrün 166
Siebenstern 168
Straußblütige Wucherblume 178
Weiße Pestwurz 180

Alpen

◆◆ Frühlings-Krokus 79
Alpen-Hornkraut 183
Kriechendes Gipskraut 183
Alpen-Hahnenfuß 184
Alpen-Anemone 184
Narzissenblütiges Windröschen 185
Trauben-Steinbrech 186
Stengel-Fingerkraut 187
Silberwurz 187
Diapensia lapponica 188
Schwarze Schafgarbe 193
Schwarzrandige Wucherblume 193
Edelweiß 193

Bl. unter 10 mm im Durchmesser

Äcker . . .

◆ Mastkraut-Arten 8, 9
Kresse-Arten 13
Pfeilkresse 13
Hellerkraut-Arten 14
Hirtentäschel 14
Graukresse 15
Lauchhederich 15
Acker-Schmalwand 16
Behaartes Schaumkraut 17
Bittere Schleifenblume 17
Kletten-Labkraut 25
◆◆ Dolden-Spurre 8
Vogelmiere 8
Quendel-Sandkraut 8
Quirlige Knorpelblume 8
Knotiges Mastkraut 9
Acker-Spergel 9
Weiße Zaunrübe 23
Acker-Haftdolde 23
Gefleckter Schierling 24
Gewöhnliche Sichelmöhre 24
Gemeiner Klettenkerbel 24
Ackersteinsame 26
Schwarzer Nachtschatten 31
Echter Feldsalat 33
Kanadisches Berufkraut 34
Kleinblütiges Knopfkraut 34
Acker-Filzkraut 36
Sumpf-Ruhrkraut 36

Trockenrasen . . .

◆ Alpen-Leinblatt 49
Steintäschel 52
Frühlings-Hungerblümchen 52
Rauhhaarige Gänsekresse 53
Blaugrünes Labkraut 67
◆◆ Leinblatt-Arten 49
Frühlings-Spergel 49
Weißer Mauerpfeffer 53
Englische Fetthenne 54
Felsen-Nabelkraut 54
Knollen-Spierstaude 56
Wiesen-Lein 61
Faserschirm 64
Wilde Möhre 64
Bärwurz 64
Färber-Meister 66

Fettwiesen . . .

◆ Wiesen-Schaumkraut 80
Wiesen-Labkraut 84
◆◆ Gewöhnliches Hornkraut 80
Wiesen-Kerbel 82
Große Bibernelle 82
Kleine Bibernelle 82
Wiesen-Silau 82
Meisterwurz 82
Wiesen-Kümmel 83
Wiesen-Bärenklau 83
Wiesen-Schafgarbe 85

Gewässer . . .

◆ Echte Brunnenkresse 105
Wassernuß 109
Sumpf-Labkraut 114
Nordisches Labkraut 114
◆◆ Gemeiner Froschlöffel 88
Kanadische Wasserpest 90
Wassermiere 102
Gras- u. Moor-Sternmiere 102
Sternblütiger Steinbrech 106
Rundblättriger Sonnentau 106
Langblättriger Sonnentau 106
Mädesüß 107
Salz-Bunge 112
Wasserschierling 110
Aufrechte Berle 110
Breitblättriger Merk 110
Gewöhnlicher Wasserfenchel 110
Röhriger Wasserfenchel 110
Sumpf-Haarstrang 111
Sumpf-Porst 111
Vierkantige Moorheide 112
Wasserfeder 113
Sumpf-Baldrian 117

Wälder . . .

◆ Schattenblümchen 129
Kleeblättriges Schaumkraut 145
Turm- u. Kahle Gänsekresse 145
Großes u. Alpen-Hexenkraut 161
Rundblättriges Labkraut 169
Wald-Labkraut 169
Wald-Meister 169
◆◆ Salomonsiegel 129
Vielblütige Weißwurz 129
Quirlblütige Weißwurz 129
Maiglöckchen 130
Berg-Leinblatt 139
Dreinervige Nabelmiere 140
Christophskraut 143
Rundblättriger Steinbrech 146
Wald-Geißbart 147
Wald-Sanikel 162
Österreichische Rippensame 163
Geißfuß 163
Wald-Engelwurz 163
Breitblättriges Laserkraut 164
Berg-Laserkraut 164
Rüben-Kälberkropf 164
Rauhhaariger Kälberkropf 165

Berg-Kälberkropf 165
Kleines Wintergrün 166
Nickendes Wintergrün 166
Winterlieb 166
Weiße Schwalbenwurz 168
Echter Steinsame 170
Moosglöckchen 174

Alpen
◆ Alpen-Gänsekresse 185
◆◆ Kriechendes Gipskraut 183
Blaugrüner Steinbrech 186
Trauben-Steinbrech 186
Schnee-Steinbrech 186
Moos-Steinbrech 186
Gletscher-Mannsschild 189
Milchweißer Mannsschild 189

Meeresstrand . . .
◆ Salzmiere 197
◆◆ Gebräuchliches Löffelkraut 198
Dänisches Löffelkraut 198

Bl. über 10 mm im Durchmesser

Äcker . . .
◆ Echtes Seifenkraut 8
◆◆ Französisches Leimkraut 9
Rundblättriger Storchschnabel 20
Weicher Storchschnabel 20
Gewöhnlicher Reiherschnabel 20
Rosen-Malve 22
Gänse-Malve 22
Ackerwinde 25

Trockenrasen . . .
◆◆ Felsen-Leimkraut 50
Felsennelke 50
Pracht- u. Stein-Nelke 50
Rosenwurz 54
Klebriger Lein 61
Moschus-Malve 63
Tausendguldenkraut 66

Fettwiesen . . .
◆ Wiesen-Schaumkraut 80
◆◆ Kuckucks-Lichtnelke 80
Gänseblümchen 85

Gewässer . . .
◆ Rauhhaariges Weidenröschen 109
◆◆ Schwanenblume 89
Schnittlauch 99
Echter Eibisch 108
Mehl-Primel 113
Wasserfeder 113
Gewöhnliche Pestwurz 118

Wälder . . .
◆ Zwiebeltragende Zahnwurz 146
Finger-Zahnwurz 146
Schmalblättriges Weidenröschen 161
Berg-Weidenröschen 161
◆◆ Hunds-Zahnlilie 128
Christrose 141
Busch-Windröschen 142
Wald-Sauerklee 155
Glänzender Storchschnabel 156
Rupprechts Storchschnabel 156
Große Sterndolde 162
Echtes Lungenkraut 170
Kahler Alpendost 177

Alpen
◆◆ Gletscher-Hahnenfuß 184
Frühlings-Anemone 184
Dolomiten-Fingerkraut 187

Alpen-Azalee 188
Zwerg-Alpenrose 188
Alpen-Berufkraut 193

Meeresstrand . . .
◆ Meersenf 197
◆◆ Gewöhnliche Grasnelke 199

Bl. unter 10 mm im Durchmesser

Äcker . . .
◆ Ackerröte 25
◆◆ Vogel-Knöterich 5
Floh-Knöterich 5
Milder-Knöterich 5
Mauer-Gipskraut 8
Rote Schuppenmiere 9
Schlitzblättriger Storchschnabel 20
Nessel-Seide 26

Trockenrasen . . .
◆ Steintäschel 52
Sandkresse 52
Hügel-Meister 66
◆◆ Roß-Lauch 44
Büschel-Nelke 50
Rosenwurz 54
Englische Fetthenne 54
Bärwurz 64
Thymian-Seide 66
Gewöhnliches Katzenpfötchen 73

Fettwiesen . . .
◆ Wiesen-Schaumkraut 80
◆◆ Wiesenknöterich 79
Große u. Kleine Bibernelle 82
Wiesen-Schafgarbe 85

Gewässer . . .
◆◆ Schnittlauch 99
Ähriges Tausendblatt 109
Rosmarinheide 111
Gemeine Moosbeere 111
Echter u. Sumpf-Baldrian 117

Wälder . . .
◆ Berg-Weidenröschen 161
◆◆ Akeleiblättrige Wiesenraute 141
Rupprechts Storchschnabel 156
Rauhhaariger Kälberkropf 165
Schnee-Heide 166
Echtes Lungenkraut 170
Moosglöckchen 174
Berg- u. Stein-Baldrian 176
Wasserdost 177
Kahler Alpendost 177

Alpen
◆ Rundblättriges Täschelkraut 185
◆◆ Alpen-Azalee 188
Alpen-Mutterwurz 188
Gletscher-Hahnenfuß 184

Meeresstrand . . .
◆◆ Flügel-Schuppenmiere 197
Salz-Schuppenmiere 197
Strand-Milchkraut 198
Gewöhnliche Grasnelke 199

Bl. über 10 mm im Durchmesser

Äcker . . .
◆ Klatsch-Mohn 11
Saat-Mohn 11
Sand-Mohn 11
◆◆ Sommer-Adonisröschen 10
Weicher-Storchschnabel 20
Wilde Malve 22
Filzige Klette 37

Bl. unter 10 mm im Durchmesser

Bl. über 10 mm im Durchmesser

Bl. unter 10 mm im Durchmesser

Glocken-Heide 111
Grau-Heide 112
Blau-Heide 112
Wasser-Minze 115

Wälder . . .

◆◆ Akeleiblättrige Wiesenraute 141
Bittersüßer Nachtschatten 172
Wald-Knautie 176

Alpen

◆◆ Roter Steinbrech 186
Kleines Alpenglöckchen 189

Bl. über 10 mm im Durchmesser

Äcker . . .

◆◆ Borretsch 27
Gewöhnliche Ochsenzunge 27
Acker-Glockenblume 34
Gewöhnlicher Frauenspiegel 34
Wegwarte 38
Kornblume 39

Trockenrasen . . .

◆ Gefranster Enzian 65
Kreuz-Enzian 65
◆◆ Stauden-Lein 61
Flachs 61
Frühlings-Enzian 65
Schlauch-Enzian 65
Teufelsabbiß 71
Berg-Jasione 72
Kugelige Teufelskralle 72
Büschel-Glockenblume 72
Rapunzel-Glockenblume 72
Rundblättrige Glockenblume 72
Blauer Lattich 76

Fettwiesen . . .

◆◆ Wiesen-Knautie 84
Wiesen-Glockenblume 85

Gewässer . . .

◆◆ Sibirische Schwertlilie 100
Lungen-Enzian 114
Moorenzian 114

Wälder . . .

◆◆ Hasenglöckchen 127
Sternhyazinthe 128
Leberblümchen 142
Gewöhnliche Akelei 143
Kleines Immergrün 169
Großes Immergrün 169
Schwalbenwurz-Enzian 169
Blaue Himmelsleiter 170
Blauer Steinsame 170
Echtes Lungenkraut 170
Nesselblättrige Glockenblume 176
Pfirsichblättrige Glockenblume 176
Berg-Aster 177
Berg-Flockenblume 178
Alpen-Milchlattich 180

Alpen

◆ Alpen-Waldrebe 185
◆◆ Blauer Speik 189
Stengelloser Enzian 190
Breitblättriger Enzian 190
Bayerischer Enzian 190
Schnee-Enzian 190
Herzblättrige Kugelblume 192
Nacktstengelige Kugelblume 192
Schopf-Teufelskralle 192
Scheuchzers Glockenblume 192
Bärtige Glockenblume 192
Zwerg-Glockenblume 192

Meeresstrand . . .

◆◆ *Mertensia maritima* 198
Stranddistel 198
Strandflieder 199

Bl. unter 10 mm im Durchmesser

Äcker . . .

◆ Acker-Meister 25
◆◆ Große Traubenhyazinthe 3
Acker-Gauchheil 25
Kletten-Igelsame 26
Acker-Krummhals 27
Acker-Vergißmeinnicht 27

Trockenrasen . . .

◆◆ Schopfige Traubenhyazinthe 45

Gewässer . . .

◆◆ Sumpf-Vergißmeinnicht 115

Wälder . . .

◆◆ Wald-Vergißmeinnicht 170

Alpen

◆◆ Blauer Speik 189
Alpen-Vergißmeinnicht 191
Himmelsherold 191

Bl. über 10 mm im Durchmesser

Äcker . . .

◆ Schöllkraut 11
Raps 12
Ackerkohl 12
Acker-Senf 12
Stinkrauke 12
Runzeliger Rapsdotter 13
Färber-Waid 14
◆◆ Hahnenfuß-Arten 10
Sommer-Adonisröschen 10
Kriechendes Fingerkraut 17
Gänse-Fingerkraut 17
Gewöhnliche Nachtkerze 23
Schwarzes Bilsenkraut 31
Königskerzen 31
Huflattich 34
Frühlings-Greiskraut 35
Hundskamille 35
Rainfarn 37
Großes Flohkraut 37
Rainkohl 39
Gewöhnliches Bitterkraut 39
Natternkopf-Bitterkraut 39
Dach-Pippau 39
Löwenzahn-Pippau 40
Acker- u. Rauhe Gänsedistel 40
Großer Bocksbart 40

Trockenrasen . . .

◆◆ Gelber Affodill 44
Gelbe Narzisse 45
Bunte Schwertlilie 45
Knolliger Hahnenfuß 51
Adonisröschen 51
Felsen-Mauerpfeffer 53
Kies-Steinbrech 55
Silber-Fingerkraut 55
Frühlings-Fingerkraut 55
Aufrechtes Fingerkraut 55
Wolfsmilch 62
Echtes Johanniskraut 63
Gewöhnliches Sonnenröschen 63
Zwerg-Sonnenröschen 63
Bitterenzian 66
Krim-Lotwurz 67
Weiden-Alant 73

Bl. unter 10 mm im Durchmesser

Bl. unter 10 mm im Durchmesser

Wälder . . .
Einbeere 130
Stinkende u. Grüne Nieswurz 141
Tollkirsche 172
Blasenkirsche 173

Bl. unter 10 mm im Durchmesser
(Siehe auch unter: Pflanze nicht grasartig, Bl. unscheinbar S. 47)

Äcker . . .
Schutt-Kresse 13
Trockenrasen . . .
Kleiner Wiesenknopf 56

Pflanzen mit unsymmetrischen, dorsiventralen Bl.

Bl. über 10 mm groß

Äcker . . .
Basilienkraut 28
Gewöhnliche Katzenminze 28
Weiße Taubnessel 29
Trockenrasen . . .
Hummel-Ragwurz 47
Riemenzunge 48
Kleines Knabenkraut 48
Zwergbuchs 61
Sand-Veilchen 63
Berg-Gamander 68
Gewässer . . .
Sumpf-Calla 99
Sumpf-Stendelwurz 100
Wasser-Lobelie 117
Wälder . . .
Weißes Waldvögelein 131
Langblättriges Waldvögelein 131
Weiße Waldhyazinthe 133
Grünliche Waldhyazinthe 133
Geflecktes Knabenkraut 134
Hohler Lerchensporn 145
Wald-Wicke 154
Waldmelisse 171

Bl. unter 10 mm groß

Äcker . . .
Rankender Erdrauch 10
Weißer Steinklee 18
Kleiner Vogelfuß 18
Rauhhaarige Wicke 19
Gewöhnliche Katzenminze 28
Echtes Bohnenkraut 30
Trockenrasen . . .
Herbst-Wendelorchis 46
Weißzüngel 46
Honigorchis 46
Berg- u. Hasen-Klee 58
Vogelfuß-Klee 59
Berg-Gamander 68
Fettwiesen . . .
Weiß- u. Schweden-Klee 81
Gewöhnlicher Augentrost 83
Gewässer . . .
Sommer-Wendelorchis 101
Ufer-Wolfstrapp 115
Alpen-Fettkraut 116
Wälder . . .
Kriechstendel 133
Korallenwurz 133
Deutscher Backenklee 152

Bl. über 10 mm groß

Äcker . . .
Basilienkraut 28
Herzgespann 28
Gewöhnliche Katzenminze 28
Kleinblütiger Hohlzahn 28
Trockenrasen . . .
Knabenkräuter 47
Dornige Hauhechel 57
Bunte Kronwicke 59
Edel-Gamander 67
Gewässer . . .
Sumpf-Stendelwurz 100
Wälder . . .
Rotes Waldvögelein 131
Rundblättriger Hauhechel 154
Diptam 157
Waldmelisse 171
Schuppenwurz 174
Alpen
Kugelblütiges Knabenkraut 182

Bl. unter 10 mm groß

Äcker . . .
Gemeiner Erdrauch 11
Kleiner Vogelfuß 18
Herzgespann 28
Gewöhnliche Katzenminze 28
Kleines Leinkraut 32
Trockenrasen . . .
Brand-Knabenkraut 47
Hasen-Klee 58
Vogelfußklee 59
Fettwiesen . . .
Schweden-Klee 81
Gewässer . . .
Wasser-Knöterich 102
Wasser-Minze 115
Roß-Minze 115
Wälder . . .
Deutscher Backenklee 152
Meeresstrand . . .
Erdbeer-Klee 198

Bl. über 10 mm groß

Äcker . . .
Knollen-Platterbse 19
Herzgespann 28
Bunter Hohlzahn 29
Schmalblättriger Hohlzahn 29
Stechender Hohlzahn 29
Gefleckte Taubnessel 29
Rote Taubnessel 29
Schwarznessel 30
Sumpf-Ziest 30
Acker-Wachtelweizen 32
Trockenrasen . . .
Fliegen-Ragwurz 47
Hummel-Ragwurz 47
Spinnen-Ragwurz 47
Bienen-Ragwurz 47
Brand-Knabenkraut 47
Kleines Knabenkraut 48
Wanzen-Knabenkraut 48
Spitzorchis 48
Dorniger Hauhechel 57
Futter-Esparsette 60
Zwergbuchs 61

Bl. unter 10 mm groß

Bl. über 10 mm groß

Bl. unter 10 mm groß

Bl. über 10 mm groß

Pflanzen nicht grasartig, Bl. unscheinbar oder unter 3 mm

Guter Heinrich 6
Gänsefuß-Arten 6
Melden 6
Rauhhaariger Fuchsschwanz 7
Quirlige Knorpelblume 8
Kahles Bruchkraut 8
Einjähriges Knäuelkraut 9
Mäuseschwanz 10
Acker-Frauenmantel 18
Liegende Wolfsmilch 20
Einjähriges Bingelkraut 21
Breit-Wegerich 33
Gewöhnlicher Beifuß 36
Acker-Filzkraut 36
Sumpf-Ruhrkraut 36

Trockenrasen . . .
Mittlerer Wegerich 70

Fettwiesen . . .
Wiesen-Sauerampfer 79
Gewöhnlicher Frauenmantel 80
Spitz-Wegerich 84

Gewässer . . .
Laichkräuter 87, 88
Sumpf-Teichfaden 88
Großes Nixenkraut 88
Blasenbinse 88
Sumpf-Dreizack 89
Kanadische Wasserpest 90
Wasserlinsen 98
Teichlinse 98
Sumpf-Calla 99
Bach-Quellkraut 102
Hornblatt 103
Gemeiner Wasserstern 108
Ähriges Tausendblatt 109
Tannenwedel 109
Wassernabel 109
Strandling 117

Wälder . . .
Hopfen 139
Mistel 139
Wald-Bingelkraut 156
Moschuskraut 176
Wald-Ruhrkraut 178

Alpen
Alpen-Säuerling 183
Knöllchen-Knöterich 183
Alpen-Frauenmantel 187
Echte Edelraute 193

Meeresstrand . . .
Meeres-Salde 196
Strand-Dreizack 196
Strand-Salzmelde 196
Strand-Melde 197
Kali-Salzkraut 197
Strand-Sode 197
Gemeiner Queller 197
Euphorbia paralias 198
Strand-Milchkraut 198
Strand-Wegerich 199
Krähenfuß-Wegerich 199
Strand-Beifuß 199

Pflanzen grasartig, Bl. unscheinbar

Äcker . . .
Süßgräser 1, 2
Binsen 3

Trockenrasen . . .
Süßgräser 41–43
Seggen 43
Gewöhnliche Hainsimse 43

Fettwiesen . . .
Süßgräser 77, 78

Gewässer . . .
Rohrkolben 90
Igelkolben 90
Süßgräser 90–92
Wollgräser 92
Rasenbinse 93
Alpen-Wollgras 93
Moorbinse 93
Kugelsimse 93
Teichbinse 93
Nadelbinse 93
Quellbinse 93
Sumpfbinse 93
Waldsimse 94
Kopfbinsen 94
Schneidried 94
Schnabelbinsen 94, 95
Seggen 95–98
Binsen 98
Kalmus 99

Wälder . . .
Süßgräser 123–125
Binse 182
Seggen 125, 126
Hainsimsen 126, 127

Alpen
Seggen 182
Süßgräser 182

Meeresstrand . . .
Süßgräser 195
Sand-Segge 196
Seegras 196
Strand-Dreizack 196
Salz-Binse 196
Meerbinse 196

Bäume und Sträucher über 1 m Wuchshöhe

mit nadelförmigen Blättern und unscheinbaren Bl.

Trockenrasen . . .
Gewöhnlicher Wacholder 41
Deutsche u. Französ. Tamariske 62, 63

Wälder . . .
Eibe 121
Weißtanne 121
Fichte 121
Europäische Lärche 121
Wald-Kiefer 122
Berg-Kiefer 122
Zirbel-Kiefer 122
Weymouths-Kiefer 122

mit Laubblättern und auffälligen Bl.

*

Bäume
Vogelbeerbaum 147
Mehlbeere 147
Elsbeere 148
Schwedische Vogelbeere 148
Wild-Apfel 148
Vogel-Kirsche 152
Traubenkirsche 152
Winter-Linde 159
Sommer-Linde 159
Blumen-Esche 168

Sträucher
✱ Zweigriffeliger Weißdorn 148
Eingriffeliger Weißdorn 148
Felsenbirne 149
Feld-Rose 151
Schlehe 151
Steinweichsel 151
Traubenkirsche 152
Stechpalme 157
Gewöhnliches Pfaffenhütchen 158
Echter Kreuzdorn 159
Faulbaum 159
Roter Hartriegel 165
Gewöhnlicher Liguster 168
Schwarzer Holunder 174
Wolliger Schneeball 175
Gewöhnlicher Schneeball 175

Bäume
✱ Wild-Apfel 148

Sträucher
✱ Alpen-Heckenrose 151
Hunds-Rose 151
Zimt-Rose 151

Bäume
✱ Berg-Ahorn 157
Spitz-Ahorn 157
Feld-Ahorn 157

Sträucher
✱ Berberitze 145
Berg-Johannisbeere 146
Schwarze Johannisbeere 147
Feld-Ahorn 157
Pimpernuß 158
Kornelkirsche 165
Trauben-Holunder 174

Sträucher
▲ Besenginster 153
Blasenstrauch 153
Rote Heckenkirsche 175
Wald-Geißblatt 175

Bäume
Pappeln 135
Silber-Weide 135
Walnuß 136
Hänge-Birke 137
Grau-Erle 137
Schwarz-Erle 137
Hainbuche 137
Rot-Buche 138
Edel-Kastanie 138
Stiel-Eiche 138
Flaum-Eiche 138
Stein-Eiche 138
Ulmen 139
Gewöhnliche Esche 168

Sträucher
Gagelstrauch 135
Silber-Weide 135
Mandel-Weide 135
Korb-Weide 136
Purpur-Weide 136
Ohr-Weide 136
Grau-Weide 136
Sal-Weide 136
Schwarz-Weide 136
Lorbeer-Weide 136
Grün-Erle 137
Hasel 137
Flaum-Eiche 138
Stein-Eiche 138
Buchsbaum 159
Sanddorn 160
Efeu 162

Zwergsträucher und Sträucher unter 1 m Wuchshöhe

Gewässer . . .
✱ Sumpf-Porst 111
Vierkantige Moorheide 112

Wälder . . .
✱ Stachelbeere 146
Gewöhnliche Zwergmispel 147
Feld-Rose 151
Schwedischer Hartriegel 165
Rauschbeere 167
Preiselbeere 167

Trockenrasen . . .
✱ Deutsche Tamariske 63

Wälder . . .
✱ Alpen-Heckenrose 151
Hunds-Rose 151
Zimt-Rose 151
Gewöhnlicher Seidelbast 160
Rauschbeere 167
Preiselbeere 167
Echte Bärentraube 167

Alpen
✱ Schnee-Heide 166
Gams-Heide 188
Zwerg-Alpenrose 188
Rostblättrige Alpenrose 188
Bewimperte Alpenrose 188

Wälder . . .
✱ Heidekraut 111
Alpen-Heckenrose 151
Zimt-Rose 151
Schnee-Heide 166
Rostblättrige Alpenrose 188

Gewässer . . .
✱ Heidekraut 111
Grau- u. Blau-Heide 112

Trockenrasen . . .
✱ Strauch-Fingerkraut 56

Wälder . . .
✱ Johannisbeeren 146, 147
Felsen-Kreuzdorn 159
Heidelbeere 167

Trockenrasen und Wälder
▲ Dornige Hauhechel 57
Diptam 157

Wälder . . .
▲ Besenginster 153
Strauchige Kronwicke 154

Gewässer . . .
Kriechweide 102
Zwerg-Birke 102
Strauch-Birke 102
Schwarze Krähenbeere 111

Wälder . . .
Stechender Mäusedorn 127
Gagelstrauch 135
Mistel 139
Stechpalme 157
Buchsbaum 159

Alpen
Netz-Weide 183

Tafel 1 Äcker, Schutt- und Kiesplätze, Wege

Süßgräser / Gramineae oder Poaceae

1 Taube Trespe, *Bromus sterilis* L., Pfl. 30–80 cm; B. 3–5 mm br., behaart; B.häutchen zerschlitzt und gefranst; B.scheiden weichhaarig; St. oben kahl; Rispe locker, allseitswendig, mit rauhen Ästen; Ährchen 2–3 cm lg., zur Spitze hin verbreitert; Granne länger als die Deckspelze; untere Hüllspelze klein, 1nervig, obere größer, 3nervig. ✻ 6–7. △ Trockne Wegränder, Schutt, Mauern; häufig. Fast ganz Europa. – Ähnlich ist die **Dach-Trespe,** *Bromus tectorum* L., aber St. oben behaart, Rispe 1seitswendig, obere Äste weichhaarig; Wege, Dämme, Kiesgruben; Südskandinavien, Mittel- und Südeuropa. GefGr. 3! - Die **Acker-Trespe,** *B. arvensis* L., hat meist rotviolett überlaufene Ährchen; beide Hüllspelzen fast gleich lg., die untere 3-5nervig, die obere 7-9nervig; Wege, Schutt, Getreidefelder. Europa. GefGr. 3!

2 Einjähriges Rispengras, *Poa annua* L., Pfl. 5–25 cm, rasenbildend; B. flach, oberseits in der Mitte mit Doppelrinne (Schispur); B.häutchen 2–4 mm lg., weißlich, Rispe 2–5 cm lg., untere Rispenäste 1–2, glatt, waagrecht abstehend; Deckspelzen meist grün. ✻ Ganzjährig. △ Wege, Trittrasen, Äcker, Gärten; häufig. Europa. – Ähnlich ist das **Läger-Rispengras,** *Poa supina* Schrad., aber Deckspelzen meist braunviolett überlaufen, B.häutchen 0–2 cm lg.; Trittrasen und Lägerfluren der Gebirge Europas.

3 Bartgras, *Bothriochloa ischaemum* (L.) Keng (*Andropogon i.* L.), Pfl. 15–60 cm, knickig aufsteigend, mit kurzen Ausläufern; B. graugrün, spärlich bewimpert, 3 mm br.; B.häutchen in Haare aufgelöst; Ähren zu 2–5 fingerartig angeordnet, schmal, 3–6 cm lg.; Ährchen linealisch, mit violetten, bewimperten Hüllspelzen und 1,5 cm lg. Granne. ✻ 7–9. △ Trocken- und Halbtrockenrasen, Wegböschungen; wärmeliebend; selten. Mittel- und Südeuropa. GefGr. 3!

4 Gemeine Quecke, *Agropyron repens* (L.) P. B., Pfl. 30–150 cm, mit lg. Ausläufern; B. grün oder blaugrün, flach, 3–8 mm br., oberseits rauh, am Grund mit st.umfassenden Öhrchen; Ährchen flach, die Breitseite der Ährenachse zugewandt. ✻ 6–8. △ Äcker, Schutt, Wege, Dämme, Ufer, Flußauen; häufig. Europa.

5 Italienisches Raygras, Vielblütiger Lolch, *Lolium multiflorum* Lam. (*L. italicum* A. Br.), Pfl. 30–100 cm; B. hellgrün, bis 10 mm br., unterseits glänzend; B.scheiden, Halme oberwärts und Ährenachse rauh; Ährchen flach, 2zeilig angeordnet, mit der schmalen Seite zur Ährenachse gewandt (vergleiche *Agropyron*); untere Hüllspelzen 7nervig. 1/2 so lg. wie das Ährchen; Deckspelzen 7–8 mm lg., begrannt. ✻ 6–8. △ Wiesen, Wege, Schutt, Kulturpfl.; ziemlich häufig. Europa. – Ähnlich ist der **Ausdauernde Lolch, Englisches Raygras,** *L. perenne* L., Pfl. 20–60 cm; B. dunkelgrün, 3–4 mm br., oberseits fein gerieft; B.häutchen 1 mm lg., gestutzt; Ähre 10–20 cm lg.; Ährchen bis 2 cm lg.; Hüllspelzen etwa so lg. wie die Deckspelzen, diese stets unbegrannt; untere Hüllspelze 5nervig, etwa 3/4 so lg. wie das Ährchen; Wiesen Wege, häufig; Europa. – Bei dem selten gewordenen **Taumel-Lolch,** *L. temulentum* L. sind die Hüllspelzen 15–20 mm lg. und 2–4mal länger als die meist begrannte Deckspelze (Samen durch alkaloid-haltige Pilze giftig); Getreidefelder; Europa. GefGr. 0!

1
2
3
4
5

Tafel 2 Äcker, Schutt- und Kiesplätze, Wege

Süßgräser / Gramineae oder Poaceae

1 Hühnerhirse, *Echinochloa crus-galli* (L.) P. B., Pfl. 30–90 cm; St. glatt, an den Knoten mit Haarbüscheln; B. dunkelgraugrün, am Rand wellig; B.häutchen fehlend; Rispe aufrecht, bis 20 cm lg.; Ährchen gehäuft sitzend, eiförmig, hellgrün oder violett überlaufen; Hüllspelzen kurz bewimpert, zugespitzt oder begrannt. ✻ 7–10. △ Äkker, Schutt, Gräben, Weinberge; ziemlich häufig. Europa.

2 Blutrote Fingerhirse, Bluthirse, *Digitaria sanguinalis* (L.) Scop. (*Panicum sanguinale* L.), Pfl. 10–50 cm; B. und B.scheiden behaart, 5–10 mm br.; B.häutchen 1–2 mm lg.; Ähren schmal linealisch, zu 4–8, fingerförmig genähert; Ährchen lanzettlich, spitz, 3 mm lg. ✻ 7–10. △ Sandige Äcker, Wegränder; kalkmeidend; häufig. Europa. – Ähnlich ist die **Fadenhirse,** *D. ischaemum* (Schreb.) Mühlenb. (*Panicum lineare* Krocher), aber B. und B.scheiden kahl; Ährchen elliptisch, stumpf, 2 mm lg.; Ähren zu 2–4; saure, sandige Äcker; ziemlich selten; fast ganz Europa.

3 Gemeiner Windhalm, *Apera spica venti* (L.) P. B. Pfl. 30–100 cm; B. 3–4 mm br., beiderseits rauh, flach; B.häutchen bis 6 mm lg.; Rispe bis 30 cm lg., lockerblütig, mit lg. Ästen; Ährchen 2–3 mm lg., 1blütig, mit 5–7 mm lg. Granne. ✻ 6–7. △ Getreideäcker, Ruderalstellen; kalkmeidend; verbreitet. Fast ganz Europa. – Der **Unterbrochene Windhalm,** *A. interrupta* (L.) P. B. hat flache oder eingerollte, etwa 1 mm br. B. mit 1–2 mm lg. B.häutchen; Rispe eng zusammengezogen, unregelmäßig unterbrochen, mit kurzen, aufrechten Ästen; Granne 10–15 mm lg.; Pfl. 20–40 cm; sandige, trockne Böden, Brachland; selten; Mittel- und Süddeutschland, Südeuropa.

4 Grüne Borstenhirse, *Setaria viridis* (L.) P. B., Pfl. 5–50 cm, knickig aufsteigend; B. mit weißlichen oder violetten Mittelstreifen; Ährenrispe 7–10 mm dick, nicht unterbrochen; Borsten grün oder violett überlaufen, 5 mm lg., mit vorwärtsgerichteten Zähnen, daher beim Abwärtsstreichen Bl.stand rauh; Ährchen 2 mm lg.; Frucht bei der Reife ausfallend. ✻ 6–10. △ Äcker, Gärten, Weinberge, ziemlich häufig. Europa. – Ähnlich sind noch: **Fuchshirse,** *S. pumila* (Poir.) R. et Sch. (*S. glauca* P. B.), Pfl. graugrün, Borsten gelb, dann fuchsrot; Deckspelzen mit Querrunzeln; Äcker, Weinberge; verbreitet; fast ganz Europa. – **Kurzborstige Borstenhirse,** *S. decipiens* C. Schimp. (*S. ambigua* Guss.), Ährenrispe am Grund unterbrochen, traubig aufgelockert; Borsten 3 mm lg., grün, mit vorwärtsgerichteten Zähnchen; Äcker, Weinberge; wärmeliebend; ziemlich selten. – **Quirlige Borstenhirse,** *S. verticillata* (L.) P. B., Borsten 3–5 mm lg., meist grün, mit rückwärtsgerichteten Zähnchen, daher beim Aufwärtsstreichen Bl.stand sehr rauh (bei den übrigen Arten umgekehrt); Ährenrispe am Grund oft traubig aufgelockert; Äcker; ziemlich selten.

5 Mäuse-Gerste, *Hordeum murinum* L., Pfl. 10–40 cm, 1jährig, grasgrün, büschelig verzweigt; obere B.scheiden etwas aufgeblasen; Ähre 4–12 cm lg.; Ährchen 1blütig, je 3 zu einem Ährchendrilling angeordnet, das mittlere Ährchen 2geschlechtig, die beiden seitlichen ♂ oder steril; Hüllspelzen borstenförmig und lg. begrannt, 15–20 mm lg., am Rand abstehend bewimpert; bei der Reife zerbricht die Ährenachse unter jedem Ährchendrilling. ✻ 5–9. △ Trockene Ruderalstellen, Wegränder; wärmeliebend; häufig; Süd- und Mitteleuropa, nördlich bis Südskandinavien.

1
2
3
4
5

Tafel 3 Äcker, Schutt- und Kiesplätze, Wege

Binsengewächse / Juncaceae

1 **Zarte Binse,** *Juncus tenuis* Willd., Pfl. 15–40 cm; St. dicht stehend, am Grund mit lg., grasartigen, aufgerichteten B.; Bl.stand endständig, vielblütig, von 2–3 Hochb. überragt; Bl.b. 6, gelbgrün, 3nervig, fein zugespitzt, länger als die Kapsel. ✻ 6–9. △ Waldwege, Trittrasen; häufig. Europa, aus Nordamerika eingeschleppt.

2 **Blaugrüne Binse,** *Juncus inflexus* L., Pfl. 30–60 cm; St. blaugrün, matt, gerieft, scheinbar b.los; grundständige B.scheiden glänzend schwarzbraun; Mark der St. und B. durch Querwände gekammert; Bl.stand (scheinbar) seitenständig; Staubb. 6. ✻ 6–8. △ Wegränder, Ufer, Kahlschläge, Feuchtweiden, tonige, lehmige Böden; häufig. Fast ganz Europa.

3 **Zwiebel-Binse,** *Juncus bulbosus* L. (*J. supinus* Moench), Pfl. 5–15 cm, rasenbildend; St. am Grund zwiebelförmig verdickt, an den Knoten wurzelnd, bis oben beblättert; Bl. in knäueligen Büscheln am Ende des St.; Köpfchen meist überragt von den Hochb.; Bl.stand oft mit Laubtrieben; Bl.b. 6, lanzettlich, spitz, grünlich bis bräunlich, 3–4 mm lg.; Kapsel etwas länger als die Bl.b. ✻ 7–9. △ Ufer, Gräben, abgesenkte Teiche, Schlammböden; zerstreut Europa. – Ähnlich ist die **Kopf-Binse,** *J. capitatus* Weigel, St. fadenförmig, nicht beblättert; B. rinnig; Bl. zu 4–8 in einem endständigen Köpfchen; Bl.b. weißlich, später rotbraun, lg. zugespitzt; Pfl. 4–12 cm; feuchte Äcker; selten. Südskandinavien, Mittel- und Südeuropa. GefGr. 2!

4 **Kröten-Binse,** *Juncus bufonius* L., Pfl. 10–25 cm, am Grund büschelig verzweigt; untere B.scheiden gelbbraun; Bl. 3–7 mm lg., einzeln an lg., aufrechten Ästen sitzend; Bl.b. lanzettlich, weißhäutig, mit grünem Mittelstreifen, länger als die Kapsel. ✻ 6–9. △ Feuchte Äcker, Wege, Ufer; verbreitet; Europa.

Liliengewächse / Liliaceae

5 **Dolden-Milchstern,** *Ornithogalum umbellatum* L., Pfl. 10–30 cm, mit kugeligen Zwiebeln; B. grundständig, linealisch, 2–5 mm br., mit weißem Mittelstreifen; Bl.stand doldentraubig, aufrecht; Bl.b. 6, 15–25 mm lg., 4–8 mm br., weiß, am Rükken mit grünem Streifen. ✻ 4–5. △ Wegränder, Weinberge, Gebüsche; zerstreut. Mittel- und Südeuropa. – Der **Nickende Milchstern,** *O. nutans* L. hat traubig verlängerten, 3–12blütigen Bl.stand; Bl.b. innen weiß, außen grünlich, 20–25 mm lg.; Weinberge, Parkanlagen; selten; Mittel- und Südeuropa.

6 **Große Traubenhyazinthe,** *Muscari racemosum* (L.) Mill., Pfl. 10–20 cm; B. zu 3–6, schmal linealisch, halbstielrund, schlaff, oberseits rinnig, länger als der St.; Bl.traube dicht, 3–6 cm lg.; Bl. länglich eiförmig, duftend, blau, mit weißem Saum, 4–5 mm lg. ✻ 4–5. Geschützt! △ Weinberge, Gärten, sonnige Böschungen, Halbtrockenrasen; zerstreut bis selten. Mittel- und Südeuropa. GefGr. 3! – Ähnlich ist die **Kleine Traubenhyazinthe,** *M. botryoides* (L.) Mill., aber B. br. lanzettlich, zur Spitze hin verbreitert, bis 8 mm br., steif aufrecht, fast so lg. wie der St.; Bl. kugeligeiförmig, geruchlos; Magerrasen, Bergwiesen, Eichenwälder; ziemlich selten. Mittel- und Süddeutschland, Südeuropa. Geschützt! GefGr. 3!

7 **Weinberg-Lauch,** *Allium vineale* L., Pfl. 30–60 cm; B. fast stielrund, kahl, oberseits rinnig, 2–3 mm br., bläulichgrün; Bl.dolde kugelig, dicht, mit 1 spitzen, bald abfallenden Hüllb., wenigblütig, oft nur mit Brutzwiebeln; Bl.b. 4–5 mm lg., rot, selten grünlich; Staubb. fast 2mal so lg. wie die Bl.b., innere Staubb. verbreitert; beiderseits mit je 1 lg., spitzen Zahn. ✻ 6–8. △ Weinberge, Wegränder; verbreitet. Südskandinavien, Mittel- und Südeuropa.

7
4
2
3
6
1
5

Tafel 4 Äcker, Schutt- und Kiesplätze, Wege

Brennesselgewächse / Urticaceae

1 **Große Brennessel,** *Urtica dioica* L., Pfl. 2häusig, mit Brennhaaren, 30–120 cm; St. kantig, aufrecht; B. gegenständig, länglich, mit herzförmigem Grund, grob gesägt, dunkelgrün, 5–10 cm lg.; B.stiel flaumig behaart; Bl.rispen länger als der B.stiel. ✻ 7–10. △ Wege, Schutt, Auenwälder, Waldränder; häufig. Europa. – Ähnlich ist die **Kleine Brennessel,** *U. urens* L., aber Pfl. 1häusig, B. eiförmig, stumpflich, hellgrün, 2–4 cm lg.; Bl.rispe kürzer als die B.stiele; Gärten, Äcker, Unkrautfluren; häufig. Europa. – Die **Pillen-Brennessel,** *U. pilulifera* L. hat kugelige, gestielte Bl.stände; Schuttplätze; selten; Mittel- und Süddeutschland, Südeuropa.

2 **Aufrechtes Glaskraut,** *Parietaria officinalis* L., (*P. erecta* Mert. et Koch), Pfl. ohne Brennhaare, 20–100 cm; B. wechselständig, ganzrandig, eiförmig-lanzettlich, spitz, 3–12 cm lg.; Bl.stände kugelig; Bl. unscheinbar, 4zählig, grünlich. ✻ 6–9. △ Schattige Mauern und Felsen, Ruderalstellen, Gebüschsäume; selten. Mittel- und Südeuropa. – Ähnlich ist das **Ausgebreitete Glaskraut,** *P. julaica* L., (*P. ramiflora* Moench), aber Pfl. 5–30 cm, niederliegend, reich verzweigt; B. eiförmig-rundlich, zugespitzt, 2–4 cm lg.; Mauerfugen; selten; Süddeutschland, Täler der Südalpen, West- und Südwesteuropa.

Osterluzeigewächse / Aristolochiaceae

3 **Osterluzei,** *Aristolochia clematitis* L., Pfl. 30–70 cm; St. unverzweigt, hin und her gebogen; B. ei-herzförmig, hellgrün, 6–10 cm lg.; Bl. zu 2–8 in B.achseln, mit gebogener, am Grund bauchiger Röhre, gelblich; Staubb. 6. ✻ 5–6. △ Weinberge, Gebüschsaum, feuchte Wälder; wärmeliebend; giftig! Heilpfl.; ziemlich selten. Mittel- und Südeuropa.

Knöterichgewächse / Polygonaceae

4 **Stumpfblättriger Ampfer,** *Rumex obtusifolius* L., Pfl. 50–120 cm; B. länglich eiförmig, mit herzförmigem Grund, 10–30 cm lg.; innere Bl.b. jederseits mit 3–8 Zähnen, 1 oder alle 3 mit Schwielen. ✻ 6–8. △ Unkrautfluren, Schutt, Wege, Wiesen; häufig. Europa. – Ähnlich sind noch: **Knäuel-Ampfer,** *R. conglomeratus* Murray, B. lg. gestielt, länglich eiförmig, 5–20 cm lg.; Pfl. 30–80 cm, bis zur Spitze beblättert, zwischen den Bl.knäueln mit lanzettlichen Hochb.; innere 3 Bl.b. länglich, schmal, ganzrandig, ohne Zähne, 2–3 mm lg., alle 3 mit Schwielen; Ufer, Gräben, feuchte Äcker; verbreitet; Südskandinavien, Mittel- und Südeuropa. – **Blut-Ampfer,** *R. sanguineus* L., Bl.stand nur am Grund beblättert, nur 1 Bl.b. mit Schwiele, alle 3 Bl.b. ganzrandig; Auenwälder, Waldschläge; zerstreut; Südskandinavien, Mittel- und Südeuropa.

5 **Krauser Ampfer,** *Rumex crispus* L., Pfl. 30–120 cm; B. länglich lanzettlich, bis 30 cm lg., am Rand wellig-kraus; Bl.stand reichblütig; innere Bl.b. br. eiförmig, mit herzförmigem Grund, meist alle 3 mit Schwielen. ✻ 6–8. △ Unkrautfluren, Äcker, Gräben, Ufer, Wiesen, Weiden; häufig. Europa.

6 **Kleiner Sauerampfer,** *Rumex acetosella* L., Pfl. 10–30 cm; B. sauer schmeckend, lanzettlich-lineal, am Grund mit auswärts gerichteten Spießecken; Bl.stand lockerblütig; Bl. 1geschlechtig; Bl.hüllb. ohne Schwielen. ✻ 5–8. △ Magerrasen, Äcker, Wege, Heiden, Sandböden; kalkmeidend; verbreitet. Europa.

3
5
1
6
4
2

Tafel 5 Äcker, Schutt- und Kiesplätze, Wege

Knöterichgewächse / Polygonaceae

1 Strand-Ampfer, *Rumex maritimus* L., Pfl. 10–60 cm, zur Fruchtzeit goldgelb; B. lineal-lanzettlich, in den B.stiel verschmälert; Bl. in knäueligen, übereinanderstehenden Scheinquirlen; innere Bl.b. gelbbraun, eiförmig-3eckig, mit lg., schmalen Zähnen. ✻ 7–9. △ Gräben, oft salzhaltige Teiche, Altwasser, Viehtränken, Schlammböden; ziemlich selten. Mitteleuropa, nördlich bis Südskandinavien, Nordrußland, Sibirien. – Ähnlich ist der **Sumpf-Ampfer,** *R. palustris* Sm., aber Pfl. zur Fruchtzeit bräunlich bis rötlich; Bl.stand locker; Zähne der inneren Bl.b. kürzer als die Breite der schmal zungenförmigen Bl.b.; Schlammböden, Ufer, abgelassene Teiche; zerstreut bis selten; Südskandinavien, Mitteleuropa.

2 Gemeiner Windenknöterich, *Fallopia convolvolus* (L.) Löve (*Polygonum convolvolus* L.), Pfl. 15–100 cm; St. hin- und hergebogen oder windend, kantig; B. 3eckig bis pfeilförmig; Bl. hellgrün, zu 1–5 in B.achseln oder in wenigblütigen, ährenartigen Bl.ständen; äußere Bl.b. gekielt; Frucht 4–5 mm lg., 3kantig. ✻ 7–10. △ Äcker, Gärten, Schuttplätze, verbreitet. Europa.

3 Vogel-Knöterich, *Polygonum aviculare* L., Pfl. niederliegend, 5–50 cm; St. dunkel gestreift; B. linealisch bis eiförmig, kurz gestielt, 0,5–3 cm lg., sehr vielgestaltig; Bl. zu 1–5 b.achselständig, Bl.b. meist 5, 2–3 mm lg., grünlich oder rosa. ✻ 6–10. (Sammelart mit mehreren Kleinarten). △ Wege, Schutt, Gräben, Kiesplätze; häufig. Europa.

4 Floh-Knöterich, *Polygonum persicaria* L., Pfl. 10–80 cm, ähnlich Ampfer-Knöterich, aber B.scheiden eng anliegend, kurz behaart, am oberen Rand lg. bewimpert; B. glänzend; Ährenstiele und Bl. drüsenlos; Bl. rosa oder weiß. ✻ 7–10. △ Äcker, Schutt, Schlammböden; häufig. Europa.

5 Ampfer-Knöterich, *Polygonum lapathifolium* L., Pfl. meist aufrecht, 20–80 cm; B. ei-lanzettlich, im unteren Drittel am breitesten; B.stiel weit unter der Mitte der B.scheiden abgehend; B.scheide locker, kahl oder spinnwebig; Bl. in dichter, gebogener Scheinähre; Ährenstiele und Bl.b. drüsig; Bl. rosa oder weiß. ✻ 7–10. (Sammelart mit mehreren Kleinarten). △ Ufer, Gräben, Äcker, Schlammböden; häufig. Europa.

6 Milder Knöterich, *Polygonum mite* Schrank, Pfl. 10–60 cm; B. lanzettlich, nach beiden Enden allmählich verschmälert, über 10 mm br.; B.scheidenrand lg. bewimpert; Bl. in lockeren, dünnen oft überhängenden oder gebogenen, dünnen Scheinähren; Bl. rosa oder grünlich. ✻ 7–9. △ Ufer, Gräben, Quellen, feuchte Waldwege; zerstreut. Europa. – Ähnlich ist der **Wasserpfeffer** oder **Pfeffer-Knöterich,** *P. hydropiper* L., aber B. beim Zerkauen scharf schmeckend; B.scheidenrand kurz bewimpert; Bl.b. drüsig punktiert; giftig! Gräben, Ufer, feuchte Waldwege; kalkmeidend; häufig. Europa. – Der **Kleine Knöterich,** *P. minus* Huds. hat lineal-lanzettliche, unter 8 mm br., am Grund abgerundete, mild schmeckene B. und aufrechten Bl.stand; feuchte Äcker und Waldwege; kalkmeidend; zerstreut; fast ganz Europa.

1
2
3
4
5

Tafel 6 Äcker, Schutt- und Kiesplätze, Wege

Knöterichgewächse / Polygonaceae

1 Echter Buchweizen, *Fagopyrum esculentum* Moench (*F. sagittatum* Gilib.), Pfl. 15–60 cm; St. meist rot, wenig verzweigt; B. spieß- oder pfeilförmig, untere lg. gestielt, obere fast sitzend, meist länger als br.; Bl. 3–4 mm lg., zu mehreren in b.achselständigen Bl.ständen; Bl.b. 5, weiß oder rosa; Frucht 3kantig, 5–6 mm lg., an den Kanten glatt. ✻ 7–10. △ Äcker, Schutt, Wegränder; kalkmeidend; zerstreut. Ursprünglich aus Zentralasien stammend, heute fast ganz Europa. – Ähnlich ist der **Tataren-Buchweizen,** *F. tataricum* (L.) Gaertn., aber St. grün bleibend; B. meist breiter als lg.; Bl. grünlich; Frucht mit ausgeschweift gezähnten Kanten; Äcker, Wege; kalkmeidend; selten. Fast ganz Europa.

Gänsefußgewächse / Chenopodiaceae

2 Guter Heinrich, *Chenopodium bonus-henricus* L., Pfl. 20–60 cm; B. 3eckig-spießförmig, mattgrün, 5–10 cm lg.; Bl.stand zusammengesetzt, kegelförmig, b.los; Bl. 2geschlechtig, grün. ✻ 6–9. △ Unkrautfluren, Zäune, Wege, Viehläger; ziemlich häufig. Europa. GefGr. 3!

3 Vielsamiger Gänsefuß, *Chenopodium polyspermum* L., Pfl. 10–50 cm, liegend bis aufsteigend; St. 4kantig, oft rot überlaufen; B. länglich eiförmig, lg. gestielt, ganzrandig, 2–5 cm lg.; Bl.stand beblättert; Same schwarz glänzend, 1 mm br., in der offenen Fruchthülle sichtbar. ✻ 7–9. △ Unkrautfluren, Ufer, nährstoffreiche Äcker, Weinberge, verbreitet. Fast ganz Europa. – Ähnlich ist der **Stinkende Gänsefuß,** *Ch. vulvaria* L., aber Pfl. nach Heringsdosen stinkend; B. ei-rautenförmig, 2–3 cm lg., ganzrandig, beiderseits mehlig bestäubt; Bl. in b.achsel- und endständigen Knäueln; St. niederliegend; Unkrautfluren; wärmeliebend; ziemlich selten; Mittel- und Südeuropa. GefGr. 2!

4 Weißer Gänsefuß, *Chenopodium album* L., Pfl. 20–120 cm; B. und St. blau- oder graugrün, St. manchmal rot überlaufen; B. vielgestaltig, eiförmig-rhombisch bis lanzettlich, spitz, meist gezähnt, beiderseits mehlig bestäubt; Bl.stand pyramidenförmig, fast b.los; Bl.hülle 5teilig, mehlig, weißlichgrün. ✻ 7–9. △ Unkrautfluren, Schutt, Äcker, Ufer, Schläge; häufig. Europa. – Der **Graugrüne Gänsefuß,** *Ch. glaucum* L. hat oberseits dunkelgrüne, unterseits dicht bestäubte, hell bläulichgrüne, länglich-eiförmige, buchtig gelappte B. und nicht mehlig bestäubten, dichten Bl.stand; Unkrautfluren; zerstreut; fast ganz Europa.

5 Spreizende Melde, *Atriplex patula* L., Pfl. 1häusig, sehr variabel, 30–80 cm; untere B. länglich-rautenförmig, mit keilförmigem Grund, obere B. länglich-lanzettlich; Bl. 1geschlechtig; ♂ Bl. mit 5 Bl.b. und 5 Staubb.; ♀ Bl. ohne Bl.hülle, aber mit 2 rautenförmigen, ganzrandigen oder gezähnten, manchmal warzigen Vorb., die sich zur Fruchtzeit vergrößern. ✻ 7–10. (Gattung mit vielen, sehr ähnlichen Arten). △ Äcker, Gärten, Schutt; häufig. Europa.

6 Spieß-Melde, *Atriplex hastata* L., Pfl. 30–90 cm, ähnlich *A. patula* L., aber untere B. br. 3eckig, hellgrün; Vorb. (der bl.b.losen Bl.) 3eckig, meist klein gezähnelt, mit gestutztem oder br. keilförmigem Grund. ✻ 7–9. △ Nährstoffreiche Unkrautfluren, Müllplätze, Ufer, Gräben, Schlammböden, Salzstellen, Meeresküsten; zerstreut. Europa.

2
1
5
4
3

Tafel 7 Äcker, Schutt- und Kiesplätze, Wege

Fuchsschwanzgewächse / Amaranthaceae

1 Rauhhaariger oder **Krummer Fuchsschwanz,** *Amaranthus retroflexus* L., Pfl. 10–80 cm; St. gefurcht, dicht kurzhaarig; B. rhombisch-eiförmig, hellgrün, unterseits auf den Nerven behaart, 5–15 cm lg.; Bl.stand endständig, dicht, straußförmig oder eine kegelförmige Rispe bildend; Bl. 1geschlechtig, klein, knäuelig gedrängt; Bl.b. 5, grünlichweiß, 2–3 mm lg.; Vorb. der Bl. 3–6 mm lg., derb, stechend. ✻ 7–9. (Gattung mit vielen, ähnlichen Arten). △ Unkrautfluren, Äcker, Schutt, Wege; etwas wärmeliebend. Europa.

Nelkengewächse / Caryophyllaceae

2 Kornrade, *Agrostemma githago* L., Pfl. zottig graufilzig, 30–100 cm; B. gegenständig, linealisch; Kelchb. 5, glockig verwachsen, mit lg. Kelchzipfeln; Krone purpurn, 3–5 cm br., von den freien Kelchzipfeln weit überragt; Samen giftig! ✻ 6–7. △ Getreideäcker; früher verbreitet, heute durch Saatgutreinigung selten. Fast ganz Europa. GefGr. 1!

3 Gemeines Leimkraut, Taubenkropf, *Silene vulgaris* (Moench) Garke (*S. cucubalus* Wib., *S. inflata* Sm.), Pfl. 10–50 cm; B. eiförmig-lanzettlich bis br. eiförmig (sehr variabel), blaugrün, meist kahl; Bl.stand rispig; Kelch kugelig aufgeblasen, stark netzaderig, 20nervig; Kronb. tief 2teilig, weiß. ✻ 5–9. (Formenreiche Sammelart mit vielen Kleinarten). △ Wege, Böschungen, Steinbrüche, Gebüschsäume, Magerrasen, in den Alpen bis 2500 m; häufig. Europa. – Ähnlich ist das **Kegelfrüchtige Leimkraut,** *S. conica* L., aber Pfl. drüsenhaarig, 10–30 cm, wenigblütig; Kelch 30nervig, nicht netzaderig, kegelförmig, zuletzt schwach aufgeblasen, grün, drüsig behaart; Kronb. rosa, ausgerandet; B. schmal lanzettlich; Böschungen, Schutt, Sandböden, Dünen, Trockenwiesen; ziemlich selten; Mittel- und Südeuropa. GefGr. 2!

4 Weiße Lichtnelke, *Silene alba* (Mill.) Krause (*Melandrium album* (Mill.) Garkke), Pfl. oben kurzhaarig-drüsig, 30–100 cm; B. br. lanzettlich; Bl. 1geschlechtig, 2–3 cm br., erst nachmittags sich öffnend; Kelchröhre 18–25 mm lg.; Kronb. tief 2teilig, weiß, mit Nebenkrone; Griffel 5; Zähne der Fruchtkapsel aufrecht. ✻ 6–9. △ Wege, Schutt, Äcker, Gebüschsäume; ziemlich häufig. Europa. – Ähnlich ist die **Acker-Lichtnelke,** *S. noctiflora* L. (*Melandrium noctiflorum* (L.) Fries), aber Bl. 2geschlechtig, wohlriechend; Griffel 3; Krone blaßrosa; Zähne der Fruchtkapsel zurückgerollt; Pfl. oberwärts klebrig-drüsig, armblütig; Unkrautfluren, Getreidefelder, Wege; zerstreut; fast ganz Europa.

3
4
1
2

Tafel 8 Äcker, Schutt- und Kiesplätze, Wege

Nelkengewächse / Caryophyllaceae

1 **Mauer-Gipskraut,** *Gypsophila muralis* L., Pfl. 1jährig, 5–20 cm; St. aufrecht, von Grund an ästig; B. linealisch, blaugrün, 5–20 cm lg.; Kelchb. röhrig verwachsen, mit weißhäutigen Streifen zwischen den Nerven; Kronb. rosa, mit dunkleren Nerven, ausgerandet, 3–5 mm lg. ✻ 6–10. △ Ackerrinnen, Brachland, Ufer, nasse Wege; kalkmeidend; zerstreut. Fast ganz Europa. GefGr. 3!

2 **Echtes Seifenkraut,** *Saponaria officinalis* L., Pfl. 30–80 cm, mit vielen, aufrechten, fein flaumigen St.; B. elliptisch, 3nervig, 5–10 cm lg.; Bl. endständig, büschelig gehäuft; Kelch röhrig, kahl, grün oder rötlich, 2 cm lg.; Kronb. rosa bis weiß, schwach ausgerandet, mit 2 Schlundschuppen. ✻ 6–9. △ Unkrautfluren, Flußufer, Kiesbänke, Hecken; ziemlich häufig. Fast ganz Europa.

3 **Vogelmiere,** *Stellaria media* (L.) Cyr., Pfl. rasenbildend, 5–30 cm; St. niederliegend, 1reihig behaart, rund; B. eiförmig, spitz; Kronb. tief 2teilig, weiß, so lg. oder kürzer als die Kelchb.; Griffel 3. ✻ 3–10. △ Äcker, Gärten, Weinberge, Ufer; häufig. Europa.

4 **Acker-Hornkraut,** *Cerastium arvense* L., Pfl. lockerrasig, behaart, 15–30 cm; B. länglich-lanzettlich, in den Achseln oft mit B.büscheln; Hochb. an der Spitze br.hautrandig; Kronb. 11–15 mm lg., tief 2teilig, weiß; Kelch und Bl.stiele drüsig; Griffel 5. ✻ 4–7. △ Wege, Mauern, Dünen; ziemlich häufig. Fast ganz Europa.

5 **Dolden-Spurre,** *Holosteum umbellatum* L., Pfl. 5–25 cm, bläulichgrün; B. eiförmig, spitz, in grundständiger Rosette und am St. gegenständig sitzend; Bl.stand doldig; Bl.stiele zuletzt zurückgeschlagen; Kronb. weiß, 4–6 mm lg., vorn gezähnt. ✻ 3–5. △ Äcker, Brachland, Wegränder, sandige Böden; verbreitet. Mittel- und Südeuropa.

6 **Quendel-Sandkraut,** *Arenaria serpyllifolia* L., Pfl. 5–30 cm, graugrün; B. eiförmig, spitz, 5–8 mm br., am Rand bewimpert, sitzend, nur die untersten gestielt; Bl. 5–7 mm br., weiß; Kronb. nicht ausgerandet, kürzer als die ei-lanzettlichen Kelchb. ✻ 5–9. △ Äcker, Wegränder, Mauern, Trockenrasen; verbreitet. Europa. – Ähnlich ist das **Dünnstengelige Sandkraut,** *A. leptoclados* (Rchb.) Guss., aber Pfl. gelbgrün, zart; B. 3–5 mm br.; Kelchb. lanzettlich; Trockenrasen; zerstreut.

7 **Quirlige Knorpelblume,** *Illecebrum verticillatum* L., Pfl. 5–25 cm; St. niederliegend, fadenförmig, an den Knoten wurzelnd; B. verkehrt eiförmig, 2–5 mm lg.; Bl. in b.achselständigen Knäueln; Kronb. 5, weiß, fadenförmig, Kelchb. 5, weiß, knorpelig verdickt, 2 mm lg., mit Grannenspitze. ✻ 7–9. △ Feuchte Wegränder, saure Äcker, Sandböden; kalkmeidend; selten. Mittel- und Südeuropa, (westlich). GefGr. 3!

8 **Kahles Bruchkraut,** *Herniaria glabra* L., Pfl. niederliegend, polsterartig, 5–20 cm, 1–2jährig; B. eiförmig-elliptisch, sitzend, kahl, gelbgrün, 2–7 mm lg.; Bl. winzig, grünlich, in dichten, fast sitzenden, b.achselständigen Knäueln; Kronb. winzig oder fehlend. ✻ 6–9. △ Wege, Dämme, Sand- und Kiesböden, Pflaster; zerstreut, Europa.

9 **Liegendes Mastkraut,** *Sagina procumbens* L., Pfl. niederliegend, rasenbildend, an den Knoten wurzelnd, 2–5 cm; B. linealisch, kurz stachelspitz, 5–12 mm lg.; Kelchb. meist 4, stumpflich, abstehend; Kronb. meist fehlend. Bl.stiele nach dem Verblühen zurückgebogen. ✻ 5–9. △ Wege, saure Äcker, Trittstellen, Quellfluren; häufig. Europa.

5
8
4
9
6
2
1
3
7

Tafel 9 Äcker, Schutt- und Kiesplätze, Wege

Nelkengewächse / Caryophyllaceae

1 Wimper-Mastkraut, *Sagina ciliata* Fries (*S. apetala* Ard.), Pfl. dunkelgrün, 3–10 cm; Kelchb. 4 (wie Liegendes Mastkraut), aber die 2 äußeren spitz, mit gekrümmter Stachelspitze; Kronb. fehlend oder 1/2 so lg. wie die Kelchb.; Bl.stiele drüsig bewimpert, nach der Blüte zurückgekrümmt; B. 3–8 mm lg., am Rand bewimpert, mit lg. Stachelspitze. ✻ 4–7. △ Äcker, Sandtrockenrasen, Pflasterfugen; kalkmeidend; ziemlich selten. Süd- und Mitteleuropa.

2 Knotiges Mastkraut, *Sagina nodosa* (L.) Fenzl, Pfl. 5–15 cm; obere St.b. 1–2 cm lg., mit b.achselständigen Kurztrieben; Kelchb. und Kronb. 5; die Kronb. weiß, doppelt so lg. wie die Kelchb. ✻ 6–8. △ Wege, Moorwiesen; zerstreut bis selten. Hauptsächlich Nord- und Mitteleuropa. GefGr. 2! – Ebenfalls 5zählige Bl., aber mit etwa gleich lg. Kronb. und Kelchb. haben **Alpen-Mastkraut,** *S. saginoides* (L.) Karsten, mit kahlen B. und St., auf alpinen und subalpinen Magerrasen und Trittrasen, und **Pfriemen-Mastkraut,** *S. subulata* (SW.) C. Presl., mit gewimperten B. und St.; selten. Nord- und Nordwestdeutschland. GefGr. 2! In Steingärten als Zierpfl. (»Sternmoos«) und gelegentlich verwildert.

3 Einjähriges Knäuelkraut, *Scleranthus annuus* L., Pfl. 1- oder 2jährig, 5–15 cm, niederliegend bis aufsteigend; B. pfriemlich, blaugrün; Bl. in dichten Knäueln; Kronb. fehlend; Kelchb. 5, spitz, 3–4 mm lg., schmal hautrandig, 3–4mal länger als die 2–5 Staubb. ✻ 5–9. △ Sandige Äcker, Wege, kalkarme Sandböden; häufig. Europa. – Ähnlich ist das **Ausdauernde Knäuelkraut,** *S. perennis* L., aber Kelchb. stumpflich, mit br. Hautrand, kaum länger als die 10 Staubb.; St. unten leicht verholzt; Pionierrasen, Dünen, Wege; verbreitet; Mittel- und Südeuropa, vereinzelt bis Südskandinavien.

4 Acker-Spergel, *Spergula arvensis* L., Pfl. 10–50 cm; B. linealisch, 2–3 cm lg., unterseits mit Längsfurche, quirlig angeordnet; St. zerstreut drüsenhaarig; Bl. 5–8 mm br., in lockeren, gabelig verzweigten Bl.ständen; Kronb. 5, ungeteilt, stumpflich, weiß, 2–4 mm lg., fast so lg. wie die drüsenhaarigen Kelchb.; Same mit schmalem Hautrand. (Der **Frühlings-Spergel,** *S. morisonii* Borb. hat Samen mit sehr br. Hautrand, siehe T. 49.) ✻ 6–10. △ Kalkarme Äcker, sandige Wegraine, Waldschläge; häufig. Europa.

5 Rote Schuppenmiere, *Spergularia rubra* (L.) J. et C. Presl., Pfl. niederliegend bis aufsteigend, oben drüsig, 5–25 cm; B. gegenständig, stachelspitzig; Nebenb. silberweiß glänzend; Bl. 5zählig, 6–8 mm br., rosa; Staubb. 10; Samen runzelig, feinwarzig. ✻ 5–9. △ Ufer, feuchte Äcker; kalkmeidend; verbreitet. Fast ganz Europa. – Die ähnliche **Igelsamige Schuppenmiere,** *S. echinosperma* Čelak unterscheidet sich durch randlich bestachelte Samen; Schlammböden, Ufer; selten. GefGr. 4!

6 Französisches Leimkraut, *Silene gallica* L., Pfl. 10–45 cm, 1jährig, ohne sterile Triebe; B. spatelförmig; St. behaart, oberwärts drüsig; Bl. in meist 1seitswendigen, ährenartigen Bl.ständen; Kronb. 10–15 mm lg., rosarot, selten weiß, vorne abgerundet bis kurz ausgerandet; Kelch rauhhaarig, 7–10 mm lg., mit 10 grünen Nerven; Griffel 3. ✻ 6–7. △ Äcker, Schutt, Unkrautfluren; ziemlich selten; Süd- und Mitteleuropa.

1
2
3
4
5
6

Tafel 10 Äcker, Schutt- und Kiesplätze, Wege

Hahnenfußgewächse / Ranunculaceae

1 **Feld-Rittersporn,** *Consolida regalis* S. F. Gray (*Delphinium consolida* L.), Pfl. 20–40 cm, 1jährig; B. 1- bis mehrfach 3zählig, in schmale, etwa 1 mm br. Zipfeln zerteilt; Bl. dunkelblau, in wenigblütigen Trauben, mit 25 mm lg. Sporn, dieser aus 2 verwachsenen Nektarb. gebildet; Bl.stiele länger als die Hochb.; Fruchtknoten 1; Frucht kahl. ✻ 5–8. △ Äcker, Wegränder; verbreitet. Mittel- und Südeuropa, nördlich bis Südskandinavien. – Ähnlich ist der **Orientalische Rittersporn,** *C. orientalis* (Gay) Schrödinger, aber Bl. in reichblütigen Trauben; Frucht weichhaarig; Äcker, Bahngelände; selten.

2 **Acker-Hahnenfuß,** *Ranunculus arvensis* L., Pfl. 1jährig, 20–60 cm; B. stark zerteilt, mit 3spaltigen, linealischen oder lanzettlichen Abschnitten; Bl. hellgelb, 4–12 mm br.; Kelchb. aufgerichtet; Früchtchen zu 3–8, je 5–6 mm lg., auffällig stachelig, mit kantigem Rand und gekrümmtem Schnabel. ✻ 5–7. △ Lehmige, tonige Getreideäcker, zerstreut bis selten. Europa. GefGr. 2!

3 **Kriechender Hahnenfuß,** *Ranunculus repens* L., Pfl. 10–40 cm, mit lg. an den Knoten wurzelnden Ausläufern; Grundb. 3teilig, mittlerer Abschnitt lg. gestielt, alle Abschnitte 3spaltig, gezähnt; Bl. 2–3 cm br., dottergelb; Bl.stiele gefurcht; Schnabel der Früchtchen kurz, gerade. ✻ 5–8. Giftig! △ Äcker, Brachland, Ufer, Wiesen, Auenwälder; häufig. Europa.

4 **Sommer-Adonisröschen, Blutströpfchen,** *Adonis aestivalis* L., Pfl. 25–60 cm; B. mehrfach fiederteilig, mit etwa 1 mm br. Zipfeln; Bl. einzeln, endständig, 1–3 cm br.; Kelchb. grün, kahl, der Krone anliegend; Kronb. 5–8, rot oder blaßgelb, am Grund oft schwarz; Früchtchen dicht stehend, mit rein grünem Schnabel. ✻ 6–8. Giftig! Geschützt! △ Lehmige, kalkreiche Getreidefelder; zerstreut. Mittel- und Südeuropa, (östlich). GefGr. 3! – Ähnlich ist das **Flammen-Adonisröschen,** *A. flammea* Jacq., aber Kelchb. zerstreut lg.haarig; Früchtchen locker stehend, Schnabel an der Spitze schwarz; Äcker; selten; giftig! Süddeutschland, Südeuropa, (östlich). GefGr. 1!

5 **Mäuseschwanz,** *Myosurus minimus* L., Pfl. 2–10 cm, 1jährig; B. grasartig, schmal linealisch, etwa 1 mm br., in grundständiger Rosette; St. b.los; Kronb. 5, hellgrün, eiförmig, 3–4 mm lg., am Grund mit kurzem, dem Bl.stengel anliegendem Sporn; Nektarb. fadenförmig, gelbgrün; Bl.boden sich nach der Blüte auf 2–5 cm verlängernd und dadurch mäuseschwanzähnlich aussehend. ✻ 4–6. △ Feuchte Wegränder und Äcker, Ufer, lehmige, staunasse, kalkfreie Böden; selten. Fast ganz Europa.

Erdrauchgewächse / Fumariaceae

6 **Rankender Erdrauch,** *Fumaria capreolata* L., Pfl. 30–100 cm, kahl; St. schlaff, durch Rankenb. kletternd; B. blaugrün, doppelt gefiedert; Bl. 10–12 mm lg., weißlich, mit violetter Spitze, in reichblütigen, lockeren Trauben; Fruchtstiele nach rückwärts gekrümmt. ✻ 5–9. △ Weinberge, Gärten, Schutt; kalkarme Böden; selten. Mittel- und Südeuropa, (westlich). – Der **Mauer-Erdrauch,** *F. muralis* Sonder, ebenfalls kletternd, hat 5–7 mm lg., purpurne, an der Spitze fast schwarze Bl. in armblütigen, lockeren Trauben; Fruchtstiele abstehend. ✻ 6–9. Mauern; selten. Westeuropa, westliches Mitteleuropa.

1
2
3
4
5
6

Tafel 11 Äcker, Schutt- und Kiesplätze, Wege

Erdrauchgewächse / Fumariaceae

1 Gemeiner Erdrauch, *Fumaria officinalis* L., Pfl. kahl, verzweigt, 10–30 cm; B. 2fach gefiedert, blaugrün, mit 2–3 mm br. B.zipfeln; Bl. lippenbl.artig, gespornt, 7–9 mm lg., dunkelrot, in dichten, 20–40blütigen Trauben; Kelchb. 2–3 mm lg., leicht abfallend. ✻ 5–9. △ Unkrautfluren, Äcker, Weinberge, Gärten; häufig. Europa. – Weitere ähnliche Arten, aber mit 1–2 mm br. B.zipfeln und 0,5–1 mm lg. Kelchb. sind: **Blasser Erdrauch,** *F. vaillantii* Loisel, B.zipfeln flach, Bl. blaßrosa, 5–7 mm lg., in 6–12blütigen Trauben; Fruchtstiele unter 3 mm lg.; Äcker, Weinberge; zerstreut. GefGr. 3! – **Schleichers Erdrauch,** *F. schleicheri* Soy-Will., Bl. tiefrosa, in 12–20blütigen Trauben; Fruchtstiele 4 mm lg.; B.zipfeln flach; Äcker, Brachland; ziemlich selten. – **Kleinblütiger Erdrauch,** *F. parviflora* Lamk., Bl. weiß, mit dunkelpurpurner Spitze, B.zipfel rinnig; Äcker; selten. GefGr. 1!

Mohngewächse / Papaveraceae

2 Schöllkraut, *Chelidonium majus* L., Pfl. mit gelbem Milchsaft, 30–70 cm; B. fiederteilig, unterseits blaugrün, mit ovalen, stumpf gezähnten Abschnitten; Bl. 1–2 cm br., gelb, in 2–8 blütigen Dolden; Kelchb. 2; Narbe 2lappig; Frucht eine 2–5 cm lg. Schote. ✻ 5–9. Giftig! △ Unkrautfluren, Wald- und Wegränder, Mauern; verbreitet. Südskandinavien, Mittel- und Südeuropa.

3 Klatsch-Mohn, *Papaver rhoeas* L., Pfl. mit weißem Milchsaft, 20–80 cm; B. fiederteilig, mit gezähnten Abschnitten, behaart; Bl. einzeln endständig; Kronb. 2–4 cm lg., rot am Grund oft mit schwarzem Fleck; Staubfäden dunkelviolett; Narbe scheibenförmig, 8–12strahlig; Frucht eine br. eiförmige Kapsel, diese am Grund abgerundet. ✻ 5–7. △ Getreidefelder, Schutt, Wege; häufig Europa. – Der **Schlaf-Mohn,** *P. somniferum* L., hat eiförmige, st.umfassende, ungeteilte, kahle, blaugrüne, wellige, gekerbte bis gezähnte B. und violette, rote oder weiße, am Grund dunkel gefleckte, 3–6 cm lg. Kronb. und kugelige, bis 6 cm br. Fruchtkapsel; Gartenpfl., gelegentlich auf Schuttplätzen verwildert; seit der jüngeren Steinzeit angebaut; zur Gewinnung von Öl aus reifen Samen und von Opium aus dem Milchsaft der unreifen Kapseln.

4 Saat-Mohn, *Papaver dubium* L., Pfl. 30–60 cm, ähnlich Klatsch-Mohn, aber B. 2fach fiederteilig; Narbenstrahlen 5–8; Kapsel keulenförmig, am Grund allmählich verschmälert, kahl; Staubfäden linealisch nicht verdickt; Staubbeutel bläulich. ✻ 5–7. △ Getreidefelder, Wege, Schutt, Steinbrüche; zerstreut. Fast ganz Europa.

5 Sand-Mohn, *Papaver argemone* L., Pfl. 15–30 cm; B. bis fast auf den Mittelnerv 2fach fiederteilig, mit 2–3 mm br., spitzen Abschnitten; Kronb. 15–25 mm lg., dunkelrot, am Grund mit schwarzem Fleck, sich nicht mit den Rändern deckend; Staubfäden nach oben keulig verdickt; Fruchtkapsel länglich-keulenförmig, borstig, mit 4–5 Narbenstrahlen. ✻ 4–6. △ Kalkarme Getreidefelder, Sandböden; wärmeliebend; ziemlich selten. Mittel- und Südeuropa. – Ähnlich ist der **Bastard-Mohn,** *P. hybridum* L., aber Kronb. sich mit Rändern deckend; Fruchtkapsel kugelig bis eiförmig, borstig, mit 5–9 Narbenstrahlen; Getreidefelder, Schutt; selten. Mittel- und Süddeutschland, Südeuropa. GefGr. 2!

5
2
3
1
4

Tafel 12 Äcker, Schutt- und Kiesplätze, Wege

Kreuzblütengewächse / Cruciferae oder Brassicaceae

1 Raps, Kohlrübe, *Brassica napus* L., Pfl. 60–120 cm; alle B. blaugrün, bereift, fast kahl, halbst.umfassend, fiederteilig, mit jederseits 1–4 ovalen Seitenabschnitten und viel größerem Endabschnitt; Kronb. gelb, 10–14 mm lg., doppelt so lg. wie die aufrecht abstehenden Kelchb.; Bl.stiele wenig länger als die Bl.; offene Bl. die Bl.knospen nicht überragend; Schote linealisch, 5–10 mm lg., Schotenwand 1nervig. ✻ 4–9. △ Öl-, Gemüse- und Futterpfl., an Wegen und Schuttplätzen verwildert. – Ähnlich ist der **Rübenkohl,** oder **Rübsen,** *B. rapa* L., aber Rosettenb. grasgrün, St.b. etwas blaugrün, alle B. st.umfassend, meist stark behaart; offene Bl. die Bl.knospen überragend; Kronb. 7–11 mm lg.; Kelchb. waagrecht abstehend; seit der jüngeren Steinzeit als Öl-, Gemüse- und Futterpfl. gebaut. – Der **Schwarze Senf,** *B. nigra* (L.) Koch hat gestielte, fiederteilige B. mit unregelmäßig gezähnten Abschnitten; obere B. ungeteilt; Kronb. 6–9 mm lg., gelb; Schoten 4kantig, 1–2 cm lg., mit 2–3 mm lg. Schnabel, an 2–3 mm lg. Stielen, dem St. dicht angedrückt; Schutt, Ufer, feuchte Äcker; häufig; seit der Römerzeit als Senflieferant gebaut.

2 Französische Hundsrauke, *Erucastrum gallicum* (Willd.) O. E. Schulz, Pfl. 20–60 cm; B. fiederteilig, Endabschnitt kaum größer als die seitlichen Abschnitte; untere Bl. mit kleinen Hochb.; Kronb. 6–8 mm lg., blaßgelb, grünlich geadert; Kelchb. aufrecht, 3–5 mm lg., Schoten länglich, 2–4 cm lg., mit kegelförmigem Schnabel, deren Stiele 4–10 mm lg. ✻ 5–10. △ Äcker, Brachland, Schuttplätze, Ufer; zerstreut. Mitteleuropa. – Ähnlich ist die **Stumpfkantige Hundsrauke,** *E. nasturtiifolium* (Poir.) O. E. Schulz, aber Bl. ohne Hochb., Kelchb. waagrecht abstehend, Kronb. 8–12 mm lg., gelb; Flußufer, feuchte Ruderalstellen; selten. Südwesteuropa, Bodensee, Oberrheintal.

3 Ackerkohl, *Conringia orientalis* (L.) Dum., Pfl. kahl, 10–50 cm; B. blaugrün, wechselständig, eiförmig-elliptisch, ganzrandig, st.umfassend; Bl. gelblich- oder grünlichweiß, 15–20 mm br.; Schote 6–10 cm lg., 4kantig, aufrecht-abstehend, deren Stiele etwa 1/5 so lg. ✻ 5–7. △ Äcker, Brachland, Schutt; selten. Mittel- und Südosteuropa. GefGr. 2!

4 Acker-Senf, *Sinapis arvensis* L., Pfl. 30–60 cm; B. buchtig gezähnt, untere fast leierförmig, rauhhaarig; Kronb. schwefelgelb, 8–12 mm lg.; Kelchb. 5–6 mm lg., fast waagrecht abstehend; Schoten 2–4 cm lg. und 2–3 mm br., fast kahl, mit 10–15 mm lg., kaum abgeflachtem Schnabel; Schotenwand 3–5nervig; Samen schwarz. ✻ 6–10. △ Äcker, Brachland; häufig. Fast ganz Europa. – Ähnlich ist der **Weiße Senf,** *S. alba* L., aber B. leierförmig-fiederspaltig; Kronb. hellgelb, 7–10 mm lg.; Schoten steifhaarig, meist gekrümmt, mit stark abgeflachtem Schnabel; Samen gelblich; Äcker, Schutt; zerstreut; Kulturpfl., zur Öl- und Senfgewinnung gebaut.

5 Stinkrauke, Schmalblättriger Doppelsame, *Diplotaxis tenuifolia* (L.) DC., Pfl. 30–80 cm, am Grund verholzend; St. reich beblättert; B. tief fiederteilig, mit schmalen, ganzrandigen oder gezähnten, schräg nach vorne gerichteten Abschnitten, kahl, etwas blaugrün, beim Zerreiben mit scharfen Geruch; Kronb. gelb, 8–14 mm lg.; Bl.stiele 2–3mal so lg. wie die Bl.; Schoten 2–6 cm lg., an ebenso lg. Stielen; Samen in jedem Fach 2reihig. ✻ 5–8. △ Unkrautgesellschaften; zerstreut. Mittel- und Südeuropa. – Ähnlich ist der **Mauer-Doppelsame,** oder **Mauersenf,** *D. muralis* (L.) DC., aber St. kaum beblättert; B. grundständig, fiederteilig bis buchtig gezähnt; Kronb. 4–8 mm lg., schwefelgelb; Bl.stiele so lg. wie die Bl.; Stiele der Schoten etwa 1/2 so lg.; Äcker, Schutt; zerstreut; Mittel- und Südeuropa.

4
3
2
5
1

Tafel 13 Äcker, Schutt- und Kiesplätze, Wege

Kreuzblütengewächse / Cruciferae oder Brassicaceae

1 Acker-Rettich, Hederich, *Rhaphanus rhaphanistrum* L., Pfl. rauhhaarig, 1jährig, 30–80 cm; untere B. mit schmalen Fiederlappen und großem Endlappen, obere B. ungeteilt; Bl. 2–3 cm br., weiß oder blaßgelb, meist violett geadert, Kelchb. aufrecht; Schoten 2–10 cm lg., perlschnurartig gegliedert, mit lg., samenlosem Schnabel. ✻ 5–9. △ Äcker, Getreidefelder, Schutt; häufig. Europa.

2 Runzeliger Rapsdotter, *Rapistrum rugosum* (L.) All., Pfl. 1jährig, 25–60 cm, mit kleiner Pfahlwurzel; untere B. geigenförmig fiederlappig, mit gezähntem, rundlichem Endlappen, obere B. ungeteilt; Bl. zitronengelb, Schoten 2gliedrig, anfangs borstig behaart, 5–10 mm lg., oberes Glied kugelig, plötzlich in den dünnen Griffel zusammengezogen, dieser so lg. wie das obere Glied, unteres Glied schmäler, walzenförmig. ✻ 6–10. △ Lehmige Äcker; zerstreut. Süddeutschland, Südeuropa. – Ähnlich ist der **Ausdauernde Rapsdotter,** *R. perenne* (L.) All., aber Pfl. mehrjährig, mit dicker Pfahlwurzel; untere B. tief fiederteilig, Schote 7–10 mm lg., 2gliedrig, oberes Glied gerippt, genau so dick wie das untere, kahl; Griffel kurz kegelförmig, etwa 1/2 so lg. wie das obere Glied; trockne Äcker, Wege, Trockenrasen; selten; z. B. Rheinebene, Thüringen; Südosteuropa.

3 Feld-Kresse, *Lepidium campestre* (L.) R. Br., Pfl. graugrün, behaart, 20–60 cm; St. meist einzeln; B. pfeilförmig st.umfassend, ungeteilt, lanzettlich, gezähnt; Bl. weiß, 2–3 mm br., in ährenförmigen Trauben; Schötchen br. eiförmig, dicht mit schuppigen Bläschen bedeckt, flach oder etwas gewölbt, geflügelt, am Griffel ausgerandet, dieser die Ausrandung des Flügels nicht überragend. ✻ 5–6. △ Wege, trockne Ruderalstellen, Äcker; zerstreut. Europa. – Ähnlich ist die **Verschiedenblättrige Kresse,** *L. heterophyllum* (DC.) Bentham, aber Pfl. mit mehreren, bogig aufsteigenden St.; Grundb. fiederlappig; Schötchen kahl oder mit wenigen Schuppen; Griffel die Ausrandung des Flügels überragend; Äcker; selten. GefGr. 0!

4 Schutt-Kresse, *Lepidium ruderale* L., Pfl. beim Zerreiben stinkend, 10–30 cm; Grundb. 1–2fach gefiedert, mit schmal lanzettlichen Abschnitten; St.b. fiederteilig bis ungeteilt, nicht st.umfassend; Bl. unscheinbar, grünlich; Kronb. kürzer als die Kelchb. oder fehlend; Schötchen br. eiförmig, 2–2,5 mm lg., schmal geflügelt. ✻ 5–7. △ Unkrautfluren, Trittrasen, Wege, Bahngelände; zerstreut. Europa. – Die **Virginische Kresse,** *L. virginicum* L. hat lineal-lanzettliche, scharf gesägte St.b. und borstige, geigenförmig fiederteilige Grundb.; Kronb. länger als die Kelchb.; sandige Ruderalstellen; zerstreut; Herkunft Nord- und Mittelamerika.

5 Durchwachsene Kresse, *Lepidium perfoliatum* L., Pfl. 20–40 cm; Grundb. doppelt fiederspaltig, mit linealischen, unter 1 mm br. Abschnitten; St.b. ungeteilt, ganzrandig, eiförmig, mit tief herzförmigem Grund st.umfassend; Bl. blaßgelb, 2–3 mm br.; Schötchen br.eiförmig oder rhombisch. ✻ 5–6. △ Wege, Ufer, Schutt, Brachland; selten. Mittel- und Osteuropa.

6 Pfeilkresse, *Cardaria draba* (L.) Desv. (*Lepidium draba* L.), Pfl. 20–60 cm; B. länglich eiförmig, unregelmäßig gezähnt, obere B. mit herz-pfeilförmigem Grund st.umfassend; Bl. 5–6 mm br., weiß, in dichten Trauben; Schötchen herzförmig, 4–5 mm br., ungeflügelt. ✻ 4–7. △ Unkrautfluren, Weinberge, Wege, Dämme, Schutt; zerstreut. Mittel- und Südeuropa, (östlich).

6
1
2
4
3
5

Tafel 14 Äcker, Schutt- und Kiesplätze, Wege

Kreuzblütengewächse / Cruciferae oder Brassicaceae

1 **Färber-Waid,** *Isatis tinctoria* L., Pfl. 50–120 cm, oberwärts blaugrün, bereift; untere St.b. gestielt, lanzettlich, obere St.b. pfeilförmig st.umfassend; Bl. gelb, 3–6 mm br., in dichten verzweigten Bl.ständen; Schötchen hängend, flach, keilförmig, geflügelt, zur Reife schwarz, 10–25 mm lg., 3–7 mm br. * 5–6. △ Wege, Dämme, Steinbrüche, Kalkmagerrasen; wärmeliebend; zerstreut. Fast ganz Europa.

2 **Acker-Hellerkraut,** *Thlaspi arvense* L., Pfl. kahl, beim Zerreiben mit Lauchgeruch, 10–40 cm; St. kantig; St.b. lanzettlich, mit pfeilförmigem Grund st.umfassend, ganzrandig oder gezähnt; Bl. weiß 4–6 mm br., in endständigen Trauben; Schötchen 10–15 mm lg., flach, fast kreisrund, br. geflügelt, oben u-förmig ausgerandet. * 4–9. △ Unkrautfluren, Äcker, Schutt; ziemlich häufig. Europa. – Ähnlich ist das **Lauch-Hellerkraut,** *Th. alliaceum* L., aber St. am Grund zerstreut lg.haarig; Schötchen verkehrt-eiförmig, 6–10 mm lg., nur oberwärts schmal geflügelt, deren Stiele waagrecht abstehend; Pfl. mit Lauchgeruch; Äcker, sehr selten; Berchtesgaden, Nordost- und Südalpen, Südosteuropa. GefGr. 0!

3 **Durchwachsenblättriges Hellerkraut,** *Thlaspi perfoliatum* L., Pfl. 5–20 cm; St. rund; St.b. herzförmig, st.umfassend sitzend, ganzrandig, blaugrün; Bl. weiß; Schötchen herzförmig, 4–8 mm lg., vorne br. geflügelt, Flügel den Griffel in der Ausrandung überragend. * 3–5. △ Weinberge, Äcker, Wege, Kalkmagerrasen; zerstreut. Mittel- und Südeuropa, nördlich bis Südskandinavien.

4 **Hirtentäschel,** *Capsella bursa-pastoris* (L.) Med., Pfl. 5–60 cm; B. tief fiederteilig, in grundständiger Rosette, obere St.b. lanzettlich, mit pfeilförmigem Grund st.umfassend; Bl. weiß, 4–5 mm br.; Schötchen 3eckig, flach, in verlängerten, b.losen Trauben. * 1–12. △ Äcker, Wege, Schutt, Gärten; häufig. Europa.

5 **Finkensame, Ackernüßchen,** *Neslia paniculata* (L.) Desv., Pfl. rauhhaarig, 15–80 cm; untere St.b. lanzettlich, gestielt, obere mit pfeilförmigem Grund st.umfassend; Bl. goldgelb, 4–5 mm br.; Schötchen kugelig, 2–3 mm br., grobnetzig, deren Stiele 3–5mal so lg. * 5–7. △ Getreidefelder; zerstreut. Fast ganz Europa. GefGr. 3! – Ähnlich ist das **Spitzfrüchtige Ackernüßchen,** *N. apiculata* Fischer, May. et A.-Láll., aber Schötchen kugelig, mit kurzer, aufgesetzter Spitze; Fruchtstiele 1½–3mal so lg.; Südeuropa, nördlich bis Mittelfrankreich, Norditalien, Schweiz (Rheinebene).

6 **Orientalische Zackenschote,** *Bunias orientalis* L., Pfl. oben reichästig, 30–120 cm; Rosettenb. länglich, buchtig-fiederspaltig; St.b. lanzettlich, fiederlappig bis unregelmäßig grob gezähnt; Bl. gelb, 8 mm br., in dichter, reichblütiger Traube; Schötchen schief eiförmig, 6–10 mm lg., mit unregelmäßigen Höckern. * 5–8. △ Wege, Schutt, Dämme, Ufer; zerstreut. Ost- und Südosteuropa, in Mitteleuropa eingeschleppt. – Ähnlich ist die **Echte Zackenschote,** *B. erucago* L., aber Schötchen zackig geflügelt, 8–12 mm lg.; Schutt, trockne Äcker; wärmeliebend; selten; Süddeutschland, Alpensüdseite, Wallis, Aostatal, Südeuropa.

5
3
6
4
1

Tafel 15 Äcker, Schutt- und Kiesplätze, Wege

Kreuzblütengewächse / Cruciferae oder Brassicaceae

1 Graukresse, *Berteroa incana* (L.) DC., Pfl. 1–2jährig, 20–70 cm, mit dünner Pfahlwurzel; Pfl. durch Sternhaare graugrün; B. lanzettlich, meist ganzrandig, in den kurzen Stiel verschmälert, 3–5 cm lg.; Kronb. tief 2spaltig, weiß, 5–6 mm lg.; Schötchen elliptisch, sternhaarig, grau, 7–10 mm lg., in ährenförmigen Trauben. ✻ 6–10. △ Wege, Schutt, Bahngelände, Kiesgruben; zerstreut bis selten. Mittel- und Südeuropa, (östlich).

2 Echtes Barbarakraut, *Barbaraea vulgaris* R. Br., Pfl. 30–90 cm; untere B. gestielt, gefiedert, jederseits mit 2–5 ei-länglichen Fiedern und großer, rundlicher Endfieder, obere B. sitzend, tief gezähnt; Bl. gelb, 7–9 mm br.; Kronb. doppelt so lg. wie die Kelchb.; Schoten aufrecht-abstehend, 15–25 mm lg., auf dünnen, 4–6 mm lg. Stielen. ✻ 5–7. △ Wege, Dämme, Ufer, Kiesbänke, Flußauen; häufig. Europa. – Ähnlich ist das **Steife Barbarakraut,** *B. stricta* Andrz., aber untere B. jederseits mit 1–2 Seitenfiedern und ei-länglicher Endfieder, Schoten steif-aufrecht, dem St. angedrückt; Flußufer, Schutt; selten.

3 Wilde Sumpfkresse, *Rorippa silvestris* (L.) Bess., Pfl. mit Ausläufern, kahl, 15–60 cm; B. gefiedert, jederseits mit 3–7 gezähnten oder nochmals fiederteiligen Abschnitten; Bl. 4–6 mm br., goldgelb; Schoten schmal linealisch, 8–20 mm lg., deren Stiele waagrecht bis aufrecht. ✻ 6–9. △ Ufer, Wege, feuchte Äcker und Ruderalstellen; ziemlich häufig. Europa.

4 Acker-Schöterich, *Erysimum cheiranthoides* L., Pfl. 20–50 cm; B. lanzettlich, ganzrandig oder entfernt gezähnt, mit 2–4strahligen Haaren; Bl. gelb, 5–8 mm br.; Bl.stiele 2–3mal länger als der etwa 2 mm lg. Kelch; Kronb. 2–5 mm lg., Schoten 2–3 cm lg., deren Stiele $^1/_3$–$^1/_2$ so lg. ✻ 5–8. △ Äcker, Wege, Schutt, feuchte Ruderalstellen; zerstreut. Fast ganz Europa. – Der **Brach-Schöterich,** *E. repandum* L. hat geschweift-gezähnte B., 7–10 mm lg. Kronb. und fast waagrecht abstehende, 4–10 cm lg. Schoten an fast so dicken, sehr kurzen Stielen; Unkrautfluren; selten; Mittel- und Süddeutschland, Südosteuropa. GefGr. 2!

5 Lauchkraut, Lauchhederich, *Alliaria petiolata* (Bieb.) Cavara et Grande (*A. officinalis* Andrz.), Pfl. 20–100 cm, beim Zerreiben nach Knoblauch riechend; Grundb. herz- bis nierenförmig, buchtig gekerbt, lg.gestielt; Bl. weiß, 5–8 mm br.; Schoten 2–3 cm lg., an aufrecht-abstehenden Stielen. ✻ 4–6. △ Schattige Unkrautfluren, Waldränder, Zäune, Parkanlagen; häufig. Fast ganz Europa.

6 Weg-Rauke, *Sisymbrium officinale* (L.) Scop., Pfl. 30–60 cm; untere B. tief bis fast auf den Mittelnerv fiederteilig, Abschnitte 3eckig bis eiförmig, gezähnt, obere B. ungeteilt oder mit nur 2 seitlichen Lappen; Bl. gelb, 3–6 mm br.; Schoten linealisch, zugespitzt, 1–2 cm lg., dem St. angedrückt. ✻ 5–8. △ Wege, Schutt, Dämme, Ufer; häufig. Europa. – Artenreiche Gattung; ähnliche Arten, aber mit abstehenden Schoten sind: **Orientalische Rauke,** *S. orientale* L., Pfl. grauhaarig; obere B. gestielt, 3teilig bis ungeteilt; Schoten 4–10 cm lg., deren Stiele 4–7 mm lg., fast so dick wie die Schote; Wege, Schutt; zerstreut; wärmeliebend. – **Hohe** oder **Ungarische Rauke,** *S. altissimum* L.; Pfl. grün, unten abstehend steifhaarig; obere B. meist sitzend, fiederteilig; Grundb. bis zum Mittelnerv fiederteilig, mit 1 mm br. Abschnitten; Bl. weißlich gelb; Kelchb. zur Bl.zeit abstehend, die 2 äußeren an der Spitze gehörnt; Schoten 5–10 cm lg., deren Stiele 5–10 mm lg.; Schutt, Wege; wärmeliebend; zerstreut; ursprünglich Osteuropa; heute in den wärmeren Gebieten weit verbreitet.

1
2
3
4
5
6

Tafel 16 Äcker, Schutt- und Kiesplätze, Wege

Kreuzblütengewächse / Cruciferae oder Brassicaceae

1 Sophienkraut, *Descurainia sophia* (L.) Webb (*Sisymbrium sophia* L.), Pfl. 20–80 cm, im oberen Teil verzweigt; B. graugrün, 2–3fach gefiedert, mit linealischen, unter 1 mm br. Zipfeln; Kronb. hellgelb, 2 mm lg., so lg. oder kürzer als die Kelchb.; Schoten 15–25 mm lg. ✻ 5–9. △ Sandböden, Wege, Schutt, Mauern; zerstreut. Fast ganz Europa, (östlich).

2 Acker-Schmalwand, *Arabidopsis thaliana* (L.) Heynh., Pfl. 5–30 cm, mit grundständiger B.rosette; B. ei-länglich, gezähnt oder ganzrandig, 2–3 cm lg.; Kronb. 2–4 mm lg., weiß; Schoten 1–2 cm lg., waagrecht bis aufrecht abstehend. ✻ 4–6. △ Äcker, Mauern, lückige Magerrasen; kalkmeidend; verbreitet. Ursprünglich Mittelmeergebiet, heute fast ganz Europa. – Ähnlich ist die **Schwedische Schmalwand,** *A. suecica* (Fries) Norrlin, aber Grundb. gezähnt bis fiederspaltig; St.b. meist gezähnt; Kronb. 4–6 mm lg.; Schoten 2–3 cm lg.; sandige Magerrasen; Brandenburg, Nordeuropa. – Siehe auch *Cardaminopsis arenosa* T. 52.

3 Saat-Leindotter, *Camelina sativa* (L.) Crantz, Pfl. 30–90 cm, kahl, oben verzweigt, 1jährig; B. lanzettlich, meist ganzrandig, pfeilförmig st.umfassend; Kronb. 4–5 mm lg., gelb; Schötchen birnenförmig, 7–8 mm lg., Fruchtklappen mit deutlichem Mittelnerv. ✻ 5–6. △ Getreidefelder, Äcker, trockne Ruderalstellen; heute selten geworden. – Der **Kleinfrüchtige Leindotter,** *C. microcarpa* Andrz. hat rauhhaarige St. und B. und 5 mm lg. Schötchen; Getreidefelder,.Wege; selten; wärmeliebend; Süddeutschland, Südosteuropa.

4 Nachtviole, *Hesperis matronalis* L., Pfl. 40–100 cm, mit lg. borstenförmigen Haaren; Grundb. eiförmig, bis 15 cm lg., meist gezähnt; St.b. ei-lanzettlich, zahlreich, nach oben kleiner werdend; Bl.stand dicht; Bl. violett, lila, oder weiß, 2 cm br., wohlriechend; Schoten aufrecht-abstehend, 3–10 cm lg. und 2 mm br. ✻ 5–7. △ Ruderalstellen, Auenwälder; zerstreut. Mittel- und Südosteuropa.

5 Meerrettich, *Armoracia rusticana* G. M. Sch. (*A. lapathifolia* Usteri), Pfl. 60–120 cm; Grundb. ei-länglich, bis 1 m lg., lg.gestielt, gezähnt; untere St.b. fiederspaltig, obere St.b. ungeteilt, gezähnt bis ganzrandig; Kronb. 5–7 mm lg., weiß; Bl. in reichblütigen Trauben; Schötchen walzlich, 4–6 mm lg. ✻ 5–7. △ Kulturpfl., in Unkrautfluren verwildert, häufig; Gemüse- und Heilpfl., senfölreich. Ursprünglich Osteuropa, heute fast ganz Europa.

1
2
3
4
5

Tafel 17 Äcker, Schutt- und Kiesplätze, Wege

Kreuzblütengewächse / Cruciferae oder Brassicaceae

1 Behaartes oder **Vielstengeliges Schaumkraut,** *Cardamine hirsuta* L., Pfl. mit grundständiger B.rosette, 5–20 cm; Endfieder der Rosettenb. rundlich; St. kahl oder zerstreut behaart, mit 2–4 gefiederten B.; Kronb. weiß, 2–4 mm lg., etwa doppelt so lg. wie die Kelchb.; Staubb. meist 4, mit gelben Staubbeuteln; Schoten etwa 20 mm lg. und 1 mm dick. ✻ 4–6. △ Gebüschsaum, Weinberge, Wegränder, Äcker; etwas feuchte, sandreiche Böden; schwach wärmeliebend; zerstreut. Fast ganz Europa (westlich). – Ähnlich ist das **Kleinblütige Schaumkraut,** *C. parviflora* L., aber grundständige B. mit keilförmiger Endfieder; St. immer kahl; Kronb. 2–2,5 mm lg., weiß; Staubb. meist 6; Schote 10–20 mm lg. △ Ufer, Schlammböden, Schutt; selten. Fast ganz Europa.

2 Bittere Schleifenblume, Bitterer Bauernsenf, *Iberis amara* L., Pfl. 10–20 cm; B. keilförmig, entfernt gezähnt, stumpf, 3–5 cm lg., am Rand bewimpert; Bl. in doldenartiger, später sich verlängernder Traube; Kronb. weiß, selten hellviolett, die nach außen gerichteten 6–8 mm lg. und doppelt so lg. wie die inneren; Schötchen 4–6 mm lg. und fast so br., mit flügelartigem Rand; Fruchtstiel fast waagrecht abstehend. ✻ 5–8. △ Getreidefelder, trockne, steinige, kalkreiche Böden; selten. West- und Mitteleuropa. GefGr. 1! – Die **Doldige Schleifenblume,** *I. umbellata* L., hat lanzettliche, spitze, meist ganzrandige B. und rosarote oder violette Bl.; nach außen stehende Kronb. 8–15 mm lg.; Zierpfl. und gelegentlich verwildert, sonst Südeuropa.

Rosengewächse / Rosaceae

3 Kriechendes Fingerkraut, *Potentilla reptans* L., Pfl. mit bis 1 m lg., kriechenden, an den Knoten wurzelnden St.; B. lg. gestielt, 5–7zählig gefingert, Fiedern grob gesägt; Bl. in den B.achseln einzeln stehend, goldgelb, 1–2 cm br.; Kronb. 5, ausgerandet. ✻ 6–8. △ Wegränder, Böschungen, Äcker, Schutt, Hecken; oft mit folgender Art zusammen; häufig. Europa.

4 Gänse-Fingerkraut, *Potentilla anserina* L., Pfl. mit bis 80 cm lg., oft rötlichen Ausläufern, an den Knoten wurzelnd; B. gefiedert, oberseits grün, unterseits silberhaarig, 5–25 cm lg., mit 6–10 ei-länglichen, größeren Fiederpaaren und abwechselnd kleineren Fiederpaaren; Fiedern grob gezähnt; Bl. einzeln, lg. gestielt, gelb, 2–3 cm br.; Kronb. 5, rundlich. ✻ 5–7. △ Wege, Ufer, Schutt, Dünen, Brachland; häufig. Fast ganz Europa.

1
2
4
3

Tafel 18 Äcker, Schutt- und Kiesplätze, Wege

Rosengewächse / Rosaceae

1 Acker-Frauenmantel, *Aphanes arvensis* L., Pfl. meist graugrün, 5–20 cm, ohne grundständige B.rosette St.b. kurz gestielt, obere sitzend, rautenförmig, auf $^{1}/_{3}$–$^{1}/_{2}$ eingeschnitten, 4–8 mm br. und 6–10 mm lg.; Bl. 1,8–2,5 mm lg., in 10–20blütigen Knäueln; Kelchb. meist spreizend; Frucht über 2 mm lg. ✻ 5–9. △ Getreidefelder; kalkmeidend; zerstreut. Mittel- und Südeuropa, nördlich bis Südskandinavien. – Sehr ähnlich ist der **Kleinblütige Frauenmantel,** *A. microcarpa* (Bois et Reuter) Rothm., aber Pfl. meist reingrün, 3–12 cm; Bl. unter 1,5 mm lg.; Kelchb. zusammenneigend; Frucht etwa 1 mm lg. Sandige, saure Äcker; selten. Hauptsächlich Mittel- und Südeuropa. GefGr. 2!

Resedengewächse / Resedaceae

2 Wilde Resede, *Reseda lutea* L., Pfl. 20–50 cm; B. 1–2fach fiederteilig, mit schmalzipfeligen, am Rand welligen, knorpelig gezähnten Abschnitten; B.stiele schmal geflügelt; Bl. hellgelb, geruchlos, in ährenförmigen Trauben; Kronb. 6, die oberen 2 länger, 4–5 mm lg.; Kelchb. 6, 2–3 mm lg. ✻ 6–9. △ Wege, Dämme, Schutt, Steinbrüche; häufig, Mittel- und Südeuropa. – Ähnlich ist die **Färber-Resede,** *R. luteola* L., aber Pfl. 60–120 cm; B. ungeteilt, schmal lanzettlich, wellig; Bl. 4teilig, in lg., dünner, ährenförmiger Traube; Unkrautfluren; zerstreut; Mittel- und Südeuropa, vereinzelt bis Südskandinavien. – Die **Rapunzel-Resede,** *R. phyteuma* L., hat lineallisch-spatelförmige B., manchmal mit 1 Paar seitlichen Lappen; Bl. weißlich, in lokkerer Traube; Kelchb. 6, 3–4 mm lg., zur Fruchtzeit sich vergrößernd, 5–13 mm lg.; Kronb. 6, in schmale Zipfeln zerteilt, 35 mm lg.; Pfl. 20–50 cm; Schutt, Wege; wärmeliebend; hauptsächlich Südeuropa.

Schmetterlingsblütengewächse / Fabaceae oder Papilionaceae

3 Weißer Steinklee, *Melilotus alba* Med., Pfl. 30–120 cm, ähnlich folgenden Arten, aber Bl. weiß, 4–5 mm lg., Bl.traube 4–6 cm lg., 40–80blütig; Fruchthülse 3–5 mm lg., kahl, netznervig, runzelig, zur Reife schwarz. ✻ 6–9. △ Unkrautfluren, Bahngelände; verbreitet. Fast ganz Europa.

4 Gewöhnlicher Steinklee, *Melilotus officinalis* (L.) Pallas, Pfl. 30–100 cm; B. 3zählig; Bl. gelb, 5–7 mm lg., in lockeren, 4–10 cm lg. Trauben; Flügel der Bl. länger als das Schiffchen; Frucht 3–4 mm lg., kahl, mit Querrunzeln, zur Reife braun. ✻ 6–9. △ Sonnige Unkrautfluren, Dünen, Steinbrüche, Schutt; häufig. Europa. – Ähnlich ist der **Hohe Steinklee,** *M. altissimus* Thuill., aber Flügel so lg. wie das Schiffchen; Bl.traube 2–6 cm lg.; Bl. 5–7 cm lg.; Fruchthülse angedrückt behaart, netzig, runzelig, 3–5 mm lg.; Ufer, Wege; selten. – Der **Kleinblütige Steinklee,** *M. indica* (L.) All. (*M. parviflora* Desf.) hat 2–3 mm lg., gelbe Bl., fast kugelige, 2–3 mm lg. Fruchthülsen.

5 Kleiner Vogelfuß, Mäusewicke, *Ornithopus perpusillus* L., Pfl. niederliegend, 5–30 cm; B. gefiedert, mit 15–27 2–5 mm lg. Fiederb.; Bl. 3–4 mm lg., in 3–7blütigen Dolden oder Köpfen; Krone weiß, mit gelblichen Schiffchen und rotgeaderter Fahne; Frucht 1–2 cm lg., gebogen aus 4–7 zur Reife zerfallenden Gliedern bestehend; Fruchtstand vogelfußartig. ✻ 5–6. △ Sandfelder, Dünen, Brachländer; kalkmeidend; ziemlich selten. Mittel- und Westeuropa, nördlich bis Irland, Schottland.

3
4
2
1
5

Tafel 19 Äcker, Schutt- und Kiesplätze, Wege

Schmetterlingsblütengewächse / Fabaceae oder Papilionaceae

1 Rauhhaarige Wicke, *Vicia hirsuta* (L.) S. F. Gray, Pfl. 1jährig, 15–50 cm; B. gefiedert, meist mit 6–8 Fiederb.paaren und verzweigter Endranke; Fiedern linealisch, vorne ausgerandet, 5–12 mm lg.; Bl. hellviolett oder weißlich, zu 3–6 in lg.gestielten Trauben; Frucht 2samig, weichhaarig. ✻ 6–8. △ Getreidefelder, Wege, Sandtrockenrasen; häufig. Europa.

2 Viersamige Wicke, *Vicia tetrasperma* (L.) Schreb., Pfl. 20–60 cm, ähnlich *V. hirsuta,* aber Frucht kahl, meist 4samig; B. mit 6–8 Fiederb.; Bl. zu 1–2, blaßviolett. ✻ 6–7. △ Silikatmagerrasen, saure Äcker, auch Moorwiesen; kalkmeidend; verbreitet. Südskandinavien, Mittel- und Südeuropa.

3 Futter-, Saat-Wicke, *Vicia sativa* L., Pfl. 30–80 cm; B. mit 4–7 Fiederb.paaren und verzweigter Endranke, Fiedern eiförmig bis linealisch; Bl. zu 1–2 b.achselständig, kurz gestielt, mit bläulicher Fahne und rotvioletten Flügeln; Kelchzähne gleich lg. (bei der ähnlichen Zaun-Wicke Kelchzähne ungleich lg., siehe T. 153); Frucht aufrecht, kurzhaarig, zur Reife braun, 3–8 cm lg. ✻ 5–7. Futterpfl., auf Ruderalstandorten verwildert; zerstreut. Europa.

4 Zottel-Wicke, *Vicia villosa* Roth, Pfl. 30–130 cm, dicht, abstehend weichhaarig; B. mit 14–18 linealischen, behaarten Fiederb.; Traube 10–20blütig; Bl. 15–20 mm lg.; Kelchzähne lg. bewimpert; Kelch am Grund sackartig ausgebuchtet; Frucht 2–4 cm lg. ✻ 6–8. △ Getreidefelder, Schuttplätze, Wegränder; zerstreut. Fast ganz Europa (ursprünglich Südeuropa). – Siehe auch **Vogel-Wicke,** *V. cracca* T. 81.

5 Ranken-Platterbse, *Lathyrus aphaca* L., Pfl. 10–30 cm; St. aufsteigend oder kletternd, ungeflügelt; B. in eine Ranke umgewandelt, mit 2 (gegenständigen), großen, laubb.artigen, 1–4 cm lg. Nebenb.; Bl. zu 1–2, gelb, 10–15 mm lg.; Kelch kahl; Frucht 2–3 cm lg., kahl. ✻ 5–7. △ Kalkarme Getreidefelder; wärmeliebend; zerstreut. Mittel- und Südeuropa. GefGr. 3! – Bei der **Gras-Platterbse,** *L. nissolia* L. besteht das B. nur aus dem b.artig verbreiterten, 4–10 cm lg., grannenartig zugespitzten B.stiel und aus 1–2 mm lg., pfriemlichen, oft fehlenden Nebenb. am Grund, Ranke fehlend; Bl. zu 1–2, purpurn, mit dunkel geaderter Fahne; Fruchthülse 4–6 cm lg. und 3–4 mm br.; Getreidefelder, Gebüschsäume; selten; Süddeutschland, Südeuropa. GefGr. 2!

6 Knollen-, Erdnuß-Platterbse, *Lathyrus tuberosus* L., Pfl. mit Wurzelknollen, niederliegend oder kletternd, 20–100 cm; St. kantig; B. mit 2 elliptischen, fein zugespitzten Fiedern und einer Endranke; Nebenb. halbpfeilförmig; B. karminrot, 12–16 mm lg., duftend, zu 2–5; Frucht 2–4 mm lg., braun. ✻ 6–8. △ Lehmige Äcker, Wegränder, zerstreut. Fast ganz Europa.

Sauerkleegewächse / Oxalidaceae

7 Europäischer Sauerklee, *Oxalis europaea* Jord. (*O. stricta* auct.), Pfl. aufrecht, 10–30 cm; B. 3zählig, kleeb.artig, gegen- oder quirlständig; Bl. hellgelb, 8–10 mm br., zu 1–6 in lg.gestielten, achselständigen, doldenähnlichen Bl.ständen; Kronb. vorne abgerundet; Bl.stiele nach dem Verblühen aufrecht. ✻ 6–9. △ Äcker, Gärten, Wege; häufig. Europa. – Ähnlich ist der **Gehörnte Sauerklee,** *O. corniculata* L., aber St. niederliegend; B. wechselständig; Kronb. vorne ausgerandet; Bl.stiele nach dem Verblühen herabgebogen; Gärten, Wege; zerstreut.

3
4
7
2
5
6
1

Tafel 20 Äcker, Schutt- und Kiesplätze, Wege

Storchschnabelgewächse / Geraniaceae

1 **Pyrenäen-Storchschnabel,** *Geranium pyrenaicum* Burm., Pfl. 20–60 cm; St. abstehend weichhaarig; B. rundlich, bis etwas über die Mitte in 5–9 keilförmige Lappen geteilt; Bl. paarweise, in lockeren Bl.ständen; Kronb. 7–10 mm lg., violettrot, tief ausgerandet, doppelt so lg. wie die Kelchb. ✻ 5–10. △ Krautreiche Unkrautfluren, Wege, Gebüsche; ziemlich häufig. Fast ganz Europa.

2 **Schlitzblättriger Storchschnabel,** *Geranium dissectum* L., Pfl. 10–40 cm; St. abstehend behaart; Bl. paarweise; Kronb. rosarot, ausgerandet, 4–6 mm lg., so lg. wie die Kelchb.; Stiele der Bl.stände kürzer als ihre Tragb., drüsenhaarig; B. bis zum Grund geteilt, mit linealischen Zipfeln. ✻ 5–9. △ Äcker, Gärten, Wege; verbreitet. Europa. – Ähnlich ist der **Tauben-Storchschnabel,** *G. columbinum* L., aber St. anliegend behaart, Stiele der Bl.stände länger als die Tragb., drüsenlos; Kronb. 7–9 mm, ausgerandet; Unkrautfluren; zerstreut.

3 **Rundblättriger Storchschnabel,** *Geranium rotundifolium* L., Pfl. weichhaarig, 10–30 cm; St. oft rötlich; B. rundlich, bis zur Mitte eingeschnitten; Kronb. 5–6 mm lg., rosarot, nicht ausgerandet. ✻ 5–10. △ Sonnige Unkrautfluren, Weinberge, Mauern; ziemlich selten. Mittel- und Südeuropa.

4 **Weicher Storchschnabel,** *Geranium molle* L., Pfl. 10–30 cm; St. abstehend zottig weichhaarig; B. rundlich, bis etwa zur Mitte eingeschnitten; Kronb. 4–8 mm lg., rosarot, ausgerandet, kaum länger als die Kelchb. ✻ 5–9. △ Sonnige Unkrautfluren; ziemlich häufig. Europa. – Ähnlich ist der **Kleine Storchschnabel,** *G. pusillum* L., aber Kronb. 3–4 mm lg., schmutzig violett; St. kurzhaarig; Wege, Weinberge; Äkker; verbreitet.

5 **Gewöhnlicher Reiherschnabel,** *Erodium cicutarium* (L.) L' Hér., Pfl. rauhhaarig, 10–40 cm; B. bis zum Mittelnerv fiederteilig, Fiedern nochmals geteilt, mit schmalen, spitzen Zipfeln; Bl. zu 2–9 in lg.gestielten Bl.ständen; Kronb. 5–9 mm lg., rosa oder lila, die beiden oberen oft größer; Fruchtschnabel in 5 korkzieherartige Teilfrüchte aufreißend. ✻ 4–9. △ Wege, Brachland, Weinberge, Dünen; ziemlich häufig. Europa. – Der **Große Reiherschnabel,** *E. ciconium* (L.) L' Hér., hat zwischen den Fiederb.chen kleine Zähne oder Lappen; St. drüsenhaarig; Kelchb. 10–15 mm lg., mit 2–4 mm lg., aufgesetzter Spitze; Kronb. violettblau, fast so lg. wie die Kelchb.; Unkrautgesellschaften; selten; Süddeutschland, Südeuropa.

Wolfsmilchgewächse / Euphorbiaceae

6 **Liegende Wolfsmilch,** *Euphorbia humifusa* Willd., Pfl. kahl, bläulichgrün, später rot überlaufen, 5–15 cm; St. liegend; B. gegenständig, verkehrt eiförmig, stumpflich, 5–10 mm lg., mit kleinen Nebenb.; Scheinbl. einzeln. ✻ 6–9. △ Gärten, Wege, Pflasterfugen, sandige Ruderalstellen; ziemlich selten. Ursprünglich Asien, heute weit verbreitet. – Im Wuchs ähnlich sind noch: **Zwerg-Wolfsmilch,** *E. chamaesyce* L., St. und B. abstehend behaart; St.glieder etwa so lg. wie das dazugehörige B.paar; B. meist 1farbig; Äcker, Bahngelände; selten; wärmeliebend. – Die **Gefleckte Wolfsmilch,** *E. maculata* L. ist flaumig behaart, B. meist rot gefleckt, St.glieder kürzer als das dazugehörige B.paar; Pflasterfugen, Bahngelände; wärmeliebend selten; Süddeutschland, Südeuropa.

5
4
1
3
2
6

Tafel 21 Äcker, Schutt- und Kiesplätze, Wege

Wolfsmilchgewächse / Euphorbiaceae

1 Sonnenwend-Wolfsmilch, *Euphorbia helioscopia* L., Pfl. 10–40 cm; St.b. wechselständig, verkehrt-eiförmig bis keilförmig, hellgrün, kurz gestielt, vorne fein gezähnt, 2–4 cm lg.; Bl.dolde 5strahlig; Hüllb. den St.b. ähnlich; Drüsen des Bl.bechers gelb, rundlich-oval; Fruchtkapsel glatt. ✻ 4–11. △ Äcker, Gärten, Weinberge, nährstoffreiche Böden; häufig. Europa.

2 Garten-Wolfsmilch, *Euphorbia peplus* L., Pfl. 1jährig, 10–30 cm, ähnlich voriger Art, aber Bl.dolden 3strahlig, jeder Strahl nochmals 2–3mal geteilt; Hüllb. eiförmig, kahnförmig gewölbt, kurz stachelspitz; Drüsen des Bl.bechers halbmondförmig, in 2 lg. Hörner auslaufend; B. eiförmig, gestielt, vorne stumpf; Fruchtkapsel an den 3 Kielen schmal doppelt geflügelt. ✻ 5–10. △ Äcker, Gärten, Schutt; häufig. Europa.

3 Kleine Wolfsmilch, *Euphorbia exigua* L., Pfl. 1jährig, 5–20 cm; B. hellgrün, wechselständig, linealisch, stachelspitz, sitzend, 0,5–3 cm lg.; Bl.dolden 3–5strahlig, jeder Strahl nochmals gabelig geteilt; Hüllb. hellgrün, linealisch, mit herzförmigem Grund sitzend, nicht verwachsen; Drüsen des Bl.bechers halbmondförmig-gehörnt; Fruchtkapsel glatt. ✻ 6–10. △ Lehmige Getreidefelder, Brachland, Schuttplätze; etwas wärmeliebend; zerstreut. Fast ganz Europa; ursprünglich Südeuropa. – Ähnliche, 1jährige Arten sind noch: **Saat-Wolfsmilch,** *E. segetalis* L., Pfl. kahl, 10–30 cm; B. linealisch, spitz, 0,5–4 cm lg., blaugrün, ganzrandig, sitzend, sehr dicht stehend; Bl.dolde 5strahlig; Hüllb. 3eckig oder rautenförmig, mit aufgesetzter Spitze; Drüsen des Bl.bechers gelb, halbmondförmig, in 2 sehr lg. Hörner auslaufend (wie bei *E. peplus*); Fruchtkapsel feinwarzig; Getreidefelder, Schutt; wärmeliebend; selten; Süddeutschland, Südeuropa. – **Sichel-Wolfsmilch,** *E. falcata* L., Pfl. 10–30 cm; B. 0,5–2 cm lg., spatelig bis keilförmig-lanzettlich, blaugrün; Bl.dolde meist 3strahlig; Hüllb. 3eckig-eiförmig, spitz; Drüsen des Hüllbechers gelb, in 2 weiße, dünne Hörner auslaufend; Fruchtkapsel glatt; Getreidefelder, Schutt; wärmeliebend; selten. Süddeutschland, Südeuropa. GefGr. 1!

4 Einjähriges Bingelkraut, *Mercurialis annua* L., Pfl. 10–40 cm; St. kahl, 4kantig, mit vielen gegenständigen Ästen; B. ei-lanzettlich, stumpf gezähnt, 3–8 cm lg.; Pfl. meist 2häusig; ♀ Bl. fast sitzend, in armblütigen, b.achselständigen Knäueln; ♂ Bl. in vielblütigen, ährenartigen Knäueln. ✻ 5–10. △ Äcker, Weinberge, Wege, Schutt; wärmeliebend; verbreitet. Fast ganz Europa, ursprünglich Südeuropa.

1
2
3
4

Tafel 22 Äcker, Schutt- und Kiesplätze, Wege

Malvengewächse / Malvaceae

1 Rosen-Malve, *Malva alcea* L., Pfl. 50–100 cm; St. oberwärts wie B. und Kelch anliegend sternhaarig; St.b. fast bis zum Grund handförmig geteilt; Kronb. 2–4 cm lg., tief ausgerandet, rosa oder lila; Außenkelchb. eiförmig, am Grund verbreitert, 3–5 mm lg. ✻ 6–10. △ Wege, sonnige Böschungen, Dämme; zerstreut. Fast ganz Europa (vergleiche auch *M. moschata* T. 63).

2 Wilde Malve, Große Käsepappel, *Malva sylvestris* L., Pfl. 40–120 cm; St.b. rundlich, mit 5–7 gesägten spitzen Lappen; Bl. zu 2–6 in den B.achseln; Kronb. 2–3 cm lg., tief ausgerandet, purpurn, mit dunkleren Streifen, 3–4mal so lg. wie der Kelch, dieser bis zur Mitte verwachsen; Außenkelchb. 3, frei, 4–8 mm lg. ✻ 6–10. △ Wege, Mauern, Schutt, trockne Ruderalstellen; zerstreut. Europa.

3 Gänse- oder **Weg-Malve, Kleine Käsepappel,** *Malva neglecta* Wallr., Pfl. 10–40 cm; B. rundlich, mit 3–5 gerundeten Lappen; Kronb. 8–10 mm lg., tief ausgerandet, rosa bis weiß, 2mal so lg. wie die Kelchb.; Kelchzipfel flach; Teilfrüchte glatt. ✻ 6–9. △ Wege, Mauern, Gärten, Ackerränder; häufig. Fast ganz Europa. – Ähnlich ist die **Kleinfrüchtige** oder **Nordische Malve,** *M. pusilla* Sm. (*M. borealis* Wallmann), aber Kronb. 3–5 mm lg., schwach ausgerandet, weißlich, etwa so lg. wie die Kelchb.; Kelchzipfel am Rand kraus; Teilfrüchte runzelig; Wege, Schutt, Weinberge; wärmeliebend; ziemlich selten. Hauptsächlich Mittel- und Südeuropa. GefGr. 2!

Johanniskrautgewächse / Hypericaceae

4 Liegendes Johanniskraut, *Hypericum humifusum* L., Pfl. 5–15 cm; St. fadenförmig, kriechend, fast 2kantig; B. eiförmig, 10–15 mm lg., unterseits am Rand mit schwarzen, sitzenden Drüsen; Kronb. 4–8 mm lg., gelb, am Rand mit schwarzen Drüsen; Kelchb. länglich, ganzrandig; Staubb. 15–20. ✻ 6–10. △ Feuchte Äcker, Wege, Waldschläge, Ufer; verbreitet. Südskandinavien, Mittel- und Südeuropa. – Ebenfalls niederliegende, kriechende St. hat das **Sumpf-Johanniskraut,** *H. elodes* L., aber Pfl. behaart, 10–30 cm; St. stielrund; Kelchb. eiförmig, drüsig gewimpert; Heidetümpel, nasse Torf- und Sandböden; selten. Geschützt! GefGr. 2!

Veilchengewächse / Violaceae

5 Acker-Stiefmütterchen, *Viola arvensis* Murray, Pfl. 5–20 cm, sehr ähnlich nachfolgender Art; Nebenb. mit ei-lanzettlichen bis eiförmigen, gekerbt-gesagten Mittellappen; Krone cremefarben und meist noch etwas violett, etwa so lg. wie der Kelch; Sporn etwa so lg. wie die Kelchanhängsel. ✻ 4–10. △ Äcker, Wege, Schutt; häufig. Europa.

6 Wildes Stiefmütterchen, *Viola tricolor* L., Pfl. sehr variabel, 10–40 cm; B. herzförmig, gesägt, Nebenb. gefingert, mit lanzettlichen Mittellappen; Krone länger als der Kelch, blauviolett und gelb; Sporn fast 2mal so lg. wie die Kelchanhängsel. ✻ 5–10. △ Äcker, Brachland, Wegränder; verbreitet. Fast ganz Europa.

3
6
5
2
1
4

Tafel 23 Äcker, Schutt- und Kiesplätze, Wege

Kürbisgewächse / Cucurbitaceae

1 **Weiße Zaunrübe,** *Bryonia alba* L., Rankende Pfl., 1häusig, 2–3 m; Ranken spiralfederartig; B. in 5 3eckige, scharf gezähnte Lappen geteilt; Bl. mit Fruchtknoten und Staubb.; Narbe kahl; Krone grünlichweiß, etwa 1 cm br.; reife Beeren schwarz. ✻ 6–7. Giftig! △ Zäune, Wege, Gebüschsäume; ziemlich selten. Mittel- und Südeuropa. GefGr. 3!– Ähnlich ist die **Rotbeerige Zaunrübe,** *B. dioica* Jacq., aber Pfl. 2häusig; Bl. nur mit Fruchtknoten oder nur mit Staubb.; Narbe behaart; reife Beeren rot; B.lappen meist ganzrandig; giftig! Zäune, Hecken; zerstreut. Mittel- und Südeuropa (westlich).

Nachtkerzengewächse / Oenotheraceae oder Onagraceae

2 **Gewöhnliche Nachtkerze,** *Oenothera biennis* L., Pfl. aufrecht, meist unverzweigt, 50–100 cm; B. ei-lanzettlich, 8–15 cm lg., gesägt oder ganzrandig; Bl.stand aufrecht; Bl. tellerförmig; Kronb. 3–6 cm lg., gelb; Bl.röhre 2–5 cm lg. ✻ 6–8. (Formenreiche Sammelart mit mehreren Kleinarten). △ Sandige, kiesige Plätze, Dämme, Steinbrüche, Sandtrockenrasen; verbreitet. Ursprünglich Nordamerika, heute fast ganz Europa. – Ähnlich ist die **Kleinblütige Nachtkerze,** *Oe. parviflora* L., aber B.stand nickend; Kronb. 1–2 cm lg.; Bl.röhre, 1,5–3 cm lg.; trockne Ruderalstellen; verbreitet. (Formenreiche Sammelart mit mehreren Kleinarten).

Doldengewächse / Umbelliferae oder Apiaceae

3 **Echter Dill,** *Anethum graveolens* L., Pfl. 50–120 cm, kahl; St. stielrund; B. 2–4fach fiederschnittig, mit linealischen, fast borstlichen Abschnitten; B.scheiden kurz; Dolde 15–40strahlig; Hüllb. und Hüllchenb. fehlend; Kronb. gelb; Frucht linsenförmig, 4 mm lg. ✻ 7–9. △ Als Gewürzpflanze kultiviert, selten verwildert, Unkrautfluren. Fast ganz Europa. – Ähnlich ist der **Fenchel,** *Foeniculum vulgare* Mill., aber Pfl. blaugrün, Wurzelstock spindelförmig (Wildsippen) oder eine große Zwiebel bildend; B.scheiden lg.; als Gewürzpfl. kultiviert, gelegentlich verwildert; wärmeliebend.

4 **Acker-Haftdolde,** *Caucalis platycarpus* L. (*C. lappula* (Web.) Grande), Pfl. 10–30 cm, meist borstig behaart; B. 2–3fach gefiedert; Hüllb. 0–2, Hüllchenb. 3–5, kaum hautrandig; Bl. weiß; Frucht 6–12 mm lg., mit 4 Stachelreihen. ✻ 5–7. △ Getreidefelder, Brachland, wärmeliebend, auf Kalk; selten. Mittel- und Südeuropa. GefGr. 3!

5 **Strahlen-Breitsame, Großblütige Strahlendolde,** *Orlaya grandiflora* (L.) Hoffm., Pfl. 10–30 cm; St. kahl, kantig gefurcht; B. 2–3fach gefiedert, mit linealischen, fein zugespitzten Zipfeln; Dolde 5–12strahlig; Hüllb. 5–8, lanzettlich, Hüllchenb. meist 5, br.hautrandig; die nach außengerichteten Kronb. der Randbl. 10–15 mm lg., 7–8mal so lg. wie die übrigen Kronb.; Frucht 6–8 mm lg., mit 2–3 Stachelreihen. ✻ 6–8. △ Getreidefelder, Brachland, Trockenrasen; auf Kalk; selten. Mittel-, Süd- und Südosteuropa. GefGr. 1! – Die **Flachfrüchtige Strahlendolde,** *O. platycarpus* Koch (*O. kochii* Heywood) hat 2–3strahlige Dolden mit 2–3 Hüllb.; Kronb. der Randbl. 5–7 mm lg.; Äcker; Südeuropa.

2
3
5
4
1

Tafel 24 Äcker, Schutt- und Kiesplätze, Wege

Doldengewächse / Umbelliferae oder Apiaceae

1 Gefleckter Schierling, *Conium maculatum* L., Pfl. 50–200 cm, unangenehm riechend; St. stielrund, fein gerieft, blaugrün, unten meist rot gefleckt; B. 2–3fach fiederteilig, oberseits dunkelgrün, unterseits graugrün, Abschnitte länglich-lanzettlich, grob gezähnt; Dolde 8–15strahlig; Hüllb. zurückgeschlagen; Frucht rundlich, 3 mm lg., mit welligen Rippen. ✻ 6–9. Sehr giftig! △ Gräben, Schuttplätze, Wegränder; zerstreut. Südskandinavien, Mittel- und Südeuropa.

2 Gewöhnliche Sichelmöhre, *Falcaria vulgaris* Berh., Pfl. blaugrün, reich verzweigt, 30–80 cm; B. doppelt 3zählig, mit scharf gesägten, linealischen, 10–15 mm br., leicht sichelförmigen Abschnitten; Dolden 10–20strahlig; Hüllb. und Hüllchenb. zahlreich, lanzettlich; Bl. weiß; Frucht länglich eiförmig, 3–4 mm lg. ✻ 7–9. △ Weg- und Akkerränder, Brachland, sonnige Gebüschränder; auf Kalk; zerstreut. Mittel- und Südeuropa, vereinzelt bis Südschweden.

3 Gewöhnlicher Pastinak, *Pastinaca sativa* L., Pfl. 40–120 cm; St. glänzend, kantig gefurcht; B. gelbgrün, 1fach gefiedert, mit ei-länglichen, gelappten oder grob gezähnten, etwa 5 cm lg. Fiedern; Bl. gelb; Hüllb. und Hüllchenb. meist fehlend; Dolde 5–15strahlig; Frucht eiförmig, 5–8 mm lg., br.geflügelt. ✻ 6–9. Ssp. *urens* (Req.) Celak. ist grau behaart, matt; Pfl. mit sparrigem Wuchs, bis 250 cm; St. rund; Bl.dolde 5–7strahlig und ssp. *sylvestris* (Mill.) Rouy et Cam. ist ebenfalls grau behaart, aber St. kantig gefurcht und Dolde 7–15strahlig. △ Unkrautfluren, Steinbrüche, Wege, Wiesen; verbreitet. Ursprünglich Westasien, seit dem Altertum als Futter- und Heilpfl. angebaut, heute fast ganz Europa.

4 Gemeiner Klettenkerbel, *Torilis japonica* (Houtt.) DC. (*T. anthriscus* C. Gmel.), Pfl. 30–120 cm, anliegend borstig behaart; B. 2fach gefiedert, mit zugespitzten Fiedern; Dolden lg. gestielt, 4–12strahlig; Hülle 5–12blättrig; Bl. weiß; Frucht 2–3 mm lg., mit rauhen, schwach gebogenen Stacheln besetzt, ✻ 6–8. △ Unkrautgesellschaften, Waldwege, Kahlschläge; häufig. Fast ganz Europa. – Ähnlich sind noch: **Acker-Klettenkerbel,** *T. arvensis* (Huds.) Link, Pfl. 1jährig, 30–80 cm; Dolden 3–9strahlig; Hülle 0–2blättrig; Frucht 3–5 mm lg., mit widerhakigen Stacheln besetzt; Äcker, Brachland; selten. Mittel- und Südeuropa. GefGr. 3! – Die **Knäuel-Klettenkerbel,** *T. nodosa* (L.) Gaertn. unterscheidet sich durch kurz gestielte, geknäuelte, b.gegenständige Dolden mit fehlender Hülle; Pfl. 15–30 cm; Schutt, Bahnanlagen; wärmeliebend; selten. Mittel- und Südeuropa.

3
1
4
2

Tafel 25 Äcker, Schutt- und Kiesplätze, Wege

Rötegewächse / Rubiaceae

1 **Kletten-Labkraut,** *Galium aparine* L., Pfl. klimmend, 60–200 cm; St. behaart, B. linealisch, 4–8 mm br., am Rand wie der St. mit rückwärtsgerichteten Stacheln, zu 6–8 im Quirl; Krone 4zipfelig, weiß, 2 mm br.; Frucht kugelig, hakig-borstig, 4–6 mm br. ✻ 6–10. △ Äcker, Schutt, Ufer, Hecken, Auenwälder; verbreitet. Europa. – Das **Kleinfrüchtige Kletten-Labkraut,** *G. spurium* L. hat 1 mm br., grünlichweiße Bl., 2–3 mm br. B. und 1,5–3 mm br., feinkörnige Früchte; St. kahl, aber mit Stacheln; Getreidefelder; ziemlich selten; Mittel- und Südeuropa. GefGr. 3!

2 **Ackerröte,** *Sherardia arvensis* L., Pfl. 5–20 cm, 1jährig; St. 4kantig, liegend; B. lanzettlich, 1nervig, am Rand rauh, die unteren zu 4, die oberen zu 6 im Quirl; Bl. kopfig gehäuft, sternförmig umgeben von 8–10 Hochb., diese nicht bewimpert; Krone 4zipfelig, lila, 2–3 mm br. ✻ 6–10. △ Getreidefelder, Brachland; verbreitet. Europa.

3 **Acker-Meister,** *Asperula arvensis* L., Pfl. aufrecht, 5–25 cm; B. linealisch, untere zu 4, obere zu 6–8 quirlständig; Bl.stand kopfig; Hochb. borstig gewimpert; Krone 4–6 mm br., blau. ✻ 5–6. △ Lehmige, kalkreiche Äcker; sehr selten. Mittel- und Südeuropa. GefGr. 0!

Primelgewächse / Primulaceae

4 **Acker-Gauchheil,** *Anagallis arvensis* L., Pfl. 5–25 cm; St. 4kantig, kahl; B. gegenständig, eiförmig, 5–20 mm lg.; Bl. lg. gestielt; Kronb. meist zinnoberrot, selten blau oder rosa, übereinandergreifend, bis 7 mm lg. und 6 mm br., vorne ganzrandig oder schwach gekerbt, mit 3zelligen Drüsenhaaren; Kelchb. ganzrandig. ✻ 6–10. △ Gärten, Äcker, Weinberge; häufig. Europa. – Ähnlich ist der **Blaue Gauchheil,** *A. foemina* Mill. (*A. coerulea* L.), Pfl. 5–25 cm, aber Kronb. immer blau, nicht übereinandergreifend, etwa 6 mm lg. und 3,5 mm br., vorne gesägt, mit 4zelligen Drüsenhaaren; Kelchb. fein gesägt; Getreidefelder, wärmeliebend; ziemlich selten; Mittel- und Südeuropa.

Windengewächse / Convolvulaceae

5 **Zaun-Winde,** *Calystegia sepium* (L.) R. Br. (*Convolvulus sepium* L.), Pfl. windend, 1–3 m; B. tief herzförmig, 8–15 cm lg.; Bl. einzeln, b.achselständig, lg. gestielt; Krone trichterförmig, weiß, 3–5 cm lg. und br.; Kelch von 2 herzförmigen Vorb. eingeschlossen; Narbenlappen flach. ✻ 6 9. △ Unkrautfluren, Ufer, Weiden- und Erlengebüsch; verbreitet. Europa

6 **Ackerwinde,** *Convolvulus arvensis* L., Pfl. am Boden ausgebreitet oder windend, 20–80 cm; B. herz- bis pfeilförmig, 3–4 cm lg.; Bl. b.achselständig, lg. gestielt, in der Mitte der Bl.stiele mit 2 fadenförmigen, kurzen Vorb.; Krone weit trichterförmig, 2–3 cm lg. und br., rosa. ✻ 6–9. △ Äcker, Gärten, Wege; verbreitet. Europa.

4
5
6
1
2
3

Seidengewächse / Cuscutaceae

1 Nessel-Seide, *Cuscuta europaea* L., Rötliche Schmarotzerpfl., 20–100 cm; St. um die Wirtspfl. gewunden; B. schuppenförmig, farblos; Bl. in kleinen, sitzenden, 10–15 mm br. Knäueln; Krone glockenförmig, 5teilig, weißrosa, 2 mm br.; Kronröhre so lg. wie die Kronzipfel, innen mit aufrechten Schlundschuppen, Krone daher nicht verschlossen; Griffel kürzer als der Fruchtknoten. ✻ 6–8. △ Auf Brennessel, Zaun-Winde, Beifuß schmarotzend; zerstreut. Fast ganz Europa. (Artenreiche Gattung, oft schwierig zu bestimmen, teilweise wirtsspezifisch.) Siehe auch Thymian-Seide, *C. epithymum* T. 66.

Borretschgewächse / Boraginaceae

2 Kleine Wachsblume, *Cerinthe minor* L., Pfl. blaugrün, 15–60 cm; Grundb. oft weiß gefleckt, obere St b. st.umfassend, spatelförmig; Bl.stand mit großen, krautigen Tragb.; Krone 5spaltig, fast bis zur Mitte in lanzettliche Zipfel geteilt, gelb, oft rot gefleckt. ✻ 5–7. △ Weg- und Ackerränder, Dämme, Brachland; ziemlich selten. Mittel- und Südosteuropa. – Die **Alpen-Wachsblume,** *C. glabra* Mill. (*C. alpina* Mill.) hat kurze 5zähnige Krone, Zähne eiförmig, an der Spitze zurückgekrümmt; B. nie gefleckt; subalpine Rasen, Hochstaudenfluren, Viehläger; ziemlich selten; Alpen, Pyrenäen, Abruzzen, Karpaten.

3 Kletten-Igelsame, *Lappula squarrosa* (Retz.) Dum. (*L. echinata* Gilib.), Pfl. rauhhaarig, oberwärts ästig, 10–40 cm; B. lanzettlich, sitzend, angedrückt behaart, 2–5 cm lg.; Bl. 2–4 mm lg., himmelblau; Fruchtstiele aufrecht. Nüßchen an den Kanten mit je 2 Reihen widerhakiger Stacheln. ✻ 6–7. △ Brachland, trockne Ruderalstellen, Trockenrasen; selten. Fast ganz Europa. GefGr. 3!

4 Echte Hundszunge, *Cynoglossum officinale* L., Pfl. dicht weichhaarig, grau, 20–80 cm; St. dicht beblättert; B. elliptisch bis lanzettlich, halbst.umfassend, graufilzig; Bl.stand verzweigt; Bl. violett, dann rotbraun, 5–7 mm br.; Kronröhre kurz, von Schlundschuppen verschlossen, Kronzipfel ausgebreitet; Nüßchen 4, am Rand wulstig verdickt, 6–8 mm lg., mit widerhakigen Stacheln besetzt. ✻ 5–7. △ Sonnige Unkrautfluren; zerstreut. Fast ganz Europa. – Die **Wald-Hundszunge,** *C. germanicum* Jacq. hat oberseits kahle, glänzende, unterseits zerstreut behaarte B. und rotviolette Bl.; Nüßchen nicht wulstig verdickt; krautreiche Mischwälder, Kahlschläge; selten; Mittel- und Südeuropa (Verbreitung ungenügend bekannt).

5 Acker-Steinsame, *Lithospermum arvense* L., Pfl. rauhhaarig, 10–50 cm; B. verkehrt eiförmig bis lanzettlich, 1nervig, 3–5 cm lg.; St. locker beblättert; Krone 3–4 mm br., trichterförmig, schmutzig weiß; Nüßchen braun, warzig. ✻ 4–6. △ Getreidefelder; verbreitet. Europa.

6 Blauer, Gewöhnlicher Natternkopf, *Echium vulgare* L., Pfl. steif borstlich behaart, 30–80 cm; B. länglich-lanzettlich, steifborstig; Krone unregelmäßig, 2lippig, 15–20 mm lg., blau, mit schiefer Kronmündung; Bl.knospen rot; Staubb. ungleich lg. ✻ 6–8. △ Sonnige Unkrautfluren, Wege, Kiesgruben, Steinbrüche; häufig. Europa. – Der **Italienische Natternkopf,** *E. italicum* L., hat weiße bis blaßviolette, 8–12 mm lg. Krone und dicht lg.borstig behaarten Kelch; Unkrautgesellschaften im Mittelmeerraum.

4
2
5
6
3
1

Tafel 27 Äcker, Schutt- und Kiesplätze, Wege

Borretschgewächse / Boraginaceae

1 Borretsch, Gurkenkraut, *Borago officinalis* L., Pfl. 20–60 cm, mit Pfahlwurzel; B. und St. abstehend behaart; B. eiförmig-elliptisch, in den geflügelten Stiel verschmälert, dieser herablaufend; Bl.stand doldenartig; Krone himmelblau, 2–3 cm br., mit weißen Schlundschuppen; Kelchb. schmal lanzettlich; Staubbeutel dunkel. ✻ 6–8. △ Gewürz- und Heilpfl., häufig in Gärten gepflanzt und öfters in wintermilden Klimagebieten verwildert; Weinberge, Schutt; ursprünglich Südeuropa.

2 Gewöhnliche Ochsenzunge, *Anchusa officinalis* L., Pfl. 30–80 cm, weichhaarig; B. länglich-lanzettlich, die unteren in den Stiel verschmälert, die oberen mit gerundetem Grund sitzend, ganzrandig; Bl. blauviolett, 10–15 mm br.; Kronröhre gerade; Kronschlund von eiförmigen, samtigen Schlundschuppen verschlossen; Bl.stand reichblütig. ✻ 5–9. △ Trockne sandige Unkrautfluren, Wege, Dämme; wärmeliebend; selten. Fast ganz Europa. – Die **Italienische Ochsenzunge,** *A. italica* Retz. (*A. azurea* Mill.) hat himmelblaue, 12–15 mm br. Krone mit pinselig behaarten Schlundschuppen und wellige, glänzende B.; Schutt, Bahngelände; wärmeliebend; selten; Süddeutschland, Südeuropa. – Die **Gelbe Ochsenzunge,** *A. ochroleuca* M. Bieb. hat 7–10 mm br., gelblichweiße Krone; Schutt, Bahngelände; wärmeliebend; selten; Süddeutschland, Südeuropa, (östlich).

3 Acker-Krummhals, *Anchusa arvensis* (L.) M. Bieb. (*Lycopsis arvensis* L.), Pfl. dicht borstlich behaart, 20–40 cm; B. länglich, 10–15 cm lg., ausgeschweift gezähnt, meist etwas wellig; Krone blaßblau, 7–10 mm br., mit weißer, gekrümmter Röhre; Nüßchen feinwarzig, runzelig. ✻ 5–9. △ Weinberge, Äcker, sandige Plätze; wärmeliebend; zerstreut. Europa.

4 Braunes Mönchskraut, *Nonea pulla* (L.) DC., Pfl. 20–40 cm, grauhaarig, drüsig; B. länglich-lanzettlich, 8–12 cm lg., die oberen st.umfassend; Bl. rotbraun, 10–15 mm lg.; Krone trichterförmig, mit walzlicher Röhre; Kelch zur Fruchtzeit stark vergrößert; Teilfrüchte fast kugelig. ✻ 5–8. △ Getreidefelder, Brachland, Wegränder; wärmeliebend; selten. Mittel- und Südosteuropa. GefGr. 2! – Das **Gelbe Mönchskraut,** *N. lutea* (Desr.) DC. hat 7–12 mm lg. und 5–7 mm br., gelbe Krone mit behaarten Schlundschuppen; Schutt, Kiesgruben; selten; wärmeliebend; Süddeutschland, Südeuropa, (östlich).

5 Acker-Vergißmeinnicht, *Myosotis arvensis* (L.) Hill, Pfl. dicht grauhaarig, am Grund verzweigt, 10–40 cm; B. ei-lanzettlich, 2–8 cm lg., die unteren allmählich in den Stiel verschmälert, die oberen sitzend; Bl.stand dichtblütig, ohne Tragb.; Krone trichterförmig, 3–4 mm br., blau; Fruchtstiele 2–3mal so lg. wie die Kelchb. ✻ 4–10. △ Äcker, Getreidefelder, Waldschläge; häufig. Europa.

3
5
2
4
1

Tafel 28 Äcker, Schutt- und Kiesplätze, Wege

Lippenblütengewächse / Labiatae oder Lamiaceae

1 Gelber Günsel, *Ajuga chamaepitys* (L.) Schreb., Pfl. 5–15 cm, behaart; B. dicht stehend, 1–3 cm lg., 3teilig, mit linealischen Zipfeln, obere B. ungeteilt; Bl. einzeln, kurz gestielt, b.achselständig; Krone 7–15 mm lg., gelb, mit sehr kurzer Oberlippe und 3teiliger, bräunlich gezeichneter Unterlippe. ✻ 5–9. △ Getreidefelder, Weinberge, Brachland, wärmeliebend; selten. Süddeutschland, Südeuropa. GefGr. 3!

2 Basilienkraut, *Ocimum basilicum* L., Pfl. 20–40 cm, kahl, aromatisch riechend; B. eiförmig bis lanzettlich, gestielt, ganzrandig oder gezähnt, 3–5 cm lg.; Bl. kurz gestielt, in 6blütigen, übereinanderstehenden Scheinquirlen; Krone weiß oder rötlich, 10–15 mm lg., Oberlippe stumpf 4lappig, Unterlippe ungeteilt; Staubb. auf der Kronunterlippe liegend; Kelch 2lippig, mit ungeteilter Oberlippe und tief 4spaltiger Unterlippe. ✻ 6–9. △ Gewürz- und Heilpfl., selten verwildert. Herkunft Vorderindien.

3 Herzgespann, Echter Löwenschwanz, *Leonurus cardiaca* L., Pfl. aufrecht, 30–100 cm; B. behaart, handförmig 3–7teilig, 6–12 cm lg., oberseits dunkelgrün, unterseits hellgrün; die oberen B. 3lappig; Bl. in quirlartigen, übereinanderstehenden Teilbl.ständen; Krone 2lippig, 8–11 mm lg., hellpurpurn; Kelch glockenförmig, regelmäßig 5zähnig, 5–8 mm lg.; Staubb. weit aus der Kronröhre ragend. ✻ 6–9. △ Wege, Zäune, nährstoffreiche, lehmige Böden; ziemlich selten; alte Arzneipfl. Fast ganz Europa (östlich). GefGr. 3! – Ähnlich ist der **Katzenschwanz,** L. *marrubiastrum* L., aber B. ei-lanzettlich, grob gezähnt, unterseits graufilzig; Krone und Kelch etwa gleich lg.; Staubb. wenig aus der Kronröhre ragend; Unkrautfluren; selten; hauptsächlich Mittel- und Osteuropa. GefGr. 1!

4 Gewöhnliche Katzenminze, *Nepeta cataria* L., Pfl. aufrecht, dicht kurzhaarig, herb zitronenartig riechend, 40–100 cm; Bl. 3eckig-herzförmig, grob gezähnt, lg. gestielt, unterseits graufilzig; Bl. in vielblütigen, quirlartigen, oben dicht übereinanderstehenden Teilbl.ständen; Krone 2lippig, weiß oder rötlich, 1 cm lg.; Kelch 6–8 mm lg., oft violett überlaufen, mit 5 ungleichen, schmal lanzettlichen Zähnen. ✻ 6–9. △ Unkrautgesellschaften, Wege, Mauern; selten. Fast ganz Europa. GefGr. 3!

5 Kleinblütiger Hohlzahn, *Galeopsis bifida* Boenningh., Pfl. 20–60 cm; St. an den Knoten stark verdickt und abstehend borstig behaart; B. ei-lanzettlich, gezähnt; Bl.stand mit gelbköpfigen Drüsenhaaren oder drüsenlos; Krone 10–15 mm lg., blaßrot; Kronunterlippe mit länglichen, deutlich ausgerandeten, meist 1farbigem Mittellappen. ✻ 6–10. △ Äcker, Kahlschläge, Waldränder, gestörte Moore; kalkmeidend; verbreitet. Europa.

3
4
1
2
5

Lippenblütengewächse / Labiatae oder Lamiaceae

1 Bunter Hohlzahn, *Galeopsis speciosa* Mill., Pfl. 30–80 cm; St. unter den verdickten Knoten steifhaarig; Krone 25–40 mm lg., hellgelb, Mittellappen oder Kronunterlippe violett. ✻ 6–10. △ Wege, Äcker, Waldschläge; zerstreut. Fast ganz Europa. – Der **Weiche Hohlzahn,** *G. pubescens* Besser hat wenig verdickte, kurz- und weichhaarige, armdrüsige Knoten; B. oberseits anliegend, unterseits abstehend weichhaarig; Krone 18–25 mm lg., dunkelrot, mit gelbem Schlund, 2–3mal so lg. wie der Kelch; Äcker, Waldschläge; zerstreut; Südskandinavien, Mitteleuropa, südlich bis Mittelitalien, Bulgarien, (östlich).

2 Schmalblättriger Hohlzahn, *Galeopsis angustifolia* (Ehrh.) Hoffm., Pfl. 10–40 cm; St. an den Knoten nicht verdickt; B. schmal lanzettlich, 2–6 mm br., ganzrandig oder jederseits mit 1–4 Zähnen; Krone rot, 1–2 cm lg., 3mal so lg. wie der Kelch, dieser oft rot überlaufen; Kronunterlippe mit gelber und dunkelpurpurner Zeichnung. ✻ 6–10. △ Kalkreiche Äcker, Steinbrüche, Kiesgruben, Dämme; wärmeliebend; zerstreut. Mittel- und Südeuropa. – Der **Acker-Hohlzahn,** *G. ladanum* L. hat ei-lanzettliche, 7–15 mm br. B. mit jederseits 3–8 groben Zähnen; Krone rot, 2mal so lg. wie der Kelch, dieser reichdrüsig, mit weißen, abstehenden Haaren; Steinbrüche, trockne Äcker, Bahndämme; zerstreut. – Ebenfalls nicht verdickte St.knoten hat der **Gelbe Hohlzahn,** *G. segetum* Neck. mit 2–3 cm lg., blaßgelben Bl. und ei-lanzettlichen B.; obere B. und Kelch drüsig-flaumig; sandige Äcker, Steinschutt; kalkmeidend; zerstreut; westliches Mitteleuropa und Westeuropa. GefGr. 2!

3 Stechender Hohlzahn, *Galeopsis tetrahit* L., Pfl. 10–60 cm, 1jährig; St. 4kantig, an den Knoten stark verdickt, abstehend behaart; B. ei-lanzettlich, 3–10 cm lg., gezähnt; Krone 15–20 mm lg., rot oder weiß, kaum doppelt so lg. wie der borstlich behaarte Kelch; Kronunterlippe gelb und purpurn gefleckt, deren Mittellappen quadratisch, vorne gezähnt; Bl.stand meist schwarzdrüsig. ✻ 6–10. △ Äcker, Schutt, Wege, Kahlschläge; verbreitet. Europa.

4 Gefleckte Taubnessel, *Lamium maculatum* L., Pfl. 20–60 cm; ähnlich Weißer Taubnessel, aber Krone purpurn, 20–30 mm lg., mit dunkel gefleckter Unterlippe; Kronröhre aufwärts gebogen, innen mit waagrechtem Haarring. ✻ 4–9. △ Unkrautfluren, Waldränder, Hecken, Auenwälder; häufig. Mittel- und Südeuropa.

5 Rote Taubnessel, *Lamium purpureum* L., Pfl. oft rotviolett überlaufen, unangenehm riechend, 10–30 cm; B. ei-herzförmig, ungleich gekerbt, weichhaarig, kurz gestielt; Krone 10–15 mm lg., rosarot. ✻ 3–9. △ Äcker, Gärten, Schutt, Wege, verbreitet. Europa. – Ähnlich ist die **Stengelumfassende Taubnessel,** *L. amplexicaule* L., aber obere B. und Tragb. der Bl. st.umfassend sitzend, rundlich-nierenförmig, tief gekerbt, 1–2 cm lg. und 1–3 cm br., kürzer als die St.glieder; Scheinquirle ziemlich entfernt stehend; Unkrautfluren; fast ganz Europa.

6 Weiße Taubnessel, *Lamium album* L., Pfl. behaart, 20–50 cm; B. lg. zugespitzt, brennesselartig, scharf gesägt, 3–7 cm lg.; Bl. in Scheinquirlen; Krone 20–25 mm lg., weiß, 2lippig; Oberlippe helmartig; Kronröhre aufwärts gebogen, innen mit schrägem Haarring. ✻ 4–10. △ Wege, Zäune, Mauern, Viehläger, Hecken; Stickstoffzeiger; häufig. Europa.

6
4
2
3
1
5

Tafel 30 Äcker, Schutt- und Kiesplätze, Wege

Lippenblütengewächse / Labiatae oder Lamiaceae

1 Gundelrebe, Gundermann, *Glechoma hederaceum* L., Pfl. 20–40 cm; St. kriechend, an den Knoten wurzelnd; B. rundlich nierenförmig; Bl. zu 2–3 b.achselständig; Krone blauviolett, 1–2 cm lg., Oberlippe gerade, vorne ausgerandet, Unterlippe 3lappig, mit größerem Mittellappen. 4–6. △ Wiesen, Weiden, Gebüschränder, Auengebüsche, Ufer; häufig. Europa.

2 Schwarznessel, *Ballota nigra* L., Pfl. unangenehm riechend, dunkelgrün, 30–100 cm; B. weichhaarig, grob kerbig gesägt, 2–5 cm lg.; Bl. zu 4–10 im Scheinquirl; Krone purpurn, 1–2 cm lg., Unterlippe 3lappig; Kelch trichterförmig, 10nervig, drüsenhaarig. ✻ 7–9. △ Wege, Zäune, Schutt, Hecken, stickstoffreiche Ruderalstellen; verbreitet. Hauptsächlich Mittel- und Südeuropa, (östlich).

3 Sumpf-Ziest, *Stachys palustris* L., Pfl. 30–100 cm, mit Ausläufern; B. länglich-lanzettlich, mit herzförmigem Grund sitzend oder sehr kurz gestielt, kurzhaarig, gezähnt, 3–12 cm lg.; B. in 6–10blütigen Scheinquirlen; Krone 14–18 mm lg., purpurn, doppelt so lg. wie der kurzhaarige Kelch; Kronoberlippe ganzrandig, Kronunterlippe 3teilig, mit dunklen Zeichnungen. ✻ 6–9. △ Ufer, Gräben, feuchte Äcker, Wege; verbreitet. Fast ganz Europa. – Der **Acker-Ziest,** *S. arvensis* L. hat br. eiförmige, gestielte, 1–3 cm lg., stumpf gezähnte B.; Pfl. niederliegend bis aufsteigend, 10–30 cm; St. zottig-drüsig behaart; Krone 6–9 mm lg., blaßrosa, kaum länger als der Kelch; Äcker, Brachland, kalkarme, feuchte Böden; ziemlich selten. Mittel- und Südwesteuropa.

4 Echtes Bohnenkraut, *Satureja hortensis* L., Pfl. 10–30 cm, aromatisch riechend; B. schmal lanzettlich, kurz gestielt, ganzrandig, stumpf, 1–3 cm lg.; Bl. sehr kurz gestielt, zu 1–3 in den Achseln der obersten B.; Krone 4–6 mm lg., bläulich oder weißlich; Kelch glockenförmig, mit 5 fast gleichen, spitzen Zähnen, 3–5 mm lg. ✻ 7–9. △ Gewürz- und Heilpfl., Bienenfutterpfl.; selten verwildert; wärmeliebend. Ursprünglich Südosteuropa. – Das **Winter-Bohnenkraut,** *S. montana* L. ist ein kleiner, verholzter Zwergstrauch, 10–50 cm, mit 6–10 mm lg., weißer oder hellvioletter Krone; B. spitz, lederig, fast sitzend; Felshänge, kalkreiche, steinige Böden; wärmeliebend; Gwürzpfl.; Südalpenrand, Südeuropa.

5 Acker-Minze, *Mentha arvensis* L., Pfl. aromatisch, 10–40 cm; B. eiförmig oder elliptisch, schwach gesägt bis gekerbt, 2–6 cm lg.; Scheinquirle b.achselständig; St. mit einem B.schopf endend; Krone lila, 5–8 mm lg.; Kelch glockig, Kelchzähne 3eckig-eiförmig. ✻ 7–8. △ Feuchte Äcker, Naßwiesen; ziemlich häufig. Fast ganz Europa.

Eisenkrautgewächse / Verbenaceae

6 Gewöhnliches Eisenkraut, *Verbena officinalis* L., Pfl. 20–80 cm; St. 4kantig, mit fast b.losen Ästen; B. lanzettlich, gegenständig, mittlere B. 3spaltig, mit großem Endzipfel; Bl. in dichten, schmalen Ähren; Krone schwach 2lippig, 2–5 mm br., blaßlila, mit gekrümmter Röhre. ✻ 7–9. △ Wege, Mauern, Zäune, Silikatmagerrasen; verbreitet. Europa.

2
4
5
1
6
3

Tafel 31 Äcker, Schutt- und Kiesplätze, Wege

Nachtschattengewächse / Solanaceae

1 Schwarzes Bilsenkraut, *Hyoscyamus niger* L., Pfl. zottig-klebrig, 30–60 cm; B. länglich, 10–20 cm lg., buchtig gezähnt, obere st.umfassend; Bl. zu mehreren, b.achselständig; Krone trichterförmig, 2–3 cm lg., schmutzig-gelb, mit violetten Netzadern; Kelch mit 5 stechenden Zähnen; Frucht eine krugförmige Kapsel. ✻ 6–10. Giftig! △ Wege, Mauern, Schutt; ziemlich selten. Fast ganz Europa. GefGr. 3!

2 Stechapfel, *Datura stramonium* L., Pfl. kahl, 20–100 cm; B. eiförmig, spitz, buchtig gezähnt, 10–20 cm lg.; Bl. einzeln, b.achselständig; Krone trichterförmig, mit 5 spitzen Zipfeln, 6–8 cm lg., weiß, selten violett; Frucht eiförmig, stachelig, grün, 5–7 cm lg. ✻ 6–10. Giftig! △ Schutt, Wege, Gärten; wärmeliebend; ziemlich selten. Europa.

3 Schwarzer Nachtschatten, *Solanum nigrum* L., Pfl. 10–60 cm, dunkelgrün; B. eiförmig oder 3eckig, buchtig gezähnt, seltener ganzrandig, gestielt; Krone flach ausgebreitet, 5teilig, weiß, 6–10 mm br.; Kelchzipfel durch spitze Buchten getrennt; Staubbeutel länger als die Staubfäden; Beeren schwarz, selten grünlichgelb, 6–10 mm br. ✻ 6–10. △ Schuttplätze, Gärten, Äcker; verbreitet. Europa. – Ähnlich sind: **Gelber Nachtschatten,** *S. luteum* Mill, aber St. abstehend lg.haarig; Kelchzipfel durch runde Buchten getrennt; Staubbeutel so lg. wie die Staubfäden; Beeren gelb; St. stumpfkantig, glatt, abstehend behaart; Schutt, Wege; wärmeliebend. – Der **Geflügelte Nachtschatten,** *S. alatum* Moench hat schmal geflügelte, höckerige, rauhe, zerstreut behaarte St. und Äste; Beeren rot; Unkrautfluren; selten. Beide Arten hauptsächlich Süddeutschland und Südeuropa.

Braunwurzgewächse / Scrophulariaceae

4 Schwarze Königskerze, *Verbascum nigrum* L., Pfl. 50–150 cm; St. oben kantig; untere B. am Grund herzförmig, lg. gestielt, alle B. oberseits fast kahl, unterseits graufilzig; Bl.stand verlängert, selten ästig; Bl. in ährig angeordneten Knäueln; Krone 12–22 mm br., gelb, am Grund purpurn gefleckt; Staubfäden violettwollig. ✻ 6–8. △ Schutt, Dämme, Waldschläge; ziemlich selten. Fast ganz Europa. – Ebenfalls violettwollige Staubfäden hat die **Motten-Königskerze,** *V. blattaria* L., aber Bl. lg. gestielt, hellgelb, vor dem Aufblühen rötlich, zu 1–2 b.achselständig, in 1facher Traube; B. ei-länglich, in den Stiel verschmälert, beiderseits kahl; Wege, Dämme, Schutt; ziemlich selten. Mittel- und Südeuropa. GefGr. 2!

5 Kleinblütige Königskerze, *Verbascum thapsus,* L., Pfl. 20–70 cm; B. ei-länglich, filzig behaart, bis 40 cm lg., am St. herablaufend, dieser dadurch geflügelt; Bl. kurz gestielt, in ährigen Knäueln; Krone weit-trichterig, 15–22 mm br., hellgelb; die 3 oberen Staubfäden weißwollig, die unteren 2 kahl. ✻ 7–9. △ Schutt, Dämme, Ufer, Waldlichtungen; ziemlich häufig. Europa. – Ähnlich ist die **Mehlige Königskerze,** *V. lychnitis* L., aber B. nicht herablaufend, oberseits fast kahl, unterseits sternhaarig, graustaubig filzig; Bl. weiß oder hellgelb, 10–15 mm br.; Gebüschsäume, Kalkmagerrasen, trockne Ruderalstellen; verbreitet; Mittel- und Südeuropa.

6 Großblütige Königskerze, *Verbascum densiflorum* Bertol. (*V. thapsiforme* Schrader), Pfl. 30–200 cm; ähnlich *V. thapsus;* B. gelbgrün, wollig behaart, gekerbt, lg.spitzig, am St. herablaufend; Bl.stand unten kurz verzweigt; Krone flach, 30–35 mm br., hellgelb. ✻ 7–9. Sonnige Unkrautfluren, Waldschläge, Wegränder; zerstreut. Mittel- und Südeuropa.

6
1
3
5
2
4

Tafel 32 Äcker, Schutt- und Kiesplätze, Wege

Braunwurzgewächse / Scrophulariaceae

1 Gewöhnliches Leinkraut, *Linaria vulgaris* Mill., Pfl. 20–60 cm; B. wechselständig, dicht stehend, linealisch bis lanzettlich, 3–8 cm lg.; Bl.stand reichblütig; Krone mit lg., geradem Sporn, 15–30 mm lg., schwefelgelb, mit orangefarbenem Schlund. ✻ 6–10. △ Sonnige Unkrautfluren, Bahndämme, Steinbrüche, Waldschläge; verbreitet. Europa.

2 Kleines Leinkraut, *Chaenarrhinum minus* (L.) Lange, Pfl. 1jährig, drüsenhaarig, 5–25 cm; B. schmal lanzettlich, die unteren gegenständig; Bl. in lockeren Trauben; Krone mit Sporn 5–10 mm lg., hellviolett, mit gelblichem Gaumen, Schlund offen. ✻ 6–10. △ Äcker, Wege, Dämme, Kiesgruben; ziemlich häufig. Fast ganz Europa.

3 Acker-Wachtelweizen, *Melampyrum arvense* L., Pfl. 20–60 cm; B. lineal-lanzettlich; Bl. in allseitswendigen, walzigen Ähren; Krone 20–25 mm lg., purpurn, mit hellgelber Röhre und gelbem Schlund; Oberlippe helmartig; Tragb. eiförmig-lanzettlich, mit grannenförmigen Zähnen, flach, purpurn, selten gelbgrün. ✻ 5–9. △ Getreidefelder, Wegraine, sonnige Hecken; zerstreut. Fast ganz Europa. – Ähnlich ist der **Kamm-Wachtelweizen,** *M. cristatum* L., aber Ähre 4kantig, Tragb. rundlich herzförmig, gefaltet, kammförmig gezähnt, weißlich oder rötlich; Bl. gelblich-weiß, rot überlaufen; sonnige Plätze, trockne Eichen-Kiefernwälder; selten; hauptsächlich Mitteleuropa. GefGr. 3!

4 Dreiteiliger Ehrenpreis, *Veronica triphyllos* L., Pfl. aufrecht, stark drüsenhaarig, 5-15 cm; B. tief 3-5teilig, sitzend, gekerbt, dunkelgrün; St.b. in kleine Tragb. übergehend, obere einfacher als die unteren; Bl. in lockeren Trauben; Krone 6-9 mm br., tiefblau; Kelchzipfel zur Fruchtzeit 6-8 mm lg.; Fruchtkapsel verkehrt-herzförmig, dicht drüsenhaarig. ✻ 3-5. △ Äcker, Sandtrockenrasen; kalkmeidend; zerstreut. Hauptsächlich Mittel- und Südeuropa.

5 Persischer Ehrenpreis, *Veronica persica* Poiret, Pfl. niederliegend, 10–30 cm; B. 3eckig-eiförmig, grob gezähnt, kurz gestielt; St.b. nach oben kaum verkleinert; Bl. einzeln, b.achselständig; Krone 8–12 mm br., blau, untere Kronb. heller; Kelchzipfel ei-lanzettlich; Fruchtkapsel 8–10 mm br. und 4–6 mm lg., stumpfwinkelig ausgerandet. ✻ 1–12. △ Äcker, Weinberge, Gärten; häufig. Fast ganz Europa.

6 Efeu-Ehrenpreis, *Veronica hederifolia* L., Pfl. 8–30 cm; B. 3–7lappig, efeuähnlich, rundlich, lg. gestielt; Krone 6–9 mm br., hellblau, dunkel geadert; Kelchzipfel br. herzförmig, lg. gewimpert; Fruchtkapsel fast kugelig-2knotig. ✻ 3–5. △ Äcker, Weinberge, Wege, Hecken, Waldschläge; verbreitet. Fast ganz Europa.

7 Feld-Ehrenpreis, *Veronica arvensis* L., Pfl. 5–20 cm; St. 2reihig behaart; B. ungeteilt, eiförmig, gekerbt, 10–15 mm lg.; Tragb. der Bl. schmal lanzettlich, nach oben kleiner werdend; Bl.stiele kürzer als der Kelch; Krone 3–4 mm br., hellblau; Fruchtkapsel br. herzförmig, gewimpert, mit tiefer, spitzwinkeliger Ausrandung. ✻ 4–10. △ Äcker, Wege, Mauern; verbreitet. Ursprünglich Südeuropa, heute weltweit verbreitet.

8 Faden-Ehrenpreis, *V. filiformis* Sm., Pfl. mit fadendünnen St. kriechend, 5–30 cm, drüsig behaart; B. rundlich, schwach gekerbt, 5–12 mm lg.; Bl.stiele 2–4mal länger als die Tragb.; Krone bläulich violett, 8–12 mm br.; Fruchtkapsel 4–6 mm br., mit 3–4 mm lg. Griffel, meist ohne Samen; Verbreitung durch kleine Brutknöllchen in den Achseln der B. ✻ 4–5. △ Parkrasen, Weiden, Wege; verbreitet. Ursprünglich Gebirge Südwestasiens, heute weltweit verbreitet.

1
2
3
4
5
6
7
8

Tafel 33 Äcker, Schutt- und Kiesplätze, Wege

Braunwurzgewächse / Scrophulariaceae

1 Quendel-Ehrenpreis, *Veronica serpyllifolia* L., Pfl. 5–25 cm; B. kahl, eiförmig-rundlich, kurz gestielt oder sitzend, ganzrandig oder gekerbt; Bl. einzeln in den B.achseln der oberen B.; Krone 5–6 mm br., weißlich, blau geadert. ✻ 4–9. △ Wiesen, Wege, Äcker, Ufer, Lägerfluren der Alpen; häufig. Europa.

2 Roter Zahntrost, *Odontites rubra* (Baumg.) Opiz, Pfl. von Grund an ästig, 15–40 cm; B. gegenständig, lanzettlich, meist gezähnt; Bl. in lg., 1seitswendigen Trauben; Krone rot, filzig behaart, 8–12 mm lg.; Oberlippe helmartig, Unterlippe kürzer, 3lappig; Tragb. kürzer als die Bl. ✻ 8–10. △ Sandtrockenrasen, Trittrasen; ziemlich häufig. Europa. – Ähnlich ist der **Frühlings-Zahntrost,** *O. verna* (Bell.) Dum., aber St. nur oben kurzästig; Tragb. kürzer als die Bl.; Getreidefelder.

3 Echtes Tännel-Leinkraut, Pfeilblättriges Leinkraut, *Kickxia elatine* (L.) Dum., Pfl. 1jährig, drüsig-weichhaarig, 10–40 cm, mit niederliegenden, fadenförmigen St. und wechselständigen, spieß- bis pfeilförmigen B.; Bl. an lg., meist kahlen Stielen b.achselständig; Krone 5–7 mm lg. (ohne Sporn), hellgelb, mit geradem etwa ebenso lg. Sporn; Kronoberlippe innen violett. ✻ 7–10. △ Getreidefelder, Brachen, Lehmböden; ziemlich selten. Mittel- und Südeuropa, Südskandinavien. – Ähnlich ist das **Eiblättrige Tännelkraut,** *K. spuria* (L.) Dum., aber alle B. eiförmig; Bl.stiele rauhhaarig; Krone mit gebogenem Sporn; Getreidefelder; selten. Mittel- und Südeuropa.

Wegerichgewächse / Plantaginaceae

4 Breit-Wegerich, *Plantago major* L., Pfl. 5–30 cm; B. eiförmig-elliptisch, 5–9nervig; Spreite vom B.stiel scharf abgesetzt, dunkelgrün, derb; Bl. unscheinbar, in schmaler, bis 15 cm lg. Ähre; Krone 4teilig, gelblichweiß; Staubbeutel erst lila, dann gelblich. ✻ 6–10. △ Wege, Trittrasen, Weiden; häufig. Europa. – Der **Kleine Wegerich,** *P. intermedia* Gilib. ist kleiner; B. allmählich in den Stiel verschmälert, 3–5nervig, Ährenstiel bogig aufsteigend, Ähre kurz; feuchte Äcker; verbreitet; Europa.

Baldriangewächse / Valerianaceae

5 Echter Feldsalat, Rapünzchen, *Valerianella locusta* (L.) Laterr., Pfl. 10–20 cm; B. länglich, untere spatelförmig, 2–7 cm lg., obere lanzettlich, spitz; Bl.stand endständig, gabelig verzweigt; in den Astgabeln unter den Bl.köpfen keine Bl.; Krone 5zipfelig, bläulichweiß, 2 mm br.; Frucht abgeflacht, rundlich, kurz zugespitzt, glatt. ✻ 4–6. △ Äcker, Getreidefelder, Wege; ziemlich häufig; als Salatpfl. angebaut. Europa.

Kardengewächse / Dipsacaceae

6 Wilde Karde, *Dipsacus sylvestris* Huds., Pfl. 70–150 cm; St. stachelig; B. eiförmig, meist ungeteilt, am Rand kahl oder zerstreut stachelig, bis 30 cm lg. St.b. gegenständig, am Grund tütenförmig verwachsen, gesägt; Bl.köpfe kegelförmig, 3–8 cm lg., mit lg., bogigen, stechenden Hüllb. und borstigen Spreub., diese länger als die Bl.; Krone lila, 1 cm lg. ✻ 7–8. △ Wege, Dämme, Ufer, Brachland; ziemlich häufig. Mittel- und Südeuropa. – Die **Schlitzblättrige Karde,** *D. laciniatus* L. hat fiederspaltige St.b. und weit abstehende Hüllb., diese kürzer als der Bl.kopf; alle B. borstig gewimpert; Bl. weiß; Wege, Waldränder; wärmeliebend; ziemlich selten; Mittel- und Süddeutschland, Südeuropa; GefGr. 3! – Die **Behaarte Karde,** *D. pilosus* L. hat kurz gestielte, am Grund nicht verwachsene St.b. und 20–25 mm br., kugelige, vor dem Aufblühen nickende Bl.köpfe; Bl. weiß oder gelblich; Auenwälder, feuchte Wegränder; ziemlich selten; Mitteleuropa, südlich bis Oberitalien, Bulgarien.

5
6
4
2
3
1

Tafel 34 Äcker, Schutt- und Kiesplätze, Wege

Glockenblumengewächse / Campanulaceae

1 Acker-Glockenblume, *Campanula rapunculoides* L., Pfl. 30–100 cm, mit Ausläufern; St. kurz rauhhaarig; untere B. gestielt, kurz-eiförmig, gezähnt, obere B. lanzettlich, sitzend; Bl. nickend, in 1seitswendiger Traube; Krone trichterförmig, 2–3 cm lg., hellviolett, am Rand meist gewimpert. ✻ 6–9. △ Wald- und Wegränder, Hecken, Äcker, lichte Eichen- und Kiefernwälder; zerstreut. Fast ganz Europa. – Ähnlich ist die **Bologneser Glockenblume,** *C. bononiensis* L., aber Pfl. ohne Ausläufer; B. unterseits dicht flaumig behaart; alle Tragb. kürzer als die Bl.; Krone 1–2 cm lg., Bl.traube allseitswendig; trockne Gebüschsäume, Halbtrockenrasen; selten; Mittel- und Süddeutschland, Täler der Südalpen, Ost- und Südosteuropa. GefGr. 4!

2 Gewöhnlicher Frauenspiegel, *Legousia speculum-veneris* (L.) Chaix, Pfl. 10–30 cm; B. länglich oder verkehrt eiförmig, Rand schwach gewellt, rauh; Bl.stand lockerrispig; Krone radförmig, 20–25 mm br., violett; Kelchzipfel linealisch, so lg. wie der Fruchtknoten, kaum länger als die Krone. ✻ 6–8. △ Getreidefelder, kalkreiche Acker; zerstreut. Mittel- und Südeuropa. GefGr. 3! – Ähnlich ist der **Kleinblütige Frauenspiegel,** *L. hybrida* (L.) Delarbre, aber Krone 6–15 mm br., weitglockig, purpurn; Kelchzipfel lanzettlich, halb so lg. wie der Fruchtknoten, länger als die Krone; Bl. an der Spitze der Pfl. gehäuft; Getreidefelder; wärmeliebend; selten. Mittel- und Süddeutschland, Südeuropa. GefGr. 2!

Korbblütengewächse / Compositae oder Asteraceae

3 Kandisches Berufkraut, *Conyza canadensis* (L.) Cronq. (*Erigeron c.* L.), Pfl. 30–100 cm; B. lanzettlich, ganzrandig oder fein gezähnt, 2–5 cm lg., behaart; Bl.köpfe zahlreich, in dichter Rispe; Köpfe 2–5 mm lg., 3–5 mm br., Zungenbl. weißlich, kaum länger als die gelblichen Röhrenbl.; Hüllb. linealisch, fast kahl. ✻ 7–10. △ Schuttplätze, Wegränder; häufig. Fast ganz Europa (ursprünglich Nordamerika). – Ähnlich ist das **Krause Berufkraut,** *C. bonariensis* (L.) Cronq., aber Pfl. 15–50 cm, Zungenbl. fehlend; Bl.köpfe 7–8 mm lg., grünlich, Hülle oft rötlich überlaufen; B. dicht behaart, graugrün, gezähnt; Unkrautgesellschaften, wärmeliebend; Mittel- und Südeuropa (ursprünglich Südamerika).

4 Huflattich, *Tussilago farfara* L., Pfl. 5–20 cm; Bl. vor den B. erscheinend; Bl.schaft 1köpfig, mit rötlichen Schuppen; Bl.kopf 2–3 cm br., gelb; Hüllb. 1reihig; B. grundständig, in Herden, rundlich-herzförmig, 10–30 cm br., schwärzlich gezähnt, unterseits graufilzig; B.stiel oben rinnig (im Gegensatz zu *Petasites*). ✻ 2–4. △ Wege, Kiesgruben, Schutt, Äcker, Ufer, Erdanrisse; häufig. Europa.

5 Kleinblütiges Knopfkraut, Franzosenkraut *Galinsoga parviflora* Cav., Pfl. 20–70 cm, oberwärts spärlich anliegend behaart; B. eiförmig, spitz, fein gezähnt, gegenständig; Bl.köpfe 3–5 mm lg. und br., mit meist 5 kurzen, weißen Strahlenbl. und gelben Scheibenbl.; Spreub. nach vorne verbreitert, meist 3spaltig. ✻ 5–10. △ Äcker, Gärten, Schutt; häufig. Europa. – Ähnlich ist das **Zottige Franzosenkraut,** *G. ciliata* (Raf.) Blake, aber St. weißzottig behaart; B. grob entfernt gezähnt, Spreub. lanzettlich; Äcker; zerstreut. Europa. Beide Arten sind in Südamerika beheimatet.

6 Gemeines Greiskraut, *Senecio vulgaris* L., Pfl. 10–30 cm; B. fiederteilig, meist kahl, mit länglichen, gezähnten etwas fleischigen Lappen; Bl.köpfe 10 mm lg. und 4–5 mm br.; Außenhüllb. 8–12, an der Spitze schwarz, etwa 1/4 so lg. wie die 21 grünen, kahlen, spitzen Hüllb.; Strahlenbl. meist fehlend. ✻ 2–11. △ Äcker, Gräben, Wege, Schutt, Waldschläge; häufig. Europa.

5
6
1
4
2
3

Tafel 35 Äcker, Schutt- und Kiesplätze, Wege

Korbblütengewächse / Compositae oder Asteraceae

1 Frühlings-Greiskraut, *Senecio vernalis* W. et K., Pfl. 15–50 cm; St. und B. spinnwebig-wollig; B. fiederschnittig, mit eiförmigen, gezähnten B.abschnitten, obere B. sitzend, am Grund br. geöhrt; Bl.köpfe 2–3 cm br.; Außenhülle an der Spitze kahl, fast bis zur Hälfte schwarz; Strahlenbl. 8–10 mm lg., gelb; Frucht dicht weißhaarig. ✻ 5–11. △ Äcker, Brachland, Wege; zerstreut. Mittel- und Südosteuropa; zerstreut.

2 Klebriges Greiskraut, *Senecio viscosus* L., Pfl. 15–50 cm, unangenehm riechend, drüsenhaarig-klebrig; B. fiederteilig, zerstreut spinnwebig behaart und dicht drüsenhaarig; Bl.köpfe 8–12 mm br., mit kurzen, zurückgerollten Strahlenbl.; Außenhüllb. halb so lg. wie die inneren, drüsig behaarten Hüllb. ✻ 6–10. △ Brachland, Bahngelände, Waldschläge, steinige Böden; wärmeliebend; häufig. Südskandinavien, Mittel- und Südeuropa.

3 Einjähriges Berufkraut, *Erigeron annuus* (L.) Pers., Pfl. 50–100 cm; St. zerstreut bis dicht abstehend behaart, oben verzweigt; untere B. br. lanzettlich, grob gezähnt, plötzlich in den Stiel verschmälert, obere B. schmäler, sitzend; Bl.köpfe 15–20 mm br., in lockeren Schirmrispen; Zungenbl. länger als die Scheibenbl.; bei ssp. *strigosus* (Mühlb.) Wagtz. und bei ssp. *septentrionalis* (Fern. et Wieg.) Wagtz. 4–6 mm lg., weiß, bei ssp. *annuus* 7–10 mm lg., meist lila; Pappus der Frucht 2reihig, außen mit kurzen, innen mit lg. Haaren. ✻ 6–10. △ Ufer, Dämme, Wegränder, Kiesgruben, Auenwälder; häufig. Europa (ursprünglich Nordamerika).

4 Echte Kamille, *Chamomilla recutita* (L.) Rauschert (*Matricaria chamomilla* auct.), Pfl. aromatisch riechend, 15–40 cm; B. 2–3fach fiederteilig, mit schmal-linealischen Zipfeln; Bl.köpfe lg. gestielt, 10–25 mm br., mit weißen, bald herabgeschlagenen Strahlenbl. und gelben, 5zähnigen Scheibenbl.; Kopfboden kegelförmig, hohl; ✻ 5–7. △ Getreidefelder, Wege, Schutt; Heilpfl.; ziemlich häufig, heute aber seltener werdend. Europa.

5 Strahlenlose Kamille, *Chamomilla suaveolens* (Pursh) Rydb. (*Matricaria discoidea* DC., *M. matricarioides* auct.), Pfl. 5–30 cm . Bl.köpfe kegelförmig, kurz gestielt, grünlichgelb, 5–8 mm br., ohne Strahlenbl., Scheibenbl. 4zähnig. ✻ 5–8. △ Trittrasen, stickstoffreiche Unkrautfluren; häufig. Europa.

6 Österreichische Hundskamille, *Anthemis austriaca* Jacq., Pfl. 30–50 cm; B. kammförmig fiederspaltig; Bl.kopfboden halbkugelig; Spreub. mit aufgesetzter Stachelspitze; Bl.köpfe 2–4 cm br.; Frucht abgeflacht 4 kantig. ✻ 7–9. △ Äcker, Wege, Flußufer, sommerwarme, trockne, kalkhaltige Plätze; selten. Mittel- und Südosteuropa.

1
4
5
3
6
2

Tafel 36 Äcker, Schutt- und Kiesplätze, Wege

Korbblütengewächse / Compositae oder Asteraceae

1 Acker-Hundskamille, *Anthemis arvensis* L., Pfl. aromatisch riechend, 10–50 cm; B. 2–3fach fiederteilig, kahl oder schwach behaart; Bl.köpfe 2–3 cm br., mit weißen Strahlenbl. und gelben Scheibenbl.; Bl.kopfboden kegelförmig, mit Spreub., diese allmählich in eine Stachelspitze verschmälert; Frucht stumpf 4kantig und gefurcht. ✻ 5–10. △ Getreidefelder, Wege, ziemlich häufig. Europa. – Ähnlich ist die **Stink-Hundskamille,** *A. cotula* L., aber Pfl. stinkend, 10–50 cm; Spreub. des kegeligen Bl.kopfbodens linealisch, ohne Stachelspitze; Strahlenbl. steril, ohne Griffel; Frucht fast stielrund, knotig gerippt; Äcker, Unkrautgesellschaften; zerstreut. Europa.

2 Geruchlose Kamille, *Matricaria maritima* L. (*Tripleurospermum m.* (L.) Koch, *T. inodorum* (L.) Schultz-Bip.), Pfl. geruchlos, 10–50 cm; B. 2–3fach fiederteilig, mit lg., dünnen Abschnitten; Bl.köpfe lg. gestielt, 2–4 cm br., mit 12–30 weißen Strahlenbl. und gelben Scheibenbl.; Kopfboden halbkugelig, markig, ohne Spreub. ✻ 6–10. △ Schutt, Wege, Äcker, Dünen; häufig. Europa.

3 Gewöhnlicher Beifuß, *Artemisia vulgaris* L., Pfl. reich verzweigt, unangenehm riechend, 60–120 cm; B. 1–2fach gefiedert, mit lanzettlichen, 3–8 mm br. Abschnitten, oberseits dunkelgrün, unterseits weißwollig, am Grund geöhrt; Abschnitte der oberen St.b. tief gesägt; Bl.köpfe eiförmig, 3–4 mm lg., rötlichbraun, in reichästigen Rispen; äußere Hüllb. eiförmig, filzig, br. hautrandig. ✻ 7–9. △ Wege, Schutt, Ufer, Auengebüsch; häufig; Gewürzpfl. Europa. – Ähnlich sind noch: **Ostasiatischer Beifuß,** *A. verlotorum* Lamotte, aber Pfl. aromatisch riechend, mit lg. Ausläufern; Abschnitte der oberen St.b. ganzrandig (B. aber sonst wie bei *A. vulgaris*); Bl.köpfe kugelig; Hüllb. linealisch, verkahlend; Ufer, Wege, Schutt; ziemlich selten; ursprünglich Ostasien, sich in Mittel- und Südeuropa ausbreitend. – Der **Wermut,** *A. absinthium* L. ist eine 30–80 cm hohe, aromatisch riechende, bitter schmeckende, am Grund verholzende Pfl. mit graufilzigen St. und 2–3fach fiederteiligen B.; Abschnitte der B. 2–3 mm br.; Bl.köpfe 3–4 mm br., nickend, mit gelben Bl.; Wege, Schutt, sonnige Mauern; zerstreut; alte Arznei- und Gewürzpfl.; hauptsächlich Mittel- und Südeuropa. – Der **Feld-Beifuß,** *A. campestris* L. hat anfangs locker graufilzig behaarte, später verkahlende, 2–3fach fiederteilige B. mit schmal lanzettlichen, stachelspitzigen, 0,5–1 mm br. Abschnitten; Bl.köpfe eiförmig, 2–3 mm br., rotbraun, mit kahlen Hüllb.; Pfl. 30–80 cm; sandige Magerrasen, Dünen, Dämme; zerstreut.

4 Acker-Filzkraut, *Filago arvensis* L., Pfl. oben verzweigt, mit fast 1fachen, aufrechten Ästen, graufilzig, 10–30 cm; B. schmal lanzettlich, 1–2 cm lg.; Bl.köpfe 4–5 mm lg., 5kantig, mit Spreub., zu 2–7 in dichten Knäueln, nur mit Röhrenbl.; Hüllb. dicht wollig-filzig, stumpf, zuletzt sternförmig ausgebreitet. ✻ 7–9. △ Brachland, Sandtrockenrasen; kalkmeidend; ziemlich selten. Fast ganz Europa. GefGr. 3! – Das **Gewöhnliche Filzkraut,** *F. vulgaris* Lam., hat 10–30 Bl.köpfe in dichten Knäueln; Hüllb. grannenartig zugespitzt, aufrecht; B. lanzettlich, am Rand oft wellig, dachziegelig; Brachland; ziemlich selten. Süddeutschland, Südeuropa. GefGr. 2!

5 Sumpf-Ruhrkraut, *Gnaphalium uliginosum* L., Pfl. filzig, reich verzweigt, 5–20 cm; B. schmal lanzettlich, beiderseits filzig; sitzend, 1–4 cm lg.; Bl.köpfe 3–4 mm lg., gelblich, ohne Spreub., zu 3–10 in dichten Knäueln, von abstehenden Hochb. weit überragt; Hüllb. kahl, hellbraun. ✻ 7–9. △ Wege, Ufer, feuchte Äcker, Gräben; verbreitet. Fast ganz Europa.

6 Mutterkraut, *Tanacetum parthenium* (L.) Schultz-Bip. (*Chrysanthemum p.* (L.) Bernh.) siehe S. 122.

1
2
4
6
3
5

Korbblütengewächse / Compositae oder Asteraceae

Fortsetzung von S. 120: Pfl. stark duftend, 30–80 cm; B. zart, fiederteilig, mit 3–9 eiförmigen, fiederspaltigen oder gesägten Fiedern; Bl.köpfe 1,5–2 cm br., in lockeren, doldenartigen Trauben oder Rispen; Strahlenbl. kurz, verkehrt eiförmig, weiß; Scheibenbl. gelb; Frucht 10kantig. ✻ 5–8. △ Wegränder, Gärten, Schutt; zerstreut; Zierpfl. Ursprünglich Südosteuropa, heute fast ganz Europa. – Ähnlich ist *T. corymbosum,* siehe Tafel 178.

1 Rainfarn, *Tanacetum vulgare* L. (*Chrysanthemum vulgare* (L.) Bernh.), Pfl. 60–120 cm; B. fiederteilig, 5–25 cm lg., Fiedern jederseits zu 8–12, lanzettlich, fiederschnittig gesägt; Bl.köpfe 7–12 mm br., in Schirmrispen, goldgelb; Strahlenbl. fehlend; Hüllb. hellgrün, hautrandig, kahl. ✻ 7–9. △ Wege, Schutt, Dämme, Ufer; häufig. Europa.

2 Großes Flohkraut, *Pulicaria dysenterica* (L.) Bernh., Pfl. 30–60 cm; B. eiförmig, mit herzförmigem Grund st.umfassend, oft wellig, gezähnt, unterseits graufilzig, 3–8 cm lg.; Bl.köpfe 15–30 mm br., in lockeren Rispen; Strahlenbl. gelb, ausgebreitet, 2mal so lg. wie die grüne, drüsenhaarige Hülle. ✻ 7–8. △ Trittrasen, Wege, Moorwiesen, Gräben, Naßweiden; zerstreut. Mittel- und Südeuropa. – Ähnlich ist das **Kleine Flohkraut,** *P. vulgaris* Gaertn., aber Pfl. 10–30 cm, 1jährig; Strahlenbl. aufgerichtet, nur etwa so lg. wie die Scheibenbl.; Bl.köpfe etwa 10 mm br., schmutzig gelb; obere St.b. mit abgerundetem Grund sitzend; feuchte Unkrautfluren, Ufer, Gräben, salzertragend; zerstreut bis selten; Südskandinavien, Mittel- und Südeuropa. GefGr. 3!

3 Filzige Klette, *Arctium tomentosum* Mill., Pfl. 60–120 cm; B. ei-herzförmig, gestielt, unten weißwollig; Bl.köpfe kugelig, 1,5–3 cm br., dicht spinnwebig-wollig; äußere Hüllb. grün, mit hakenförmiger Spitze, innere Hüllb. rot, mit kurzer, gerader Stachelspitze; nur mit Scheibenbl., purpurn. ✻ 7–8. △ Schutt, Wege, Ufer; zerstreut. Fast ganz Europa. – Ähnlich sind noch: **Große Klette,** *A. lappa* L., aber Hüllb. bis zur Spitze grün, hakig gekrümmt, kahl, Bl.köpfe 3–4 cm br., lg. gestielt, in doldenartiger Rispe; B. unterseits weißgrau, B.stiel rinnig, mit Mark ausgefüllt; Unkrautfluren; zerstreut; früher Heilpfl. (Klettenöl); Südskandinavien, Mittel- und Südeuropa. – **Hain-Klette,** *A. nemorosum* Lej. et Court (*A. vulgare* (Hill) Ev.), aber Hüllb., besonders die inneren an der Spitze rot, hakig; Bl.köpfe 3–4 cm br., kurz gestielt; Äste fast waagrecht ausgebreitet; B.stiel rinnig, hohl; B. unterseits fast kahl; Waldschläge, Waldwege; zerstreut; Südskandinavien, Mittel- und Südeuropa. – Die **Kleine Klette,** *A. minus* (Hill) Bernh. hat 1–2 cm br., etwas spinnwebige Bl.köpfe, Äste aufrecht abstehend; B. unterseits graugrün; Unkrautfluren; häufig. Fast ganz Europa.

4 Stachel-Distel, *Carduus acanthoides* L., Pfl. 30–100 cm; St. und Bl.kopfstiele dornig geflügelt; B. beiderseits grün, meist kahl, tief fiederspaltig, mit 6–7 mm lg., weißlichen, derben Dornen; Bl.köpfe 1–2 cm br., hellrot, zu mehreren auf kurzen, kraus geflügelten Stielen. ✻ 6–9. △ Wege, Schutt, Brachland, Viehläger; verbreitet. Hauptsächlich Mittel- und Südeuropa. – Ähnlich ist die **Krause Distel,** *C. crispus* L., aber B. unterseits spinnwebig-filzig, weichdornig; Unkrautfluren, Ufer, Auenwälder; häufig; fast ganz Europa.

5 Nickende Distel, *Carduus nutans* L., siehe S. 124.

2
5
4
1
3

Tafel 38 Äcker, Schutt- und Kiesplätze, Wege

Korbblütengewächse / Compositae oder Asteraceae

Fortsetzung von S. 122: Pfl. 30–100 cm; St. weißfilzig; B. lanzettlich, kraus, tief fiederteilig, mit 3eckigen, 2–5spaltigen, dornigen Abschnitten; B. als br., dorniger Flügel am St. herablaufend; Bl.köpfe einzeln, 3–6 cm br., nickend, purpurn; Hüllb. über dem Grund eingeschnürt, lanzettlich, spitz, stehend, zurückgebogen; Pappus aus 1fachen, rauhen Haaren. ✻ 7–9. (Formenreich). △ Wege, Schuttplätze, Magerweiden; häufig. Südskandinavien, Mittel- und Südeuropa.

1 **Gewöhnliche** oder **Lanzett-Kratzdistel,** *Cirsium vulgare* (Savi) Ten., Pfl. 60–120 cm; B. fiederteilig, unterseits graufilzig, oberseits durch feine Stacheln rauh, am St. herablaufend; B.zipfeln dornig bespitzt; Bl.köpfe einzeln oder zu 2–3, 2–4 cm br. und 4–8 cm lg., Hülle eiförmig. ✻ 6–9. △ Wege, Schutt, Ufer, Waldschläge; häufig. Europa.

2 **Acker-Kratzdistel,** *Cirsium arvense* (L.) Scop., Pfl. 60–120 cm; St. nicht dornig geflügelt; B. buchtig gezähnt oder fiederspaltig, oft wellig kraus, glänzend, am Rand stachelig, nicht herablaufend; Bl.köpfe 1,5–3 cm lg., in doldenartigen Rispen; Hülle dunkelviolett, spinnwebig behaart; Einzelbl. bis zum Grund 5teilig, lila. ✻ 7–9. △ Äcker, Wege, Schutt, Waldschläge; häufig. Europa.

3 **Eselsdistel,** *Onopordon acanthium* L., Pfl. 50–150 cm; St. br. geflügelt; B. fiederteilig, herablaufend, mit br.-3eckigen, stachelig gezähnten Abschnitten; Bl.köpfe meist einzeln, 3–6 cm br. und lg.; Hüllb. schmal-lanzettlich, 2–4 mm br., in eine lg. starre Spitze auslaufend; Krone der Einzelbl. 2 cm lg., purpurn. ✻ 6–8. △ Sonnige Unkrautgesellschaften in Trocken- und Wärmegebieten; zerstreut. Hauptsächlich Mittel- und Südeuropa. GefGr. 3! – Die **Mariendistel,** *Silybum marianum* (L.) Gaertner ist ebenfalls eine große, kräftige Pfl., 50–150 cm, mit einzelnen, 4–5 cm lg., purpurnen Bl.köpfen, aber B. weißlich gefleckt, länglich eiförmig, buchtig fiederteilig, in den geflügelten Stiel verschmälert oder sitzend, mit gelben Dornen; Schutt, Unkrautfluren, Felsensteppen; Südeuropa, in Mitteleuropa Zierpfl. und gelegentlich verwildert.

4 **Gewöhnliche Wegwarte,** *Cichorium intybus* L., Pfl. sparrig-ästig, 30–120 cm; St. steif, gerieft; St.b. br. lanzettlich, ganzrandig oder entfernt gezähnt, halbst.umfassend; Grundb. fiederspaltig gesägt, löwenzahnähnlich, dunkelgrün, unterseits, besonders auf den Nerven rauhhaarig; Bl.köpfe 3–5 cm br., blau, meist sitzend. ✻ 7–10. △ Weg- und Ackerränder, Schutt; häufig. Fast ganz Europa. – Die **Endivie,** *C. endivia* L. hat br. eiförmige, st.umfassende St.b.; kahle, schwach gezähnte, hellgrüne, oft wellige Grundb.; Bl.köpfe 3–6 cm br.; in zahlreichen Rasen als Salatpfl. kultiviert und gelegentlich verwildert; ursprünglich Südeuropa.

4
1
2
3

Tafel 39 Äcker, Schutt- und Kiesplätze, Wege

Korbblütengewächse / Compositae oder Asteraceae

1 Kornblume, *Centaurea cyanus* L., Pfl. 30–80 cm, weißfilzig behaart; St. mehrfach verzweigt, kantig; B. lanzettlich, 2–5 mm br., die untersten fiederspaltig; Bl.köpfe einzeln, 2–3 cm br.; Randbl. blau, ausgebreitet, viel länger als die violetten Scheibenbl.; Hülle eiförmig, 10–15 mm lg. ✻ 6–10. △ Getreidefelder, Schutt; früher häufig, heute seltener werdend. Europa, ursprünglich Südosteuropa.

2 Rainkohl, *Lapsana communis* L., Pfl. 30–100 cm; B. 3eckig-eiförmig, buchtig gezähnt, die unteren jederseits noch am geflügelten B.stiel mit 1–2 lanzettlichen Fiederabschnitten; Bl.köpfe hellgelb, 1–2 cm br., mit 8–15 Einzelbl.; Hüllb. 2reihig, die inneren viel länger als die äußeren; Früchte 3–5 mm lg., mit 20 Längsrippen, Pappus fehlend. ✻ 6–9. △ Äcker, Wegränder, Schutt; häufig. Fast ganz Europa.

3 Gewöhnliches Bitterkraut, *Picris hieracioides* L., Pfl. 30–80 cm, sparrig verzweigt; St. reich beblättert; B. länglich-lanzettlich, buchtig gezähnt oder ganzrandig, die oberen halbst.umfassend sitzend; B. und St. steifborstig behaart; Bl.köpfe gelb, in lockerer, doldenartiger Rispe; Hüllb. der Bl.köpfe dachziegelartig angeordnet, die äußeren abstehend, mit steifborstigem Mittelstreifen; Früchte 3–5 mm lg., kurz geschnäbelt, querrunzelig und mit Längsrippen; Pappushaare gefiedert. ✻ 7–10. (Formenreich). △ Wege, Dämme, Steinbrüche, Halbtrockenrasen; wärmeliebend; verbreitet. Mittel- und Südeuropa, Südskandinavien.

4 Natternkopf-Bitterkraut, Wurmlattich, *Picris echioides* L., Pfl. 1jährig, 30–60 cm, steifborstig behaart; untere B. verkehrt eiförmig, in den schmal geflügelten Stiel verschmälert, die oberen B. herzförmig st.umfassend sitzend; äußere Hüllb. 3–5, vergrößert, herz-eiförmig, 4–7 mm br., eine Außenhülle bildend; Frucht lg. geschnäbelt, 6–9 mm lg., ohne Längsrippen. ✻ 7–9. △ Äcker, Gärten, Schutt; wärmeliebend; Arzneipfl.; selten. Südeuropa, in Mitteleuropa eingeschleppt.

5 Dach-, Mauer-Pippau, *Crepis tectorum* L., Pfl. 1jährig, graugrün, 10–60 cm, mit weißlicher, dünner Pfahlwurzel; B. schmal lanzettlich, ganzrandig oder entfernt fiederspaltig; St.b. mit pfeilförmigem Grund sitzend, obere B. am Rand umgerollt; Hülle der Bl.köpfe glockenförmig, behaart; Bl.kopfboden kurz behaart; Krone gelb, 11–13 mm lg.; Frucht 3–4 mm lg., 10rippig, nach oben verschmälert, aber sonst ungeschnäbelt; Pappushaare weiß, weich, biegsam, ungefiedert. ✻ 5–7. △ Brachland, Mauern, Wege, sommerwarme, trockene, steinige Böden; zerstreut. Fast ganz Europa.

2
3
5
4

Tafel 40 Äcker, Schutt- und Kiesplätze, Wege

Korbblütengewächse / Compositae oder Asteraceae

1 **Löwenzahn-Pippau,** *Crepis taraxacifolia* Thuill., Pfl. 20–50 cm; St. beblättert, vielköpfig; B. buchtig gezähnt bis fiederspaltig, die unteren in den geflügelten Stiel verschmälert; Bl.köpfe aufrecht, in sparrigen, doldigen Bl.ständen; Krone gelb, die randlichen außerseits rötlich; Hülle kahl oder spärlich borstig, 8–12 mm lg.; äußere Hüllb. br.-hautrandig; Frucht 10rippig, allmählich in einen lg. Schnabel verschmälert, insgesamt 6–8 mm lg. ✻ 5–6. △ Wege, Mauern, Böschungen, meist kalkhaltige Böden; zerstreut. Mittel- und Südeuropa, (westlich). (Artenreiche Gattung).

2 **Acker-Gänsedistel,** *Sonchus arvensis* L., Pfl. 50–150 cm; St. 1fach, erst an der Spitze doldig verzweigt, unten kahl, oben gelbdrüsig; B. kahl, lanzettlich, buchtig gezähnt oder fiederteilig; St.b. am Grund mit abgerundeten, angedrückten Öhrchen; Bl.köpfe 4–5 cm br., gelb, in Schirmrispen; Hülle und Kopfstiele meist gelbdrüsig. ✻ 7–10. △ Äcker, Ufer, Gräben, Dünen; verbreitet. Europa. – Ähnlich ist die **Sumpf-Gänsedistel,** *S. palustris* L., aber St.b. mit zugespitzten, abstehenden Öhrchen; Hülle und Kopfstiele schwarzdrüsig; Frucht (wie bei *S. arvensis*) mit 5 Längsrippen; Gräben, Moorwiesen, Ufer, Auenwaldränder; ziemlich selten; Südschweden, Mitteleuropa, südlich bis Oberitalien, Korsika, Serbien. GefGr. 3!

3 **Rauhe Gänsedistel,** *Sonchus asper* (L.) Hill., Pfl. 30–80 cm; St. ästig; B. derb, dunkelgrün, glänzend, oft ungeteilt, stachelig gezähnt, am Grund mit abgerundeten, anliegenden Öhrchen; Bl.köpfe sattgelb, in lockeren Rispen; Hülle fast kahl; Frucht mit 3 Längsrippen, zwischen den Rippen glatt. ✻ 6–10. △ Äcker, Gärten, Schutt; verbreitet. Europa. – Ähnlich ist die **Kohl-Gänsedistel,** *S. oleraceus* L., aber B. blaugrün, matt, ungleich gezähnt, nicht stachelig, mit vorgestreckten, spitzen Öhrchen; Frucht mit 3 Längsrippen, zwischen den Rippen querrunzelig; Unkrautfluren; verbreitet; fast ganz Europa, ursprünglich Südeuropa. – Die **Zarte Gänsedistel,** *S. tenerrimus* L., hat kahle, dunkelgrüne, bis auf den Mittelnerv fiederteilige B.; Abschnitte nochmals fiederteilig oder mit stumpfen Zähnen; obere St.b. am Grund mit 2 spitzen Öhrchen, die unteren B. gestielt; Hülle kahl; Schutt, Mauern, Felsen; Südeuropa.

4 **Großer Bocksbart,** *Tragopogon dubius* Scop., Pfl. 20–60 cm, meist unverzweigt, am Grund mit B.resten vorjähriger B.; B. schmal lanzettlich, lg. zugespitzt, ganzrandig; Stiel der Bl.köpfe oberwärts keulig verdickt, hohl; Bl.kopf 4–6 cm br., hellgelb; Hüllb. über dem Grund nicht eingeschnürt; Frucht (mit Schnabel) 20–35 mm lg., 5kantig. ✻ 5–7. △ Sonnige Unkrautgesellschaften, Trockenrasen; selten. Mittel- und Südeuropa. – Die **Haferwurz,** *T. porrifolius* L. hat ebenfalls keulig verdickte Stiele der Bl.köpfe, aber Bl. weinrot; Schutt, Wegränder; wärmeliebend; Südeuropa, früher als Wurzelgemüse gepflanzt und selten verwildert. – Siehe auch Wiesen-Bocksbart T. 86.

2
1
3

Tafel 41 Trockenrasen, Magerrasen, steinige Hänge, Mauern

Zypressengewächse / Cupressaceae

1 **Gewöhnlicher Wacholder,** *Juniperus communis* L., säulenförmiger, aufrechter Strauch, selten baumförmig, 2–5 m; B. nadelförmig, stechend, 10–15 mm lg., graugrün; Bl. in B.achseln; ♀ Bl. mit 2–4 Fruchtschuppen; Frucht ein kugeliger, 5–9 mm br., zuerst grüner, dann im 2. Jahr nach der Blüte bläulich-schwarzer Beerenzapfen. ✻ 5–6. △ Magerweiden, felsige Hänge, lichte, trockne Wälder; ziemlich häufig. Fast ganz Europa. – Ähnlich ist der **Zwerg-Wacholder,** *J. sibirica* Lodd., aber niedriger Spalierstrauch der Gebirge und Nordeuropas, 20–50 cm; Nadeln 4–8 mm lg.; in den Alpen bis über 3000 m. – Der **Sadebaum** oder **Stink-Wacholder,** *J. sabina* L., ein niederliegender, bis 2 m hoher Strauch, hat an den älteren Zweigen schuppenförmige, 1–2 mm lg., kreuzweis gegenständige B., an den jungen Trieben nadelförmige B.; giftig! Trockenrasen, trockne, heiße Hänge der Alpen, besonders der Inneralpen, Pyrenäen, Apeninnen, Karpaten und der Balkanhalbinsel; gelegentlich in Gärten angepflanzt. GefGr. 4!

Süßgräser / Gramineae oder Poaceae

2 **Aufrechte Trespe,** *Bromus erectus* Huds., Pfl. dichtrasig, 30–100 cm; St. aufrecht; untere B. borstlich gefaltet, obere B. flach, 2–4 mm br., entfernt gewimpert; B.häutchen 1–2 cm lg., untere B.scheiden mit zerstreuten, abstehenden Haaren; Rispe aufrecht, 10–15 cm lg., mit lg. Ästen; Ährchen vielblütig, etwas zusammengedrückt, flach, 2–4 cm lg.; untere Hüllspelze 1nervig, obere 3nervig; Deckspelze mit kurzer Granne. ✻ 5–10. △ Trockenwiesen, sonnige Böschungen, Magerrasen; ziemlich häufig; Südskandinavien, Mittel- und Südeuropa.

3 **Unbegrannte Trespe,** *Bromus inermis* Leys., Pfl. 30–100 cm, mit Ausläufern; B. und B.scheiden kahl, B. flach, 6–10 mm br.; B.häutchen sehr kurz, bis 2 mm lg.; Rispe aufrecht, allseitswendig, 10–20 cm lg.; Rispenäste bis 5 cm lg., reichährig; Ährchen lineal-stumpflich, 2–3 cm lg.; untere Hüllspelze 1nervig, obere 3nervig; Deckspelzen unbegrannt oder mit 1–2 mm lg. Granne. ✻ 6–7. △ Wegränder, Äcker, trockne Magerrasen; zerstreut. Nord- und Mitteleuropa, (östlich), südlich bis Alpensüdfuß, Balkanhalbinsel.

4 **Zittergras,** *Briza media* L., Pfl. 20–50 cm; B. 2–5 mm br., am Rand rauh; B.häutchen 1 mm lg., abgerundet; Ährchen herzförmig, 3–12blütig, 5–7 mm lg., hängend, Spelzen ohne Grannen; Rispenäste dünn, wellig. ✻ 5–6. △ Halbtrockenrasen, Magerrasen. Fast ganz Europa. – Das **Große Zittergras,** *B. maxima* L., hat silbrigweiße, 1–2 cm lg. Ährchen an sehr lg., dünnen, überhängenden Stielen; Trockenhänge, Südeuropa; Zierpfl.

5 **Borstgras,** *Nardus stricta* L., Pfl. 10–30 cm, dichte, graugrüne Horste bildend; Wurzelstock brettartig fortwachsend; B. borstenförmig, eingerollt, rauh, am Grund von dicht gebüschelten B.scheidenresten umgeben; Ähre 3–8 cm lg., 1seitswendig; Ährchen 1blütig, 7–15 mm lg., begrannt. ✻ 5–6. △ Magerrasen und -weiden, Heiden; häufig. Europa, im Süden nur in den Gebirgen.

6 **Dreizahn,** *Sieglingia decumbens* (L.) Bernh. (*Danthonia d.* (L.) Lamk. et DC.), Pfl. horstbildend, 15–45 cm; B. oberseits graugrün, 2 mm br., am Rand zerstreut behaart, anstelle des B.häutchens ein Haarkranz; B.scheiden bewimpert; Bl.stand eine aufrechte Traube aus 4–12 aufrecht abstehenden, 2–5blütigen Ährchen; Hüllspelzen 8–10 mm lg., mit stumpfer, 2zähniger Spitze; Deckspelze 4–6 mm lg., mit 3zähniger Spitze. ✻ 6–7. △ Silikatmagerrasen, Heiden; verbreitet. Europa.

4
2
3
5
6
1
♀
♂

Tafel 42 Trockenrasen, Magerrasen, steinige Hänge, Mauern

Süßgräser, Gramineae oder Poaceae

1 Schaf-Schwingel, *Festuca ovina* L., Pfl. 10–40 cm, sehr vielgestaltig, dichte Horste bildend; Grundb. und St.b. borstlich gerollt oder gefaltet, meist haardünn; B.-häutchen sehr kurz; B.scheiden fast bis zum Grund offen; Bl.rispe 3–12 cm lg., zusammengezogen, mit aufrechten Ästen; Ährchen 4–7 mm lg.; Deckspelzen meist begrannt. ✻ 5–8. (Formenreiche Sammelart mit vielen Kleinarten). △ Mager- und Trockenrasen, Eichen- und Kiefernwälder; die Kleinarten mit unterschiedlicher Häufigkeit und Verbreitung.

2 Bewimpertes Perlgras, *Melica ciliata* L., Pfl. 20–70 cm, graugrün; B. 2–3 mm br., oberseits dicht kurzhaarig; B.häutchen 2–4 mm lg., zerschlitzt; untere B.scheiden kahl; Ährenrispe 6–14 cm lg., starr, aufrecht, locker, meist 1seitswendig; Ährchen 5–7 mm lg.; Deckspelzen dicht mit 2–3 mm lg., steifen Haaren bewimpert. ✻ 5–6. △ Sonnige Felsbänder, Mauern, Trockenrasen; wärmeliebend; selten, im Süden häufig. Südskandinavien, Mittel- und Südeuropa. – Das **Siebenbürger Perlgras,** *M. transsilvanica* Schur hat rein grüne, unterseits gekielte B.; untere B.scheiden zottig behaart; Ährenrispe dicht, allseitswendig; Trockenrasen, Felsen, selten; Süd- und Mitteldeutschland, Vogesen, Wallis, Vintschgau, Südosteuropa.

3 Silbergras, *Corynephorus canescens* (L.) P. B., Pfl. 15–30 cm, horstbildend; B. borstförmig eingerollt, starr, aufrecht, graugrün; B.scheiden rosa; B.häutchen 2–3 mm lg.; Rispe fein verzweigt, grausilberfarben, nach der Blüte zusammengezogen; Granne der Deckspelzen keulig verdickt, im Ährchen versteckt. ✻ 6–7. △ Sandtrockenrasen, Dünen, trockene Kiefernwälder; kalkmeidend; zerstreut bis selten Südskandinavien, Mittel- und Südeuropa.

4 Großes Schillergras, Kammschmiele, *Koeleria pyramidata* (Lamk.) P. B. (*K. cristata* aut.), Pfl. 30–80 cm; B. flach, 2–3 mm br. abstehend bewimpert; Rispe schmal, pyramidenförmig, 5–12 cm lg.; Ährchen 3blütig, 6–8 mm lg.; Hüll- und Deckspelzen zugespitzt, borstig behaart; St. unter der Rispe kurzhaarig. ✻ 6–7. △ Kalkmagerrasen, Wegränder, lichte Kiefernwälder; verbreitet. Südskandinavien, Mitteleuropa. – Ähnlich ist das **Zierliche Schillergras,** *K. macrantha* (Ledeb.) Schult. (*K. gracilis* Pers.), aber B. der nichtblühenden Triebe eingerollt, nicht bewimpert; Rispe fast zylindrisch; Ährchen 2blütig, 4–5 mm lg.; Trockenrasen; zerstreut. – Das **Blaugraue Schillergras,** *K. glauca* (Schkuhr) DC., hat blaugrüne, kahle rauhe B., zwiebelartig verdickten St.grund und abgerundete Deckspelzen; selten. <u>GefGr. 2!</u>

5 Rotes Straußgras, *Agrostis tenuis* Sibth., Pfl. 20–40 cm, lockere Horste bildend; B. 2–4 mm br., flach, rauh; B.häutchen gestutzt, 1 mm lg.; Rispe 5–12 cm lg.; nach der Blüte ausgebreitet; Ährchen rotviolett, 1blütig, 3–4 mm lg. ✻ 6–7. △ Saure Magerrasen und -weiden, lichte Kiefern- und Eichenwälder; häufig. Europa.

6 Steppen-Lieschgras, *Phleum phleoides* (L.) Karsten (*Ph. boehmeri* Wib.), Pfl. 30–60 cm; St. oben b.los; B. 2–4 mm br., rauh, am Rand weiß; B.häutchen gestutzt, 1–2 mm lg.; Ährenrispe schlank, bis 18 cm lg.; Ährchen 2spitzig, stiefelknechtartig, 1blütig; Hüllspelzen länger als die Deckspelzen. ✻ 6–7. △ Sandtrockenrasen, Felsen, lichte Kiefernwälder; zerstreut. Südskandinavien, Mittel- und Südeuropa. – Das **Rispen-Lieschgras,** *Ph. paniculatum* Huds. hat aufwärts rauhe, bis 8 cm lg. Ährenrispe, 4–10 mm br. B. mit 2–4 mm lg. B.häutchen und fast bis oben beblätterten St.; Weinberge, Äcker; selten. Süddeutschland, Südeuropa. <u>GefGr. 1!</u> – Das **Sand-Lieschgras,** *Ph. arenarium* L. hat weißgrüne, 1–4 cm lg. Ährenrispen; obere B.scheiden etwas aufgeblasen; Sandböden. Rhein, Nord- und Ostsee. <u>GefGr. 2!</u>

3
1
6
5
4
2

Tafel 43 Trockenrasen, Magerrasen, steinige Hänge, Mauern

Süßgräser / Gramineae oder Poaceae

1 **Federgras,** *Stipa pennata* L., Pfl. 30–120 cm; B. 2–3 mm br., flach oder eingerollt; Rispe schlank, Rispenäste aufrecht; Ährchen 1blütig; Hüllspelzen 15–20 mm lg., mit 3–5 cm lg. Granne; Deckspelze mit 20–30 cm lg. Granne, diese unten gedreht, oben federig behaart. ✻ 5–7. Geschützt! △ Trockenrasen, sonnige Felshänge, Steppenrasen; selten, im Süden verbreitet. Südschweden, Mittel- und Südeuropa. GefGr. 2! – Ähnlich ist das **Pfriemengras,** *S. capillata* L., aber Granne rauh, nicht federig behaart, 10–15 cm lg., oft gedreht und mit den anderen verschlungen; Steppenrasen. Geschützt! Süddeutschland, Südeuropa, (westlich); GefGr. 2!

Riedgrasgewächse oder Sauergräser / Cyperaceae

2 **Hasen-Segge,** *Carex leporina* L., Pfl. 20–60 cm, dichte Horste bildend; B. 2–3 mm br., graugrün, kürzer als der 3kantige, oben rauhe St.; Ähren 5–6, eiförmig, dicht traubig gedrängt, ♂ und ♀ Ähren gleich gestaltet; Schläuche geflügelt, allmählich in den Schnabel verschmälert; Spelzen zugespitzt, braun; Narben 2. ✻ 6–7. △ Saure Magerrasen, Waldschläge, Feuchtweiden; kalkmeidend; häufig. Europa.

3 **Frühlings-Segge,** *Carex caryophyllea* Latourr., Pfl. 10–30 cm, mit kurzen Ausläufern; B. 2–4 mm br., steif graugrün, überwinternd, kürzer als der glatte St.; ♀ Ähren 2–3, kurz gestielt, 5–10 mm lg., ♂ Ähre 1, endständig; Schläuche kaum geschnäbelt, behaart, Spelzen rost- bis gelblichbraun, grün gestreift, spitz; Narben 3. ✻ 3–5. △ Halbtrockenrasen, Heiden; verbreitet. Fast ganz Europa. – Ähnlich sind noch: **Berg-Segge,** *C. montana* L., aber untere B.scheiden blutrot; B. 1–2 mm br., oberseits behaart; Pfl. dichtrasig; Schläuche dicht zottig behaart, allmählich in den Schnabel verschmälert; Kalkmagerrasen, lichte, trockne Wälder. – **Pillen-Segge,** *C. pilulifera* L., Pfl. ohne Ausläufer, dichtrasig; untere B.scheiden gelbbraun; ♀ Ähren fast kugelig; Schläuche kugelig, fein behaart; Deckspelzen durch auslaufenden Mittelnerv stachelspitzig; St. zur Fruchtzeit niedergebogen; Wurzeln beim Zerreiben nach Baldrian riechend; Magerrasen, Wälder; kalkmeidend.

4 **Monte Baldo-Segge,** *Carex baldensis* L., Pfl. 15–40 cm; B. 2–3 mm br., flach, graugrün; ♂ und ♀ Ähren gleich gestaltet, kopfig gehäuft, von den lg., laubartigen Tragb. weit überragt; Bl.stand weiß; Schläuche kugelig-eiförmig, ungeschnäbelt, weiß bis gelbbraun; Narben 3. ✻ 6-7. Geschützt! △ Sonnig, kalkreiche Steinrasen, lockere Bergkiefernwälder, Flußkies; selten. Oberbayern, Südalpen. GefGr. 4!

5 **Bleiche Segge,** *Carex pallescens* L., Pfl. horstbildend, 10–50 cm; grundständige Scheiden rotbraun, glänzend; B. 2–5 mm br., zerstreut behaart, gelbgrün; St. 3kantig, rauh; ♀ Ährchen eiförmig, vielblütig, 8–15 mm lg., grün, glänzend; Schläuche völlig ungeschnäbelt, gelbgrün, kahl, glänzend; Narben 3; ♂ Ähre 1, endständig. ✻ 5–6. △ Magerrasen, Wiesen, Wege; häufig. Fast ganz Europa.

Binsengewächse / Juncaceae

6 **Gewöhnliche Hainsimse, Hasenbrot,** *Luzula campestris* (L.) DC., Pfl. 5–20 cm; B. 2–4 mm br., flach, am Rand spärlich lg. bewimpert; Ähren 2–5, eiförmig, 3–10blütig; Ährenstiele später herabgebogen; Bl.b. 6, 3–4 mm lg., kastanienbraun, mit durchsichtigem Rand; Staubbeutel länger als die Staubfäden. ✻ 3–5. △ Magerrasen, Heiden, Sandböden; kalkmeidend; häufig. Europa. Ähnlich ist die **Vielblütige Hainsimse,** *L. multiflora* (Retz.) Lej., aber Ähren 8–15blütig, zu 5–10, auf geraden, schräg aufwärtsgerichteten Stielen; Magerrasen.

1
2
3
4
5
6

Tafel 44 Trockenrasen, Magerrasen, steinige Hänge, Mauern

Liliengewächse / Liliaceae

1 Traubige Graslilie, *Anthericum liliago* L., Pfl. 30–70 cm; B. grundständig, grasartig, 4–5 mm br., etwa so lg. wie der Bl.schaft; Bl. in 1facher Traube; Bl.b. 6, alle gleich, 15–20 mm lg., weiß, 2mal so lg. wie die Staubb.; Griffel bogig gekrümmt; Tragb. lanzettlich, 1/2 so lg. wie die Bl.stiele; Frucht eine eiförmige, spitze Kapsel. ✻ 5–6. △ Trockenrasen, Waldsäume, lichte Eichen- und Kiefernwälder; ziemlich selten. Mittel- und Südeuropa, nördlich bis Südschweden.

2 Ästige Graslilie, *Anthericum ramosum* L., Pfl. ähnlich traubiger Graslilie, aber Bl.stand rispig verzweigt; Bl.b. 8–13 mm lg., die inneren breiter als die äußeren, so lg. wie die Staubb.; Griffel gerade; Tragb. 1/5 so lg. wie die Bl.stiele; Fruchtkapsel fast kugelig; B. viel kürzer als der Bl.schaft. ✻ 6–8. △ Halbtrockenrasen, Waldränder, Trockengebüsche; ziemlich selten. Hauptsächlich Mittel- und Südeuropa.

3 Weißer Affodill, *Asphodelus albus* Miller, Pfl. 60–120 cm, Wurzel rübenartig verdickt; Grundb. fleischig, binsenförmig, bis 70 cm lg. und 2,5 cm br.; Bl.schaft kräftig, b.los; Bl. zahlreich, in dichter Traube, oft noch mit seitenständiger Traube; Tragb. braun, lanzettlich; Bl.b. 6, frei oder am Grund verwachsen, mit braunem Nerv; Staubb. 6, nach unten verbreitert. ✻ 6–8. △ Trockne Wiesen und Weiden, Gebüschsäume, Süd- und Westalpen, Südeuropa.

4 Gelber Affodill, *Asphodeline lutea* (L.) Reichb., Pfl. 60–100 cm; St. bis oben beblättert; B. linealisch, stachelspitz, dicht gestellt, im Querschnitt 3eckig; Bl. gelb, 2–3 cm lg., in dichter, 10–15 cm lg. Traube; Bl.b. mit grünem Mittelnerv, etwas ungleich, das untere Bl.b. länger und schmäler; Tragb. eiförmig, spitz, länger als die Bl.stiele; Frucht kugelig, 10–15 mm lg. ✻ 4–5. △ Trockne Wiesen, Felshänge. Süd- und Südwesteuropa; Zierpfl. – Ähnlich ist *A. liburnica* (Scop.) Reichb., aber Pfl. zierlicher, 20–60 cm; B. sehr schmal, 1 mm br., rauh, Bl.schaft im oberen Teil b.los; Bl. gelb, mit kleinen, 3eckigen Tragb.; Bl.stand lockerer; Südosteuropa, Italien.

5 Trichterlilie, Paradieslilie, *Paradisia liliastrum* (L.) Bertol., Pfl. 30–50 cm; B. grundständig, linealisch, grasartig, bis 40 cm lg.; Bl.schaft b.los; Bl.stand 3–10blütig, 1seitswendig; Bl. trichterförmig, weiß; Bl.b. 6, frei, 3–5nervig, bis 6 cm lg., unten zu einer schlanken Röhre verwachsen; Tragb. häutig, länger als die Bl.stiele. ✻ 6-7. Geschützt! △ Bergwiesen zwischen 1000 und 2500 m. Zentral-, West- und Südalpen, Schweizer Jura, Pyrenäen, Zentralplateau, Apennin, Abruzzen.

6 Roß-Lauch, *Allium oleraceum* L., Pfl. 30–70 cm; B. flach, rinnig, 5 mm br., nicht röhrenförmig, unterseits meist rauh; Bl.dolde mit sitzenden, rötlichen Zwiebeln; Bl.stiele sehr unterschiedlich lg., etwa 2–6mal so lg. wie die rötlichen oder grünlichweißen Bl.; Staubfäden ohne seitliche Zähne; Staubb. die Bl.b. kaum überragend; Hüllb. länger als der Bl.stand. ✻ 7–8. △ Wegböschungen, Weinbergsmauern, Trockenrasen; zerstreut. Europa.

7 Kugeliger Lauch, *Allium rotundum* L., Pfl. 30–60 cm; B. flach, schmal linealisch, am Rand glatt, dunkelgrün; Bl. in reichblütiger Scheindolde, mit zerschlitzter, häutiger, 1blättriger Doldenhülle; Bl. purpurn; innere Staubfäden mit 2 langen, fädlichen Zähnen (siehe Abbildung); Bl.stand ohne Zwiebeln. ✻ 6–8. △ Lückige Halbtrockenrasen, Weinberge, Wegböschungen; ziemlich selten. Südeuropa, nördlich bis Süd- und Mitteldeutschland. GefGr. 3!

1
2
3
4
5
6
7

Tafel 45 Trockenrasen, Magerrasen, steinige Hänge, Mauern

Liliengewächse / Liliaceae

1 Gekielter Lauch, *Allium carinatum* L., Pfl. 30–60 cm; B. flach, 2–4 mm br., schwach rinnig; Bl.dolde mit grünlichen, sitzenden Brutzwiebeln; Bl. 5–7 mm lg., lilapurpurn; Staubb. viel länger als die Bl.b.; Staubfäden nach unten verbreitert, ohne seitliche Zähne; Bl.stiele 4–6 mal so lg. wie die Bl. ✻ 6–8. △ Magerrasen, Moorwiesen, Halbtrockenrasen; selten. Europa. GefGr. 3! – Ähnlich ist der **Schöne Lauch,** *A. pulchellum* Don., aber Bl.dolde ohne Brutzwiebeln; Bl. 4–5 mm lg., deren Stiele 2–4mal so lg.; B. 1–2 mm br.; Trockenrasen, Kiesböden; sehr selten; Süddeutschland, Südeuropa. GefGr. 0!

2 Schopfige Traubenhyazinthe, *Muscari comosum* (L.) Mill., Pfl. 30–70 cm; B. lineal, 10–25 mm br., fein gezähnelt; Bl. in 10–25 cm lg., lockerer Traube, oben mit einem Schopf aufrechter, blauvioletter, lg.gestielter unfruchtbarer Bl.; fruchtbare Bl. 5–7 mm, dunkelblau, mit weißen Zähnen. ✻ 4–5. Geschützt! △ Kalkmagerrasen, Wegraine, Äcker; wärmeliebend; selten. Süddeutschland, Südeuropa. GefGr. 2!

Amaryllisgewächse/Amaryllidaceae

3 Gelbe Narzisse, *Narcissus pseudonarcissus* L., Pfl. 15–40 cm; alle B. grundständig, linealisch, 7–15 mm br., fleischig; Bl.stand meist 1blütig; Bl. 5–10 cm br.; Bl.b. 6, unten zu einer 5–15 mm lg. Röhre verwachsen, freie Abschnitte abstehend, hellgelb; Nebenkrone becherförmig, 3–5 cm br., mit krausem Rand, dottergelb, ✻ 3–4. Giftig! Geschützt! △ Kalkarme Bergwiesen, Borstgrasmatten; selten. Westeuropa, östlich bis Eifel, Hunsrück, Vogesen, Bodenseegebiet, Meran; Zierpfl. und mancherorts verwildert. GefGr. 3!

Schwertliliengewächs / Iridaceae

4 Zwerg-Schwertlilie, *Iris pumila* L., Pfl. 5–15 cm; B. schwertförmig, graugrün, stachelspitz, 1–2 cm br.; St. niederliegend, 1blütig; Bl.b. 6, die äußeren 3 zurückgeschlagen und oberseits durch einen Längsstreifen dichter Haare bärtig; Bl. violett, seltener hellblau, weiß oder gelb. ✻ 4-5. Geschützt! △ Trockenrasen, Felssteppen. Hauptsächlich Osteuropa; Niederösterreich (Wachau, Wiener Becken), Mähren.

5 Bunte Schwertlilie, *Iris variegata* L., Pfl. 20–40 cm; B. 1–3 cm br., etwa so lg. wie der St.; Bl. 4–6 cm lg., zu 2–4; Tragb. zur Bl.zeit grün; äußere Bl.b. gelb und rotviolett geadert, zurückgeschlagen, innere Bl.b. aufrecht, innen bärtig, reingelb. ✻ 5–6. Geschützt! △ Trockne Wiesen, Mauern, Felsbänder; selten. Zierpfl., gelegentlich verwildert. Süddeutschland, Südosteuropa. GefGr. 1! – Ählich ist die **Deutsche Schwertlilie,** *I. germanica* L., aber Bl.b. violett, nur am Grund gelblich, mit gelben Bart, Hochb. zur Bl.zeit trockenhäutig; Weinbergsmauern; Zierpfl. und verwildert. Heimat Südosteuropa. Geschützt!

3
1
2
4
5

Tafel 46 Trockenrasen, Magerrasen, steinige Hänge, Mauern

Knabenkrautgewächse oder Orchideen, / Orchidaceae

1 Herbst-Wendelorchis, Schraubenstendel, *Spiranthes spiralis* (L.) Chev. (*S. autumnalis* Rich.), Pfl. 10–30 cm; St. nur mit Schuppenb., am Grund mit seitenständiger Rosette aus eiförmigen B.; Bl.stand dicht, schraubig gedreht; Bl. grünlichweiß; Bl.b. schmal lanzettlich, an der Spitze nach außen gebogen; Lippe ungeteilt, oval, mit krausem Rand. * 8–9. Geschützt! △ Silikatmagerrasen, magere Schafweiden, wechseltrockne Böden; selten. Fast ganz Europa, nördlich bis Irland, Dänemark. GefGr. 2! – Ähnlich ist die **Sommer-Wendelorchis,** *S. aestivalis* (Poir.) Rich., siehe T. 101.

2 Grüne Hohlzunge, *Coeloglossum viride* (L.) Hartm., Pfl. 5–25 cm; B. eiförmig bis lanzettlich; Bl.ähre dicht; Tragb. lanzettlich, grün, die unteren länger als die Bl.; Bl.hüllb. helmförmig zusammenneigend, Lippe vorne 3zähnig, Sporn kurz, dick. * 5-6. Geschützt! △ Saure, kalkarme Magerrasen; ziemlich selten. Europa, heute fast nur noch Alpen. GefGr. 3!

3 Große Händelwurz, *Gymnadenia conopsea* (L.) R. Br., Pfl. 20–60 cm; B. lanzettlich, 5–15 cm lg.; Bl.ähre zylindrisch, 5–10 cm lg., dicht; Bl. violett, lila, duftend; die 2 seitlichen Bl.hüllb. oval, 5–6 mm lg., Lippe mit 3 eiförmigen, stumpfen, gleich lg. Zipfeln; Sporn dünn, fast 2mal so lang wie der Fruchtknoten. * 5–6. Geschützt! △ Kalkmagerrasen, lichte Wälder, Moorwiesen; ziemlich häufig. Fast ganz Europa. – Ähnlich ist die **Wohlriechende Händelwurz,** *G. odoratissima* (L.) Rich., aber Sporn höchstens so lg. wie der Fruchtknoten; Mittellappen der Lippe länger, spitz; Bl. rotviolett, stark nach Vanille duftend; B. schmal lanzettlich; Kiefernwälder, Moorwiesen, Bergwiesen, in den Alpen bis über 2200 m; selten; hauptsächlich Mittelgebirge und Gebirge Mittel-und Südeuropas, Südskandinavien. Geschützt! GefGr. 3!

4 Weißzüngel, *Pseudorchis albida* (L.) A. et D. Löve (*Leucorchis a.* E. Mey.), Pfl. 10–30 cm; Bl. länglich bis verkehrt-eiförmig; Bl.ähre dicht, 3–6 cm lg.; Bl. weiß bis gelblichweiß, schwach duftend; Bl.hüllb. klein, 3–4 mm lg., zusammenneigend, Lippe 3teilig; Sporn walzlich, ½mal so lg. wie der Fruchtknoten. * 6–8. Geschützt! △ Saure, kalkfreie Magerrasen; ziemlich selten. Hauptsächlich Gebirge Europas. GefGr. 2!

5 Honigorchis, Elfenstengel, *Herminium monorchis* (L.) R. Br., Pfl. 8–25 cm, mit kurzen Ausläufern; B. grundständig, 2–5, lanzettlich, 5–10 cm lg.; St. gelegentlich mit 1–3 kleinen B.; Ähre schmal, 1seitswendig, mit kleinen, grünlichgelben, nach Honig duftenden Bl.; Lippe 3teilig, 3–4 mm lg. * 5–6. Geschützt! △ Kalkmagerrasen, Magerweiden, Moorwiesen; selten. Südskandinavien, Mitteleuropa, Alpen, Pyrenäen, Apennin, Gebirge der Balkanhalbinsel. GefGr. 2!

2
3
4
5

Knabenkrautgewächse oder Orchideen / Orchidaceae

1 Fliegen-Ragwurz, Mückenstengel, *Ophrys insectifera* L. (*O. muscifera* Huds.), Pfl. 15–30 cm; B. lanzettlich, den St. scheidenartig umfassend; Bl.stand 2–10(20)blütig; Bl. etwa 2 cm lg., äußere 3 Bl.b. oval, grünlich, 5–8 mm lg., die 2 seitlichen inneren fadenförmig, rotbraun; Lippe 3lappig, ohne Anhängsel, 2mal so lg. wie br., purpurbraun, samtig, mit großem, grauem Fleck. ✻ 5–6. Geschützt! △ Kalkmagerrasen, lichte, trockne Kiefernwälder; ziemlich selten. Fast ganz Europa, nördlich bis Irland, Schottland, südlich bis Nordspanien, Mittelitalien. GefGr. 3!

2 Hummel-Ragwurz, *Ophrys fuciflora* (Crantz) Sw. (*O. arachnites* Lam., *O. holosericea* (Burm.) Greut.), Pfl. 15–30 cm; Bl. 1–10; äußere Bl.b weiß oder rosa, mit grünem Mittelnerv, oval, 10–15 mm lg., innere Bl.b 3eckig; Lippe ungeteilt, rundlich, fast 4eckig, rotbraun, mit gelblichen Zeichnungen, am Grund beiderseits mit einem kleinen Höcker, vorne mit aufwärts gebogenem Anhängsel. ✻ 5–6. Geschützt! △ Kalkmagerwiesen, trockne Gebüschsäume; selten. Mittel- und Südeuropa. GefGr. 2!

3 Spinnen-Ragwurz, *Ophrys sphecodes* Mill. (*O. araneifera* Huds.), Pfl. 15–30 cm; äußere Bl.b. oval, grünlich 8–12 mm lg., die 2 inneren Bl.b. schmal lanzettlich; Lippe ungeteilt, gewölbt, rotbraun, mit H-förmiger, bläulicher Zeichnung, an der Spitze ohne Anhängsel. ✻ 4–5. Geschützt! △ Kalkmagerrasen, Waldlichtungen; selten. Mittel- und Südeuropa. GefGr. 2!

4 Bienen-Ragwurz, *Ophrys apifera* Huds., Pfl. 15–40 cm; B. ei-lanzettlich; äußere Bl.b. oval, innere 2 Bl.b. fadenförmig, Lippe länger als br., 3spaltig, stark gewölbt, braun, mit gelblichen Zeichnungen, vorne mit gelbgrünem, lappenförmigem Anhängsel. ✻ 5–6. Geschützt! △ Kalkmagerrasen, lichte Eichen-Kiefernwälder; selten. Mittel- und Südeuropa.GefGr. 2!

5 Brand-Knabenkraut, *Orchis ustulata* L., Pfl. 20–30 cm; B. lanzettlich; Bl.stand 3–6 cm, dcht, walzlich, oben vor dem Aufblühen wie angebrannt; Bl. klein, bis 1 cm lg., duftend; Bl.b. einen halbkugeligen Helm bildend, außen schwarzpurpurn; Lippe 3teilig, 5 mm lg., weiß-rot gepunktet, Mittellappen 2spaltig. ✻ 5–6. Geschützt! △ Kalkmagerrasen, Halbtrockenrasen, Gebüschsaum; selten. Fast ganz Europa, nördlich bis Südschweden. GefGr. 2!

6 Helm-Knabenkraut, *Orchis militaris* L., Pfl. 25–50 cm; B. schmal oval, 5–15 cm lg., obere B. scheidenartig den St. umfassend; Bl.stand 5–10 mm lg.; alle 5 Bl.b. helmartig zusammenneigend, lanzettlich, spitz, außen blaßrosa, mit dunklen Nerven; Lippe 10–15 mm lg., lila bis weiß, mit behaarten, dunklen Papillen, die 2 Zipfeln des Mittellappens stumpf, kurz, breiter als die seitlichen ✻ 5–6. Geschützt! △ Kalkmagerrasen, Böschungen, Gebüschsaum; ziemlich häufig. Fast ganz Europa, nördlich bis Südschweden. GefGr. 3!

7 Affen-Knabenkraut, *Orchis simia* Lam., Pfl. 30–40 cm, sehr ähnlich dem Helm-Knabenkraut, aber Bl.stand kugelig bis kurz walzlich, von oben nach unten aufblühend (die anderen Arten blühen von unten nach oben auf), alle 4 Zipfel der Lippe schmal lineal, zugespitzt, etwa gleich lg., aufwärts gekrümmt, Lippe ohne behaarte Papillen. ✻ 5–6. Geschützt! △ Sonnige Kalkmagerrasen; selten. Hauptsächlich Südeuropa, in Deutschland im Kaiserstuhl, Saarland. GefGr. 2!

5
2
4
1
6
7
3

Tafel 48 Trockenrasen, Magerrasen, steinige Hänge, Mauern

Knabenkrautgewächse oder Orchideen / Orchidaceae

1 Kleines Knabenkraut, *Orchis morio* L., Pfl. 10–30 cm; St. beblättert, kantig; B. schmal oval, in der Mitte am breitesten, stumpf, ungefleckt, 3–8 cm lg.; Bl.stand 5–10 cm lg., lockerblütig; Tragb. häutig, etwa so lg. wie der Fruchtknoten, oft gefärbt, alle 5 Bl.b. helmförmig zusammenneigend, rot, selten, weiß, grün längsgestreift; Lippe mindest so br. wie lg., 3teilig, der Mittellappen oft ausgerandet; Sporn kürzer als der Fruchtknoten, ± waagrecht. ✻ 4–6. Geschützt! △ Magerrasen, ungedüngte Wiesen, Silikatmagerrasen; zerstreut bis selten. Fast ganz Europa, nördlich bis Südskandinavien. GefGr. 2!

2 Wanzen-Knabenkraut, *Orchis coriophora* L., Pfl. 10–40 cm; St. rund; B. lineallanzettlich, 6–10 cm lg., rinnig gefaltet; Bl.stand 3–6 cm lg., walzlich, dichtblütig; Bl. nach Wanzen riechend; alle Bl.b., außer der Lippe, zusammenneigend, einen länglichen, spitzen Helm bildend, bräunlichrot, mit grünen Nerven; Lippe 4–6 mm lg., länger als br., der Mittellappen ungeteilt, länger als die Seitenlappen; Sporn kegelförmig, abwärtsgerichtet; Tragb. häutig. ✻ 6–7. Geschützt! △ Magerrasen, Moorwiesen; selten. Mittel- und Südeuropa, nördlich bis Mitteldeutschland. GefGr. 1!

3 Spitzorchis, Hundswurz, *Anacamptis pyramidalis* (L.) Rich., Pfl. 25–50 cm; B. lanzettlich; Bl.stand 4–8 cm lg., anfangs kegelförmig, dann walzlich, dichtblütig; Bl. leuchtend purpurrot; äußere 3 Bl.b. abstehend, lanzettlich, 5–7 mm lg.; Lippe so br. wie lg., 6–9 mm, 3teilig, Mittelzipfel etwas kleiner; Sporn dünn, fadenförmig, so lg. wie der Fruchtknoten. ✻ 6–7. Geschützt! △ Kalkmagerrasen, wechseltrockene Wiesen, lichte Wälder; selten. Mittel- und Südeuropa, (westlich), nördlich bis Südskandinavien. GefGr. 2!

4 Riemenzunge, Bocksorchis, *Himantoglossum hircinum* (L.) Spreng., Pfl. 30–80 cm; B. eiförmig, obere lanzettlich, 5–15 cm lg. und 3–5 cm br., blaugrün, den St. scheidig umfassend; Bl.stand 10–20 cm lg., locker; Tragb. fadenförmig, gelblich; Bl. grünlichweiß, mit roten Nerven, mit Bocksgeruch; alle 5 Bl.b. einen halbkugeligen Helm bildend; Lippe olivgrün, mit bandartigem, gedrehtem, 2–5 cm lg. und 2–3 mm br. Mittelabschnitt mit 2teiliger Spitze, am Grund mit 2 kürzeren, 5–15 mm lg., welligen Seitenlappen; Sporn kegelförmig, 3–4 mm lg. ✻ 5–6. Geschützt! △ Kalkmagerrasen, sonnige Gebüschsäume; selten. Mittel- und Süddeutschland, Südeuropa, (westlich). GefGr. 2!

2
3
1
4

Tafel 49 Trockenrasen, Magerrasen, steinige Hänge, Mauern

Sandelgewächse / Santalaceae

1 Wiesen- oder **Pyrenäen-Leinblatt,** *Thesium pyrenaicum* Pourr. (*Th. pratense* Ehrh.), Pfl. 10–40 cm, ähnlich Alpen-Leinblatt, aber B. schwach 3nervig; Bl.stand allseitswendig; Bl. 5zählig, nach dem Verblühen nur an der Spitze eingerollt; jede Bl. mit 3 kleinen Hochb.; Äste zur Fruchtzeit fast waagrecht abstehend. ✻ 6–7. △ Saure Magerrasen, Halbtrockenrasen; ziemlich selten. Mittel-und Südeuropa.

2 Geschnäbeltes Leinblatt, *Thesium rostratum* Mert. et Koch, Pfl. 20–30 cm; St. zahlreich, aufrecht oder bogig aufsteigend; mit einem bl.losen B.schopf endend; B. sehr schmal lanzettlich, 1nervig; Bl.stand traubig; jede Bl. nur mit 1 Hochb. (nur bei dieser Art und bei *Th. ebracteatum* Hayne so), 5zählig, weiß; Bl.hülle zur Fruchtzeit etwa 2mal so lg. wie die Frucht, diese dadurch geschnäbelt. ✻ 5–7. △ Steinige Böden, lichte, kalkreiche Kiefernwälder; ziemlich selten. Alpen und Vorland, Süddeutschland. GefGr. 3!

3 Alpen-Leinblatt, *Thesium alpinum* L., Pfl. 10–30 cm, bogig aufsteigend; Schuppenb. am St.grund entfernt stehend; B. schmal lanzettlich, 1–4 mm br., 1nervig; Bl.stand meist 1seitswendig; jede Bl. mit 3 Tragb.; Bl. meist 4zählig; Bl.hülle zur Fruchtzeit nur an der Spitze eingerollt, kürzer als die Frucht. ✻ 6–7. △ Subalpine und alpine Magerrasen, in den Alpen bis etwa 2400 m; ziemlich selten. Gebirge Europas, nördlich bis Südschweden. (Siehe auch *Thesium bavarum* T. 139.). – Das **Mittlere Leinblatt,** *Th. linophyllum* L., hat ebenfalls 1nervige, lineal-lanzettliche, 1–4 mm br., gelbgrüne B., aber Bl.b. nach dem Verblühen bis zum Grund eingerollt; Bl. 5zählig; Trocken- und Steppenrasen, Dünen, Felsbänder; selten; Mittel- und Südeuropa, (östlich). GefGr. 3!

Nelkengewächse / Caryophyllaceae

4 Pechnelke, *Lychnis viscaria* L. (*Viscaria vulgaris* Bernh.), Pfl. 30–60 cm, mit grundständiger B.rosette; St. unter den Knoten stark klebrig; B. schmal lanzettlich, dunkelgrün; Bl.stand traubig-rispig, fast quirlig; Kronb. vorne gestutzt oder ausgerandet, rot, mit Schlundschuppen; Griffel 5, Kelch kahl, 10rippig. ✻ 5–7. △ Magerrasen, Heiden, lichte Wälder; kalkmeidend; zerstreut. Fast ganz Europa, im Süden nur in den Gebirgen.

5 Frühlings-Spergel, *Spergula morisonii* Bor. (*S. vernalis* Willd.), B. schmal linealisch, 1–2 cm lg., unterseits nicht gefurcht (wie bei *S. arvensis*); Kronb. br. eiförmig, stumpflich, sich berührend; Staubb. 10; Same mit br. Hautrand. ✻ 4–6. △ Sandtrockenrasen, trockne Kiefernwälder; kalkmeidend; zerstreut; Mittel- und Südeuropa.

6 Nickendes Leimkraut, *Silene nutans* L., Pfl. 30–60 cm, mit nichtblühender B.rosette; untere B. spatelförmig, obere lanzettlich; Bl.stand locker, vielblütig, 1seitswendig, nickend; Kelch drüsenhaarig, 10nervig, Kelchzähne 1/3 so lg. wie die Kelchröhre; Kronb. 5, tief 2teilig, weiß, mit 1–3 mm lg. Nebenkrone. ✻ 5–8. △ Kalkmagerrasen, Felsen, lichte Eichenwälder, ziemlich häufig. Fast ganz Europa.

2
4
6
5
1
3

Tafel 50 Trockenrasen, Magerrasen, steinige Hänge, Mauern

Nelkengewächse / Caryophyllaceae

1 Felsen-Leimkraut, *Silene rupestris* L., Pfl. 10–25 cm, kahl, verzweigt; B. ei-lanzettlich, spitz, sitzend, bläulichgrün; Bl.stand locker, gabelig verzweigt, mit lg. gestielten, weißen bis rosaroten Bl.; Kronb. ausgerandet, 2mal so lg. wie die blaßgrünen, stumpfzähnigen Kelchb. ✻ 7–8. △ Trockne, steinige, kalkarme Hänge; ziemlich selten. Gebirge Europas.

2 Felsennelke, *Petrorhagia saxifraga* (L.) Link (*Tunica s.* (L.) Scop.), Pfl. 10–25 cm, dichtrasig; B. pfriemlich, 1 cm lg.; Bl. einzeln in lockeren, rispenartigen Bl.ständen; Kelch schmal glockenförmig, 4–6 mm lg., von 4 trockenhäutigen Schuppen eingehüllt; Kronb. hellila bis rosa, mit 3 dunkleren Adern. ✻ 6–9. △ Trockenrasen, Felshänge; selten. Süddeutschland, Täler der Zentral- und Südalpen, Südeuropa. GefGr. 4! – Ähnlich ist das **Sprossende Nelkenköpfchen,** *P. prolifera* (L.) Ball et Heyw., aber Bl. zu mehreren von 6–8 trockenhäutigen Hochb. umschlossen; Kelch röhrenförmig 10–13 mm lg., von 2 trockenhäutigen Schuppen eingehüllt; Kalkmagerrasen, Dünen; zerstreut bis selten. Mittel- bis Südeuropa, vereinzelt bis Südschweden.

3 Büschel- oder **Rauhe Nelke,** *Dianthus armeria* L., Pfl. 15–40 cm, 1–2jährig, oben kurz behaart, rauh; B. schmal lanzettlich; Bl. bis 1 cm br., zu 2–20 in kopfigen Bl.ständen gebüschelt; Kelchschuppen (Hochb.) behaart, grün, fast so lg. wie der Kelch; Kronb. schmutzig rot, vorne gezähnt. ✻ 6-7. Geschützt! △ Trockenrasen, Wege, Besenginstergebüsch, ziemlich selten. Mittel- und Südeuropa.

4 Pracht-Nelke, *Dianthus superbus* L., Pfl. 30–60 cm, kahl; B. schmal lanzettlich, grasgrün, 3–5 mm br.; Bl.stand locker, wenigblütig; Kelchschuppen oval, plötzlich zugespitzt, $^1/_4$–$^1/_3$ so lg. wie der Kelch; Kronb. 15–35 mm lg., bis über die Mitte unregelmäßig zerschlitzt, purpurn. ✻ 6–10. Geschützt! △ Moorwiesen, Eichenwälder; zerstreut bis selten. Fast ganz Europa. GefGr. 3! – Die **Sand-Nelke,** *D. arenarius* L., hat ebenfalls bis zur Mitte zerschlitzte Kronb., aber St. meist 1blütig, Krone weiß, B. 1 mm br.; Sandtrockenrasen, Kiefernwälder; selten. Mecklenburg, Brandenburg. Geschützt!

5 Karthäuser-Nelke, *Dianthus carthusianorum* L., Pfl. 15–40 cm, kahl; B. schmal lanzettlich, 2–4 mm br.; B.scheiden etwa 4mal so lg. wie die B.breite; Bl. zu 4–10, 20–25 mm br., umgeben von lg. begrannten B.; Kelchschuppen kahl, trockenhäutig, kürzer als der Kelch; Kronb. dunkelpurpurn, vorne gezähnt. ✻ 6-9. Geschützt! △ Kalkmagerrasen, sonnige Waldränder; ziemlich häufig. Hauptsächlich Mitteleuropa.

6 Heide-Nelke, *Dianthus deltoides* L., Pfl. 10-30 cm, kurzflaumig behaart; St. 1-3blütig; Krone rot, mit weißen Punkten und dunklem Ring; am Grund der Bl. 2 ovale, kurz begrannte Kelchschuppen; B. schmal spatelig, stumpf. ✻ 6-9. Geschützt! △ Silikatmagerrasen, Magerweiden; zerstreut. Nord- und Mitteleuropa.

7 Stein-Nelke, *Dianthus sylvestris* Wulf., Pfl. 10-40 cm, kahl, in lockeren, polsterförmigen Rasen; B. dunkelgrün, rinnig, 1-2 mm br.; St. meist 1 (selten 4) blütig; Kelchschuppen 2, oval, plötzlich in eine kurze Spitze zusammengezogen; Kronb. 8-15 mm lg., rosa, am Grund nicht behaart, vorne gezähnt. ✻ 6-7. Geschützt! △ Steinige Hänge, Matten, Felsspalten; selten; Gebirge Mittel- und Südeuropas. - Ähnlich ist die **Pfingst-Nelke,** *D. gratianopolitanus* Vill., aber B. flach, blaugrün, stumpflich; Kelchschuppen 4-6; Kronb. am Grund behaart. Geschützt! GefGr. 3!

8 Rotes oder **Kleines Seifenkraut,** *Saponaria ocymoides* L., siehe S. 150.

2
4
5
3
6
8
1
7

Fortsetzung von S. 148: Pfl. 10–30 cm; St. liegend oder aufsteigend, kurz drüsenhaarig; B. spatelig, 1–3 cm lg.; Bl. kurz gestielt, am Ende der Zweige in Büscheln; Kelch dicht drüsenhaarig; Kronb. 12–18 mm lg., lebhaft rot. ✻ 5–6. △ Kalkschutt, lichte Kiefernwälder; zerstreut bis selten. Gebirge Mittel- und Südeuropas (westlich). GefGr. 4!

Hahnenfußgewächse / Ranunculaceae

1 Knolliger Hahnenfuß, *Ranunculus bulbosus* L., Pfl. 10–40 cm, meist abstehend behaart; St. am Grund knollig verdickt; Grundb. 3teilig, Abschnitte bis zur Mitte nochmals 3teilig und gesägt; Bl. 2–3 cm br., gelb; Kelchb. zurückgeschlagen, lg. behaart; Bl.stiele gefurcht; Früchtchen mit kurzem, gekrümmtem Schnabel. ✻ 5–7. △ Kalkmagerrasen, magere Wiesen, Böschungen; ziemlich häufig. Europa. – Ebenfalls zurückgeschlagenen Kelchb. und knollig verdickte Wurzeln hat der **Illyrische Hahnenfuß,** *R. illyricus* L., aber Bl.stiele rund, nicht gefurcht; Bl. 2–3 cm br.; B. 3teilig, mit lineal-lanzettlichen Abschnitten, beiderseits dicht und lg. weißhaarig; Früchtchen zusammengedrückt und geflügelt; Trockenrasen; selten; Mittel- und Südosteuropa. – Der **Rauhhaarige Hahnenfuß,** *R. sardous* Crantz mit zurückgeschlagenen Kelchb. unterscheidet sich durch abstehend behaarte St., hellgelbe Bl. und sehr kurze, kaum gekrümmte Schnäbel der Früchtchen; lehmige, feuchte Äcker, Naßweiden; selten; Süddeutschland, Südeuropa. GefGr. 3!

2 Frühlings-Adonisröschen, *Adonis vernalis* L., Pfl. 10–30 cm; B. fast ungestielt, mehrfach fiederteilig, dicht stehend, mit 1 mm br. Zipfeln; Bl. 4–8 cm br.; Kronb. 10–20, goldgelb. ✻ 4–5. Geschützt! △ Trockenrasen, Wiesensteppen, Kiefernwälder; selten. Mittel-, Süd- und Osteuropa. GefGr. 2!

3 Finger- oder **Stern-Kuhschelle,** *Pulsatilla patens* (L.) Mill., Pfl. 5–30 cm; Grundb. 3zählig, mit 3teiligen oder handförmig fiederteiligen, jung weißzottigen B.chen; Bl. blauviolett, zuletzt sternförmig ausgebreitet, außen zottig; Bl.hülle viel länger als die Staubb.; Griffel nach der Bl.zeit vergrößert, federig. ✻ 4–5. Geschützt! △ Magerrasen, Heiden, Kiefernwälder; selten. GefGr. 2! – Sehr ähnlich ist die **Gewöhnliche Kuhschelle, Kü(h)chenschelle,** *P. vulgaris* Mill. (*Anemone pulsatilla* L.), Pfl. 5–40 cm, St. zottig weißhaarig, Grundb. mehrfach fiederteilig (nicht handförmig), mit etwa 4 mm br. Zipfeln zu 100–150 je B. (bei ssp. *grandis* (Wend.) Zam., Zipfeln 7 mm br. und zu 50–75 je B.); Bl. glockig, hellviolett; Bl.b 4–5 cm lg., außen zottig; Trockenrasen, Kiefernwälder, auf Kalk; selten. Geschützt! GefGr. 3! - Die **Wiesen-Kuhschelle,** *P. pratensis* (L.) Mill. hat nickende, glockenförmige Bl. mit purpurnen oder schwarzvioletten Bl.b., diese wenig länger als die Staubb.; sandige Trockenrasen, Kiefernwälder; selten. Geschützt! GefGr. 1!

Pfingstrosengewächse / Paeoniaceae

4 Echte Pfingstrose, *Paeonia officinalis* L., Pfl. 50–100 cm, mit knollig verdickten Wurzeln; Grundb. zur Bl.zeit fehlend; St.b. bis zum Grund 2–3fach gefiedert, 20–40 cm lg., mit ei-lanzettlichen Abschnitten, oberseits dunkelgrün, unterseits graugrün; Kronb. 5–8, rundlich, 4–8 cm lg., rot; Kelchb. br. eiförmig bis lanzettlich, grün bis rot; Fruchtknoten 2-3; reife Früchtchen weißfilzig, 3-5 cm lg. ✻ 5-6. Geschützt! △ Steinige, trockne Hänge, Trockengebüsche. Südalpen, Südeuropa, Zierpfl.

1
4
2
3

Tafel 52 Trockenrasen, Magerrasen, steinige Hänge, Mauern

Erdrauchgewächse / Fumariaceae

1 **Gelber Lerchensporn,** *Corydalis lutea* (L.) DC., Pfl. 15–30 cm, reich verzweigt, dicht beblättert; B. 2–3fach gefiedert, Fiedern oval; Bl. 1–2 cm lg., in 5–15blütigen Trauben, gelb, mit Sporn; Kelchb. 4–6 mm lg., gezähnt. ✻ 5–9. △ Mauerspalten, Felsen, Geröll; Zierpfl. Südalpen, sonst verwildert.

Kreuzblütengewächse / Cruciferae oder Brassicaceae

2 **Steintäschel,** *Aethionema saxatile* (L.) R. Br., Pfl. 5–20 cm, aufsteigend bis aufrecht; B. eiförmig bis lanzettlich, 1–2 cm lg., bläulich bereift, ganzrandig; Kronb. fleischrot oder weiß, 2–4 mm lg.; Kelchb. hautrandig; Schötchen linsenförmig, abgeflacht, br. geflügelt, auf bogig abstehenden Stielen, manchmal noch 1samige Nüßchen auf geraden, aufrechten Stielen. ✻ 4–6. △ Sonniger Steinschutt, Flußgeröll, Felsen; ziemlich selten. Alpen (dort bis 1900 m) und Vorland, Südeuropa.

3 **Brillenschötchen,** *Biscutella laevigata* L., Pfl. 15–30 cm; Rosettenb. keilförmig, länglich, in den B.stiel verschmälert, ganzrandig oder gezähnt, steifhaarig oder kahl; St.b. wenige; Bl. 4zählig; Kelchb. gelbgrün; Kronb. gelb, 4–8 mm lg.; Schötchen brillenförmig. ✻ 5-8. Geschützt! △ Steinschutt, Sandtrockenrasen, felsige Hänge, Flußkies der Alpenflüsse, Quellmoore; zerstreut. Mittel- und Südeuropa.

4 **Kelch-Steinkraut,** *Alyssum alyssoides* (L.) Nath. (*A. calycinum* L.), Pfl. 5–20 cm, 1jährig; B. länglich eiförmig, in den kurzen Stiel verschmälert, 2 cm lg., beiderseits durch Sternhaare grau; Bl. klein; Kelchb. 1,5–2,5 mm lg., sternhaarig; Kronb. 2–4 mm lg., gelb, nach dem Verblühen weiß; Schötchen fast kreisrund, 3–6 mm, flach behaart, 4samig. ✻ 4–9. △ Sonnige Kalkmagerrasen, Steinbrüche, sandige Brachen; zerstreut. Hauptsächlich Mittel- und Südeuropa.

5 **Berg-Steinkraut,** *Alyssum montanum* L., Pfl. 10-20 cm, am Grund verholzend; B. schmal-lanzettlich, bis 2 cm lg., sternhaarig; Krone goldgelb, 4-6 mm lg.; Bl.-stand anfangs doldentraubig; Schötchen 4-6 mm lg., fast kreisrund, behaart. ✻ 3-5. Geschützt! △ Sonnige, meist kalkreiche Trockenrasen, Felsfluren; ziemlich selten. Mittel- und Südeuropa. - Das **Felsen-Steinkraut** oder die **Steinkresse,** *A. saxatile* L., hat br.-lanzettliche, entfernt gezähnte, graufilzige, bis 5 cm lg. B. und einen rispigen Bl.stand; Schötchen kahl; Kalk- und Silikatfelsfluren; ziemlich selten; Mittel- und Südosteuropa. Geschützt! GefGr. 4!

6 **Frühlings-Hungerblümchen,** *Erophila verna* (L.) Bess., Pfl. 3–15 cm.; B. keilförmig, ganzrandig oder entfernt gezähnt, sternhaarig; St. b.los; Kelchb. hautrandig; Kronb. weiß oder rötlich, tief ausgerandet; Schötchen länglich elliptisch, 5–10 mm lg. ✻ 3–5. △ Lückige Magerrasen, sandige Äcker, Wege, Kiesböden; häufig. Europa. – Das **Rundfrüchtige Hungerblümchen,** *E. spathulata* Lang hat fast kreisrunde Schötchen und das **Frühe Hungerblümchen,** *E. praecox* (Stev.) DC. br. elliptische, schwach zugespitzte Schötchen; beide Arten auf Sandmagerrasen und ziemlich selten.

7 **Sandkresse,** *Cardaminopsis arenosa* (L.) Hayek, Pfl. 10–40 cm, unten abstehend behaart, mit grundständiger B. rosette; B. meist fiederspaltig oder grob gezähnt, obere St.b. lanzettlich, gezähnt oder ganzrandig; Kronb. 6–8 mm lg., weiß, manchmal blaßlila; Schoten 2–4 cm lg., 1 mm br., deutlich abgeflacht, an 1–2 cm lg. Stielen. ✻ 4–8. △ Sandtrockenrasen, Bahndämme, entwässerte Moore, Steinschutt; zerstreut. Ursprünglich Osteuropa, sich in ganz Europa ausbreitend.

1
2
3
4
5
6
7

Tafel 53 Trockenrasen, Magerrasen, steinige Hänge, Mauern

Kreuzblütengewächse / Cruciferae oder Brassicaceae

1 Rauhhaarige Gänsekresse, *Arabis hirsuta* L., Pfl. 10–80 cm; St. dicht beblättert; grundständige Rosettenb. eiförmig, in den kurzen Stiel verschmälert, gezähnt oder ganzrandig; St.b. ei-lanzettlich, mit herzförmigem Grund sitzend oder pfeilförmig st.umfassend, meist stark behaart; Bl.stand reichblütig, nach der Blüte verlängert; Kronb. 4–6 mm lg., weiß; Schoten 15–35 mm lg., aufrecht, gedrängt, Klappen mit Mittelnerv. ✻ 5–7. (Formenreiche Art mit mehreren Kleinarten). △ Kalkmagerrasen, lichte Kiefernwälder; verbreitet. Fast ganz Europa. – Die **Öhrchen-Gänsekresse,** *A. recta* Vill. (*A. auriculata* aut.) hat abstehende und entfernt stehende Schoten und eiförmige, st.umfassende St.b.; Trockenrasen, Felshänge; wärmeliebend; ziemlich selten; Süddeutschland (z. B. Kaiserstuhl, Jura), Mitteldeutschland, Südeuropa.

Dickblattgewächse / Crassulaceae

2 Dach-Hauswurz, *Sempervivum tectorum* L., Pfl. 15–50 cm, mit 8–12 cm br. B.rosette; B. scharf zugespitzt, blaugrün, oft rötlich überlaufen, kahl, am Rand bewimpert; Bl. hellrot, 2–3 cm br., mit 10–16 Kronb. ✻ 7–8. Geschützt! △ Mauerkronen, alte Dächer, Steinbrüche; wärmeliebend; zerstreut. Mittel- und Südeuropa.

3 Felsen-Mauerpfeffer, *Sedum reflexum* L. (*S. rupestre* L.), 15–35 cm, am Grund verholzt, bogig aufsteigend, nichtblühende Triebe dicht beblättert; B. stielrund, 1–2 cm lg., stachelspitz, am Grund gespornt; blühende Triebe locker beblättert; Bl.stand doldenartig; Kronb. 6–7 mm lg., zitronengelb; Kelchb. 3–4 mm lg., kahl. ✻ 6–8. △ Sandtrockenrasen, Mauern, Felsspalten; zerstreut. Fast ganz Europa. – Ähnlich ist der **Ockergelbe Mauerpfeffer,** *S. ochroleucum* Chaix, aber Kronb. gelblichweiß, 8–10 mm lg. und Kelchb. 5–7 mm lg., drüsenhaarig; Kalkfelsen, Weinberge, selten; hauptsächlich Südeuropa.

4 Weißer Mauerpfeffer, *Sedum album* L., Pfl. 8–20 cm, lockerrasig, mit aufrechten, blühenden und mit kriechenden, nichtblühenden St.; B. grün oder rötlich, walzig, beiderseits gewölbt; Bl.stand meist kahl; Kronb. 3–5 mm lg., stumpf, weiß, außen oft rosa. ✻ 6–7. △ Sonnige, steinige Rasen, Felsköpfe, Mauern; häufig. Südskandinavien, Mittel- und Südeuropa. – Der **Buckel-Mauerpfeffer,** *S. dasyphyllum* L. hat blaugrüne, eiförmige, oben flache, unten gewölbte, 3–7 mm lg. B. und drüsenhaarigen Bl.stand; sonnige Felsspalten, Mauern, Gesteinsschutt; ziemlich selten; Alpen und Vorland, süddeutsche Mittelgebirge, Südeuropa. GefGr. 4!

5 Scharfer Mauerpfeffer, Fetthenne, *Sedum acre* L., Pfl. 5–15 cm, reich verzweigt, bogig aufsteigend, rasenbildend; B. dick, eiförmig, am Grund abgerundet, ohne Sporn, 4 mm lg. und 3 mm br., stumpf, in 6 Längsreihen, meist scharf schmeckend; Kronb. 6–7 mm lg., fein zugespitzt, goldgelb. ✻ 6–7. △ Sandtrockenrasen, Felsbänder, Mauern, trockne Kiefernwälder; verbreitet. Europa. – Ähnlich ist der **Milde Mauerpfeffer,** *S. sexangulare* L., aber B. walzig, linealisch, am Grund gespornt, nie scharf schmeckend; Kronb. 3–5 mm lg.; Sandtrockenrasen, Mauern; zerstreut; Südskandinavien, Mittel- und Südeuropa.

5
3
1
2
4

Tafel 54 Trockenrasen, Magerrasen, steinige Hänge, Mauern

Dickblattgewächse / Crassulaceae

1 Rosenwurz, *Sedum rosea* (L.) Scop. (*Rhodiola r.* L.), Pfl. 10–35 cm; Grundachsen mit rosenartigem Duft; St. aufrecht, dickfleischig, mit wechselständigen, flachen, lanzettlichen, bläulichgrünen, vorne gezähnten B.; Bl. in dichten Trugdolden; ♂ und ♀ Bl. auf verschiedenen Pfl.; ♂ Bl. mit 8 Staubb. und 4 gelblichen oder rötlichen Kronb.; ♀ Bl. mit verkümmerten Kronb. ✻ 6–8. △ Silikatfelsspalten, steinige, kalkarme Rasengesellschaften; selten. Schwarzwald, Vogesen, Alpen, Pyrenäen, Apennin, Gebirge der Balkanhalbinsel, Nordeuropa. GefGr. 4!

2 Purpur-Fetthenne, *Sedum telephium* L., Pfl. kahl, 20–40 cm, mit rübenartigem Wurzelstock; St. aufrecht, dick, nicht wurzelnd; B. meist wechselständig, länglich eiförmig, gezähnt, mit keilförmigem Grund, obere B. mit abgerundetem Grund sitzend; Bl. 5zählig, 2geschlechtig, in doldenartigen, dichten, vielblütigen Bl.ständen; Kronb. 4–5 mm lg., rot, zurückgekrümmt. ✻ 7–9. △ Steinwälle, Gebüschsaum, Wege, Äcker; zerstreut. Mittel- und Nordeuropa, südlich bis Norditalien und Nordspanien. – Ähnlich ist die **Große Fetthenne,** *S. maximum* (L.) Hoffm., aber B. gegen- oder zu 3 quirlständig, mit herzförmigem oder gerundetem, nicht keilförmigem Grund sitzend; Bl. hellgelbgrün; steinige Böden, Mauern, Schutt, Sandtrockenrasen; zerstreut. Mitteleuropa, Südskandinavien, südlich bis Pyrenäen.

3 Englische Fetthenne, *Sedum anglicum* Huds., Pfl. 5–15 cm, graugrün, oft rötlich überlaufen, lockerrasig, mit aufrechten blühenden und kriechenden nichtblühenden St.; B. stielrund, 3–5 mm lg., am Grund gespornt, wechselständig; Bl. 5zählig; Kronb. 3–5 mm lg., zugespitzt, rosa oder weiß; Staubb. 10, mit schwärzlichen Staubbeuteln. ✻ 6–9. △ Silikatfelsen, kalkfreie Sandböden, Küstenfelsen. Westeuropa, Südskandinavien.

4 Einjähriger Mauerpfeffer, *Sedum annuum* L., Pfl. 2jährig, kahl, nur mit blühenden St., 5–15 cm; B. linealisch, halbstielrund, am Grund kurz gespornt, locker stehend; Bl. 5zählig, gelb, in ährenartigen Bl.ständen; Kronb. 2mal so lg. wie die Kelchb., gekielt, spitz. ✻ 6–7. △ Felsköpfe, Mauern, Steinschutt; Pionierpfl; selten. Hauptsächlich Gebirge Europas. GefGr. 4!

5 Felsen-Nabelkraut, *Umbilicus rupestris* (Salisb.) Dandy (*U. pendulinus* DC.), Pfl. kahl, 10–40 cm, mit knollig verdickter Wurzel; B. fleischig, rundlich bis eiförmig, 2–6 cm br., entfernt gezähnt; B.stiel etwa in der Mitte der B.spreite angeheftet; Bl. röhrenförmig, hängend, weiß oder gelblich, selten rötlich, in lg., vielblütiger Traube; Kronb. 7–10 mm lg., zu 3/4 verwachsen; Kronröhre 3–4mal so lg. wie die am Grund verwachsenen Kelchb. ✻ 5–8. △ Felsspalten, Mauern, schattige Hänge. Süd- und Westeuropa, Westalpen, nördlich bis Schottland.

1
2
3
4
5

Tafel 55 Trockenrasen, Magerrasen, steinige Hänge, Mauern

Steinbrechgewächse / Saxifragaceae

1 Kies-Steinbrech, *Saxifraga mutata* L., Pfl. 15–30 cm, mit großer B.rosette; B. zungenförmig, 3–5 cm lg., fast ganzrandig; St.b. wechselständig, drüsig; St. rispig verzweigt, reichblütig; Bl. rötlichgelb. ✻ 6–7. Geschützt! △ Bachufer, feuchter Kies, überrieselte Nagelfluh- und Molassefelsen; ziemlich selten. Alpen und Vorland. GefGr. 2!

2 Knöllchen-Steinbrech, *Saxifraga granulata* L., Pfl. 15–40 cm, 1jährig, am Grund mit unterirdischen Knöllchen; Grundb. rosettig, rundlich-nierenförmig, tief gekerbt, zur Bl.zeit vertrocknet; St. verzweigt, drüsenhaarig; Bl.stand eine lockere Rispe; Kronb. 10-15 mm lg., weiß. ✻ 3-5. Geschützt! △ Wege, Dämme, Kiesdächer, lückige Trockenrasen; verbreitet. Fast ganz Europa. Ähnlich ist der **Zwiebeltragende Steinbrech,** *S. bulbifera* L., aber St.b. mit Brutzwiebeln in den Achseln; St. erst oben verzweigt; Bl.stand mit kurzen Ästen, eng zusammengezogen; Kronb. 6-10 mm lg.; trockne, sandige Böden, Flaumeichenwälder; hauptsächlich Südosteuropa, Südalpen. Geschützt! - Der **Finger-Steinbrech,** *S. tridactylites* L., hat 3lappige, spatelförmige, zur Bl.zeit meist vertrocknete B. und 3-4 mm lg., weiße Kronb.; Pfl. 3-15 cm; Trockenrasen, Wege, Dächer, Mauern; fast ganz Europa.

Rosengewächse / Rosaceae

3 Silber-Fingerkraut, *Potentilla argentea* L., Pfl. 10–40 cm, aufrecht oder niederliegend; B. 5–7zählig gefingert, unterseits weißfilzig, Fiederb. am Rand umgerollt, grob tief gezähnt; Bl.stand rispig; Bl. 1–1,5 cm br., Kronb. gelb, gestutzt oder ausgerandet, wenig länger als die lanzettlichen Kelchb. ✻ 6–8. △ Silikatmagerrasen, Sandboden, Wege, Dämme; ziemlich häufig. Fast ganz Europa.

4 Frühlings-Fingerkraut, *Potentilla tabernaemontani* Aschers. (*P. verna* auct.), Pfl. 5–15 cm, mit bl.losen Rosettentrieben, Pfl. daher lockere Polster bildend; B. 5–7zählig gefingert, beiderseits grün, behaart, Nebenb. der Grundb. linealisch, die der St.b. eilanzettlich; Bl. gelb, 1–2 cm br.; Griffel nach oben keulig verdickt. ✻ 4–6. △ Sandige Trockenrasen, trockne Kiefernwälder, Felshänge, verbreitet. Mitteleuropa, nördlich bis Südskandinavien, südlich bis Südfrankreich.

5 Aufrechtes Fingerkraut, *Potentilla recta* L., Pfl. 30–70 cm, aufrecht, oben verzweigt; Grundb. 5–7zählig, beiderseits grün, oft lg. behaart, tief gesägt, an 5–20 cm lg. Stielen; St. und B.stiele mit lg., weichen und kurzen, borstigen Haaren; Bl. 20–25 mm lg. ✻ 6–7. △ Magerrasen, Wege, Kiesgruben, Sandtrockenrasen; zerstreut bis selten. Mitteleuropa, Südosteuropa.

4
5
3
1
2

Tafel 56 Trockenrasen, Magerrasen, steinige Hänge, Mauern

Rosengewächse / Rosaceae

1 Strauch-Fingerkraut, *Potentilla fruticosa* L., niedriger Strauch, 20-100 cm; B. 5-7zählig gefiedert, Fiederb. ei-länglich, ganzrandig, unterseits dicht seidenhaarig; Kronb. 5, goldgelb, rundlich, 10-12 mm lg. ✻ 6-8. △ Felshänge Südeuropas und an feuchten, gelegentlich überschwemmten Plätzen in Nordeuropa; als Zierstrauch häufig gepflanzt und verwildert.

2 Hügel- oder **Knack-Erdbeere,** *Fragaria viridis* Duch., Pfl. 5–15 cm; B. 3zählig, gezähnt, mittleres B.chen gestielt, oval die seitlichen sitzend, oberseits grün, locker behaart, unterseits dicht silbrig behaart; B.stiele und St. aufrecht abstehend behaart; Bl. 1–1,5 cm br., gelblich-weiß; Kelchb. der Beere angedrückt, wird beim Pflücken der reifen, gelblichen, seltener roten Beere mitabgerissen (nicht bei der Wald-Erdbeere mit abstehenden Kelchb.). ✻ 5–6. △ Halbtrockenrasen, Gebüschsaum, lichte Eichen- und Kiefernwälder; zerstreut. Hauptsächlich Mittel- und Südeuropa, nördlich bis Südskandinavien.

3 Kleiner Wiesenknopf, *Sanguisorba minor* Scop., Pfl. 30–60 cm, mit grundständiger B.rosette; B. gefiedert, mit 11–31 ovalen Fiederb., diese jederseits mit 4–8 spitzen Zähnen; Bl.köpfe kugelig, grünlich, 1–1,5 cm lg., die unteren Bl. ♂, die mittleren 2geschlechtig, die oberen ♀; Staubfäden schlaff herabhängend, 3–5mal so lg. wie die Kelchb. ✻ 5–8. Lückige Magerrasen, Wege, Böschungen; ziemlich häufig. Fast ganz Europa, nördlich bis Südschweden.

4 Knollen-Spierstaude, *Filipendula vulgaris* Moench (*F. hexapetala* Gilib.), Pfl. 30–80 cm, mit knollig verdickter Wurzel; B. gefiedert, jederseits mit 10–40 länglichen, 1–2 cm lg., grob und doppelt gezähnten oder fiederspaltigen Fiederb.; Bl.stand vielblütig, rispig; Kronb. meist 6, oval, 5–10 mm lg., weiß bis blaßrosa. ✻ 5–7. △ Kalkmagerrasen, Gebüschsaum, Waldränder, lichte Eichen- und Kiefernwälder; zerstreut. Fast ganz Europa, nördlich bis Südskandinavien.

Schmetterlingsblütengewächse / Fabaceae oder Papilionaceae

5 Regensburger Zwergginster, Geißklee, *Chamaecytisus ratisbonensis* (Schaef.) Rothm. (*Cytisus r.* Schaef.), Pfl. 10–30 cm; Äste liegend, vorne aufsteigend, angedrückt seidenhaarig; B. 3zählig, gestielt; Bl. meist zu 2, b.achselständig, kurz gestielt; Kelch röhrenförmig, 2mal so lg. wie br.; Krone 1–2 cm lg., goldgelb, Fahne rotbraun. ✻ 5–6. △ Trockenrasen, Waldsäume, lichte, trockne Kiefernwälder; ziemlich selten. Mittel- und Südeuropa (östlich). – Ähnlich ist der **Zwerg-Geißklee,** *Ch. supinus* (L.) Link (*Cytisus capitatus* Scop.), aber Pfl. 20–50 cm, zottig behaart; Bl. in endständigen Köpfen und einzeln seitenständig; Fahne der Bl. meist rotbraun; sonnige Waldränder, Trockenrasen; selten, z. B. Frankenjura, Böhmerwald, Odertal.

6 Deutscher Ginster, *Genista germanica* L., Pfl. 20–50 cm; ältere Zweige b.los, dornig, junge Zweige dornenlos, beblättert, aufrecht, abstehend behaart, mit endständigen, reichblütigen Bl.trauben; B. 1fach, lanzettlich, 1–1,5 cm lg., grasgrün, ohne Nebenb.; Kelch behaart; Krone 7–11 mm lg., Fahne kahl, kürzer als das kurz behaarte Schiffchen; Hülsen 7–12 mm lg., behaart. ✻ 5–6. △ Heiden, Waldränder; zerstreut. Mittel- und Osteuropa, nördlich bis Südschweden, südlich bis Norditalien. – Der **Englische Ginster,** *G. anglica* L. hat armblütige, end- und seitenständige Trauben, kahle Bl.zweige, Kelche und Hülsen; B. graugrün; Zweige dornig; Magerweiden, Heiden, Kiefernwälder; kalkmeidend; zerstreut bis selten; hauptsächlich Westeuropa, Nordwestdeutschland, Schwarzwald, nördlich bis Südschweden.

4
6
5
2
3
1

Tafel 57 Trockenrasen, Magerrasen, steinige Hänge, Mauern

Schmetterlingsblütengewächse / Fabaceae oder Papilionaceae

1 **Färber-Ginster,** *Genista tinctoria* L., Pfl. 30–60 cm, aufrecht, dornenlos; B. lanzettlich, 1–4 cm lg., am Grund mit 2 kleinen, schmal lanzettlichen Nebenb.; Bl. in endständigen Trauben, gelb; Krone 8–16 mm lg., kahl; Hülse 2–3 cm lg., kahl. ✻ 6–8. △ Magerrasen, Wald-, Wegränder, lichte Eichenwälder; ziemlich häufig. Mittel- und Südeuropa, nördlich bis Südschweden. – Der **Haar-Ginster,** *G. pilosa* L. ist ebenfalls dornenlos, aber Bl. zu 1–2 b.achselständig; B.unterseite, Fruchthülse und Kronaußenseite seidig behaart; Pfl. 10–30 cm, niederliegend; Heiden, Trokkenrasen; kalkmeidend; zerstreut; West- und Mitteleuropa, nördlich bis Südschweden, südlich bis Nordspanien, Mittelitalien.

2 **Flügel-Ginster,** *Genista sagittalis* L. (*Chamaespartium sagittale* (L.) P. Gibbs), Pfl. 10–30 cm, mit kriechenden, verholzten St. und aufsteigenden, meist 1fachen, jungen Zweigen; St. und Zweige br. geflügelt, abstehend behaart; B. klein, hinfällig; Bl. in kurzen, dichten Trauben; Kelch abstehend behaart, mit 2teiliger Oberlippe und 3teiliger Unterlippe; Krone 10–15 mm lg., gelb. ✻ 5–6. △ Magerrasen, Wald- und Wegränder, felsige Hänge; verbreitet. Mittel- und Südeuropa.

3 **Dornige Hauhechel.** *Ononis spinosa* L., Pfl. 20–50 cm, am Grund holzig, mit dornigen Zweigen; St. 1- oder 2reihig behaart; B. meist 3zählig, kahl, B.chen eiförmig, gezähnt, das Endb.chen länger gestielt; Bl. kurz gestielt, in den Achseln der oberen St.b.; Krone 8–25 mm lg., rosa bis violettrot; Hülse so lg. wie der Kelch oder länger. ✻ 6–8. △ Kalkmagerrasen, Wege, Moorwiesen; häufig. Mitteleuropa, nördlich bis Südskandinavien, südlich bis Pyrenäen, Mittelitalien. – Ähnlich ist die **Kriechende Hauhechel,** *O. repens* L., aber St. ringsum drüsig-zottig, oft dornenlos; Hülse kürzer als der Kelch; B. drüsenhaarig, vorne abgerundet; Magerrasen und -weiden, Moorwiesen; verbreitet; fast ganz Europa (westlich). – Sehr selten ist die **Gelbe Hauhechel,** *O. natrix* L. mit lg. gestielten, gelben Bl.; Pfl. 20–50 cm, drüsenhaarig; sonnige Kalkmagerrasen. Kaiserstuhl, Südalpen, Südeuropa. GefGr. 1!

4 **Saat-Luzerne,** *Medicago sativa* L., Pfl. 30–80 cm, aufrecht, fast kahl; B. 3zählig, B.chen 2–3 cm lg., vorne gezähnt und stachelspitz; Bl. in kopfigen Trauben, blau oder violett, 8–12 mm lg., Hülse locker 2–3mal gewunden. ✻ 6–9. △ Magerrasen, Wege, Böschungen, als Futterpfl. angebaut; häufig. Europa.

5 **Sichelklee,** *Medicago falcata* L., Pfl. 20–50 cm, niederliegend bis aufsteigend; B. 3zählig, B.chen vorne in der Ausrandung stachelspitz; Bl. etwa 1 cm lg., in fast kugeligen Trauben; Fruchthülse sichelförmig, 8–15 mm lg. ✻ 6–9. △ Trockenrasen, Kalkmagerrasen, trockne Wald- und Wegränder; zerstreut. Fast ganz Europa, nördlich bis Südskandinavien.

6 **Hopfenklee, Gelbklee,** *Medicago lupulina* L., Pfl. 10–40 cm; B. 3zählig, unterseits anliegend behaart; B.chen mit Spitzchen (im Gegensatz zu *Trifolium dubium*); Bl.köpfe 10–50blütig; Bl. 3–5 mm lg.; Hülse nierenförmig, ohne Stacheln, 2–3 mm lg. ✻ 5–10. △ Magerrasen, trockne Wiesen, Wegränder, Äcker; verbreitet. Europa.

5
2
4
1
6
3

Schmetterlingsblütengewächse / Fabaceae oder Papilionaceae

1 Zwerg-Schneckenklee, *Medicago minima* (L.) Burtal., Pfl. 5–25 cm, niederliegend bis aufsteigend; B. 3zählig, seidig behaart; Nebenb. ganzrandig oder mit kurzen Zähnen; Bl. 3–5 mm lg., gelb, in 3–8blütigen Köpfchen; Hülsen schneckenförmig gerollt, stark dornig, mit 2–6 engen Windungen, 3–5 mm br. (ohne Dornen). ✻ 5–6. △ Kalkmagerrasen, Sanddünen, Schafweiden, Wege; ziemlich selten. Mittel- und Südeuropa.

2 Wundklee, *Anthyllis vulneraria* L., Pfl. 15–30 cm, mit Pfahlwurzel; B. gefiedert, Endfieder größer, seitliche Fiederb. oval bis lanzettlich; Grundb. oft nur mit Endfieder; Bl.stand dicht, kopfig; Krone 1–2 cm lg., hellgelb bis orangegelb; ✻ 5–8. Sehr formenreich: Bei ssp. *alpestris* (Kit.) A. et Gr. (2b). Kelch 13–16 mm lg., zottig behaart, Krone goldgelb; Grundb. nur mit großer, elliptischer Endfieder, kahl, fleischig. – Bei dem **Strand-Wundklee,** ssp. *maritima* Schweigg. Kelch 8–11 mm lg., Krone orangerot, St. stark ästig, dicht seidig behaart; B. oberseits kahl, unterseits grau seidenhaarig bis filzig; St.b. mit 3–5 Paar lineal-lanzettlichen Fiederb. – Bei dem **Gemeinen Wundklee,** ssp. *vulneraria* (2a) St. wenig verzweigt, kurz anliegend behaart; B. beiderseits behaart, St.b. und Grundb. mit vergrößerter Endfieder und 3–5 Paar elliptischer Fiederb.; Krone leuchtend gelb. ✻ 5–8. △ Kalkmagerrasen, Wege, Steinbrüche; alpine Steinrasen (ssp. *alpestris*); Sanddünen der Nord- und Ostsee (ssp. *maritima*); ziemlich häufig.

3 Gewöhnlicher Hornklee, *Lotus corniculatus* L., Pfl. 5–30 cm, bogig aufsteigend; St. markig oder engröhrig; B. mit 5 ovalen Fiederb., das untere B.chenpaar dicht am St., von den übrigen 3 B.chen entfernt; Bl. 6–14 mm lg., in 3–8blütigen, kopfigen Dolden, gelb; Schiffchen mit rechtwinkeligem Knie, Schiffchenspitze oft rötlich. ✻ 5–8. △ Wiesen, Weiden, Magerrasen, Steinbrüche; verbreitet. Europa. – Ähnlich ist der **Sumpf-Hornklee,** *L. uliginosum* Schkuhr, aber St. weitröhrig, hohl; Dolde 8–12 blütig. Schiffchen mit stumpfwinkeligem Knie; nasse Wiesen, Ufer, Gräben.

4 Feld-Klee, *Trifolium campestre* Schreb., Pfl. 10–20 cm; B. 3zählig, mittleres B.chen länger gestielt als die seitlichen; Nebenb. eiförmig, am Grund verbreitert, kürzer als der B.stiel; Bl.köpfe dicht, 20–40blütig, 7–10 mm lg.; Bl. 5 mm lg., hellgelb, verblüht hellbraun. ✻ 6–9. △ Kalkmagerrasen, Sandfelder, Wege, Äcker; ziemlich häufig. Europa. – Ähnlich ist der **Gold-Klee,** *T. aureum* Pollich, aber Bl.köpfe 10–15 mm lg.; alle 3 B.chen mit gleich lg., sehr kurzem Stiel; Nebenb. länglich-lanzettlich, so lg. wie der B.stiel, am Grund nicht verbreitert; kalkarme Magerrasen, Wegränder; zerstreut.

5 Berg-Klee, *Trifolium montanum* L., Pfl. 15–40 cm, aufrecht oder aufsteigend, dicht behaart; B. 3zählig, B.chen fein gezähnt, unterseits weichhaarig; Bl.stand kugelig bis eiförmig, 1–2 cm lg.; Bl. kurz gestielt; Kelchröhre 10nervig, behaart, mit schmalen, gleich lg. Zähnen; Krone 7–10 mm lg., weiß. ✻ 5–7. △ Kalkmagerrasen, Waldränder; zerstreut. Europa, nördlich bis Südskandinavien, im Süden in den Gebirgen.

6 Hasen-Klee, *Trifolium arvense* L., Pfl. 5–30 cm, aufrecht, dicht behaart; B. 3zählig, B.chen länglich, graugrün, oft rötlich überlaufen; Bl.köpfe eiförmig bis walzlich, stark zottig; Kelch länger als die weißliche, dann rötliche Krone. ✻ 6–9. △ Lückige Magerrasen, Sandfelder, Brachland; ziemlich häufig. Ursprünglich Südeuropa, heute in fast ganz Europa verbreitet.

4
1
5
3
2a
2b
6

Tafel 59 Trockenrasen, Magerrasen, steinige Hänge, Mauern

Schmetterlingsblütengewächse / Fabaceae oder Papilionaceae

1 Moor-Klee, *Trifolium spadiceum* L., Pfl. aufrecht oder aufsteigend, 10–30 cm; obere St.b. fast gegenständig; B. 3zählig, B.chen sitzend oder gleich kurz gestielt; Nebenb. länglich-lanzettlich; Bl.köpfe zuletzt walzig, 6–25 mm lg. und 10–13 mm br., gelb bis gelbbraun, von obenher schwarzbraun abblühend; Bl.stiel viel kürzer als die Kelchröhre; Krone 5–6 mm lg. ✻ 6–8. △ Moorwiesen, Wege, Grabenränder, magere Bergwiesen; selten. Fast ganz Europa, hauptsächlich in den Gebirgen. GefGr. 2! – Ähnlich ist der **Braun-Klee,** *T. badium* Schreb., aber Pfl. 10–20 cm; Nebenb. eiförmig-lanzettlich; Bl.köpfe halbkugelig bis eiförmig, 13–20 mm br., von obenher lederbraun abblühend; Krone 6–9 mm lg.; Bl.stiele so lg. wie die Kelchröhre; Fettwiesen und -weiden der Alpen und der übrigen höheren Gebirge Mittel- und Südeuropas.

2 Blaßgelber Klee, *Trifolium ochroleucon* Huds., Pfl. aufsteigend, 20–40 cm; B. und St. dicht behaart; B. 3zählig; B.chen länglich-elliptisch, 1–3 cm lg.; Nebenb. mit lg., ausgezogener Spitze; Bl.köpfe einzeln, kugelig oder eiförmig, 15–30 mm lg., kurz gestielt; Kelchröhre 10nervig, behaart; Kelchzähne ungleich; Krone 13–18 mm lg., gelblichweiß, blaßgelb. ✻ 6–7. △ Magerrasen, trockne Moorwiesen, Waldränder; selten. Mittel- und Südeuropa, nördlich bis England, Südpolen und Südrußland. GefGr. 3!

3 Vogelfuß-Klee, *Trifolium ornithopodioides* L. (*Trigonella o.* (L.) DC.), Pfl. niederliegend bis aufsteigend, kahl, 5–10 cm; B. 3zählig, B.chen verkehrt ei- oder herzförmig, 4–10 mm lg., kurz gestielt, fein gezähnt; Bl.köpfe 2–4blütig; Krone 6–8 mm lg., rosa oder weiß; Kelchzähne etwas ungleich, länger als die Kelchröhre; Hülsen 5–10samig, 6–8 mm lg. ✻ 6–7. △ Sandtrockenrasen, Dünen. Schleswig-Holstein, England, Irland, Niederlande, Italien, Westeuropa. GefGr. 4!

4 Stechginster, *Ulex europaeus* L., Strauch mit vielen, verzweigten Dornen, 60–120 cm; Zweige sparrig abstehend, stark dornig, abstehend behaart; B. dornenähnlich, stechend, pfriemlich, 5–10 mm lg.; Bl. in den Achseln von B.dornen; Krone gelb, 15–20 mm lg., viel länger als der abstehend dicht behaarte Kelch; Hülse 15–20 mm lg., dicht behaart. ✻ 4–6. △ Brachland, Waldränder, Wege, Heiden, kalkarme, sandige Böden mit wintermildem Klima. Westeuropa, Schottland, Südskandinavien, in Mitteleuropa nur in geschützten Lagen und meist gepflanzt und verwildert. – Ähnlich ist der **Zwerg-Stechginster,** *U. minor* Roth, aber Strauch nur 20–70 cm; Krone 6–9 mm lg., etwa so lg. wie der Kelch; Hülsen 8–10 mm lg.; Westeuropa, Südschottland.

5 Bunte Kronwicke, *Coronilla varia* L., Pfl. 30–80 cm, niederliegend bis aufsteigend; B. gefiedert, kurz gestielt, mit 11–23 ovalen Fiederb.; Bl. in 10–20blütiger Dolde; Krone 8–15 mm lg., weiß mit rötlicher Fahne und violetter Schiffchenspitze; Hülse aufrecht abstehend, gerade, 2–8 cm lg. ✻ 6–8. △ Halbtrockenrasen, Wald- und Gebüschsäume, Böschungen; zerstreut. Mittel- und Südeuropa, (östlich).

1
4
2
5
3

Tafel 60 Trockenrasen, Magerrasen, steinige Hänge, Mauern

Schmetterlingsblütengewächse / Fabaceae oder Papilionaceae

1 Spargelschote, *Tetragonolobus maritimus* (L.) Roth (*Lotus siliquosus* L.), Pfl. 10–25 cm, niederliegend; B. mit 5 graugrünen, etwas fleischigen B.chen, das untere Paar dicht am St. und etwas kleiner; Bl. zu 1 oder 2 in den B.achseln, lg.gestielt, blaßgelb, 2–3 cm lg.; Hülse 4kantig oder 4flügelig, 4–5 cm lg. und 3 mm br. ✻ 5–6. △ Kalkmagerrasen, lichte Kiefernwälder, Moorwiesen, salzertragend; zerstreut. Mittel- und Südeuropa, nördlich vereinzelt bis Südskandinavien. GefGr. 3!

2 Stengelloser Tragant, *Astragalus exscapus* L., Pfl. 3–8 cm, zottig behaart, (fast) st.los; B. und Bl.stand grundständig; B. mit 25–39 eiförmigen, gerundeten oder ausgerandeten, dicht behaarten Fiederb.; Bl. zu 3–9; Krone 20–25 mm lg., gelb; Hülse eiförmig. ✻ 6–7. △ Trockenrasen, Felsensteppen, auf Kalk oder Gips; selten. Thüringen, Zentral-und Südalpen, Ost- und Südeuropa. – Ebenfalls stark verkürzten St. hat der **Niedrige Tragant,** *A. depressus* L. mit oberseits kahlen, unterseits anliegend behaarten B.; Fiederb. zu 17–25; Bl.stand 6–14blütig, dessen St. etwa 1/3 so lg. wie das nächststehende B.; Krone 8–12 mm lg., gelblich; Alpen (Schweiz, Italien) Pyrenäen, Apennin, Gebirge der Balkanhalbinsel.

3 Zottiger Spitzkiel, *Oxytropis pilosa* (L.) DC., Pfl. 10–30 cm, abstehend zottig behaart; B. mit 19–27 lanzettlichen, kahlen oder unterseits anliegend behaarten, 5–20 mm lg. Fiederb.; Bl. zu 5–25 in aufrechten Trauben; Kelchzähne fast so lg. wie die Kelchröhre; Krone 10–12 mm lg., hellgelb, Schiffchen mit aufgesetzter Spitze; Hülsen linealisch, kurzhaarig. ✻ 6–7. Geschützt! △ Sonnige Steppenrasen, Felsenhänge, lichte Föhrenwälder; selten. Süddeutschland, Thüringen, Südschweden, Alpen, Apennin, Osteuropa. GefGr. 2!

4 Hufeisenklee, *Hippocrepis comosa* L., Pfl. 5–20 cm; lg. gestielt, mit 5–15 ovalen bis schmal lanzettlichen Fiederb.; Dolde 4–10blütig; Krone gelb, 8–12 mm lg.; Hülse 1–3 cm lg., abstehend oder etwas hängend, mit hufeisenförmigen Gliedern. ✻ 5–7. △ Sonnige Kalkmagerrasen, Wege, Steinbrüche, lichte Kiefernwälder; ziemlich häufig.

5 Futter-Esparsette, *Onobrychis viciaefolia* Scop., Pfl. 30–60 cm, bogig aufsteigend; B. gefiedert, mit 13–27 ei-länglichen, 3–8 mm br. Fiederb.; Bl.traube vor dem Aufblühen ei-länglich; Bl.stiele 1 mm lg.; Kelch 5–8 mm lg., Kelchzähne 2–4mal so lg. wie die Kelchröhre; Krone 10–14 mm lg., rot; Schiffchen fast so lg. wie die Fahne; Frucht mit 6–8 mm lg., dicken Stacheln. ✻ 5–7. △ Kalkmagerrasen, Wege; Kulturpfl.; häufig. Ursprünglich Südosteuropa, heute fast ganz Europa. – Sehr ähnlich ist die **Sand-Esparsette,** *O. arenaria* (Kit.) DC., aber Pfl. 10–30 cm, Fiederb. 2–5 mm br.; Krone 8–10 mm lg., fleischfarben; Frucht mit 4–5 schlanken Stacheln; Trockenrasen, Kiefernwälder; selten; z. B. Rhein, Main, Tauber, Mitteldeutschland, Süd- und Osteuropa. GefGr. 3!

2
3
5
4
1

Tafel 61 Trockenrasen, Magerrasen, steinige Hänge, Mauern

Leingewächse / Linaceae

1 Wiesen-Lein, Purgier-Lein, *Linum catharticum* L., Pfl. 5–30 cm, aufrecht, gabelästig; B. gegenständig, ei-lanzettlich, 1 cm lg., sehr fein gezähnt; Bl.knospen hängend; Kelchb. 4–5, 2–3 mm lg., am Rand drüsenhaarig, 1nervig; Kronb. 4–5, 3–6 mm lg., weiß, am Grund gelb. ✻ 6–7. △ Kalkmagerrasen, Moorwiesen; häufig. Europa, im Süden nur in den Gebirgen.

2 Klebriger Lein, *Linum viscosum* L., Pfl. 30–60 cm.; St. abstehend behaart; B. wechselständig, ei-lanzettlich, 4–9 mm br., drüsig bewimpert; Kronb. 1–2 cm lg., rosa; Kelchb. am Rand drüsig. ✻ 5–7. Geschützt! △ Kalkmagerrasen, lichte Kiefernwälder, Waldränder; selten. Süddeutschland, Alpen und Vorland, Südeuropa. GefGr. 2! – Ähnlich ist der **Zarte Lein,** *L. tenuifolium* L., aber B. 1–2 mm br., rauh, nicht drüsig; B. und St. kahl; Kalkmagerrasen; wärmeliebend. Süd- und Mitteldeutschland, Südeuropa. Geschützt! GefGr. 3! – Der **Gelbe Lein,** *L. flavum* L., ist leicht an den gelben Bl. erkennbar; St. scharfkantig, Pfl. kahl; Trockenrasen, auf Kalk; selten. Süddeutschland, Südosteuropa. Geschützt! GefGr. 2!

3 Stauden-Lein, Dauer-Lein, *Linum perenne* L., Pfl. 20–80 cm, mit mehreren St.; B. lanzettlich, 1–2 mm br., 1–3nervig, am Rand rauh; Bl. hellblau; Kronb. 1–2 cm lg., sich überdeckend (beim **Alpen-Lein,** *L. alpinum* Jacq. Kronb. sich nur am Grund überdeckend), innere Kelchb. länger und breiter als die äußeren. ✻ 6–8. Geschützt! △ Trockenrasen, trockne Kiefernwälder; selten. Süddeutschland, Südeuropa. GefGr. 1!

4 Saat-Lein, Flachs, *Linum usitatissimum* L., Pfl. 30–60 cm, 1jährig, nur mit 1 St.; B. schmal lanzettlich, 3–4 mm br.; Kronb. 12–15 mm lg., blau; Kelchb. 5–7 mm lg., fein zugespitzt, fein bewimpert, aber nicht drüsig. ✻ 6–7. △ Als Öl- und Faserpfl. seit der jüngeren Steinzeit angebaut, gelegentlich verwildert. Geschützt! (nur wild lebende Populationen).

Kreuzblumengewächse / Polygalaceae

5 Zwergbuchs, *Polygala chamaebuxus* L., Pfl. 10–20 cm, niederliegend bis aufsteigend, unten verholzt; B. lederig, immergrün, unterseits hellgrün; Bl. 13–15 mm lg., schmetterlingsförmig, zu 1–2 in den Achseln der oberen B., gelb, oft rot überlaufen; Kelchb. gefärbt, kronb.artig, die 2 inneren (Flügel) groß, 10–15 mm lg.; Kronb. 5, das untere (Schiffchen) groß, mit fransigem Anhängsel. ✻ 4–6. △ Kalkmagerrasen, Zwergstrauchgesellschaften, trockne Kiefernwälder; zerstreut. Gebirge Mittel- und Südeuropas.

6 Schopfige Kreuzblume, *Polygala comosa* Schkuhr, Pfl. 10–25 cm, B. krautig, wechselständig, ei-länglich, 10–25 mm lg.; Bl.stand 5–20blütig; Bl. lila oder rötlich, Flügel schwach netznervig, 4–7 mm lg.; Tragb. der Bl. länger als die Bl.stiele, die Bl.knospen überragend, Pfl. dadurch schopfig. ✻ 5–6. △ Sonnige Kalkmagerrasen; zerstreut. Mittel- und Südeuropa, (östlich), nördlich bis Südschweden.

7 Gewöhnliche Kreuzblume, *Polygala vulgaris* L., Pfl. 10–30 cm; untere B. wechselständig, keine grundständige Rosette bildend; Bl.traube 10–20blütig; Tragb. der Bl. meist kürzer als die Bl.stiele und daher die Bl.knospen nicht überragend; Bl. blau, Bl.flügel 6–10 mm lg., netzadrig. ✻ 5–8. △ Silikatmagerrasen, Heiden, Wegränder; häufig. Europa, im Süden nur in den Gebirgen.

1
2
3
4
5
6
7

Tafel 62 Trockenrasen, Magerrasen, steinige Hänge, Mauern

Kreuzblumengewächse / Polygalaceae

1 Bittere Kreuzblume, *Polygala amara* L., Pfl. 10–20 cm, niederliegend, aufsteigend; B. bitter schmeckend, am Grund rosettig gehäuft, größer als die oberen; Bl.stand locker; Bl. blau bis rötlichblau, 3–7 mm lg., Flügel 4–8 mm lg., Schiffchen (unteres Kronb.) mit stark gefranstem, lappigem Anhängsel, unten am Übergang zum Anhängsel stark eingeschnürt. ✻ 5–6. △ Subalpine und alpine Steinrasen, Halbtrockenrasen, Quellfluren; zerstreut. Gebirge Mittel- und Südeuropas, (östlich).

Wolfsmilchgewächse / Euphorbiaceae

2 Warzen-Wolfsmilch, *Euphorbia brittingeri* Opiz. (*E. verrucosa* L.), Pfl. 20–50 cm, bogig aufsteigend; B. wechselständig, oval, sitzend, fein gezähnt, hellgrün; Scheindolde meist 5strahlig; Hochb.hülle der Einzelbl.stände oval, nicht verwachsen, kurz gestielt; Drüsen des Bl.bechers oval, gelb; Frucht 3–4 mm lg., mit halbkugeligen oder zylindrischen Warzen. ✻ 5–6. △ Kalkmagerrasen, sonnige Böschungen; zerstreut. Mittel- und Südeuropa.

3 Zypressen-Wolfsmilch, *Euphorbia cyparissias* L., Pfl. 15–35 cm; B. wechselständig, schmal linealisch, 2–3 mm br., hellgrün; nichtblühende Triebe dicht beblättert, tannenwedelartig; Scheindolde 9–15strahlig; Hochb.hülle der Einzelbl.stände hellgelb, später rot, nicht verwachsen; Drüsen des Bl.bechers halbmondförmig, 2hörnig, gelb; Frucht warzig, dadurch fein punktiert. ✻ 4–6. △ Magerrasen, Wege, Böschungen; häufig. Oft von Rostpilzen befallen (Zwischenwirt des Erbsenrostes, *Uromyces pisi*). Europa.

4 Steppen-Wolfsmilch, *Euphorbia seguierana* Neck., Pfl. 15–30 cm, mit dickem, verholztem, oft waagrecht verlaufendem Rhizom; B. wechselständig, lanzettlich, 4–6 mm br., stachelspitz, blaugrün; Scheindolde 8–15strahlig, Strahlen nochmals 1–2mal gabelig verzweigt; Drüsen des Bl.bechers oval, gelb; Frucht glatt, kahl, 3 mm lg. ✻ 4–6. △ Trockenrasen, Kalksanddünen, Steppenrasen; selten. Mittel- und Südeuropa. GefGr. 3!

Seidelbastgewächse / Thymelaeaceae

5 Rosmarin-Seidelbast, Heideröschen, *Daphne cneorum* L., Pfl. 5–30 cm; B. linealspatelförmig, dunkelgrün, lederig, gleichmäßig am Zweig verteilt; Bl.stand doldenartig am Ende der Zweige; Bl. dunkelrosa, außen behaart; Kelchröhre und Zweige anliegend behaart. ✻ 5–8. Geschützt! △ Halbtrockenrasen, trockne Waldränder, lichte Kiefernwälder, Felsbänder; selten. Mittel- und Südeuropa. GefGr. 3! – Ähnlich ist der **Gestreifte Seidelbast, Steinröschen,** *D. striata* Tratt., aber B. an den Zweigenden gehäuft, linealisch-keilförmig, bläulichgrün; Bl. rosa, fein gestreift, kahl, stark duftend; Kelchröhre und Zweige kahl. Geschützt! Latschengebüsch, subalpine Zwergstrauchgesellschaften; ziemlich selten; Alpen.

Tamariskengewächse / Tamaricaceae

6 Französische Tamariske, *Tamarix gallica* L., Graugrüner Strauch, 1–3 m, mit schuppenförmigen, dachziegelartig angeordneten B. und kleinen, 5zähligen rosaroten, 1,5–2 mm lg. Bl. in ährenartigen Bl.ständen. ✻ 5–8. △ Flußufer, Küsten; Zierpfl. Südwesteuropa, oft angepflanzt.

1
4
6
3
2
5

Tafel 63 Trockenrasen, Magerrasen, steinige Hänge, Mauern

Tamariskengewächse / Tamaricaceae

1 **Deutsche Tamariske,** *Myricaria germanica* (L.) Desv., Strauch bis 2 m, mit rutenförmigen Ästen; B. schuppenförmig, graugrün, 2–3 mm lg.; Bl. rötlich oder weiß, 3–5 mm br., in endständigen, oft verzweigten, dichten Trauben; Kelchb. und Kronb. 4–5; Staubb. 10. ✻ 6–8. △ Schotterflächen der Alpenflüsse; selten. Skandinavien, Alpen und Vorland bis zur Donau, Schwarzwald, Pyrenäen, Abruzzen, Gebirge der Balkanhalbinsel. GefGr. 1!

Malvengewächse / Malvaceae

2 **Moschus-Malve,** *Malva moschata* L., Pfl. 20–80 cm; B. im Umriß rundlich, handförmig tief 5–7teilig, Abschnitte der oberen B. schmal bandförmig; St. und B. mit 1fachen Haaren; Bl. einzeln, b.achselständig, obere Bl. oft kopfig gehäuft; Außenkelchb. 3, lineal-lanzettlich, 3–5 mm lg., frei, am Grund mit dem Kelch verwachsen; Kronb. 2–4 cm lg., ausgerandet, hellrosa; Teilfrüchte am Rücken stark behaart. ✻ 6–10. △ Magerrasen, sonnige Wiesen, Wegränder; ziemlich selten. Mittel- und Südeuropa.

Johanniskrautgewächse / Hypericaceae

3 **Echtes Johanniskraut,** *Hypericum perforatum* L., Pfl. 30–60 cm; St. 2kantig, markig; B. ei-länglich, dicht durchscheinend punktiert; B. 5zählig; Kelchb. lanzettlich, spitz, 4–5 mm lg., länger als der Fruchtknoten; Kronb. goldgelb, 10–15 mm lg. ✻ 7–8. △ Magerrasen, Brachland, sonnige Waldränder; verbreitet. Europa. – Ähnlich sind: **Geflecktes Johanniskraut,** *H. maculatum* Crantz mit 4kantigem, hohlem St. und stumpflichen, elliptischen Kelchb.; B. nicht oder wenig durchscheinend punktiert; Krone goldgelb; Silikatmagerrasen; kalkmeidend; verbreitet; Europa. – **Geflügeltes Johanniskraut,** *H. tetrapterum* Fries mit 4flügeligem, hohlem St., spitzen Kelchb. und hellgelber Krone; Ufer, Gräben, Röhricht, Flachmoore; verbreitet; Südskandinavien, Mittel- und Südeuropa.

Cistrosengewächse / Cistaceae

4 **Gewöhnliches Sonnenröschen,** *Helianthemum nummularium* (L.) Mill., Pfl. 10–30 cm; B. lederig, eiförmig, Rand nach unten umgerollt, unterseits graufilzig, mit lanzettlichen Nebenb.; Bl. 15–25 mm br., gelb. ✻ 6–9. △ Kalkmagerrasen, trockne Kiefernwälder; ziemlich häufig. Mittel- und Südeuropa. – Das **Apenninen-Sonnenröschen,** *H. apenninum* (L.) Mill. hat weiße Bl. und beiderseits grau- oder weißfilzige B.; Nebenb. pfriemlich; Kalkmagerrasen; selten. Süddeutschland, Südeuropa. Geschützt! GefGr. 3!

5 **Zwerg-Sonnenröschen,** *Fumana procumbens* (Dun.) Gr. et Godr., Pfl. 5–20 cm, niederliegend, am Grund verholzt; B. nadelförmig, 2–12 mm lg.; Bl. meist einzeln in den Achseln von Tragb., 15–20 mm br.; Kronb. 5, gelb, ungleich groß. ✻ 6–10. △ Kalktrockenrasen, steinige Hänge; wärmeliebend; selten. Süddeutschland, Thüringen, Mähren, (vereinzelt Südschweden), Frankreich, Täler der Zentral- und Südalpen, Südeuropa. GefGr. 2!

Veilchengewächse / Violaceae

6 **Sand-Veilchen,** *Viola rupestris* F. W. Schmidt, siehe S. 176.

4
6
2
3
5
1

Forts. von S. 174: Pfl. 3–8 cm; B. grund- und st.ständig, rundlich-herzförmig, stumpf, 15–20 mm lg., graugrün, schwach gekerbt bis ganzrandig; B. und St. meist flaumig behaart; Kronb. blauviolett, am Grund weiß, seltener ganz weiß, Sporn hellviolett, 5 mm lg.; Kelchb. spitz. ✻ 5–6. △ Kalkmagerrasen, lichte, trockne Kiefernwälder, Sandböden; ziemlich selten. Nordeuropa, Mecklenburg, Süddeutschland, Alpen und Vorland, südlich bis Pyrenäen, Cevennen, Kaukasus. GefGr. 3! – Ziemlich häufig in Silikatmagerrasen, Heiden und an Waldrändern ist das **Hunds-Veilchen,** *V. canina* L., Pfl. 5–15 cm, kalkmeidend; B. ei-lanzettlich, mit herzförmigem Grund, 2–4 cm lg., st.ständig, lg. gestielt, derb, dunkelgrün; grundständige B. fehlend; Krone blauviolett, im Umriß quadratisch, mit 5–7 mm lg., weißlichem oder gelblichem, meist geradem Sporn.

Doldengewächse / Umbelliferae oder Apiaceae

1 Faserschirm, *Trinia glauca* (L.) Dum., Pfl. 20–80 cm, am Grund reich verzweigt, 2häusig, ♂ Pfl. kleiner als die ♀; am Grund mit Faserschopf; B. blaugrün, 2–4fach gefiedert, mit fädlichen bis schmal linealischen Zipfeln, oberste B. mit aufgeblasener B.scheide und wenigen Fiederzipfeln; Bl.döldchen zahlreich; Kronb. der ♂ Bl. mit schmalem, grünem, die der ♀ Bl. mit br., rötlichem Mittelstreifen. ✻ 4–5. △ Sonnige Trockenrasen, Dünen, steinige Hänge; selten. Mittel- und Südeuropa. GefGr. 2!

2 Wilde Möhre, *Daucus carota* L., 30–100 cm; Wurzel dick, weiß, nach Möhren riechend; B. 2–3fach gefiedert, behaart; Dolden zur Bl.zeit flach oder gewölbt, zur Reife in der Mitte eingesenkt, nestförmig; Hüllb. 3- oder fiederteilig, bewimpert; Hüllchenb. meist 1fach; randliche Bl. weiß, strahlig vergrößert, mittlere Bl. meist verkümmert und dunkelrot. ✻ 6–9. △ Magerrasen, Wege, Steinbrüche; häufig. Europa.

3 Bärwurz, *Meum athamanticum* Jacq., Pfl. stark würzig riechend, am Grund mit braunem Faserschopf, 15–50 cm, mit dickem Rhizom; B. 2–4fach gefiedert, mit haarfeinen, 2–6 mm lg., fein zugespitzten Zipfeln; St. kantig gerieft; Bl.dolde 5–15strahlig; Hüllb. 0–6; Hüllchenb. allseitswendig, zu mehreren; Bl. weiß, blaßgelb oder rosa; Frucht 6–8 mm lg. und 3–4 mm br., kaum abgeflacht, mit stark hervortretenden Rippen. ✻ 5–6. △ Silikatmagerrasen und -weiden, Bergwiesen; kalkmeidend; zerstreut. Arznei- und Gemüsepfl. Hauptsächlich Gebirge Europas. GefGr. 3!

3
2
1

Enziangewächse / Gentianaceae

1 Feld-Enzian, *Gentiana campestris* L. (*Gentianella c.* (L.) Börner), Pfl. 5–30 cm, oft vom Grund an verzweigt; B. spatelförmig; Krone und Kelch 4teilig; Krone im Schlund bärtig, violett, selten weiß; Kelch ungleichzipfelig, mit 2 br. lanzettlichen äußeren und 2 schmal lanzettlichen inneren Zipfeln. ✻ 6–9. Geschützt! △ Silikatmagerrasen, Wegraine; ziemlich selten. Skandinavien, mitteleuropäische Mittelgebirge, Ostalpen, Pyrenäen, Abruzzen. GefGr. 3!

2 Deutscher Enzian, *Gentiana germanica* Willd. (*Gentianella g.* (Willd.) Börner), Pfl. 5–40 cm, ähnlich dem Rauhen Enzian; St. meist nur oben ästig; St.b. ei-lanzettlich, meist spitz; Bl. 5teilig, 2–4 cm lg.; Kelchzipfel am Rand rauh; Kelch schmal geflügelt; Buchten zwischen den Kelchzipfeln spitz; Krone rotviolett, innen bärtig, mit 3–5 mm br. Kronzipfeln; Fruchtknoten kurz gestielt. ✻ 6–10. Geschützt! △ Kalkmagerrasen, steinige oder lehmige Böden; zerstreut bis selten. Mitteleuropa, Alpen. GefGr. 3! – Ähnlich sind noch: **Österreichischer Enzian,** *G. austriaca* Kern. (*Gentianella a.* (Kern.) Holub), aber Kelch ungeflügelt, Buchten zwischen den Kelchzipfeln stumpflich, diese am Rand glatt und länger als die Kelchröhre; untere St.äste verlängert; Magerrasen; selten; Böhmerwald, Ostalpen. - Der **Bittere Enzian,** *G. amarella* L. hat kleinere, 5-, selten 4teilige, 10-18 mm lg. Bl. und kurzästigen St.; Krone lila, Kronzipfel 5-7 mm lg.; Magerrasen; selten; Mittelgebirge Mitteleuropas (z. B. Eifel, Rhön), Alpen (sehr selten), Karpaten, Kaukasus. GefGr. 0!

3 Rauher Enzian, *Gentiana aspera* Hegetschw. (*Gentianella a.* (Hegetschw.) Dostal), Pfl. 5–30 cm; St. vom Grund an ästig; St.b. 3eckig-eiförmig, stumpflich, am Rand meist bewimpert; Bl. meist 5teilig, innen bärtig, blauviolett, 2–4 cm lg.; Kronzipfel 9–15 mm lg. und 5–10 mm br.; Kelch schmal geflügelt, Kelchbuchten spitz; Kelchzipfel am Rand und auf dem Mittelnerv rauh bewimpert; Fruchtknoten lg. gestielt. ✻ 5–10. Geschützt! △ Kalkreiche Halbtrockenrasen, Schuttkare; bis etwa 2800 m; verbreitet bis selten. Ostalpen, Alpenvorland, Fränkischer Jura. GefGr. 3!

4 Gefranster Enzian, *Gentiana ciliata* L. (*Gentianella c.* (L.) Borkh.) Pfl. 10–25 cm; St. 4kantig; B. lineal-lanzettlich, 1nervig; Bl. 4teilig, blau; Kronzipfel am Rand gefranst. ✻ 6–9. Geschützt! △ Kalkmagerrasen, lichte Föhrenwälder, subalpine Steinrasen; zerstreut. Mitteleuropa und Gebirge Südeuropas. GefGr. 3!

5 Frühlings-Enzian, *Gentiana verna* L., Pfl. 3–10 cm, mit grundständiger B.rosette; B. lanzettlich, spitz, 1–3nervig, bis 3 cm lg.; St.b. kleiner; St. aufrecht, 1blütig; Krone tiefblau, stieltellerförmig, mit abstehenden Zipfeln, dazwischen mit je einem 2spitzigem Anhängsel. ✻ 3–8. Geschützt! △ Kalk-Magerrasen, trockne bis feuchte, steinige oder rein tonige Böden, auch Flachmoore, im Alpenraum und Vorland zerstreut. Gebirge Mittel- und Südeuropas. GefGr. 3!

6 Schlauch-Enzian, *Gentiana utriculosa* L., Pfl. 8–20 cm; St. mehrblütig, kantig; B. eiförmig; Kelch 2–4 mm br. geflügelt, zuletzt aufgeblasen; Krone röhrenförmig, mit 5 ausgebreiteten, lanzettlichen Zipfeln, dunkelblau, außen oft grünlich. ✻ 5–8. Geschützt! △ Kalkflach- und Quellmoore, Magerrasen und subalpine Steinrasen; selten. Hauptsächlich Gebirge Mittel- und Südeuropas. GefGr. 2!

7 Kreuz-Enzian, *Gentiana cruciata* L., Pfl. 15–50 cm; B. lanzettlich, meist 3nervig, bis 10 cm lg., B.paare scheidig verwachsen; Bl. zu 1–3 in den Achseln der obersten B.; Krone 4zählig, eng glockenförmig, blau, außen grünlich. ✻ 7–8. Geschützt! △ Kalk-Magerrasen, lichte Kiefern- und Eichenwälder, Weg- und Waldränder; selten. Hauptsächlich Mitteleuropa, im Süden nur in den Gebirgen. GefGr. 2!

2
1
5
3
4
7
6

Tafel 66 Trockenrasen, Magerrasen, steinige Hänge, Mauern

Enziangewächse / Gentianaceae

1 **Echtes Tausendguldenkraut,** *Centaurium minus* Moench (*C. umbellatum* Gilib.), Pfl. 10–30 cm, erst oben verzweigt, mit grundstäger Rosette; Rosettenb. eiförmig, über 5 mm br., obere B. ei-lanzettlich bis länglich eiförmig, meist 5nervig; Bl. in lockerer Scheindolde; Krone 5spaltig, rosarot, mit 9–15 mm lg. Röhre und eiförmigen, stumpfen, 5-8 mm lg. Kronzipfeln, ✻ 7-9. Geschützt! △ Halbtrockenrasen, trockne Waldränder; zerstreut. Südskandinavien, Mittel- und Südeuropa. - Ähnlich sind noch: **Zierliches Tausendguldenkraut,** *C. pulchellum* (Sw.) Druce, aber Pfl. 3-15 cm, ohne grundständiger Rosette; St. von Grund an gabelästig; Kronzipfel 3-4 mm lg., lanzettlich, spitz; Ufer, Wege, Kiesgruben, Salzwiesen; zerstreut. Geschützt! - **Strand-Tausendguldenkraut,** *C. vulgare* Rafn. (*C. littorale* Gilib.), Pfl. mit linealischen, meist 3nervigen St.b. und linealisch-spateligen, bis 5 mm br. Rosettenb.; Nord- und Ostseeküste, Salzwiesen. Geschützt!

2 **Durchwachsener Bitterling, Bitterenzian,** *Blackstonia perfoliata* (L.) Huds., Pfl. aufrecht, 10–40 cm, bläulich bereift; St. oben 4kantig; B. gegenständig, 3eckig-eiförmig, paarweise am Grund verwachsen; Bl. in doldentraubigen Bl.ständen; Bl. 6–8teilig; Kelch fast bis zum Grund geteilt, kürzer als die Krone; Krone gelb, mit kurzer, glockiger Röhre und 6–8 ausgebreiteten Zipfeln. ✻ 6–8. Geschützt! △ Kalkmagerrasen, Zwergbinsengesellschaften, wechselfeuchte Ton- und Lehmböden; wärmeliebend; selten. Mittel- und Südeuropa, nördlich bis Irland, England (westlich). GefGr. 2!

Seidengewächse / Cuscutaceae

3 **Thymian-Seide,** *Cuscuta epithymum* (L.) Nath., Rötliche Schmarotzerpfl., 10–30 cm, mit schuppenförmigen B.; Bl. zu 8–10 in 5–8 mm br. Knäueln; Krone rot oder weiß; Kronröhre durch nach innen geneigte Schuppen verschlossen; Griffel länger als der Fruchtknoten, die Bl. überragend. ✻ 7–8. △ Auf Thymian, Besenginster, Ginster und Heidekraut schmarotzend; verbreitet. Europa. Siehe auch Nessel-Seide, C. europaea T. 26.

Rötegewächse / Rubiaceae

4 **Färber-Meister,** *Asperula tinctoria* L., Pfl. 30–50 cm; St. 4kantig; B. zu 4–6 quirlständig, schmal lanzettlich, 1nervig, 2–6 cm lg.; Bl.stand armblütig; Krone weiß, 3-spaltig, 3–4 mm br.; Frucht glatt. ✻ 6–8. △ Lichte Kiefern- und Eichenwälder, sonnige Gebüsche, Halbtrockenrasen; ziemlich selten. Mitteleuropa, nördlich bis Südschweden. GefGr. 3!

5 **Hügel-Meister,** *Asperula cynanchica* L., Pfl. aufsteigend, 10–30 cm; B. meist zu 4 quirlig, schmal lanzettlich, 1nervig, mit Grannenspitze; Bl.stand wenigblütig; Krone trichterförmig, 4spaltig, rosa, 2–3 mm; Frucht körnig-rauh. ✻ 6–8. △ Kalkmagerrasen, sonnige Wald- und Wegränder, Kiefernwälder; zerstreut. Mittel- und Südeuropa.

1
2
3
4
5

Tafel 67 Trockenrasen, Magerrasen, steinige Hänge, Mauern

Rötegewächse / Rubiaceae

1 **Echtes Labkraut,** *Galium verum* L., Pfl. 20–70 cm; St. oben mit 4 erhabenen Linien; B. zu 6–12 quirlig, linealisch, 1 mm br., 1nervig, am Rand umgerollt, unterseits weichhaarig; Bl. in vielblütigen, dichten, rispenartigen, kaum unterbrochenen Bl.ständen; Krone 4teilig, gelb, 2–4 mm br., mit 4 spitzen Zipfeln. ✻ 6–9. △ Kalkmagerrasen, Wegränder, Föhrenwälder, auch Moorwiesen; häufig. Europa. – Sehr ähnlich ist *G. wirtgenii* F. Schultz, aber B. bis 2 mm br. kaum ungerollt, unterseits kahl, Bl.stand locker, unterbrochen; Trockenwiesen; Südwestdeutschland, Täler der Zentral- und Südalpen.

2 **Blaugrünes Labkraut,** *Galium glaucum* L., (*Asperula glauca* (L.) Bess.), Pfl. 30–80 cm. blaugrün; St. verzweigt, mit 4 Längsrippen; B. linealisch, zu 8–10 quirlig, am Rand umgerollt, 1nervig; Bl.stand locker, schirmförmig; Krone weiß, trichterförmig, 4teilig, 4–5 mm br.; Früchte glatt. ✻ 5–7. △ Kalkmagerrasen, sonnige, steinige Hänge; ziemlich selten. Mittel- und Südeuropa.

Boretschgewächse / Boraginaceae

3 **Krim-Lotwurz,** *Onosma tauricum* Willd., Pfl. 20–50 cm; B. lineal-lanzettlich, mit 1–4 mm lg. Borsthaaren auf scheibenförmigen Höckern, diese noch mit kurzen, strahlig abstehenden, steifen Haaren umgeben; Bl. in Achseln von Tragb.; Kelch zylindrisch, tief 5teilig; Krone 15-25 mm lg., gelb. ✻ 5-7. Geschützt! (Artenreiche Gattung mit sehr ähnlichen und schwer unterscheidbaren Arten.) △ Trockenrasen, Felsensteppen, lichte Föhrenwälder; selten. Südalpen, Apennin, Südosteuropa. - Sehr ähnlich ist die **Sand-Lotwurz,** *O. arenarium* W. et K., aber scheibenförmige Höcker kahl, nur mit Borsthaaren; Krone 12-18 mm lg.; Trockenrasen; selten. Süddeutschland, Südeuropa. Geschützt! GefGr. 1!

Lippenblütengewächse / Labiatae oder Lamiaceae

4 **Gewöhnlicher Steinquendel,** *Acinos arvensis* (Lamk.) Dundy (*Calamintha a.* (L.) Clairv.), Pfl. nach Pfefferminze riechend, 10–30 cm; St. behaart; B. gegenständig, eilanzettlich, fast sitzend, 10–20 mm lg., jederseits mit 1–4 Zähnen, unterseits mit stark hervortretenden Nerven; Bl. meist zu 6 in Scheinquirlen, etwas 1seitswendig, mit kurzen Tragb.; Krone 8–10 mm lg., blauviolett; Kelch 2lippig, 5–7 mm lg., dicht abstehend behaart, Kelchzähne unten bauchig erweitert. ✻ 6–9. △ Mauern, Felsen, steinige Magerrasen; wärmeliebend; zerstreut. Mittel- und Südeuropa, Südskandinavien.

5 **Heide-Günsel,** *Ajuga genevensis* L., Pfl. 10–30 cm, zottig behaart, ohne Ausläufer; Grundb. lg. gestielt; obere B. 3lappig oder tief gekerbt, oft blau angelaufen; Bl. dunkelblau; Krone 12–18 mm lg., Oberlippe sehr kurz, 2teilig, Unterlippe viel länger, 3teilig; Staubb. 4. ✻ 4–6. △ Kalkmagerrasen, sonnige Hänge, Wegraine, auch in Unkrautgesellschaften; zerstreut. Hauptsächlich Mittel- und Südeuropa.

6 **Edel-Gamander,** *Teucrium chamaedrys* L., Pfl. 15–30 cm, mit unterirdischen Ausläufern; St. behaart; B. gekerbt, mit keilförmigem Grund, 1–2 cm lg.; Bl. meist zu 6 quirlständig in den Achseln der oberen B.; Kelch fast regelmäßig 5zähnig, kurz begrannt; Krone 10–15 mm lg., rosa; Oberlippe scheinbar fehlend, herabgerückt, Unterlippe daher 5zipfelig. ✻ 7–8. △ Kalkmagerrasen, lichte Eichen- und Kiefernwälder; zerstreut. Mittel- und Südeuropa.

1
2
3
4
5
6

Tafel 68 Trockenrasen, Magerrasen, steinige Hänge, Mauern

Lippenblütengewächse / Labiatae oder Lamiaceae

1 **Berg-Gamander,** *Teucrium montanum* L., Pfl. niederliegend, 5–35 cm, aromatisch riechend; B. schmal lanzettlich, 5–20 mm lg., ganzrandig, immergrün, lederig, unterseits dicht weißfilzig; Bl. am Ende der Zweige kopfig gehäuft, weißlich oder hellgelb; Kelch fast regelmäßig 5zähnig; Krone nur mit 5teiliger Unterlippe. ✻ 6–9. △ Sonnige Kalkmagerrasen, Fels- und Schuttfluren; zerstreut. Mittel- und Südeuropa.

2 **Große Brunelle,** *Prunella grandiflora* (L.) Scholl., Pfl. 10–30 cm; B. länglich-eiförmig, 2–6 cm lg., die oberen oft fiederspaltig, locker behaart; Bl. 20–25 cm lg., blauviolett, Bl.röhre gekrümmt. ✻ 6–8. △ Kalkmagerrasen, sonnige Waldränder, lichte Wälder; zerstreut. Hauptsächlich Mitteleuropa, nördlich bis Südschweden, südlich bis Nordostspanien, Poebene, Bulgarien. Siehe auch *P. vulgaris* T. 83.

3 **Aufrechter Ziest,** *Stachys recta* L., Pfl. 20–60 cm; B. eiförmig-lanzettlich, rauhhaarig, untere gestielt, obere sitzend; Bl.quirl 6–10blütig; Kelchzähne 3eckig, mit kahler Stachelspitze. ✻ 6–10. △ Kalkmagerrasen, sonnige Waldränder, lichte Kiefern- und Eichenwälder; zerstreut. Mittel- und Südeuropa. – Ähnlich ist der **Einjährige Ziest,** *S. annua* L., aber Pfl. 10–30 cm, alle B. gestielt; Bl.quirl 4–6blütig; Kelchzähne lanzettlich, mit behaarter Spitze; Äcker, Weinberge, selten; hauptsächlich Süddeutschland, Südosteuropa. GefGr. 3!

4 **Gewöhnlicher Thymian,** *Thymus pulegioides* L., Pfl. kriechend oder aufsteigend, 5–30 cm aromatisch riechend; St. 4kantig, auf den Kanten kurzhaarig; B. oval, kahl oder nur am Grund bewimpert; Bl.stand zylindrisch oder kugelig; Krone 3–6 mm lg., hell- bis dunkelpurpurn; obere Kelchzähne meist bewimpert. ✻ 6–10. Sehr formenreich, mit vielen Kleinarten. △ Magerrasen und -weiden, Wegränder, Böschungen, Kiesgruben; verbreitet. Europa. – Ähnlich ist der **Sand-Thymian,** *Thymus serpyllum* L., Pfl. 5–15 cm, kriechend oder bogig aufsteigend; St. fast stielrund, meist behaart; B. lineal-elliptisch, kahl oder behaart; Bl. am Ende der Zweige kopfig gedrängt; Krone 3–6 mm lg., hell- bis dunkelpurpurn, obere 3 Kelchzähne br. 3eckig, untere 2 schmal lanzettlich; sehr formenreich mit vielen Kleinarten; Sandtrockenrasen, trockne Kiefernwälder; selten. GefGr. 2!

5 **Wiesen-Salbei,** *Salvia pratensis* L., Pfl. 30–60 cm; St. armblütig; B. hauptsächlich grundständig, lg. gestielt; B.spreite oval, 6–12 cm lg., unregelmäßig gekerbt; Bl. zu je 4–8 quirlständig; Krone 20–25 mm lg., dunkelblau, mit sichelförmiger Oberlippe; Bl.stand drüsig. ✻ 4–8. △ Kalkmagerrasen, Halbtrockenrasen, sonnige Fettwiesen, Wegränder; verbreitet. Hauptsächlich in Mittel- und Südeuropa, heute auch in Nordeuropa eingebürgert.

1
2
5
3
4

Tafel 69 Trockenrasen, Magerrasen, steinige Hänge, Mauern

Lippenblütengewächse / Lamiaceae oder Labiatae

1 Garten-Salbei, *Salvia officinalis* L., Pfl. 20–80 cm, am Grund verholzt, stark aromatisch riechend; B. länglich-eiförmig, lg. gestielt, netzrunzelig, schwach gekerbt, unterseits filzig; Bl. violett, zu 4–8 im Scheinquirl; Krone 17–25 mm lg., mit gerader Oberlippe. ✻ 6–7. △ Trockenwiesen, Felsensteppen; als Heil- und Gewürzpfl. kultiviert und verwildert. Südeuropa, in Mitteleuropa wohl nur aus Kulturen verwildert.

2 Quirlblütige Salbei, *Salvia verticillata* L., Pfl. 30–60 cm; B. herzförmig bis 3eckig, am B.stiel geöhrt, 4–12 cm lg. und 3–10 cm br., unregelmäßig gezähnt, die unteren lg. gestielt; Scheinquirle 15–30blütig, fast kugelig; Tragb. kurz, trockenhäutig; Krone 10–15 mm lg., hellviolett, mit gerader Oberlippe; Kelch schmal glockenförmig, 4–7 mm lg., behaart; Staubb. unbeweglich. ✻ 6–9. △ Halbtrockenrasen, Dämme, Wege, Unkrautgesellschaften; zerstreut. Ursprünglich Südosteuropa, heute weit verbreitet. – Der **Steppen-Salbei,** *S. nemorosa* L., hat lanzettliche, am Grund herzförmige, 4–8 cm lg., runzelige, fein und regelmäßig gezähnte, graufilzige B. und 2–4blütige, dicht übereinander stehende Scheinquirle; Krone violett, 10–15 mm lg.; Halbtrockenrasen, Wege, Schutt; selten; Süddeutschland, Niederösterreich, Südosteuropa.

3 Lavendel, *Lavandula angustifolia* Mill. (*L. officinalis* Chaix), Pfl. 20–60 cm, aromatisch riechend; B. schmal lanzettlich, am Rand umgerollt, unterseits dicht graufilzig, 3–4 cm lg.; Bl. in unterbrochener, entfernt beblätterter, endständiger Scheinähre; Krone blauviolett, Kelch röhrenförmig, undeutlich 5zähnig. ✻ 7–8. △ Steinige Hänge, Felsensteppen; wärmeliebend. Südwesteuropa, sonst kultiviert, selten verwildert.

Braunwurzgewächse / Scrophulariaceae

4 Violette Königskerze, *Verbascum phoeniceum* L., Pfl. 30–80 cm; St. meist unverzweigt, oben drüsig behaart; Grundb. oval, gestielt, buchtig gezähnt, dunkelgrün; St.b. sitzend; Bl. violett, 2–3,5 cm br.; Kelch drüsenhaarig, mit lanzettlichen Zipfeln; Staubfäden violettwollig. ✻ 5–7. △ Trockenrasen, sonnige Hänge, Buschwälder; selten. Mitteldeutschland, Oberrheinische Tiefebene, Alpen (z. B. Aostatal), Apennin, Südosteuropa. GefGr. 1!

5 Zimbelkraut, *Cymbalaria muralis* G. M. Sch. (*Linaria cymbalaria* (L.) Mill.), Pfl. kriechend, 30–60 cm; St. fadenförmig; B. lg.gestielt, wechselständig, rundlich-herzförmig, grob 5–7zähnig oder 5–7teilig; Bl. lg. gestielt, einzeln in den B.achseln; Krone hellviolett, Gaumen gelblich, etwa 1 cm; Sporn stumpf, kaum halb so lang wie die übrige Krone. ✻ 6–9. △ Schattige, luftfeuchte Mauern, Felsen; verbreitet. Ursprünglich Südalpen, Apennin, Gebirge der Balkanhalbinsel; Zierpfl., heute in fast ganz Europa verwildert.

5
3
4
1
2

Tafel 70 Trockenrasen, Magerrasen, steinige Hänge, Mauern

Braunwurzgewächse / Scrophulariaceae

1 Österreichischer Ehrenpreis, *Veronica austriaca* L., Pfl. 10–50 cm, aufrecht; B. lanzettlich, entfernt gezähnt bis ganzrandig, in den kurzen Stiel verschmälert, häufig am Rand umgerollt; St. ringsum behaart; Bl. in gegenständigen, vielblütigen, lg. gestielten Trauben; Kelch 5zipfelig; Krone dunkelblau, 11–15 mm br.; Fruchtkapsel spitzwinkelig ausgerandet. ✻ 5–6. △ Kalkmagerrasen, steinige Hänge, Dünen; zerstreut bis selten. Mittel- und Osteuropa. GefGr. 2! - Ähnlich sind noch: **Großer Ehrenpreis,** *V. teucrium* L., aber B. eiförmig bis br. lanzettlich, am Grund abgerundet oder herzförmig sitzend, grob gezähnt, weichhaarig; Fruchtkapsel spitzwinkelig ausgerandet; Halbtrockenrasen, Wald- und Wegränder; zerstreut. – **Liegender Ehrenpreis,** *V. prostrata* L., Pfl. mit immergrünen, liegenden Trieben und aufsteigenden, blühenden St.; B. lanzettlich, fein gezähnt, dicht kurzhaarig; Krone blaßlila, 4–11 mm br.; Fruchtkapsel schwach ausgerandet; Trockenrasen, Felsensteppen; ziemlich selten; Süddeutschland, Täler der Zentralalpen, Osteuropa. GefGr. 3!

2 Ähriger Ehrenpreis, *Veronica spicata L.* (*Pseudolysimachia spicata* (L.) Opiz, Pfl. 15–30 cm; St. behaart; B. gegenständig, fast sitzend, eiförmig-länglich, meist stumpf gezähnt, vorne ganzrandig; Bl. kurz gestielt, in lg., dichter ährenförmiger Traube am Ende des St.; Krone 4teilig, 8–12 mm br., blau, trichterförmig, schwach 2lippig; Kelch 4teilig, drüsenhaarig. ✻ 6-8. Geschützt! △ Felsköpfe, sonnige Trockenrasen, Dünen; selten. Mittel- und Südeuropa, nördlich bis England, Südschweden. GefGr. 3! - Ähnlich ist der **Langblättrige Ehrenpreis,** *V. longifolia* L., aber B. zu 2-4 quirlständig, lineal-lanzettlich, scharf gesägt, spitz; Pfl. 40-100 cm; Auen, Sumpfwiesen. Geschützt! GefGr. 3!

Sommerwurzgewächse / Orobanchaceae

Die artenreiche Gattung *Orobanche* enthält ausschließlich wirtsspezifische Schmarotzerpfl., die sehr schwer zu unterscheiden sind und oft nur an der Wirtspfl. sicher zu indentifizieren.

3 Zierliche Sommerwurz, *Orobanche gracilis* Sm., Schmarotzerpfl. auf Schmetterlingsblütler; ohne B.grün, 15–40 cm, bräunlich; Bl. in Ähren; Rückenkante der Krone gleichmäßig gekrümmt; Krone 15–25 mm lg., gelb, innen rot, nach Nelken riechend; Narbe gelb, rot gerandet; Staubfäden unten behaart. ✻ 5–8. Auf Leguminosen (*Lotus, Genista, Hippocrepis, Trifolium)* schmarotzend. △ Halbtrockenrasen, sonnige Magerwiesen; zerstreut bis selten. Süddeutschland, warme Täler der Alpen (Rhone, Rhein), Südeuropa. GefGr. 3!

4 Gamander-Sommerwurz, *Orobanche teucrii* Hol., Pfl. 15–40 cm, auf *Teucrium* schmarotzend; Tragb. fast so lg. wie die Bl.; Krone 20–35 mm lg., bräunlichlila, Rücken winkelig abgebogen; Narbe purpurn bis braun; Staubfäden unten behaart; ✻ 6–7. △ Kalkmagerrasen in warmen Lagen, sonnige Hänge; zerstreut. Gebirge Mittel- und Südeuropa. GefGr. 2!

Wegerichgewächse / Plantaginaceae

5 Mittlerer Wegerich, *Plantago media* L., Pfl. 20–40 cm; B. in grundständiger, meist dem Boden anliegender Rosette, br. eiförmig, in den kurzen, br. Stiel verschmälert, anfangs dicht kurzhaarig; Bl.röhre walzig, 2–6 cm lg., viel kürzer als der St. (bei *P. major* Ähre länger als der St.); Bl. wohlriechend; Krone 4 mm lg., mit weißen Kronzipfeln; Staubb. lila. ✻ 5–7. △ Halbtrockenrasen, magere Wiesen und Weiden; verbreitet. Fast ganz Europa, im Süden selten.

1
2
3
4
5

Tafel 71 Trockenrasen, Magerrasen, steinige Hänge, Mauern

Baldriangewächse / Valerianceae

1 Rote Spornblume, *Kentranthus ruber* (L.) DC., Pfl. 30–80 cm; B. ei-lanzettlich, gegenständig, die oberen mit herzförmigem Grund, sitzend, ganzrandig oder mit wenigen stumpfen Zähnen, kahl, blaugrün; Bl.stand schirmförmig; Krone rot, mit 7–9 mm lg. Röhre, am Grund mit dünnem Sporn; Staubb. 1. ✻ 5–7. △ Felsspalten, Mauern; Zierpfl., selten verwildert, im Süden verbreitet. Südalpen, Südeuropa. – Ähnlich ist die **Schmalblättrige Spornblume,** *K. angustifolius* (Cav.) DC., aber B. schmal lanzettlich, mit verschmälertem Grund sitzend, meist ganzrandig; Südalpen, Abruzzen, Südwesteuropa.

Kardengewächse / Dipsacaceae

2 Teufelsabbiß, *Succisa pratensis* Moench, Pfl. 20–80 cm; Wurzelstock kurz, wie abgebissen; Grundb. oval, gestielt, meist ganzrandig; St.b. sitzend; Bl.köpfe halbkugelig, später kugelig, 15–25 mm br.; Bl.kopfboden mit Spreub.; Einzelbl. 4spaltig, blauviolett; Kronröhre 4–7 mm lg.; Innenkelch mit 4–5 schwarzen, 1 mm lg. Borsten; Außenkelch 4kantig, rauhhaarig, mit 4 3eckigen Zähnen. ✻ 7–9. △ Magerrasen, Moorwiesen, Flachmoore; ziemlich häufig. Fast ganz Europa. – Ähnlich ist der **Moorabbiß,** *Succisella inflexa* (Kluk)G. Beck (*Succisa i.* (Kluk)Jundz.), aber Wurzelstock kriechend, ästig; B. lanzettlich; Krone hellblau bis weißlich; Innenkelch ohne Borsten; Außenkelch fast stielrund, 8rippig, kahl; Moorwiesen, Röhrichte; sehr selten. GefGr. 1!

3 Tauben-Skabiose, *Scabiosa columbaria* L., Pfl. 20–60 cm; St. meist ästig, mehrköpfig; St.b. gegenständig, 1–2fach gefiedert, fein kraus behaart, matt, Abschnitte 1–3 mm br.; Bl.köpfe 2–3 cm br., halbkugelig; Bl.boden mit Spreub.; Randbl. vergrößert; Krone 5zipfelig, blauviolett; Kelchborsten schwärzlich stielrund. ✻ 7–11. Kalkmagerrasen, Moorwiesen, lichte Kiefernwälder; verbreitet. Südskandinavien, Mittel- und Südeuropa. – Ähnlich sind: **Glänzende Skabiose,** *S. lucida* Vill., aber B. kahl, schwach glänzend; St. meist 1köpfig; Kelchborsten gekielt; subalpine und alpine Steinrasen, Felsschutt, in den Alpen etwa 1200–2500 m; Gebirge Mittel- und Südeuropas. – **Gelbe Skabiose,** *S. ochroleuca* L., aber Krone hellgelb; Kelchborsten fuchsrot; trockne Wiesen, Dämme, Felsensteppen; selten; Süddeutschland, Osteuropa. – **Südliche Skabiose,** *S. gramuntia* L., B. 2–3fach fiederteilig, mit 0,5–2 mm br. Abschnitten; Kelchborsten hell- bis dunkelbraun, 1–3 mm lg.; Bl. lila; trockne, steinige Hänge, Föhrenwälder; Zentral- und Südalpen, Karpaten, Südeuropa.

3
2
1
3

Glockenblumengewächse / Campanulaceae

1 Berg-Jasione, Schafrapunzel, *Jasione montana* L., Pfl. 20–50 cm, ohne Ausläufer; St. reichästig, im unteren Teil beblättert; B. schmal eiförmig, am Rand wellig, kahl oder steifhaarig; Bl.köpfe kugelig, 15–25 mm br.; Einzelbl. 6–15 mm lg., blau. ✻ 6–10. △ Sandmagerrasen, Dünen, Felsköpfe, Dämme, Brachland, trockne Föhrenwälder; kalkmeidend; zerstreut. Südskandinavien, Mittel- und Südeuropa (westlich). – Ähnlich ist die **Ausdauernde Sandrapunzel,** *J. laevis* Lam. (*J. perennis* L.), aber Pfl. mit Ausläufer; St. meist 1fach; B. ganzrandig oder stumpf gezähnt, nicht wellig; Silikatmagerrasen, Wegränder, lichte Wälder; ziemlich selten; Süddeutschland, Südwesteuropa.

2 Kugelige Teufelskralle, *Phyteuma orbiculare* L., Pfl. 10–30 cm; Grundb. lanzettlich oder herz-eiförmig, lg. gestielt, kerbig gezähnt; St.b. ei-lanzettlich, obere sitzend; alle B. unterseits mit schwach hervortretendem Adernetz; Bl.köpfe kugelig, blau; Kronröhre 10–15 mm lg.; Kronzipfel 5, bandförmig, anfangs an der Spitze und am Grund verwachsen, spitz, später nur noch am Grund verwachsen; Narben meist 3; Hüllb. eiförmig spitz, etwa so lg. wie die Bl. ✻ 5–7. (Formenreiche Art mit mehreren Kleinarten). △ Sonnige Kalkmagerrasen, auch Moorwiesen, in den Alpen bis über 2500 m. Mittel- und Südeuropa. GefGr. 3! – Ähnlich ist die **Zarte Teufelskralle,** *Ph. tenerum* R. Schulz, aber B. unterseits mit deutlich hervortretendem Adernetz; Hüllb. viel kürzer als die Bl.; Narben meist 2; Trockenrasen; selten. Südwestdeutschland, Südwesteuropa. GefGr. 2!

3 Büschel-Glockenblume, *Campanula glomerata* L., Pfl. 20–60 cm, kurzhaarig; St. 1fach; B. ei-lanzettlich, stumpf gezähnt, untere B. mit herzförmigem oder abgerundetem Grund, gestielt, obere B. sitzend; Bl. am St.ende und in den Achseln der oberen B. gebüschelt; Krone trichter- bis glockenförmig, blau, 15–30 mm lg.; Kelchzipfel schmal lanzettlich, spitz. ✻ 6–9. △ Kalkmagerrasen, Wald- und Wegränder; verbreitet. Mitteleuropa, nördlich bis Südschweden, südlich bis Mittelitalien. – Ähnlich ist die **Borstige Glockenblume,** *C. cervicaria* L., aber Pfl. stechend steifhaarig; untere B. allmählich in den Stiel verschmälert; Kelchzipfel stumpf; Griffel länger als die Krone; lichte Eichen- und Kiefernwälder, Moorwiesen; wärmeliebend; selten; Südskandinavien, Mitteleuropa, südlich bis Mittelitalien. GefGr. 1!

4 Rapunzel-Glockenblume, *Campanula rapunculus* L., Pfl. 50–80 cm, mit rübenförmiger Wurzel; B. ei-lanzettlich, gegen den Grund verschmälert; Bl. in schlanker Traube oder Rispe; Krone schmal trichterförmig, 15–25 mm lg., hell blauviolett, fast bis zur Mitte geteilt; Kelchzipfel schmal lanzettlich, länger als die halbe Krone. ✻ 6–8. △ Halbtrockenrasen, trockne Wiesen, Gebüsche, Waldränder; zerstreut. Fast ganz Europa.

5 Rundblättrige Glockenblume, *Campanula rotundifolia* L., Pfl. 10–40 cm; grundständige B. rundlich, herz- oder niederenförmig, zur Bl.zeit meist verwelkt; St.b. schmal lineal; Bl. in lockeren Rispen oder einzeln, 10–20 mm lg., hellblau oder violett; Kelchzipfel schmal lanzettlich. ✻ 6–9. △ Magerrasen, Heiden, Wald- und Wegränder, lichte Eichenwälder; verbreitet. Europa, im Süden in den Gebirgen.

3
5
1
4
2

Tafel 73 Trockenrasen, Magerrasen, steinige Hänge, Mauern

Korbblütengewächse / Compositae oder Asteraceae

1 Gold-Aster, *Aster linosyris* (L.) Bernh., Pfl. 15–45 cm; B. linealisch, 1–2 mm br., 1nervig; Bl.köpfe 8–10 mm br., in doldenartiger Traube; Zungenbl. fehlend, Röhrenbl. goldgelb; Pappus gelblich; Früchte 3 mm lg. ✻ 8–9. △ Sandtrockenrasen, Trocken- und Halbtrockenrasen, sonnige Hänge, Waldränder; ziemlich selten. Mittel- und Südeuropa.

2 Scharfes Berufkraut, *Erigeron acris* L., Pfl. 10–40 cm; B. lanzettlich, die unteren gestielt, meist ganzrandig, wellig; Bl.köpfe 6–13 mm br., in armblütiger Traube oder wenigästiger Rispe; Hülle dicht behaart; Zungenbl. aufrecht, hellviolett, kaum länger als die gelblichen, später schmutzigroten Röhrenbl.; Frucht 2–3 cm lg.; Pappus weiß, gelblich oder rötlich. ✻ 6–9. △ Kalkmagerrasen, Sandtrockenrasen, Wegränder, Kiesgruben; zerstreut. Fast ganz Europa. (Siehe auch *E. annuus* T. 35).

3 Gewöhnliches Katzenpfötchen, *Antennaria dioica* (L.) Gaertn., Pfl. 5–20 cm, mit oberirdischen Ausläufern und grundständiger B.rosette; untere B. oval, obere spatelförmig, 1nervig, unterseits weißfilzig; Bl.köpfe 5–8 mm br., zu 3–12; Hüllb. der ♂ Köpfe weiß, die der ♀ rosa. ✻ 5–6. Geschützt! △ Silikatmagerrasen, Heiden, Kiefernwälder; ziemlich häufig. Europa, im Süden nur in den Gebirgen. GefGr. 3! – Ähnlich ist das **Karpaten-Katzenpfötchen,** *A. carpatica* (Wahlb.) Bluff et Fingerh., aber Pfl. ohne Ausläufer; Hüllb. bräunlich; B. beiderseits graufilzig, schwach 3nervig; windexponierte Grate und Steinrasen der Alpen.

4 Filzige Schafgarbe, *Achillea tomentosa* L., Pfl. 5–20 cm, dicht zottig, mit ausgebreiteten, nichtblühenden und mit aufrechten, unverzweigten, blühenden St.; B. im Umriß lanzettlich, bis zum Mittelnerv mehrfach fiederschnittig, fein zerteilt, dicht wollig behaart; Bl.köpfe winzig, in dichten Doldenrispen; Zungenbl. 4–6, goldgelb; Hüllb. stumpf, hellbraun berandet, weißwollig. ✻ 5–7. △ Trockenrasen, Felsensteppen, lichte Föhrenwälder. Alpen (z. B. Wallis, Aostatal, Vintschgau), Pyrenäen, Südeuropa.

5 Sand-Strohblume, *Helichrysum arenarium* (L.) Moench, Pfl. 10–30 cm, weißwollig; Rosettenb. spatelförmig, gestielt; St.b. linealisch, stumpf, sitzend, alle B. wollig behaart; Bl.köpfe 6–7 mm br., kugelig, in dichter, endständiger Schirmtraube; Hüllb. glänzend goldgelb oder orange; Zungenbl. fehlend, Röhrenbl. gelblich. ✻ 7-8. Geschützt! △ Sandtrockenrasen, lichte Kiefernwälder, Wegränder, Dünen; zerstreut bis selten. Mittel- und Südeuropa. GefGr. 2! - Ähnlich sind noch: **Gewöhnliches Sonnengold** oder **Immortelle,** *H. stoechas* (L.) DC., aber B. linealisch, mit eingerolltem Rand, beim Zerreiben curry-artig riechend; Hülle halbkugelig, innere Hüllb. 2mal so lg. wie die äußeren; Felsensteppen; Südwesteuropa. - **Italienisches Sonnengold,** *H. italicum* (Roth)Guss. mit zylindrischer bis glockenförmiger Hülle; innere Hüllb. 3-4 mal so lg. wie die äußeren; B. mit umgerolltem Rand; Südwesteuropa.

6 Weiden-Alant, *Inula salicina* L., Pfl. 25–80 cm; St. kahl; B. länglich-lanzettlich, mit herzförmigen Grund st.umfassend, kahl am Rand gewimpert, netznervig; Bl.köpfe 25–35 mm br.; Hüllb. lanzettlich, am Rand bewimpert, Spitze zurückgebogen; äußere Bl. zungenförmig, innere röhrenförmig, gelb. ✻ 6–10. △ Halbtrockenrasen, Moorwiesen, Waldränder; zerstreut. Mittel- und Osteuropa, südlich bis Oberitalien.

♀
3
6
4
5
2
1

Tafel 74 Trockenrasen, Magerrasen, steinige Hänge, Mauern

Korbblütengewächse / Compositae oder Asteraceae

1 Weidenblättriges Ochsenauge, *Buphthalmum salicifolium* L., Pfl. 20–60 cm; B. ei-lanzettlich, seidenhaarig, ganzrandig oder fein gezähnt; Bl.köpfe 3–6 cm br., einzeln, endständig; Bl.kopfboden mit lanzettlichen Spreub.; randliche Bl. zungenförmig, 2–3 mm br., gelb, innere Bl. röhrenförmig, zahlreich; randständige Frucht geflügelt-3kantig. ✻ 6–9. △ Kalkmagerrasen, Waldränder, lichte Eichen- und Kiefernwälder; verbreitet. Gebirge Mittel- und Südeuropas.

2 Arnika, Bergwohlverleih, *Arnica montana* L., Pfl. 20–50 cm, mit grundständiger, meist 4blättriger Rosette; St.b. gegenständig, eiförmig, spitz; Bl.köpfe 1 (selten bis 5), 5–8 cm br.; randliche Bl. zungenförmig, 2–3 cm lg. und 4–6 mm br. ✻ 6–7. Geschützt! △ Silikatmagerrasen, Moorwiesen; in den Alpen bis etwa 2500 m; zerstreut. Hauptsächlich Gebirge Mitteleuropas, nördlich bis Südschweden, südlich bis Nordspanien, Pyrenäen. GefGr. 3!

3 Raukenblättriges Greiskraut, *Senecio erucifolius* L., Pfl. 30–120 cm; B. im Umriß eiförmig, tief 1–2fach fiederteilig, mit linealischen B.zipfeln; Bl.köpfe etwa 1,5 cm br., in doldenartiger Rispe; Hülle meist glockenförmig, dazu noch eine 4–6blättrige Außenhülle; randliche Bl. zungenförmig, 6–8 mm lg., gelb; Frucht 1–2 mm lg., 6–8rippig, Pappus 6 mm lg. ✻ 8–10. △ Kalkmagerrasen, Halbtrockenrasen, trockne Moorwiesen, Raine; häufig. Europa, nördlich bis Südskandinavien. – Sehr ähnlich ist das **Jakobs-Greiskraut,** *Senecio jacobaea* L., aber B. mit breiteren B.abschnitten und größerem Endlappen; Außenhülle 1–3blättrig; Wegraine, Gebüsche, Waldränder; verbreitet; Fast ganz Europa.

4 Spreizblättriges Greiskraut, *Senecio erraticus* Bert., Pfl. 30–100 cm, ähnlich Rautenblättrigem Greiskraut, aber Außenhülle sehr kurz, 1–2blättrig; B. dunkelgrün, ungleich geteilt, mit großem Endlappen, Seitenzipfel der B. fast senkrecht abstehend; St. mit sparrig abstehenden Zweigen. ✻ 7–8. △ Unkrautgesellschaften, feuchte Wald- und Wegränder; zerstreut. Mittel- und Südeuropa (siehe auch Wasser-Greiskraut, *S. aquaticus* Huds. T. 118).

1
2
3
4

Tafel 75 Trockenrasen, Magerrasen, steinige Hänge, Mauern

Korbblütengewächse / Compositae oder Asteraceae

1 Färberkamille, *Anthemis tinctoria* L., Pfl. 20–50 cm, aufrecht oder aufsteigend; B. gefiedert, mit kammförmig gesägten Fiederb., behaart; Bl.köpfe 2–5 cm br.; Bl.kopfboden halbkugelig, mit lanzettlichen, spitzen Spreub.; Randbl. zungenförmig, 8–15 mm lg., gelb, innere Bl. röhrenförmig; Hüllb. filzig, dachziegelig; Hülle halbkugelig. ✻ 6–9. △ Trockenrasen, Wegränder, Felssteppen; zerstreut; früher wurden die Bl. zum Färben verwendet. Europa.

2 Silberdistel, *Carlina acaulis* L., Pfl. mit dicker Pfahlwurzel und sehr kurzem St., 10–30 cm, meist 1köpfig; B. rosettig gehäuft, ganz oder nahe bis auf den Mittelnerv fiederspaltig, dornig (bei ssp. *simplex* (W. et Kit.) Arc., B. kraus, stark gegliedert, mit pfriemlichen, 2–6 mm br. Fiedern; bei ssp. *acaulis* B. flach, wenig gegliedert, mit eiförmigen, 6–14 mm br. Fiedern); Bl.köpfe 4–7 cm br.; innere Hüllb. silberweiß, 3–4 cm lg.; nur mit Röhrenbl., diese weißlich oder rosa; Pappus 10–15 mm lg. ✻ 7–9. Geschützt! △ Sonnige Magerrasen, lichte Wälder. Gebirge Mittel- und Südeuropas. GefGr. 3! – Ähnlich ist die **Akanthusblättrige Eberwurz,** *C. acanthifolia* All., aber B. wellig, nur bis zur Mitte oder wenig darüber fiederteilig, mit jederseits 5–7 br., buchtig und stachelig gezähnten Abschnitten; Bl.köpfe 10–15 cm br.; innere Hüllb. gelblich; Pappus 20–25 mm lg.; Trockenrasen, lichte Wälder. Südalpen, Ostpyrenäen, Apennin, Gebirge der Balkanhalbinsel.

3 Golddistel, *Carlina vulgaris* L., Pfl. 15–40 cm; St. mehrköpfig; B. länglich-lanzettlich, buchtig dornig gezähnt, wellig; Bl.köpfe 2–3 cm br.; innere Hüllb. strohgelb. ✻ 7–9. △ Sonnige Magerrasen, Weg- und Waldränder, lichte Eichen- und Kieferwälder; verbreitet. Europa.

4 Skabiosen Flockenblume, *Centaurea scabiosa* L., Pfl. 30–100 cm; B. 1–2fach gefiedert, Abschnitte länglich-lanzettlich, dunkelgrün; Bl.köpfe 2–3 cm br.; Hüllb. grün, mit schwarzen, 3eckigen, kammförmig gefransten Anhängseln; Bl. röhrenförmig, die randständigen größer, purpurn. ✻ 6–9. △ Kalkmagerrasen, Wald- und Wegränder; verbreitet. Fast ganz Europa. – Die **Rispen-Flockenblume,** *C. stoebe* L. (*C. rhenana* Bor.) hat ebenfalls fiederteilige B., aber B.zipfeln linealisch, grau- bis weißfilzig; Bl.köpfe 1 cm br., rispig gehäuft; Hüllb. oben braun oder schwarz gefleckt; Trockenrasen, Felsensteppen; wärmeliebend; selten; Süddeutschland, trokkene Täler der Alpen, Pyrenäen, südlich bis Mittelitalien, Bulgarien.

5 Gewöhnliches Ferkelkraut, *Hypochoeris radicata* L., Pfl. 20–60 cm, mit grundständiger B.rosette; B. tief gezähnt, kahl oder rauhhaarig; St. blaugrün, 1fach oder verzweigt, b.los oder mit schuppenförmigen B.; St. unter dem Bl.kopf wenig verdickt; Bl.köpfe 2–4 cm br., gelb; Bl.boden mit Spreub.; Früchte lg. geschnäbelt; Pappus gelblichweiß, 2reihig, innere Pappushaare gefiedert, ineinander verwebt. ✻ 5–8. △ Magerrasen, Trockenrasen, magere Weiden. Fast ganz Europa. – Ähnlich ist noch das **Gefleckte Ferkelkraut,** *H. maculata* L., mit rotbraun gefleckten B., 4–5 cm br. Bl.köpfen und 1reihigem Pappus; St. am Grund rauhhaarig; Magerrasen, Trockenrasen; zerstreut. GefGr. 3!

1
4
3
5
2

Tafel 76 Trockenrasen, Magerrasen, steinige Hänge, Mauern

Korbblütengewächse / Compositae oder Asteraceae

1 **Rote Schwarzwurzel,** *Scorzonera purpurea* L., Pfl. 25–50 cm, am Grund mit vielen schwarzen Fasern vorjähriger B.; St. 1–3köpfig; grundständige B. grasartig; Bl.köpfe 3–5 cm br., nur mit Zungenbl., hellviolett; Hülle dachziegelig. ✻ 5–6. Geschützt! △ Trocken- und Halbtrockenrasen; selten. Gebirge Mittel- und Südeuropas, in Deutschland in Wärme- und Trockengebieten. GefGr. 1!

2 **Österreichische Schwarzwurzel,** *Scorzonera austriaca* Willd., Pfl. 5–30 cm, am Grund mit braunen Fasern vorjähriger B.; St. 1köpfig; B. grundständig, lineal-lanzettlich, bläulichgrün, kahl oder wollig flaumig; Köpfe nur mit Zungenbl., 3–4 cm lg., gelb ✻ 4-5 (vergl. auch *S. humilis* T. 120). Geschützt! △ Felssteppen, trockne Kiefernwälder, kalkhaltige Böden in warmen Lagen; selten. Süddeutschland, Südeuropa, Trockentäler der Alpen (Rhone, Wallis, Aosta, Vintschgau). GefGr. 4!

3 **Kleines Habichtskraut, Mausohr,** *Hieracium pilosella* L., Pfl. 5–25 cm, mit oberirdischen, entfernt und klein beblätterten Ausläufern; St. b.los oder nur mit 1–2 schuppigen B., 1köpfig; grundständige B. schmal eiförmig, ganzrandig, unterseits graufilzig; Hüllb. 1–2 mm br., linealisch, graufilzig; nur mit Zungenbl., diese hellgelb, außen oft rot gestreift; Früchte 1–2,5 mm lg., mit weißem Pappus. ✻ 5–10. △ Magerrasen, Heiden, lichte Föhrenwälder. Fast ganz Europa. – Ähnlich ist das **Öhrchen-Habichtskraut,** *H. auricula* L., aber St. 2–5köpfig, b.los oder nur mit 1 B.; Pfl. 10–25 cm, mit Ausläufer, deren B. gegen die Ausläuferspitze größer werdend; Grundb. spatelförmig, blaugrün, am Rand und am Grund behaart; Magerrasen, Moorwiesen; verbreitet.

4 **Doldiges Habichtskraut,** *Hieracium cymosum* L., Pfl. 30–60 cm, ohne Ausläufer; St. 1–3blättrig, 10–50köpfig, mit kurzen, rauhen Haaren; grundständige B. lanzettlich, in den Grund allmählich verschmälert, beiderseits sternhaarig; Hülle mehrreihig, 5–10 mm lg.; Bl. goldgelb bis braunrot; Früchte 1,5–2,5 mm lg. ✻ 5–7. △ Halbtrockenrasen, kalkhaltige, trockne, steinige Böden; selten. Mittel- und Osteuropa. – Ähnlich sind noch: **Wiesen-Habichtskraut,** *H. caespitosum* Dum., aber Pfl. mit Ausläufern; Bl.köpfe rispig gedrängt; Bl. gelb, Randbl. rötlich gestreift; St. hohl, mit abstehenden, 3–5 mm lg. Haaren; B. höchstens unterseits mit Sternhaaren; Moorwiesen, Halbtrockenrasen, Wegränder; zerstreut bis selten; GefGr. 2! – **Florentiner Habichtskraut,** *H. piloselloides* Vill., Pfl. 20–80 cm, ohne Ausläufer; B. blaugrün, lineal-lanzettlich, derb, locker steifborstig behaart; Bl.stand vielköpfig, locker, gelb; Mager- und Trockenrasen, Steinbrüche, Kiesbänke; verbreitet. – **Natternkopf-Habichtskraut,** *H. echioides* Lumn., St. mit 5–15 ei-lanzettlichen, derben borsten- und sternhaarigen B.; Grundb. zur Bl.zeit meist verwelkt; Bl.köpfe zu 10–30; Sand- und Silikattrockenrasen; selten; Ost- und Mitteldeutschland, Osteuropa.

5 **Blauer Lattich,** *Lactuca perennis* L., Pfl. 20–60 cm; St. kahl, hohl, oben verzweigt; B. kahl, blaugrün, fiederteilig, mit lanzettlichen Abschnitten; Bl.köpfe in lockerer Rispe; Hüllb. schmal weiß berandet; Krone blau bis lila, 2 cm lg.; Frucht schwarz, mit Schnabel 10–15 mm lg. ✻ 5–6. △ Sonnige Trockenrasen, Felsbänder, Mauern; selten. Süddeutschland, Südeuropa. – Ebenfalls blaublütig ist der **Tataren-Lattich,** *L. tatarica* (L.)C.A.May. mit rotpunktierten Hüllb.; Frucht grünlichbraun, gefleckt; Dünen der Ostseeküste.

1
5
2
4
3

Tafel 77 Fettwiesen und -weiden

Süßgräser / Gramineae oder Poaceae

1 Trauben-Trespe, *Bromus racemosus* L., Pfl. 30–80 cm, hellgrün; B. 3–4 mm br.; Rispe 3–10 cm lg., aufrecht, traubenartig; Ährchen eiförmig, kahl, 10–15 mm lg., 5–8blütig, untere Hüllspelze 3–6-, obere 5–9nervig, Deckspelze pergamentartig, eiförmig, mit 6–7 mm lg. Granne. ✻ 5–6. △ Feuchtwiesen. Europa. GefGr. 3!

2 Wiesen-Schwingel, *Festuca pratensis* Huds., Pfl. 30–80 cm, dunkelgrün; B. 3–5 mm br., 10–20 cm lg., am Grund mit kahlen Öhrchen; Rispe schlank, 10–20 cm lg., 1seitswendig, vor und nach der Bl.zeit zusammengezogen; unterster Rispenast mit 4–5 Ährchen und einem kurzen Zweig am Grund mit 1(–3) Ährchen; Ährchen 9–11 m lg., meist 7–8blütig, gelbgrün oder violett gefleckt, grannenlos. ✻ 6–7. △ Fettwiesen und -weiden, Halbtrockenrasen, Moorwiesen; gutes Futtergras; häufig. Europa.

3 Rot-Schwingel, *Festuca rubra* L., Pfl. 30–80 cm, lockerrasig, graugrün; Grundb. borstlich, 0,5–1 mm br.; St.b. flach, 1–3 mm br., am Grund nicht geöhrt; B.häutchen kurz, gestutzt; Rispe aufrecht, 6–15 cm lg.; Ährchen 7–10 mm lg., 4–6blütig, rötlichviolett oder bräunlich; Granne der Deckspelze 1–2 mm lg., unterster Rispenast etwa $^1/_2$ so lg. wie die Rispe. ✻ 6–7. △ Wiesen, Weiden, Halbtrockenrasen, Wegränder; häufig. Europa.

4 Wiesen-Rispengras, *Poa pratensis* L., Pfl. 10–80 cm, dunkelgrün; St. meist glatt; B. 3–5 mm br., flach oder gefaltet (nicht gerollt), plötzlich kahnförmig zugespitzt, mit Doppelrinne (sogenannte Schispur); B.häutchen 0,5–2 mm lg., gestutzt; Bl.rispe 5–10 cm lg., reichblütig; untere Rispenäste zu 3–5, rauh; Ährchen flach, 4–6 mm lg.; Hüllspelzen fast gleich lg., wie die Deckspelze behaart. ✻ 5–6. △ Wiesen, Weiden; gutes Futtergras; häufig. Europa.

5 Gewöhnliches Rispengras, *Poa trivialis* L., Sehr ähnlich dem Wiesen-Rispengras, aber B.häutchen 3–7 mm lg., zugespitzt; Hüllspelzen sehr ungleich lg.; St. oben rauh. ✻ 5–6. △ Feuchtwiesen, Auenwälder, feuchte Äcker; häufig. Europa.

6 Wiesen-Knäuelgras, *Dactylis glomerata* L., Pfl. 30–120 cm, horstartig, graugrün; B. 4–10 mm br.; Ährchen 3–4blütig, grün oft violett überlaufen, an den Rispenästen geknäuelt; Rispe zur Bl.zeit im Umriß 3eckig, aufrecht, mit abstehendem unterem Rispenast; Hüllspelzen derb, nicht durchscheinend. ✻ 5–7. Fettwiesen und -weiden, Wegränder, Halbtrockenrasen; häufig. Europa. – Ähnlich ist das **Wald-Knäuelgras,** *D. polygama* Horvatovszky (*D. aschersoniana* Graebn.), aber Pfl. hellgrün; B. 3–6 mm br.; Rispe schlank, meist überhängend; Ährchen 5–6blütig; Hüllspelzen weißlich, durchscheinend. ✻ 5–7; Laubmischwälder; Mitteleuropa.

7 Wiesen-Kammgras, *Cynosurus cristatus* L., Pfl. 20–60 cm; B. 2–3 mm br., fein gerieft, oberseits glänzend, unterseits mattgrün; B.häutchen 1 mm lg.; Ährenrispe linealisch, 4–10 cm lg., 1seitswendig; Ährchen 2reihig angeordnet, grün, 3–4 mm lg.; jedes fruchtbare Ährchen mit einem unfruchtbarem, kammartigen Ährchen. ✻ 6–7 und 9–10. △ Fettweiden und -wiesen; häufig. Fast ganz Europa.

8 Wolliges Honiggras, *Holcus lanatus* L., Pfl. 30–100 cm, graugrün, in dichten Horsten; St.knoten, B.scheiden und B.spreiten weichhaarig; B.häutchen 2 mm lg., gefranst; Rispe 6–12 cm lg., rötlich überlaufen; Ährchen 4–5 mm lg., Hüllspelzen am Kiel und am Rand bewimpert, weißlich, oben rötlich; Deckspelze weißglänzend, die der ♂ Bl. mit kurzer, kaum aus dem Ährchen herausragender Granne. ✻ 6–8. △ Feuchte Wiesen und Weiden, Flachmoore; häufig. Europa.

1
2
3
4
5
6
7
8

Tafel 78 Fettwiesen und -weiden

Süßgräser / Poaceae oder Gramineae

1 Glatthafer, *Arrhenatherum elatius* (L.) J. et C. Presl, Pfl. 50–150 cm; B. flach, 4–8 mm br., oberseits kurzhaarig, B.scheiden kahl; B.häutchen kurz, gestutzt, gezähnt; Rispe 10–20 cm lg.; Ährchen 8–12 mm lg., 2blütig, nur mit 1 geknieten Granne; untere Hüllspelze 1-, obere 3nervig. ✻ 6–7. △ Fettwiesen, Wegraine; ergiebiges Futtergras; häufig. Fast ganz Europa.

2 Gewöhnlicher Goldhafer, *Trisetum flavescens* (L.) P. B., Pfl. 30–80 cm, lockerrassig; St. an den Knoten und darunter behaart; B.scheiden zottig; B.spreite flach, am Rand bewimpert; B.häutchen 1–2 mm lg.; Rispe 10–20 cm lg., Äste sehr fein, mit 3–12 Ährchen; Ährchen rundlich, 5–8 mm lg., 2–3blütig, goldgelb, mit 2–3 Grannen; untere Hüllspelze 1-, ober 3nervig, Deckspelze 5nervig, 2spaltig, mit 5–7 mm lg., geknieter Granne. ✻ 5–6 und 8–9. △ Fettwiesen, Gebirgswiesen; gutes Futtergras; häufig. Fast ganz Europa.

3 Flaumhafer, *Avenochloa pubescens* (Huds.) Holub. (*Avena p.* Huds.), Pfl. 30-100 cm , in lockeren Horsten; B. flach, 5-10 mm br.; B.scheiden und untere B. weichhaarig; B.häutchen 3eckig, spitz, 4-6 mm lg.; Rispe 10-20 cm lg., untere Rispenäste zu 3-5; Ährchen mit 2-3 Grannen, grünlich, violett und goldgelb gescheckt; untere Hüllspelze 1nervig, etwa 12 mm lg., obere 3nervig, etwa 16 mm lg.; Granne 10-20 mm lg., unten bandartig, gedreht. ✻ 5-6. △ Magere Wiesen, Kalkmagerrasen; häufig. Fast ganz Europa.

4 Wiesen-Lieschgras, *Phleum pratense* L., Pfl. 20–100 cm, horstbildend; B. hellgrün, rauh, 3–8 mm br.; B.häutchen 3–5 mm lg.; Ährenrispe (Scheinähre) dicht, walzenförmig, 5–20 (30) cm lg., 5–10 mm br., meist grün, mit sehr kurzen Ästen, beim Umbiegen nicht lappig; Ährchen von der Form eines Stiefelziehers; Hüllspelzen nicht verwachsen, zottig bewimpert; Granne der Hüllspelze $\frac{1}{4}$–$\frac{1}{2}$ so lg.; Staubbeutel violett. ✻ 6–8. △ Fettwiesen und -weiden; ziemlich häufig. Europa.

5 Wiesen-Fuchsschwanz, *Alopecurus pratensis* L., Pfl. 30–100 cm, grasgrün; B. 6–10 mm br., oberseits rauh; B.scheiden glatt, an den oberen B. etwas aufgeblasen; B.häutchen 3–5 mm lg; Ährenrispe (Scheinähre) dicht, walzenförmig, Achse verdeckt, bis 10 cm lg. und 1 cm br.; Ährchen eiförmig bis elliptisch, kurz gestielt, zu 4–6 je Rispenast; Hüllspelzen auf $\frac{1}{3}$ verwachsen, 5 mm lg., am Kiel bewimpert; Granne der Deckspelze bis 9 mm lg., meist dicht über dem Grund eingefügt, schwach gekniet. ✻ 5–6. △ Frische und feuchte Wiesen, Ufer; häufig. Fast ganz Europa.

6 Gewöhnliches Ruchgras, *Anthoxanthum odoratum* L., Pfl. 10–50 cm, rasenbildend; B. 3–6 mm br., blaugrün, bitter schmeckend, am Grund geöhrt und mit Haarkranz; B.häutchen 1–2 mm lg., gestutzt und gezähnt; Ährchen 1blütig, zuletzt gelbbraun, mit 4 Hüllspelzen, in kurzer, schmaler, eiförmiger, 2–4 cm lg. Rispe (Ährenrispe). ✻ 4–6. △ Magere Wiesen und Weiden, lichte Laubwälder, Wegränder; häufig. Europa.

1
2
3
4
6

Tafel 79 Fettwiesen und -weiden

Liliengewächse / Liliaceae

1 Herbstzeitlose, *Colchicum autumnale* L., Pfl. 5–30 cm, mit Knolle; zur Bl.zeit im Herbst b.los; B. br.-lanzettlich, grundständig, etwas fleischig, 12–20 cm lg. und 2–5 cm br., im Frühjahr zusammen mit der Fruchtkapsel erscheinend; Bl.b. 6, lila, unten zu einer bis 20 cm lg. Röhre verwachsen, freier Teil der Bl.b. 4–6 cm lg. ✻ 8–11. Giftig! Feuchte Wiesen, Auenwälder; verbreitet. Hauptsächlich Mitteleuropa. – Ähnlich ist die **Alpen-Herbstzeitlose,** *C. alpinum* Lam. et DC., aber alle Pfl.teile kleiner, freier Teil der Bl.b. 2–3 cm lg; B. lineal-lanzettlich, 7–12 mm br. ✻ 7–9; Gebirgswiesen der Westalpen und der Gebirge Südeuropas. – Bei der **Lichtblume,** *Bulbocodium vernum* L. erscheinen B. und die rosavioletten Bl. gleichzeitig; Pfl. krokusähnlich, aber Staubb. 6. ✻ 3–5. Gebirgswiesen der Südwestalpen und der Gebirge Südeuropas.

Amaryllisgewächse / Amaryllidaceae

2 Weiße Narzisse, *Narcissus poeticus* L., Pfl. 20–40 cm, 1blütig; B. linealisch, fleischig, blaugrün, 5–10 cm br.; Bl. 3–6 cm br., weiß, mit kurzer, schüsselförmiger, gelber Nebenkrone mit krausem, rotem Rand; Bl.b. 6, unten röhrig verwachsen. ✻ 4–5. Geschützt! △ Bergwiesen, Gartenpfl. und oft verwildert. Hauptsächlich Südwesteuropa.

3 Frühlings-Krokus, *Croccus albiflorus* Kit. Pfl. 8–15 cm, mit Knolle, ohne oberirdischem St.; B. grundständig, grasartig, schmal-linealisch, mit weißem Mittelstreifen; Bl. weiß, violett oder gestreift; Bl.b. unten zu einer Röhre verwachsen. ✻ 3–4. Geschützt! △ Bergwiesen und -weiden; in den Alpen bis 2800 m; verbreitet. Gebirge Mittel- und Südeuropas.

Knöterichgewächse / Polygonaceae

4 Wiesen-Sauerampfer, *Rumex acetosa* L., Pfl. 30–100 cm; Grundb. lg. gestielt, spießförmig, ei-länglich, sauer schmeckend, derb, obere B. sitzend; B.scheiden zerschlitzt oder gezähnt; Bl.stand verzweigt, locker, unterbrochen, aufrecht; Bl. 1geschlechtig, unscheinbar, klein; äußere 3 Bl.b. zur Fruchtzeit zurückgeschlagen, innere 3 Bl.b. 3–4 mm lg., rundlich oder breiter als lg., nicht gezähnt, am Grund mit roter oder grüner Schwiele. ✻ 5–7. △ Wiesen, Weiden, Wegraine; häufig. Europa. (Hier auch *R. crispus* und *R. obtusifolius,* siehe T. 4).

5 Wiesen- oder Schlangen-Knöterich, *Polygonum bistorta* L., Pfl. 30–80 cm, mit schlangenartig gewundenem Rhizom; B. eiförmig-länglich, etwas wellig, 10–20 cm lg., die unteren mit geflügeltem Stiel, obere sitzend; B.scheiden lg., spitz; Bl.stand ährenartig, 1–2 cm br.; Bl.b. 5, rötlichweiß, 4–5 mm lg. ✻ 5–7. △ Feuchte Wiesen, Hochstaudenfluren, Auenwälder; häufig. Hauptsächlich Mitteleuropa, südlich bis nordspanische Gebirge, Apennin Gebirge der Balkanhalbinsel.

3
3
4
1
2
5

Tafel 80 Fettwiesen und -weiden

Nelkengewächse / Caryophyllaceae

1 Rote Lichtnelke, *Silene dioica* (L.) Clairv. (*Melandrium rubrum* (Weigel) Garkke), Pfl. 30–80 cm, weichhaarig; B. eiförmig, spitz, sitzend; Bl. 2–3 cm lg., in lockeren Bl.ständen, 1geschlechtig; Kronb. 5, rot, tief 2lappig; Kelch 10nervig, stark behaart, ± bauchig; Griffel 5; Zähne der Fruchtkapsel nach außen umgerollt. ✻ 4–6. △ Feuchte Wiesen und Waldränder; verbreitet. Fast ganz Europa.

2 Kuckucks-Lichtnelke, *Lychnis flos-cuculi* L., Pfl. 30–80 cm; Grundb. spatelförmig, oft gewimpert, gestielt, obere B. lineal-lanzettlich; Bl.stand locker, gabelig verzweigt; Bl. 3–4 cm br.; Kronb. 5, tief in 4 Zipfeln geteilt, rosarot; Kelch 10nervig, oft rötlich. ✻ 5–7. △ Feucht- und Moorwiesen, Flachmoore; verbreitet. Europa.

3 Gewöhnliches Hornkraut, *Cerastium holosteoides* Fries (*C. caespitosum* Gilib., *C. vulgatum* aut.), Pfl. 10–40 cm, dicht abstehend behaart; B. länglich-eiförmig, dunkelgrüngrau, 1–3 cm lg.; Kronb. weiß, 2lappig, etwa so lg. wie die hautrandigen, 4–6 mm lg. Kelchbl. ✻ 4–10. △ Wiesen, Weiden, Wegränder, Äcker; häufig. Europa.

Hahnenfußgewächse / Ranunculaceae

4 Scharfer Hahnenfuß, *Ranunculus acris* L., Pfl. 30–100 cm, anliegend behaart oder kahl; Grundb. 3–5teilig, die Abschnitte nochmals tief in lineal-lanzettliche Zipfel zerteilt; Bl.stiele rund (nicht gefurcht); Bl. 5zählig, 2–3 cm br.; Kelchb. den Kronb. anliegend; Früchtchen mit kurzem Schnabel. ✻ 5–9. △ Wiesen, Weiden, Wegränder; häufig. Europa.

Kreuzblütengewächse / Cruciferae, Brassicaceae

5 Wiesen-Schaumkraut, *Cardamine pratensis* L., Pfl. 10–40 cm; St. hohl, rund; B. unpaarig gefiedert; Grundb. mit rundlich-eiförmigen, St.b. mit linealischen Fiederb.; Kelchb. 4, 3–5 mm lg.; Kronb. 4, 8–14 mm lg., weiß, rosa oder blaßlila; Staubbeutel gelb; Schoten 2–4 cm lg. ✻ 4–6. △ Fett- und Naßwiesen, Flachmoore, Ufer, Auenwälder; verbreitet. Fast ganz Europa.

Rosengewächse / Rosaceae

6 Großer Wiesenknopf, *Sanguisorba officinalis* L., Pfl. 30–100 cm; Grundständige B. rosettig; B. unpaarig gefiedert, mit 7–15 Fiederpaaren; Fiederb. eiförmig, gestielt, 2–5 cm lg., unterseits blaugrün, jederseits mit etwa 12 Zähnen; Bl. klein, dunkelrot, in walzlichen, eiförmigen, 1–3 cm lg. Köpfen; Staubb. 4, kurz, so lg. wie der rotbraune Kelch. ✻ 7–9. △ Naß- und Moorwiesen, Bergwiesen; verbreitet. Fast ganz Europa, nördlich bis Südnorwegen, südlich bis Mittelspanien, Kalabrien.

7 Gewöhnlicher Frauenmantel, *Alchemilla vulgaris* L., Pfl. 10–30 cm; B. rundlich, 2–12 cm br., zu $^1/_3$–$^2/_3$ in 7–11 gezähnte, halbkreisförmige, trapezförmige oder 3eckige Lappen geteilt, kahl, zerstreut bis dicht anliegend oder abstehend behaart; Behaarung des St. und des reich verzweigt Bl.standes ebenso variabel; Bl. 2–4 mm br., gelbgrün, in lockeren Knäueln; Kronb. fehlend, Kelchb. 2reihig, 4 innere und 4 äußere; Staubb. 4. ✻ 5–8. (Äußerst formenreiche Sammelart mit zahlreichen Kleinarten). △ Fettwiesen und -weiden, Naßwiesen, Quell- und Hochstaudenfluren, Waldränder; verbreitet. Fast ganz Europa.

7
2
1
6
4
3
5

Tafel 81 Fettwiesen und -weiden

Schmetterlingsblütengewächse / Fabaceae oder Papilionaceae

1 Weiß-Klee, *Trifolium repens* L., Pfl. 15–45 cm, kriechend, an den Knoten wurzelnd; B. 3zählig, B.chen eiförmig, fein gezähnt, kahl; Nebenb. trockenhäutig; Bl.köpfe kugelig, einzeln; Einzelbl. 2–5 mm lg. gestielt, nach dem Verblühen hängend; Kelch 10nervig; Krone 7–12 mm lg., weiß, später bräunlich. ✻ 5–9. △ Fettweiden, Wiesen, Parkrasen, Wegränder, Äcker; häufig. Europa.

2 Wiesen-Klee, *Trifolium pratense* L., Pfl. 10–30 cm; B. 3zählig, B.chen eiförmig, ganzrandig, meist gefleckt; Nebenb. eiförmig, mit bewimperter Grannenspitze; Bl.köpfe kugelig, meist zu 2, mit 2 Tragb.; Bl. rot; Kelch 10nervig, Kelchzähne behaart. ✻ 6–9. △ Wiesen, Weiden, Wegränder; häufig. Europa.

3 Schweden-Klee, *Trifolium hybridum* L., Pfl. 20–40 cm, aufsteigend, nicht an den Knoten wurzelnd; B. 3zählig, B.chen fein gezähnt, Nebenb. krautig; Bl.köpfe kugelig oder eiförmig; Stiele der Einzelbl. 2–3mal so lg. wie die 5nervige Kelchröhre; Krone weiß bis rötlich. ✻ 5–9. △ Fett- und Naßwiesen, Wegränder; Kulturpfl.; verbreitet. Fast ganz Europa.

4 Kleiner oder **Faden-Klee,** *Trifolium dubium* Sibth. (*T. minus* Sm.), Pfl. 5–15 cm, niederliegend; B. 3zählig, bläulichgrün, kahl, mittleres B.chen länger gestielt als die seitlichen, ohne Spitzchen (vergleiche *Medicago lupulina*); Nebenb. eiförmig-lanzettlich; Bl.köpfe 10–20blütig, 6–8 mm br.; Krone gelb, 3–4 mm lg. ✻ 5–9. △ Wiesen, Weiden, Wegränder; verbreitet. Fast ganz Europa.

5 Wiesen-Platterbse, *Lathyrus pratensis* L., Pfl. 30–100 cm; B. mit 2 länglich-lanzettlichen, parallelnervigen Fiederb. und Endranke; Nebenb. fast so groß wie die Fiederb.; St. kantig; Bl. 10–15 mm lg., gelb, in 3–10blütigen Trauben. ✻ 6–8. △ Fettwiesen, Moorwiesen, Ufer, Waldränder; verbreitet. Fast ganz Europa.

6 Vogel-Wicke, *Vicia cracca* L., Pfl. 30–100 cm, niederliegend, aufsteigend oder kletternd; B. mit 12–20 lanzettlichen, 2–6 mm br. Fiederb. und verzweigter Ranke; Bl. zu 10–30 in lg. gestielten Trauben, der Stiel etwa so lg. wie ihr Tragb.; Krone 8–12 mm lg., blauviolett, Platte der Fahne etwa so lg. wie ihr Nagel; Hülse 10–25 mm lg., 4–6 mm br. ✻ 6–8. △ Wiesen, Weiden, Waldränder, Ufer verbreitet. Europa.

Storchschnabelgewächse / Geraniaceae

7 Wiesen-Storchschnabel, *Geranium pratense* L., Pfl. 20–60 cm, oberwärts schwach drüsig behaart; B. meist 7teilig, mit schmalen, fiederspaltigen Abschnitten; Bl. meist zu 2; Kronb. 12–20 mm lg., blauviolett; Staubfäden am Grund 3eckig verbreitert; Bl.stiele nach dem Verblühen abwärts gebogen, zur Fruchtreife oft wieder aufwärts gerichtet. ✻ 6–8. △ Fettwiesen, Wegraine; zerstreut. Fast ganz Europa. – Sehr ähnlich ist der **Wald-Storchschnabel,** *G. sylvaticum* L., aber B.abschnitte br.-rhombisch, eingeschnitten, gesägt; Bl. rotviolett, Staubfäden lanzettlich; Bl.stiele nach dem Verblühen aufrecht bleibend; Bergwiesen, Hochstaudenfluren.

1
2
3
4
7
6
5

Tafel 82 Fettwiesen und -weiden

Doldengewächse / Umbelliferae oder Apiaceae

1 Wiesen-Kerbel, *Anthriscus sylvestris* (L.) Hoffm., Pfl. 60–150 cm; mehrjährig B. 2–3fach gefiedert, Fiederb.chen lanzettlich, zugespitzt; Bl.dolde 8–15strahlig; Hüllb. fehlend; Hüllchenb. 4–8, br.-lanzettlich, plötzlich lg. zugespitzt, am Rand gewimpert, 2–5 mm lg.; Bl. weiß, gleich groß; Frucht 6–10 mm lg., etwas kürzer als ihr Stiel. ✻ 4–6. △ Fettwiesen, Wegraine, Hecken, Waldränder, Auenwälder; häufig. Europa. – Ähnlich ist der **Garten-Kerbel,** *A. cerefolium* (L.) Hoffm., aber Pfl. kleiner, aromatisch riechend, 1jährig; B. weich, hellgrün, 2–4fach fiederteilig, mit ei-länglichen, nochmals eingeschnittenen oder kerbig gezähnten Abschnitten; Doldenstrahlen dicht flaumhaarig; Frucht linealisch, glatt, 6–10 mm lg., länger als ihr Stiel. ✻ 5–8. Hecken, Zäune, Gärten, Weinberge, Waldränder; Südosteuropa, sonst eingebürgert und verwildert; Gewürzpfl.

2 Große Bibernelle, *Pimpinella major* (L.) Huds., Pfl. 40–100 cm; B. 1fach gefiedert, glänzend, jederseits mit 2–4 eiförmigen, 1–4 cm lg., grob gezähnten Fiederb. und schwach 3lappiger, gezähnter Endfieder; St. kantig gefurcht; Bl.dolde 10–15strahlig; Hülle und Hüllchen fehlend; Krone 2–3 mm br., weiß oder rosa; Griffel nach dem Abblühen länger als die junge Frucht. ✻ 6–9. △ Wiesen, Staudenfluren; häufig. Europa, nördl. bis Südskandinavien, südlich bis Nordspanien, Kalabrien.

3 Kleine Bibernelle, *Pimpinella saxifraga* L., Pfl. ähnlich Großer Bibernelle, aber Pfl. 15–50 cm; St. fein gerillt, oben fast b.los; Fiedern der Grundb. eiförmig-stumpflich, 10–15 mm lg., matt; Fiedern der St.b. linealisch; Krone weiß oder rosa; Griffel nach dem Abblühen kürzer als die Frucht. ✻ 7–9. △ Silikatmagerrasen, trokkene Kiefernwälder, Heiden; verbreitet; früher Arzneipfl. Fast ganz Europa.

4 Wiesen-Silau, Roßfenchel, *Silaum silaus* (L.) Sch. et Thell., Pfl. 30–100 cm; B. 3fach gefiedert; Fiederb.chen schmal-lanzettlich, 1–3 mm br., mit feiner Spitze; Dolde 5–10strahlig; Hüllb. 0–3; Hüllchenb. viele, weißhäutig berandet; Krone gelbgrün, 2 mm br.; Frucht eiförmig, 4 mm lg., mit scharfkantigen, flügelartigen Rippen. ✻ 6–9. △ Moor-, Naß- und Fettwiesen; zerstreut. Hauptsächlich Mitteleuropa.

5 Meisterwurz, *Peucedanum ostruthium* (L.) Koch (*Imperatoria o.* L.), Pfl. 50–100 cm, mit Ausläufern; St. rund, hohl; B. doppelt 3zählig, 10–30 cm lg.; B.abschnitte br.-eiförmig, 2–7 cm br., gesägt, oder eingeschnitten, unterseits blaßgrün; B.scheiden bauchig; Hüllb. 0–1; Dolde 20–50strahlig; Hüllchenb. wenig, fädlich; Krone weiß bis rosa; Frucht rundlich, 4–6 mm, mit br. Seitenrippen. ✻ 7–8. △ Subalpine Hochstaudenfluren, Gebirgswiesen, Grünerlengebüsch, früher im Gebirge als Gewürz- und Arzneipfl. angebaut und verwildert; verbreitet. Hauptsächlich Alpen und mitteleuropäische Mittelgebirge.

1
4
2
3
5

Tafel 83 Fettwiesen und -weiden

Doldengewächse / Umbelliferae oder Apiaceae

1 Wiesen-Kümmel, *Carum carvi* L., Pfl. 30–80 cm; B. 2–3fach gefiedert, mit schmal-linealischen, 1 mm br. spitzen Fiederb.chen, am B.grund mit herabgerückten, nebenb.artigen Fiedern; B.scheiden häutig berandet; Bl.dolde 8–16strahlig; Hüllb. 0, Hüllchenb. 0–2; Krone weiß oder rosa, 2–3 mm br.; Frucht eiförmig, 3–4 mm lg. ✻ 4–6. △ Wiesen und Weiden, besonders im Gebirge, Wegränder; verbreitet. Fast ganz Europa.

2 Wiesen-Bärenklau, *Heracleum sphondyleum* L., Pfl. 80–150 cm; St. 5–20 mm dick, steifborstig, kantig gefurcht; Grundb. im Umriß rundlich oder eiförmig, 20–50 cm lg., fiederteilig oder gefiedert, mit großen, br.-eiförmigen bis lanzettlichen, tief gelappten oder grob gezähnten Abschnitten; Dolde 15–30strahlig; Hüllb. 0–3; Krone weiß oder grüngelb, äußere Bl. mit sehr ungleich lg. Kronb.; Frucht 7–11 mm lg., oval, abgeflacht, am Rand geflügelt. ✻ 6–9. △ Fettwiesen, Ufer, Gräben, Auenwälder, Hochstaudenfluren; häufig. Europa.

Lippenblütengewächse / Labiatae oder Lamiaceae

3 Kriechender Günsel, *Ajuga reptans* L., Pfl. 15–30 cm, mit oberirdischen Ausläufern; Grundb. lg. gestielt, spatelförmig, ganzrandig oder stumpf gezähnt; St.b. allmählich kleiner werdend, oft rotviolett angelaufen; Bl.stand ährenartig; Bl. zu 2–6 in den Achseln der oberen St.b.; Krone blau oder rötlich, 10–15 mm lg. ✻ 5–8. △ Wiesen, Wegränder, Laubwälder; häufig. Fast ganz Europa.

4 Kleine oder **Gewöhnliche Brunelle,** *Prunella vulgaris* L., Pfl. 10–25 cm, mit oberirdischen Ausläufern; B. länglich-eiförmig, spärlich behaart, 2–4 cm lg.; Bl.stand ährenartig oder kopfig; Kelch 2lippig, Oberlippe mit 3 kurzen, ungleichen, stachelspitzen Zähnen, Unterlippe mit 2 lanzettlichen, begrannten Zähnen; Krone blauviolett, 8–15 mm lg., etwa 2mal so lg, wie der Kelch (vergl. Großblütige Brunelle T. 68). ✻ 6–9. △ Wiesen und Weiden, Moorwiesen, Waldwege, Ufer; häufig. Europa.

Braunwurzgewächse / Scrophulariaceae

5 Gamander-Ehrenpreis, *Veronica chamaedrys* L., Pfl. 10–30 cm; St. mit 2 Haarreihen; B. gegenständig, kurz gestielt oder sitzend, eiförmig, gekerbt; Bl. in lg. gestielten, lockeren Trauben; Kelch 4teilig; Krone himmelblau, dunkel geadert; Fruchtkapsel 3eckig oder herzförmig, behaart, 4–5 mm br. ✻ 5–6. △ Wiesen, Wald- und Wegränder, lichte Eichenwälder; verbreitet. Europa.

6 Gewöhnlicher Augentrost, *Euphrasia officinalis* L., Pfl. 5–25 cm, verzweigt, oben meist drüsenhaarig, B. eiförmig, gegenständig, jederseits mit 3–6 spitzen Zähnen; Bl. einzeln in den Achseln der oberen B.; Kelch 5–6 mm lg.; Krone 8–14 mm lg., weiß, manchmal mit violetter Oberlippe und gelbem Fleck auf der Unterlippe. ✻ 5–10. (Sammelart mit zahlreichen Kleinarten). △ Magere Wiesen und Weiden, Moorwiesen, Trockenrasen, Bergwiesen; häufig. Fast ganz Europa.

2
6
4
3
5
2
1

Tafel 84 Fettwiesen und -weiden

Braunwurzgewächse/Scrophulariaceae

1 Zottiger Klappertopf, *Rhinanthus alectorolophus* (Scop.) Poll., Pfl. 10–60 cm; St. 1fach oder verzweigt, oben zottig behaart; St.b. oval bis ei-lanzettlich, scharf gesägt, kurzhaarig, gegenständig; Bl. einzeln in den Achseln bleichgrüner, zottig behaarter Tragb., diese mit gleichmäßigen, spitzen Zähnen (beim **Begrannten Klappertopf,** *Rh. aristatus* Celak. mit plötzlich stark aufwärtsgekrümmter Kronröhre und kahlem Kelch, Tragb. am Grund mit grannenartig zugespitzten Zähnen); Kelch zottig behaart; Krone 18–23 mm lg., mit aufwärts gebogener Röhre, gelb; Zahn der Oberlippe länger als br., blauviolett, 1–2 mm lg. ✻ 5–7. △ Fettwiesen, Halbtrokkenrasen, Getreidefelder; verbreitet. Hauptsächlich Mitteleuropa. – Ähnlich ist auch der **Große Klappertopf,** *Rh. serotinus* (Schönh.) Oborny mit ebenfalls leicht gekrümmter Kronröhre, aber St. fast kahl; Kelch und Tragb. kahl, letztere lg. zugespitzt, ungleich gezähnt. ✻ 5–9. △ Feuchte Wiesen; verbreitet.

2 Kleiner Klappertopf, *Rhinanthus minor* L., Pfl. 15–40 cm, kaum behaart; B. lanzettlich, kahl; Tragb. grün, 3eckig, spitz; Kelch kahl; Krone 13–15 mm lg., hellgelb, mit gerader Röhre, Zahn der Oberlippe breiter als lg., 0,5–1 mm lg., gerundet, weißlich oder blaßlila. ✻ 5–8. △ Magere Wiesen, Flachmoore; ziemlich häufig. Fast ganz Europa.

Wegerichgewächse / Plantaginaceae

3 Spitz-Wegerich, *Plantago lanceolata* L., Pfl. 10–40 cm; B. in grundständiger Rosette, lanzettlich, ganzrandig, mit 5–7 parallelen Nerven; Bl. 4zählig, unscheinbar, in eiförmig-länglicher Ähre an lg., 5kantigem, aufrechtem Stiel; Kelchb. 4, ungleich; Krone 2–4 mm br., kahl, mit bräunlichen Kronzipfeln; Staubfäden sehr lg., Staubbeutel gelblich. △ Wiesen, Weiden, Wegränder, Äcker; häufig. Fast ganz Europa.

Röte- oder Krappgewächse / Rubiaceae

4 Wiesen-Labkraut, *Galium mollugo* L., Pfl. 25–80 cm, niederliegend, aufsteigend oder kletternd; St. 4kantig; B. lineal-lanzettlich, 2–8 mm br., mit aufgesetzter Spitze, zu 6–9 im Quirl; Bl.stand pyramidenförmig, rispenartig; Krone 4zählig, radförmig, 2–5 mm br.; Kronzipfel grannenartig zugespitzt; Bl.stiele etwas länger als die Bl. ✻ 5–9. △ Fettwiesen, Wegraine, Gebüsche, Waldränder; häufig. Europa.

Kardengewächse / Dipsacaceae

5 Wiesen-Knautie, Witwenblume, *Knautia arvensis* (L.) Coult., Pfl. 30–80 cm; St. 1fach oder verzweigt, kurzhaarig und rückwärts borstig-zottig; Grundb. ei-lanzettlich, gestielt, ganzrandig oder gezähnt; St.b. sitzend, fiederteilig, gegenständig, graugrün, matt; Bl. in 2–4 cm br., flachen Köpfen; Randbl. größer; Kelch mit 8–10 Borsten; Krone 4teilig, blau- bis rotviolett. ✻ 7–8. △ Fettwiesen, Wald- und Wegränder, Äcker; häufig. Fast ganz Europa.

1
2
3
4
5

Tafel 85 Fettwiesen und -weiden

Glockenblumengewächse / Campanulaceae

1 Wiesen-Glockenblume, *Campanula patula* L., Pfl. 20–50 cm; Grundb. länglich-lanzettlich bis spatelig, kurz gestielt, St.b. lanzettlich; Bl. in lockerer Rispe aufrecht; Tragb. kürzer als die Bl.stiele, seitliche Bl. mit 2 Hochb.; Krone 15–25 mm lg., hellblau oder blauviolett, bis auf die Hälfte 5spaltig; Kelchzipfel schmal-lanzettlich. ✻ 5–7. △ Wiesen, Wegränder, Gebüschsaum; häufig. Fast ganz Europa.

Korbblütengewächse / Compositae oder Asteraceae

2 Gänseblümchen, Maßliebchen, *Bellis perennis* L., Pfl. 5–15 cm; St. anliegend behaart, b.los, 1köpfig; B. in grundständiger Rosette, spatelförmig, stumpf gezähnt; Bl.kopf 1–3 cm br.; randliche Bl. zungenförmig, meist 1reihig, ♀, weiß oder rosa, innere Bl. röhrenförmig, 2geschlechtig, gelb. ✻ Fast ganzjährig. △ Wiesen und Weiden; häufig. Fast ganz Europa.

3 Wiesen-Schafgarbe, *Achillea millefolium* L., Pfl. 15–50 cm, aromatisch duftend; B. länglich, bis auf dem Mittelnerv 2–3fach fiederteilig, 2–3 cm br.; Bl.köpfe 3–6 mm br., in doldenartigen Bl.ständen; randliche Bl. zungenförmig, zu 3–5, kürzer als die Hülle, weiß oder rötlich; Hüllb. braun berandet. ✻ 6–10. △ Wiesen, Weiden, Halbtrockenrasen, Äcker; häufig. Europa.

4 Gewöhnliche Wucherblume, Margerite, *Leucanthemum vulgare* Lamk. (*Chrysanthemum leucanthemum* L.), Pfl. 20–50 cm; B. länglich-lanzettlich, grob gesägt, die unteren gestielt die oberen sitzend; St.b. kleiner; St. 1fach oder verzweigt; Bl.köpfe 3–6 cm br.; Bl.kopfboden ohne Spreub.; Zungenbl. weiß, Röhrenbl. gelb; Hüllb. schwarz oder braun berandet. ✻ 6–10. (Formenreich, mit vielen Kleinarten). △ Wiesen, Weiden, Wegränder, Äcker; häufig. Fast ganz Europa.

5 Wiesen-Flockenblume, *Centaurea jacea* L., Pfl. 20–80 cm; St. aufrecht, kantig, rauh; B. ei-lanzettlich bis lenzettlich, die unteren in den Stiel verschmälert, manchmal gefiedert, die oberen sitzend; Bl.köpfe einzeln, 3–6 cm br.; Randbl. vergrößert, rotviolett; Spitze der Hüllb. als trockenhäutiges, rundliches, meist gefranstes, bräunliches Anhängsel vom übrigen Hüllb. deutlich abgesetzt oder abgeschnürt. ✻ 6–10. △ Wiesen, Weiden, Magerrasen, Moorwiesen; verbreitet. Fast ganz Europa. – Ähnlich ist die **Schwarze Flockenblume,** *C. nigra* L., aber Randbl. nicht größer als die übrigen; Anhängsel der Hüllb. lg. kammförmig gefranst, meist schwarz und die grünen Hüllb. verdeckend. ✻ 7–9; Bergwiesen, Heiden, Silikatmagerrasen; kalkmeidend; zerstreut.

6 Perücken-Flockenblume, *Centaurea pseudophrygia* C.A. Mey, Pfl. 30–80 cm; St. wenigköpfig; B. eiförmig, fein gezähnt, untere kurz gestielt, obere st.umfassend; Hülle der Bl.köpfe 15–20 mm lg. und ebenso br.; Randbl. strahlig verlängert; Anhängsel der Hüllb. bräunlich, lg. fiederig gefranst, in eine 1 cm lg. Federgranne endend. ✻ 7–9. △ Bergwiesen, Gebüsche; zerstreut. Hauptsächlich Gebirge Mitteleuropas, nördlich bis Südskandinavien.

1
5
4
3
6
2

Tafel 86 Fettwiesen und -weiden

Korbblütengewächse / Compositae oder Asteraceae

1 **Herbst-Löwenzahn,** *Leontodon autumnalis* L., Pfl. 10–40 cm; St. verzweigt, mehrköpfig, unter den Köpfen verdickt, oberwärts mit vielen Schuppenb.; grundständige B. tief fiederteilig, mit schmal-lanzettlichen Abschnitten, kahl; Köpfe vor dem Aufblühen aufrecht; Hülle kahl bis dicht behaart; Bl. gelb; Früchte mit gelblichweißem Pappus. ✻ 7–9. △ Fettwiesen und -weiden, Parkrasen, Wegränder; verbreitet. Europa.

2 **Rauher Löwenzahn,** *Leontodon hispidus* L., Pfl. 10–40 cm; St. 1köpfig, unter dem Kopf oft verdickt, mit 0–2 Schuppenb.; grundständige B. buchtig gezähnt, kahl oder mit Gabelhaaren; Bl.köpfe 2–4 cm br., vor dem Aufblühen nickend, nur mit Zungenbl., gelb; Hülle borstig oder kahl; alle Früchte mit schmutzigweißem oder bräunlichem Pappus und gefiederten Pappushaaren. ✻ 6–10. (Sehr formenreich). △ Fettwiesen und -weiden, Moor- und Naßwiesen, Steinschutt der Hochgebirge; verbreitet. Fast ganz Europa.

3 **Wiesen-Bocksbart,** *Tragopogon pratensis* L., Pfl. 30–70 cm; B. schmal lanzettlich, lg. zugespitzt, ganzrandig; Stiele unter den Bl.köpfen nicht oder kaum verdickt; Hüllb. meist 8, 2–3 cm lg., über dem Grund eingeschnürt; Bl.köpfe 3–5 cm br., nur mit Zungenbl., gelb; Frucht geschnäbelt, Pappushaare federig, ineinander verwebt. ✻ 5–7. (Formenreich, mit mehreren Kleinarten, siehe auch *T. dubius* T. 40). △ Fettwiesen, Wegränder, Halbtrockenrasen; verbreitet. Fast ganz Europa.

4 **Gemeiner** oder **Wiesen-Löwenzahn,** *Taraxacum officinale* Web., Pfl. 10–40 cm, mit lg. Pfahlwurzel; B. rosettenständig, länglich, stark gelappt, fiederspaltig oder gezähnt, grasgrün; St. 1köpfig, hohl, b.los; äußere Hüllb. der 3–6 cm br. Bl.köpfe zurückgeschlagen, linealisch; Bl. gelb; Frucht lg. geschnäbelt. ✻ 4–7. △ Fettwiesen und -weiden, Wege, Äcker, Schutt; häufig. Europa.

5 **Zweijähriger** oder **Wiesen-Pippau,** *Crepis biennis* L., Pfl. 30–100 cm, 2jährig; St. verzweigt, vielköpfig; B. länglich, buchtig gezähnt bis fiederteilig, untere in den Stiel verschmälert, obere sitzend oder st.umfassend; Bl.köpfe 20–35 mm br., gelb; Hülle glockenförmig, behaart, oft mit gelben oder schwarzen Drüsenhaaren; Früchte ungeschnäbelt, 4–6 mm lg., oben verschmälert, Pappus weiß. ✻ 5–6. △ Fettwiesen, Wegränder; verbreitet. Fast ganz Europa. – Ähnlich ist der **Kleinköpfige Pippau,** *C. capillaris* (L.)Wallr., aber St.b. am Grund deutlich pfeilförmig st.umfassend; Bl.köpfe 10–15 mm br.; Früchte 10rippig, 2 mm lg., oben stark verschmälert. ✻ 6–9. Wiesen, Weiden, auch Unkrautfluren; verbreitet. – Auf feuchten Fettwiesen und -weiden, besonders der Gebirge kommt noch der **Weichhaarige Pippau,** *C. mollis* (Jacq.)Aschers. vor, Pfl. 30–75 cm; Grundb. ei-länglich, meist ganzrandig, in den geflügelten Stiel verschmälert; St.b. halbst.umfassend sitzend; Hülle schwarzdrüsig; Früchte 20rippig, 3–4 mm lg. ✻ 6–8; zerstreut.

6 **Gold-Pippau,** *Crepis aurea* (L.) Cass., Pfl. 5–20 cm; B. in grundständiger Rosette, tief buchtig gezähnt, löwenzahnartig, kahl; St. unverzweigt, b.los, oben schwarz behaart; Bl.köpfe 2–4 cm br., nur mit orangegelben bis roten Zungenbl.; Hülle abstehend schwarzhaarig; Früchte 6 mm lg., nach oben verschmälert, 15–20rippig. ✻ 7–9. △ Bergwiesen, Matten, etwa 900–2900 m; verbreitet. Gebirge Mittel- und Südeuropas (östlich).

4
5
3
1
2
6

Tafel 87 Gewässer, Moore, Sümpfe

Laichkrautgewächse / Potamogetonaceae

1 Dichtes Fischkraut, Laichkraut, *Groenlandia densa* (L.) Fourr. (*Potamogeton densus* L.), Pfl. 20–40 cm; B. untergetaucht, paarweise, fast gegenständig genähert, 1–2 cm lg. lanzettlich, gesägt; Bl.ähre wenigblütig. ✻ 5–8. △ Langsam fließende, kühle, wenig verschmutzte Gewässer; zerstreut. Fast ganz Europa. GefGr. 2!

2 Kamm-Laichkraut, *Potamogeton pectinatus* L., Pfl. bis 2 m; St. fadenförmig, stark gabelästig; B. grasartig, lineal, 1–4 mm br., 3nervig und quernervig, am Grund mit bis 5 cm lg. B.scheiden; Bl.ähre locker, 3–5 cm lg.; Früchtchen fast halbkreisförmig, am Rücken gekielt, mit kurzem Schnabel, gelbbraun, etwa 4 mm lg. ✻ 6–8. △ Nährstoffreiche Seen, Teiche, Altwasser, Gräben, bis 4 m Tiefe; ziemlich häufig. Europa. – Ähnlich ist das **Fadenblättrige Laichkraut,** *P. filiformis* Pers., aber St. nur am Grund verästelt; B. fadenförmig, 1nervig; Früchtchen schief elliptisch, am Rücken gerundet, grünlich, 2 mm lg.; klare Seen und Bäche; GefGr. 2!

3 Krauses Laichkraut, *Potamogeton crispus* L., Pfl. 30–20 cm, meist verzweigt; B. untergetaucht, länglich, bis 10 cm lg., wellig kraus, sitzend; Bl.ähre kurz, wenigblütig; Früchtchen am Grund miteinander verwachsen, 5–6 mm lg., mit hakig gebogenem Schnabel. ✻ 5–9. △ In stehendenoder langsam fließenden, nährstoffreichen, oft verschmutzten Gewässern bis in 3 m Tiefe; ziemlich häufig. Fast ganz Europa.

4 Durchwachsenblättriges Laichkraut, *Potamogeton perfoliatus* L., Pfl. 1–6 m, reichästig; B. untergetaucht, rundlich oval, st.umfassend, 3–7 cm lg.; Bl.ähre bis 3 cm lg., auf bis 10 cm lg. Stiel, dieser nicht dicker als der St. ✻ 6–8. △ Nährstoffreiche Gewässer bis in etwa 6 m Tiefe; zerstreut. Fast ganz Europa. - Das **Langblättrige Laichkraut,** *P. praelongus* Wulfen hat ebenfalls st. umfassende, aber länglich-lanzettliche, an der Spitze kappenförmige, 5-15 cm lg. und 2-3 cm br. B.; St. hin- und hergebogen; Ährenstiele bis 20 cm lg.; klare, unverschmutzte Gewässer; selten; GefGr. 2! - Das **Glänzende Laichkraut,** *P. lucens* L., hat oval, spitze, glänzende, 10-25 cm lg. und 3-5 cm br., am Rand wellige, kurz gestielte, untergetauchte B.; Pfl. 1-4 m, verzweigt; Bl.ähre bis 6 cm lg., auf bis 30 cm lg. Stiel, dieser oben verdickt; nährstoffreiche, oft verschmutzte Gewässer; ziemlich häufig; Europa.

5 Schwimmendes Laichkraut, *Potamogeton natans* L., Pfl. 50–150 cm; Schwimmb. lederig, dunkelgrün oder bräunlich, oval, bis 12 cm lg., am Grund meist herzförmig; untergetauchte B. linealisch, binsenartig, zur Bl.zeit verfault; Bl.ähre bis 8 cm lg., Stiel bis 10 cm, überall gleich dick; Früchtchen 4–5 mm lg. ✻ 6–8 △ In langsam fließenden, nährstoffarmen, basenreichen Gewässern, ziemlich häufig. Europa.

6 Knöterich-Laichkraut, *Potamogeton polygonifolius* Pour. (*P. oblongus* Viv.), Pfl. 30–60 cm, ähnlich *P. natans,* aber Schwimmb. 2–5 cm lg., elliptisch, am Grund verschmälert, 1–2mal so lg. wie br.; Tauchb. lanzettlich; B.stiele oberseits flach; Ährenstiele oberwärts nicht verdickt. ✻ 6–8. △ Kalkarme, nährstoffarme Gewässer, Heidetümpel, Moorgräben; selten. Mittel- und Südeuropa (westlich). GefGr. 3! – Ähnlich ist auch das **Flutende** oder **Knoten-Laichkraut,** *P. nodosus* Poir. (*P. fluitans* Roth.), aber Schwimmb. länglich-lanzettlich, 2–4mal so lg. wie br.; Ährenstiele oberwärts verdickt; Altwasser, langsam fließende Gewässer; zerstreut.

7 Alpen-Laichkraut, *Potamogeton alpinus* Balb., Pfl. 30–200 cm; Schwimmb. selten, eiförmig; untergetauchte B. lanzettlich, 10–20 cm lg., 2–2,5 cm br., allmählich zum Grund verschmälert, die oberen oft rötlich; Stiel der Bl.ähre nach oben verdickt; B.häutchen bis 6 cm lg. ✻ 6–8. △ Kühle, meist unverschmutzte Stillgewässer; zerstreut. Mittel- und Nordeuropa, Alpen, Pyrenäen. GefGr. 3!

1
5
2
6
4
3

Tafel 88 Gewässer, Moore, Sümpfe

Laichkrautgewächse / Potamogetonaceae

1 Kleines Laichkraut, *Potamogeton pusillus* L., Pfl. 30–80 cm, untergetaucht; St. dünn, fädlich, ästig; St.glieder 2–4 cm lg.; B. schmal lineal, 15–30 mm lg., stumpflich, meist 3nervig; Ährenstiele 2–3mal so lg. wie die Ähre; Früchtchen schief elliptisch, bis 1,5 mm lg. ✻ 6–9. △ Klare, mäßig nährstoffreiche Seen oder langsam fließende Gewässer; verbreitet, aber oft selten geworden. Europa. – Weitere sehr ähnliche Arten sind: **Haar-Laichkraut,** *P. trichoides* Cham. et Schlecht., aber B. 1nervig, kaum 0,5 mm br., fein zugespitzt. GefGr. 3! – **Stachelspitziges Laichkraut,** *P. friesii* Rupr., B. 3–5nervig, bis 2,5 mm br., stumpflich; Ährenstiele nach oben verdickt. GefGr. 3!

Teichfadengewächse / Zannichelliaceae

2 Sumpf-Teichfaden, *Zannichellia palustris* L., Pfl. bis 50 cm, stark verästelt, im Wasser flutend; B. gegen- oder quirlständig, 1–10 cm lg., mit großen B.häutchen und 2 kleineren B.schuppen; B. bis 1,5 mm br., fein zugespitzt; 1 ♂ Bl. und 1–6 ♀ Bl. in einer B.achsel; Früchtchen zu 1–4, 2–4 mm lg. ✻ 5–9. △ Stehende oder langsam fließende, nährstoffreiche Gewässer, über schlammigem Grund, in 0,5–2,5 m Tiefe. Europa.

Nixenkrautgewächse / Najadaceae

3 Großes Nixenkraut, *Najas marina* L., Pfl. untergetaucht, starr, zerbrechlich, 10–100 cm; B. 1–4 cm lg. und 1–3 mm br., gezähnt; St. und B.ränder meist bestachelt; B.scheiden ganzrandig, selten mit 1–4 kleinen Zähnen; Bl. unscheinbar, in den B.achseln sitzend. ✻ 6–8. △ Mäßig nährstoffreiche, ruhige Gewässer, meist auf Schlammböden; selten. Europa. GefGr. 3!

Blasenbinsengewächse / Scheuchzeriaceae

4 Blasenbinse, *Scheuchzeria palustris* L., Pfl. 10–20 cm; St. beblättert; B. grasartig, gelblichgrün, am Grund lg.scheidig; Bl. in 3–10blütigen Trauben, mit großen Tragb.; Bl.hüllb. 6, gelbgrün, unscheinbar; Früchtchen meist 3, schief-eiförmig, aufgeblasen. ✻ 5–6. Geschützt! △ Hoch- und Zwischenmoorschlenken, Schwingrasen; selten. Nord- und Mitteleuropa, südlich bis Pyrenäen, Norditalien und nördliche Balkanhalbinsel. GefGr. 2!

Froschlöffelgewächse / Alismataceae

5 Pfeilkraut, *Sagittaria sagittifolia* L., Pfl. 30–100 cm; untere B. flutend, bandförmig; Schwimmb. mit ovaler bis pfeilförmiger Spreite, obere B. aufrecht, tief pfeilförmig; Bl. quirlständig; innere 3 Bl.b. weiß, 2mal so lg. wie die 3 äußeren, grünen. ✻ 6–8. △ Teiche, Ufer, Gräben, Röhrichtgesellschaften, nährstoffreiche Gewässer; ziemlich selten. Fast ganz Europa.

6 Gemeiner Froschlöffel, *Alisma plantago-aquatica* L., Pfl. 20–90 cm, aus dem Wasser ragend; B. eiförmig, am Grund abgerundet oder herzförmig, B.spreite 5–25 cm lg.; Bl. in Quirlen, die inneren Bl.b. weiß, 2–3mal so lg. wie die 3 äußeren, grünen. ✻ 6–8. △ Teiche, Ufer von Seen und langsam fließenden, nährstoffreichen Gewässern, Röhricht- und Großseggengesellschaften; zerstreut. Europa. – Der seltenere **Lanzettblättrige Froschlöffel,** *A. lanceolatum* With. hat lanzettliche, in den Stiel verschmälerte B. und zugespitzte Bl.b. und der seltene **Grasblättrige Froschlöffel,** *A. gramineum* Lej. hat untergetauchte, bandförmige B. und abgerundete Bl.b. GefGr. 3!

4
5
2
3
6
1

Tafel 89 Gewässer, Moore, Sümpfe

Dreizackgewächse / Juncaginaceae

1 Sumpf-Dreizack, *Triglochin palustre* L., Pfl. 10–50 cm; B. alle grundständig, grasartig, 2zeilig; Bl. in lockeren, tragb.losen Trauben; keine Bl.hülle; Narben 3; Staubb. 6; Frucht linealisch, mit 3 Teilfrüchtchen. ✻ 6–8. △ Sumpfwiesen, Gräben, Quell- und Flachmoore; ziemlich selten. Europa. GefGr. 3!

Schwanenblumengewächse / Butomaceae

2 Schwanenblume, *Butomus umbellatus* L., Pfl. 50–150 cm; B. grundständig, linealisch, 3kantig, am Grund scheidig, 1 cm br., bis 100 cm lg., aus dem Wasser ragend; Bl.schaft b.los, stielrund. länger als die B.; Bl.stand doldenartig; Bl.b. 6, rötlichweiß, dunkler geadert. ✻ 6–8. △ Ufer, Gräben, Röhrichte, stehende und langsam fließende, nährstoffreiche Gewässer; ziemlich selten. Fast ganz Europa.

Froschbißgewächse / Hydrocharitaceae

3 Wasseraloe, Krebsschere, *Stratiotes aloides* L., Wasserpfl., 15–40 cm, frei schwimmend, mit Ausläufern; B. schwertförmig, 3kantig, stachelig gesägt, zu einer trichterförmigen Rosette angeordnet; Bl. 3–4 cm br.; ♂ Bl. gestielt, ♀ Bl. sitzend; äußere 3 Bl.b. oval, grün, innere 3 Bl.b. rundlich, 2 cm br., weiß. ✻ 5-7. Geschützt! △ Stehende oder langsam fließende, nährstoffreiche Gewässer, Altwasser, Gräben; ziemlich selten, stellenweise aber in Massenvorkommen. Fast ganz Europa. GefGr. 3!

4 Gewöhnlicher Froschbiß, *Hydrocharis morsus-ranae* L., Wasserpfl., 15–30 cm, mit Ausläufern, an denen neue B.rosetten; B. gestielt, rundlich-nierenförmig, am Grund tief herzförmig, 2–6 cm br., schwimmend; Bl. 5 cm lg. gestielt, äußere 3 Bl.b. schmal elliptisch, rosa oder grün, innere 3 Bl.b. rundlich, weiß, mit gelbem Grund. ✻ 6–8. △ Altwasser, Teiche, Seebuchten, nährstoffreiche, windgeschützte Gewässer; zerstreut bis selten. Europa. GefGr. 3!

2
1
3
4

Tafel 90 Gewässer, Moore, Sümpfe

Froschbißgewächse / Hydrocharitaceae

1 **Kanadische Wasserpest,** *Elodea canadensis* Michx., Wasserpfl., 30–60 cm, flutend oder kriechend, oft stark verzweigt, mit kurzen St.gliedern; B. meist zu 3 quirlständig, oval, 1 cm lg., 2–5 mm br., fein gezähnt; im Gebiet nur ♀ Pfl.; ♀ Bl. 6zählig, weiß, 4–5 mm br.; Vermehrung vegetativ. ✻ 5–8. △ Stehende, langsam fließende, nährstoffreiche Gewässer; verbreitet, oft Massenvorkommen; Herkunft Nordamerika.

Rohrkolbengewächse / Typhaceae

2 **Breitblättriger Rohrkolben,** *Typha latifolia* L., Pfl. 100–250 cm; B. 2zeilig, 10–20 mm br., beiderseits flach, blaugrün; Bl. in 10–20 cm lg., 2–3 cm br. Kolben, der untere schwarzbraun, breiter, mit ♀ Bl., der obere gelbbraun, schmäler, mit ♂ Bl.; ♀ und ♂ Kolben sich berührend und fast gleich lg. ✻ 7–8. △ Stehende oder langsam fließende, nährstoffreiche Gewässer, Uferröhricht, Schlammböden, in 20–150 cm Wassertiefe; ziemlich häufig, aber durch Entwässerungsmaßnahmen seltener werdend. Fast ganz Europa, nördlich bis Südnorwegen. – Ähnlich sind noch: **Schmalblättriger Rohrkolben,** *T. angustifolia* L., aber B. 3–10 mm br., unterseits meist gewölbt; ♀ und ♂ Kolben etwa 3–5 cm voneinander entfernt; Ufer, Gräben; ziemlich selten; Europa. – **Zwerg-Rohrkolben,** *T. minima* Hoppe, Pfl. 30–70 cm; B. grasartig, 1–2 mm br., grundständig; St.b. zu B.scheiden zurückgebildet; Kolben kurz, eiförmig, 2–4 cm lg., der ♂ Kolben etwas schmäler; sehr selten. GefGr. 1!

Igelkolbengewächse / Sparganiaceae

3 **Ästiger Igelkolben,** *Sparganium erectum* L. (*S. ramosum* Huds.), Pfl. 30–50 cm; St. ästig; B. 2zeilig, schwertförmig, 5–15 mm br., im unteren Teil 3kantig; Bl. in kugeligen, 1geschlechtigen Köpfen, die unteren ♀ und größer, die oberen ♂ und kleiner; Bl. köpfe rispig angeordnet. ✻ 7–9. △ Uferröhricht, stehende, nährstoffreiche Gewässer, auf Schlammböden; verbreitet. Europa.

4 **Einfacher Igelkolben,** *Sparganium emersum* Rehm. (*S. simplex* Huds.), Pfl. aufrecht, selten flutend, 20–60 cm; St. unverzweigt; B. 3–10 mm br., gekielt, am Grund 3kantig; ♂ Bl.köpfe 2–8, ♀ 1–5, ähren- oder traubenförmig angeordnet; Narbe fadenförmig; Frucht lg. geschnäbelt. ✻ 6–7. △ Stehende oder langsam fließende Gewässer, Schlammböden; ziemlich selten. Europa.

Süßgräser / Gramineae oder Poaceae

5 **Flutender Schwaden,** *Glyzeria fluitans* (L.) R. Br., Pfl. 40–100 cm, mit lg. Ausläufern; B. grau- bis grasgrün, 5–10 mm br., etwas rauh; B.häutchen bis 10 mm lg., zerschlitzt; Bl.stand eine 1seitswendige, oft zusammengezogene Rispe; Rispenäste mit 1–4 Ährchen, diese 10–25 mm lg.; Deckspelzen 6–7 mm lg., vorne verschmälert, ganzrandig. ✻ 5–8. △ Bäche, Gräben, Bachröhricht, Auenwälder; häufig. Europa. – Ähnlich sind noch: **Blaugrüner Schwaden,** *G. declinata* Brebiss., aber Deckspelzen 3–5 mm lg., vorne mit 3–5 spitzen Zähnen; Rispenäste mit 1–4 Ährchen; B. blaugrün, plötzlich in eine kurze Spitze zusammengezogen; Gräben, nasse Waldwege; zerstreut. – **Gefalteter Schwaden,** *G. plicata* Fr., Deckspelze 3–4 mm lg., vorne gekerbt oder stumpf 3lappig; B. grasgrün, lg. zugespitzt; Rispenäste mit 5–15 Ährchen; Gräben, Bachröhricht; zerstreut.

4
2
3
5
1

Tafel 91 Gewässer, Moore, Sümpfe

Süßgräser / Gramineae oder Poaceae

1 Wasser-Schwaden, *Glyzeria maxima* (Hartm.) Holmbg., Pfl. 80–200 cm; St. dick, aufrecht, rohrartig; B. hellgrün, 10–15 mm br.; B.häutchen 1–3 mm lg., gestutzt, B.scheiden gekielt, rauh; Rispe dicht, reichblütig, 20–40 cm lg.; Ährchen 5–8 mm lg. ✻ 7–8. △ Uferröhricht, stehende oder langsam fließende, nährstoffreiche Gewässer; häufig. Fast ganz Europa.

2 Hunds-Straußgras, *Agrostis canina* L., Pfl. 20–60 cm; Ausläufer oberirdisch, mit dichten B.büscheln; Kriechtriebe oft Wurzeln bildend; B. weich, graugrün, die grundständigen borstenförmig, die St.b. flach, 1–3 mm br., mit 2–4 mm lg., zugespitzten B.häutchen; Bl.rispe nach der Blüte zusammengezogen; Ährchen 2–3 mm lg., 1blütig; Hüllspelzen 1nervig, spitz; Deckspelzen 4–5nervig, stumpf, am Rücken, unter der Mitte begrannt; Vorspelze fehlend oder sehr klein. ✻ 6–8. △ Quell- und Flachmoore, Sümpfe, Ufer; häufig. Europa. – Ähnlich ist das **Rote Straußgras,** *A. tenuis* Sibth., aber Bl.rispe nach der Blüte ausgebreitet; Vorspelze $^1/_2$ so lg. wie die Deckspelze; B.häutchen 1–1,5 mm lg., gestutzt; siehe T. 42.

3 Blaues Pfeifengras, *Molinia caerulea* (L.) Moench, Pfl. 50–100 cm, am Grund zwiebelartig verdickt; untere St.glieder sehr kurz, oberstes St.glied sehr lg., den ganzen oberirdischen St. bildend, St. daher knotenlos; B. blaugrün, flach, rauh, am Grund schwach bewimpert, anstelle des B.häutchens ein Haarbüschel; Rispe schmal, bis 30 cm lg., meist schieferblau, seltener violett oder grün; Ährchen 6–8 mm lg.; Deckspelzen 3–4 mm lg., unbegrannt. ✻ 6–9. △ Moorwiesen, feuchte Sand- und Moorböden, Heidemoore; in den Alpen bis über 2000 m; häufig. Fast ganz Europa.

4 Rohr-Glanzgras, *Phalaris arundinacea* L., Pfl. schilfartig, 50–200 cm; B. 6–12 mm br., flach; B.häutchen 3–6 mm lg., oft zerschlitzt; Rispe straußförmig, 10–20 cm lg., weißlichgrün oder rötlich; Ährchen 5–7 mm lg., an den Rispenästen zu dichten Knäueln zusammengerückt, 1blütig, mit 4 Hüllspelzen. ✻ 6–7. △ Uferröhricht, Erlenbrüche, Auenwälder, oft reine Bestände bildend; häufig. Europa. Oft zur Ufersicherung von Fließgewässern angepflanzt.

5 Knick-Fuchsschwanz, *Alopecurus geniculatus* L., Pfl. 15–40 cm; St. niederliegend, oft im Wasser flutend, an den Knoten wurzelnd; B. graugrün, 2–8 mm br.; B.scheiden etwas aufgeblasen; Ährenrispe 2–5 cm lg. und 4–5 mm br.; Granne unter der Mitte der Deckspelze eingefügt; Staubb. hellgelb, dann rostbraun. ✻ 5–9. △ Ufer, Flutmulden, nasse Wege, Gräben; zerstreut. Europa. – Ähnlich ist der **Rote Fuchsschwanz,** *A. aequalis* Sobol., aber Granne über der Mitte der Deckspelze eingefügt; Staubb. weißlich, dann ziegelrot; B.scheiden oft blauviolett; Gräben, Teichränder.

4
2
3
5

Tafel 92 Gewässer, Moore, Sümpfe

Süßgräser / Gramineae oder Poaceae

1 Gewöhnliches Schilf, *Phragmites australis* Trin. (*P. communis* Trin.), Pfl. 100–400 cm, bis 4 m lg. unterirdische Ausläufer treibend; B. graugrün, 2–3 cm br.; anstelle des B.häutchens ein Haarbüschel; Rispe 15–40 cm lg., schwach 1seitswendig, bräunlich oder rötlich, zuletzt hängend; Ährchen 6–10 mm lg., 3–8blütig, am Grund der Bl. mit 1 cm lg. Seidenhaaren. Deckspelzen kahl. ✻ 7–9. △ Uferröhricht, bis in knapp 2 m Wassertiefe, Moorwiesen, feuchte Äcker, Auenwälder; oft reine, ausgedehnte Bestände bildend; häufig. Europa. Oft zur Ufersicherung von Flüssen, Bächen und Seen gepflanzt. – Ähnlich ist das **Riesenschilf,** *Arundo donax* L., Pfl. 2–5 m, mit dickem St.; B. 3–4 cm br.; B.häutchen sehr kurz; Rispe 40–70 cm lg., weißlichgrün oder violett, zuletzt silbrig; Ährchen 12 mm lg.; Deckspelzen 3spitzig, dicht mit bis 1 cm lg. Silberhaaren bedeckt; ✻ 9–12; sumpfige Stellen, Ufer, Teichränder; Südeuropa.

Riedgrasgewächse oder Sauergräser / Cyperaceae

2 Scheidiges Wollgras, *Eriophorum vaginatum* L., Pfl. dichtrasig, 30–60 cm, feste Horste aus borstenförmigen B. bildend; Ausläufer fehlend; St.b. am Rand rauh, mit aufgeblasener Scheide; St. unten rund, oberwärts 3kantig, mit 1 endständigen, zu Bl.zeit eiförmig-länglichen, bis 2 cm lg. Ähre, zur Fruchtzeit mit weißwolligem Kopf, gebildet aus 2–4 cm lg. weißen Bl.borsten. ✻ 4–5. △ Hochmoore, Kiefern- und Birkenmoore, saure nährstoffarme Torfböden; zerstreut, aber oft bestandsbildend. Mittel- und Nordeuropa, Pyrenäen und spanische Gebirge.

3 Scheuchzers Wollgras, *Eriophorum scheuchzeri* Hoppe, Pfl. 10–40 cm, rasenbildend; St. rund, mit 1 endständigen, zur Bl.zeit runden, 1 cm lg. Ährchen; St.b. glatt, ohne aufgeblasener Scheide. ✻ 6–9. △ Quellfluren, Alpenmoore; zerstreut. Alpen, Pyrenäen, Tatra, Karpaten, Skandinavien. –

4 Breitblättriges Wollgras, *Eriophorum latifolium* Hoppe, Pfl. 30–60 cm, dichtrasig, ohne Ausläufer; St. stumpf 3kantig; B.scheiden der unteren B. schwarzbraun, zuletzt netznervig; St.b. schmal lanzettlich, 3–8 mm br.; Ährchen zu 4–10, deren Stiele rauh; Bl.hülle aus weichen Borsten und Haaren, zur Fruchtzeit weißwollige Köpfe bildend. ✻ 4–6. △ Flachmoore und Quellsümpfe zerstreut bis selten. Europa GefGr. 3! Das **Schlanke Wollgras,** *E. gracile* Koch hat 1–2 mm br., rinnige B., rauhe Ährenstiele und stumpf 3kantigen, oft übergebogenen St.; Ähren zu 3–4, klein; Übergangsmoore, selten. GefGr. 1!

5 Schmalblättriges Wollgras, *Eriophorum angustifolium* Honck., Pfl. 30–60 cm, mit unterirdischen Ausläufern; Pfl. am Grund rosarot überlaufen; St. stielrund; St.b. linealisch, rinnig, 3–6 mm br., in eine 3kantige Spitze verschmälert; oberste B.scheiden blasig erweitert; Ährenstiele glatt. ✻ 4–5. △ Flach- und Quellmoore, Übergangsmoore; verbreitet. Fast ganz Europa.

1
2
3
4
5

Tafel 93 Gewässer, Moore, Sümpfe

Riedgrasgewächse oder Sauergräser / Cyperaceae

1 Rasenbinse, *Trichophorum cespitosum* (L.) Hartmann, Pfl. 5–30 cm, dichte, feste Polster bildend; St. stielrund, gefurcht; Ährchen 4–6 mm lg., 3–6blütig, ohne Wollhaare. ✻ 5–6. △ Hoch- und Heidemoore, Torfböden, Quellmoore; zerstreut. Europa. GefGr. 3!

2 Alpen-Wollgras, *Trichophorum alpinum* (L.) Pers., (*Eriophorum alpinum* L.), Pfl. 10–30 cm; St. 3kantig, rauh; Ährchen endständig, 5–7 mm lg., 8–12blütig, mit geschlängelten, weißen, 2 cm lg. Wollhaaren. ✻ 4–5. △ Hoch- und Zwischenmoore; selten. Hauptsächlich Gebirge Mittel- und Südeuropas, Norddeutschland, Skandinavien.

3 Borstige Moorbinse, Schuppensimse, *Isolepis setacea* (L.) R.Br. (*Scirpus setaceus* L.), Pfl. 2–15 cm; St. rund, am Grund beblättert; B. borstenförmig; Ähren 2–4 mm lg., zu 1–4 scheinbar seitenständig; Spelzen bräunlich, mit grünem Kiel; Hochb. den Bl.stand weit überragend. ✻ 7–10. △ Nasse Waldwege, Ufer, Moorgräben; zerstreut. Mittel und Südeuropa, nördlich bis Südskandinavien.

4 Kugelsimse, Kopfsimse, *Holoschoenus romanus* (L.) Fritsch (*H.vulgaris* Link), Pfl. 30–100 cm; St.stielrund, b.los, gerippt; Bl.stand aus 3–10 kugeligen, 5–15 mm br. Köpfen, 1 davon sitzend, die anderen gestielt. ✻ 6–8. △ Sumpfwiesen, Naßweiden, tonige Ufer; sehr selten. Mittel- und Südeuropa. GefGr. 0!

5 Gewöhnliche Teichbinse, Seebinse. *Schoenoplectus lacustris* (L.) Palla (*Scirpus lacustris* L.), Pfl. 100–400 cm; St. stielrund, b.los, aufrecht; B. linealisch, am St.grund flutend; Ähren rotbraun, 5–10 mm lg., in scheinbar seitenständiger, kopfiger Rispe; Narben 3; Frucht 3kantig. ✻ 6–7. △ Uferröhricht stehender oder langsam fließender Gewässer; verbreitet. Europa. – Ähnlich ist die **Graue Seebinse,** *Sch. tabernaemontani* (Gmel.) Palla, aber St. graugrün, Narben 2, Frucht flach; salzhaltige Gewässer.

6 Gewöhnliche Sumpfbinse, *Eleocharis palustris* (L.) R. et Sch., Pfl. 10–80 cm; St. b.los, stielrund, 1–4 mm br.; Ährchen endständig, 5–20 mm lg., 20–30blütig, am Grund mit 2 bl.losen Hüllspelzen, jede davon das Ährchen halbumfassend; Narbe 2. ✻ 5–8. (Formenreich, mit mehreren Kleinarten). △ Röhrichte, Seggensümpfe, Naßwiesen, Gräben; ziemlich häufig. Europa. – Ähnlich sind noch: **Eiförmige Sumpfbinse** oder **Teichried,** *E. ovata* (Roth) R. et Sch., Ähre 20–30blütig, aber 3–6 mm lg., kugelig-eiförmig; Narben 2; St. dünn, fein gestreift; untere B.scheiden purpurn; Pfl. 5–15 cm, dichtrasig, ohne Ausläufer; Teichränder, Schlammböden; ziemlich selten; GefGr. 3! – **Vielstengelige Sumpfbinse,** *E. multicaulis* Sm., Ähre 20blütig, eiförmig, 10–13 mm lg., Narben 3, Pfl. dichtrasig, 10–40 cm; St. oft liegend und an der Spitze wurzelnd; Teichränder, Zwischenmoorschlenken; selten; GefGr. 2!

7 Nadelbinse, *Eleocharis acicularis* (L.) R. et Sch., Pfl. 2–10 cm, rasenbildend; St. 3–4kantig, unter 0,5 mm br.; untere B.scheiden oft purpurn; Ährchen endständig, 2–4 mm lg., 3–7blütig; Spelzen braun, weißrandig; Narben 3. ✻ 6–10. △ Zeitweise trockenfallende Teichböden und Altwasser; zerstreut. Europa. – Die **Wenigblütige Sumpfbinse,** *E. quinqueflora* (F. X. Hartm.) O. Schwarz (*E. pauciflora* (Lightf.) Link) hat 0,5–1 mm br. St. und 5–8 mm lg., braunrote, 3–7blütige Ährchen; Pfl. 5–20 cm; Flach- und Quellmoore; selten; GefGr. 2!

8 Quellbinse, Flaches Quellried, *Blysmus compressus* (L.) Panzer, siehe S. 236.

3
4
7
8
5
1
6

Fortsetzung von S. 234: Pfl. grasgrün, 10–40 cm; St. etwas zusammengedrückt; B.flach, gekielt, glänzend, 1–3 mm br., am Rand rauh; Ährchen rotbraun, 2zeilig zu 5–12 in einer flachgedrückten, 2–3 cm lg. Ähre angeordnet. ✻ 6–8. △ Quellmoore, Naßwiesen; ziemlich selten. Fast ganz Europa. GefGr. 2! – Ähnlich ist das **Rote Quellried,** *B. rufus* (Huds.) Link, aber Pfl. graugrün; St. rund; B. glatt, nicht gekielt; Ährchen zu 3–6; Salzwiesen, Küsten. GefGr. 3!

Riedgrasgewächse oder Sauergräser/Cyperaceae

1 Waldsimse, Flechtsimse, *Scirpus sylvaticus* L., Pfl. 30–100 cm, mit sterilen Laubsprossen; St. 3kantig, beblättert; B. 8–20 mm br., glänzend grün; Bl.stand reichästig, bis 20 cm br.; Ährchen 3–4 mm lg., schwärzlichgrün, zu 3–5 kopfig gehäuft. ✻ 5–7 △ Naßwiesen, Auenwälder, Sümpfe; häufig. Fast ganz Europa. – Ähnlich ist die **Wurzelnde Simse,** *S. radicans* Schkuhr, aber Ährchen meist einzeln, lg. gestielt; Bl.stand sehr locker; Pfl. oft steril und mit lg. bogenförmig zur Erde neigenden und an der Spitze wurzelnden Laubsprossen; Ufer, Schlammböden; selten. GefGr. 3!

2 Schwarze Kopfbinse, *Schoenus nigricans* L., Pfl. dichtrasig, 15–50 cm; B. borstenförmig; grundständige B.scheiden schwarzbraun, glänzend; Bl.stand kopfig, 10–15 mm lg., aus 5–10 schwarzbraunen Ährchen bestehend, überragt von 2–5 cm lg. Tragb. ✻ 5–7. Nasse Kalkflachmoore, Ufer; zerstreut – selten. Europa. GefGr. 2!

3 Rostrote Kopfbinse, *Schoenus ferrugineus* L., Pfl. 10–30 cm; grundständige B.scheiden dunkelrotbraun; Ährchen zu 2–3, dunkelrotbraun, vom kurzen Tragb. kaum überragt. ✻ 5-6. △ Kalkreiche Quell- und Flachmoore; ziemlich selten. Fast ganz Europa. GefGr. 3!

4 Schneidried, *Cladium mariscus* (L.) Pohl, Pfl. 80–200 cm; St. 3kantig; B. 7–15 mm br., graugrün, am Rand und unterseits auf dem Mittelnerv gesägt, scharf schneidend; Bl.stand reich verzweigt, aus vielen rotbraunen Köpfen mit je 3–10 Ährchen gebildet; Ährchen 1–3blütig, 3–5 mm lg. ✻ 6–7. △ Uferröhricht, Gräben, Flachmoortümpel; selten. Fast ganz Europa. GefGr. 3!

5 Weiße Schnabelbinse, *Rhynchospora alba* (L.) Vahl., Pfl. 15–40 cm, ohne oder mit kurzen Ausläufern; St. 3kantig; B. borstenförmig oder rinnig, 1–2 mm br.; Ährchen 4–5 mm lg., dicht geknäuelt, 2blütig, weiß, später rötlich; Tragb. so lg. wie das Ährchenknäuel. ✻ 6–8. △ Hochmoorschlenken, Übergangsmoore; ziemlich selten. Fast ganz Europa. GefGr. 3!

3
4
2
5
1

Tafel 95 Gewässer, Moore, Sümpfe

Riedgrasgewächse oder Sauergräser / Cyperaceae

1 Braune Schnabelbinse, *Rhynchospora fusca* (L.) Ait.fil., Pfl. mit lg. unterirdischen Ausläufern, 10–30 cm; B. 1 mm br.; Ährchen dicht geknäuelt, rotbraun, obere Hochb. 2–4mal so lg. wie das Ährchenknäuel. ✻ 5–7. △ Hochmoorschlenken, Übergangsmoore, Torfschlammböden; sehr selten. Mittel- und Nordeuropa, Pyrenäen. GefGr. 2!

Einährige Seggen: Pfl. nur mit 1 endständigen Ähre

2 Torf-, Davalls-Segge, *C. davalliana* L., Pfl. 10–30 cm; 2häusig, ♂ und ♀ Ähren auf verschiedenen Pfl., in dichten Horsten; B. borstenförmig; B. und St. 3kantig, rauh; Fruchtschläuche der ♀ Ähre 3–5 mm lg., abstehend, lg. geschnäbelt, braun, etwas gekrümmt. ✻ 5–6. △ Kalkhaltige Quell- und Flachmoore; zerstreut. Mitteleuropa. GefGr. 3! Ähnlich ist die **Zweihäusige Segge,** *C. dioica* L., aber Pfl. mit Ausläufern; St. und B. glatt; Fruchtschläuche kurz geschnäbelt, gerade; Flach- und Zwischenmoore; selten. GefGr. 2!

3 Armblütige Segge, *Carex pauciflora* Lightf., Pfl. 5–10 cm, 1häusig; Ähren am Grund ♀, oben ♂; St. stumpf 3kantig; Ähre armblütig, mit 3–5 abstehenden oder zurückgeschlagenen, 7 mm lg., gelblichen, lg. geschnäbelten Fruchtschläuchen; Narbe 3. ✻ 5–6. △ Hochmoore; ziemlich selten. Nordeuropa, west-, mittel- und südosteuropäische Gebirge. GefGr. 3! – Ähnlich sind noch: **Floh-Segge,** *C. pulicaris* L., mit 5–10 glänzend braunen, 4–5 mm lg., kurz geschnäbelten Fruchtschläuchen; Narben 2; Flachmoore. GefGr. 2! – **Grannen-Segge,** *C. microglochin* Wahlenb., aber Fruchtstand von einer 1–2 mm lg. Granne überragt; Flachmoore; selten. GefGr. 0!

Gleichährige Seggen: Pfl. mit gleichgestalteten Ähren, jede Ähre mit ♂ und ♀ Bl.

4 Zypergras-Segge, Carex bohemica Schreb. (*C. cyperoides* L.) Pfl. 5–30 cm, hellgrün; B. 1–2 mm br., flach; Ähren grün, am Grund ♂, an der Spitze ♀, kopfig gehäuft, mit 2–15 cm lg. Hochb.; Fruchtschläuche lg. geschnäbelt, bis 1 cm lg.; Narben 2. ✻ 6–9. △ Teichufer, Altwasser, Schlammböden; selten. Hauptsächlich Mitteleuropa. GefGr. 3!

5 Grau-Segge, *Carex canescens* L., Pfl. horstbildend, 20–40 cm; B. graugrün, 2–3 mm br.; St. scharfkantig; Ähren 4–6, graugrün, eiförmig, 5–9 mm lg., unten entfernt stehend; Schläuche hellgrün, mit kurzem Schnabel. ✻ 5–6. △ Flach- und Quellmoore, Ufer; ziemlich häufig. Europa. – Ähnlich ist die **Bräunliche Segge,** *C. brunnescens* (Pers.)Poir., aber Ährchen bräunlich, kugelig, 3–5 mm lg., Schläuche braun, Schnabel auf der Rückseite längsgeschlitzt; Flachmoore, feuchte Magerrasen; selten; Nordeuropa, Alpen (bis 2500 m), Karpaten.

6 Igel-Segge, Stern-S., *Carex echinata* Murray (*C. stellulata* Good.), Pfl. 10–30 cm; B. steif, graugrün, 1–2 mm br., kürzer als der scharf 3kantige St.; Ähren 3–5, kugelig, 4–6 mm lg.; Schläuche außen gewölbt, innen flach, sternförmig spreizend. ✻ 5–7. △ Flachmoore, Quellen, Gräben; häufig. Europa.

6
1
3
4
5
2
♀
♂

Tafel 96 Gewässer, Sümpfe, Moore

Riedgrasgewächse oder Sauergräser / Cyperaceae

Gleichährige Seggen: Pfl. mit gleichgestalteten Ähren, jede mit ♂ und ♀ Bl.

1 **Fadenwurzel-, Strick-Segge,** *Carex chordorrhiza* Ehrh., Pfl. 10–30 cm, mit 1 m lg., oberirdisch kriechenden Ausläufern, an jedem Knoten einen aufsteigenden, sterilen Sproß und am Ende einen blühenden, aufrechten Trieb bildend; St. hauptsächlich am Grund beblättert; B. 1–2 mm br., am Rand rauh; Bl.stand 1 cm lg., aus 2–5 armblütigen, kopfig gedrängten Ährchen bestehend; Ährchen unten mit ♀, oben mit ♂ Bl.; Fruchtschlauch braun, am Rand glatt, kurz geschnäbelt; Narben 2. ✻ 5–6. △ Moorschlenken, Schwingrasen, Torfschlammböden; sehr selten. Hauptsächlich Mittel- und Nordeuropa. GefGr. 2!

2 **Rispen-Segge,** *Carex paniculata* L., Pfl. 40–100 cm, kräftige große Horste bildend; B. 3–7 cm; St. sehr rauh; grundständige B.scheiden glänzend braun, ohne Faserschopf; Ähren in 2–10 cm lg., lockerer Rispe mit abstehenden, verlängerten Ästen; Schläuche eiförmig, hellbraun, glänzend. ✻ 5–6. △ Gräben, Quellen, Erlenbruchwälder, Großseggensümpfe; zerstreut. Fast ganz Europa. – Ähnlich ist die **Schwarzschopf-** oder **Wunder-Segge,** *C. appropinquata* Schumach., aber B. 2–3 mm br., gelbgrün, B.scheiden schwarz, faserig; Rispe mit aufrechten Ästen; Erlenbrüche, Flachmoore, Torfstiche; ziemlich selten. GefGr. 3!

Verschiedenährige Seggen: Pf. mit deutlich verschieden gestalteten Ähren

3 **Wiesen-Segge, Braun-S.,** *Carex nigra* (L.) Richard (*C. fusca* aut.), Pfl. 5–40 cm; B. 2–5 mm br., graugrün; grundständige B.scheiden glänzend braun; St. oberwärts rauh; ♂ Ähren 1–2, ♀ Ähren mehrere, fast sitzend, 1–3 cm lg.; Narben 2; Schläuche 2–3 mm lg., kaum geschnäbelt; unteres Tragb. fast so lg. wie der Bl.stand. ✻ 4–6. △ Naß- und Moorwiesen, Flachmoore; häufig. Europa.

4 **Steif-Segge,** *Carex elata* All. (*C. stricta* Good.), Pfl. 50–120 cm, große Bulte oder Horste bildend; grundständige B.scheiden gelbbraun, netzfaserig; B. 4–5 mm br., steif graugrün; Ähren 2–6 cm lg., meist sitzend, die unterste Ähre rein ♀, die oberste rein ♂; Narben 2; Schläuche 3–4 mm lg., früh abfallend. ✻ 4–5. △ Ufer, Sümpfe, Erlenbrüche, Verlandungszone; zerstreut. Fast ganz Europa.

5 **Schlank-Segge,** *Carex gracilis* Curt., Pfl. 40–150 cm; grundständige B.scheiden glänzend braun; St. scharf 3kantig, rauh; B. 5–10 mm br., bis 150 cm lg.; ♀ Ähren 3–6, 2–10 cm lg., ♂ Ähren 1–4; Schläuche 3 mm lg., spitz, undeutlich geschnäbelt; Narben 2; unterstes Tragb. den Bl.stand weit überragend. ✻ 5–6. △ Ufer, Naßwiesen, Flutmulden; ziemlich häufig. Europa. – Ähnlich ist die **Sumpf-Segge,** *C. acutiformis* Erh., Pfl. 30–120 cm; B. graugrün, 5–10 cm br.; untere B.scheiden stark netzfaserig; Ähren 2–8 cm lg.; ♀ Schläuche 4–5 mm lg., geschnäbelt; Narben 3; Naßwiesen, Ufer, Moorgräben; häufig.

6 **Rauhe Segge,** *Carex hirta* L., Pfl. 10–60 cm, mit bräunlichen bis purpurroten, schwach netzfaserigen Scheiden am Grund; B. graugrün, wie die B.scheiden behaart; St. 3kantig; Bl.stand mit 2–3 ♂ Ähren und 2–4 lg.gestielten ♀ Ähren; Fruchtschläuche 5–7 mm lg., gelbgrün, dicht behaart, Narben 3. ✻ 4–6. △ Wege, Ufer, Kahlschläge, lückige Wiesen, Böschungen; häufig. Fast ganz Europa.

6
2
5
4
3

Tafel 97 Gewässer, Moore, Sümpfe

Riedgrasgewächse oder Sauergräser / Cyperaceae

Verschiedenährige Seggen: Pfl. mit deutlich verschieden gestalteten Ähren

1 **Schlamm-Segge,** *Carex limosa* L., Pfl. 20–40 cm, weitkriechend, mit ober- oder unterirdischen Ausläufern; B. 1–1,5 mm br., graugrün, rinnig gefaltet; ♀ Ähren kurz walzig, 15–20 mm lg., auf dünnen, übergebogenen Stielen; Schläuche stark nervig; Spelzen hellbraun; unterestes Tragb. kürzer als der gesamte Bl.stand. ✻ 5–6. △ Moorschlenken, Schwingrasen, Zwischenmoore; selten. Nord- und Mitteleuropa, Alpen, Pyrenäen, Kaukasus. GefGr. 2! – Sehr ähnlich ist die **Armblütige** oder **Alpen-Schlammsegge,** *C. paupercula* Michx. (*C. magellanica* aut.), aber Pfl. mit kurzen Ausläufern; B. flach, 2–4 mm br., grün; unterestes Tragb. so lg. oder länger als der Bl.stand; Schläuche kaum nervig, bald ausfallend; Quellmoore, Hochmoore der Alpen; selten. Nordeuropa, Alpen, Böhmerwald, Erzgebirge.

2 **Hirse-Segge,** *Carex panicea* L., Pfl. 20–50 cm, grau- bis blaugrün; grundständige B.scheiden braun; B. 2–4 mm br., flach; ♀ Ähren 2–3 cm lg., walzlich, lockerfrüchtig; Narben 3; Schläuche kugelig-eiförmig, graugrün oder gelbbraun, mit kurzem, dickem Schnabel; Spelzen schwärzlich. ✻ 5–6. △ Flach- und Quellmoore, nasse Wiesen und Heiden; häufig. Fast ganz Europa.

3 **Saum-Segge,** *Carex hostiana* DC., Pfl. lockerrasig, hellgrün, 20–50 cm; B. 2–3 mm br., flach, etwa 1/2 so lg. wie der glatte St.; ♀ Ähren kurz, walzlich, etwa 1 cm lg., entfernt stehend; Schläuche gelbgrün, allmählich in den 2zähnigen Schnabel zugespitzt; Narben 3; Spelzen rotbraun, mit weißem Hautrand und grünem Mittelstreif. ✻ 5–7. △ Nasse Flachmoorwiesen und Quellen der Gebirge. Hauptsächlich Gebirge Europas. GefGr. 3!

4 **Gelbe Segge,** *Carex flava* L., Pfl. 5–50 cm, gelbgrün; grundständige B.scheiden gelbbraun; B. 1–5 mm br., rinnig oder flach; ♀ Ähren 1–6, kurz walzlich bis kugelig, ♂ Ähren 1, endständig; Schläuche 2–7 mm lg., gelbgrün, allmählich oder plötzlich in den lg. Schnabel verschmälert; Hochb. den Bl.stand überragend. ✻ 6–8. (Sammelart mit mehreren Kleinarten). △ Flach- und Quellmoore, Gräben, nasse Wiesen; zerstreut. Europa.

5 **Scheinzypergras-Segge,** *Carex pseudocyperus* L., Pfl. 40–90 cm, gelbgrün; St. scharf 3kantig, bis oben beblättert; B. 6–12 mm br., flach; ♀ Ähren 3–6, lockerfrüchtig, auf dünnen Stielen überhängend, die oberen genähert; Schläuche 5–6 mm lg., gelblich glänzend, zur Reife rückwärts gerichtet; Schnabelzähne 1 mm lg., spreizend. ✻ 6–7. △ Ufer von Tümpel, Altwasser, Gräben, Erlenbrüche; selten. Fast ganz Europa.

1
2
3
4
5

Tafel 98 Gewässer, Moore, Sümpfe

Riedgrasgewächse oder Sauergräser / Cyperaceae

Verschiedenährige Seggen: Pf. mit deutlich verschieden gestalteten Ähren

1 Schnabel-Segge, *Carex rostrata* Stockes (*C. inflata* aut.), Pfl. 30–80 cm, grundständige B.scheiden braunrot, schwach netznervig; St. stumpf 3kantig; B. 3–5 mm br., rinnig, graugrün; ♀ Ähren 2–8 cm lg.; Schläuche fast waagrecht abstehend, kugelig-eiförmig, plötzlich in den 2zähnigen Schnabel verschmälert, reif bräunlich. ✻ 5–6. △ Ufer, Teiche, Gräben, Moorschlenken, Großseggengesellschaften; ziemlich häufig. Fast ganz Europa.

2 Blasen-Segge, *Carex vesicaria* L., Pfl. 30–80 cm, ähnlich *C. rostrata,* aber St. scharfkantig, rauh; grundständige B.scheiden rot, stark netznervig; B. hellgrün, 4–7 mm br., flach; Schläuche schief aufrecht, eiförmig, allmählich in den Schnabel verschmälert, reif strohgelb. ✻ 5–6. △ Ufer, Moorgräben, Verlandungsgesellschaften, Erlenbruchwälder; ziemlich häufig. Fast ganz Europa.

Binsengewächse / Juncaceae

3 Spitzblütige Binse, *Juncus acutiflorus* Ehrh., Pfl. 30–100 cm, hellgrün; B. borstlich, nicht gefurcht; St., besonders am Grund, zusammengedrückt; Bl.stand endständig, reichästig; Bl.b. 6, braun, die äußeren kürzer als die inneren, diese grannenartig lg. zugespitzt, nach außen gekrümmt; Bl.stand dicht, reich verzweigt. ✻ 7–9. △ Naßwiesen, Quellen, Gräben; verbreitet. Fast ganz Europa. – Ähnlich sind noch: **Glieder-Binse,** *J. articulatus* L., aber alle Bl.b. gleich lg., die inneren mit farblosem, br. Rand; B. stark quergefächert; Bl.stand mit lg., wenig verzweigten Ästen; Pfl. 20–50 cm; Flachmoore, Gräben; häufig. – **Stumpfblütige Binse,** *J. subnodulosus* Schrank (*J. obtusiflorus* Ehrh.), aber Bl.b. alle stumpf, gleich lg.; Bl.stand sparrig ausgebreitet; nichtblühende Triebe st.ähnlich, am Grund nur mit spreitenlosen Scheiden; Pfl. rasenbildend, 30-100 cm; Gräben, Flachmoore; zerstreut. GefGr. 3!

4 Faden-Binse, *Juncus filiformis* L., Pfl. 10–40 cm, kriechend, lockerrasig; St. dünn, fein gestreift, b.los, am Grund mit braunen B.scheiden; Bl.stand armblütig, sein Tragb. etwa so lg. wie der St., daher Bl.stand scheinbar in der Mitte des St.; Bl.b. weißlich, fein zugespitzt. ✻ 6–8. △ Flach- und Quellmoore, Naßwiesen; kalkmeidend; verbreitet, Europa, außer im Mittelmeerraum.

5 Flatter-Binse, *Juncus effusus* L., Pfl. 30–120 cm; St. glänzend, glatt, grasgrün; Bl.stand locker, 4–10 cm lg., scheinbar seitenständig. ✻ 6–8. △ Naßwiesen, Moorwiesen, Quellmoore; häufig. Europa. – Ähnlich ist die **Knäuel-Binse,** *J. conglomeratus* L., aber St. graugrün, fein gestreift, glanzlos; Bl.stand knäuelig zusammengezogen, 2–4 cm lg.; Moorwiesen, Gräben; häufig.

Wasserlinsengewächse / Lemnaceae

6 Kleine Wasserlinse, *Lemna minor* L., Pfl. nicht in St. und B. gegliedert, sondern aus freischwimmenden, rundlichen, Laubgliedern bestehend; Laubglied rundlich, 2–3 mm lg., unterseits flach, nur mit 1 Wurzel; Bl. sehr selten, ohne Bl.hülle. ✻ 4–5. △ Stehende, nährstoffreiche Gewässer, oft oberflächendeckend; verbreitet. Europa.

7 Dreifurchige Wasserlinse, *Lemna trisulca* L., Laubglieder meist untergetaucht, lanzettlich, kreuzweise zusammenhängend, 3nervig, gelegentlich mit abgerundeten, 5–10 mm lg. Schwimmb. ✻ 5–6. △ Teiche, Seen, Gräben; zerstreut. Europa.

8 Vielwurzelige Teichlinse, *Spirodela polyrhiza* (L.) Schleiden, siehe S. 246.

7
8
3
1
4
2
5

Fortsetzung von S. 244: Jedes Laubglied mit Wurzelbüschel, an der Wasseroberfläche schwimmend, rundlich, 3–10 mm lg., zu 2–10 zusammenhängend, beiderseits flach, unterseits meist rot. ✻ 5–6. △ Seen, Teiche, Altwasser; zerstreut. Europa.

Aronstabgewächse / Araceae

1 **Kalmus,** *Acorus calamus* L., Pfl. 60–120 cm, beim Zerreiben aromatisch riechend; St. 3kantig, 2zeilig beblättert; B. 5–20 mm br., am Rand wellig; Bl.kolben (scheinbar) seitenständig, 4–10 cm lg., am Grund mit einer grünen, st.ähnlichen Bl.scheide (Spatha), diese den St. über dem Kolben fortsetzend; Bl. gelbgrün, winzig; Bl.b. 6, unter 1 mm lg. ✻ 5–7. △ Ufer, Altwasser, Gräben, nährstoffreiche Gewässer; zerstreut. Fast ganz Europa.

2 **Sumpf-Calla, Schlangenwurz,** *Calla palustris* L., Pfl. 15–30 cm, kriechend; B. herzförmig, lg. gestielt; Bl.scheide eiförmig, 3–7 cm lg., außen grünlich, innen weiß; Bl.kolben 2–4 cm lg., bis zur Spitze mit Bl. besetzt; Beeren rot. ✻ 5–9. Giftig! Geschützt! △ Großseggengesellschaften, Moorschlenken, Erlenbruch; selten. Nord- und Mitteleuropa. GefGr. 3!

Liliengewächse / Liliaceae

3 **Beinbrech, Ährenlilie,** *Narthecium ossifragum* (L.) Huds., Pfl. 10–30 cm; B. 2zeilig, schwertförmig; Bl. innen gelb, außen grünlich, lg. gestielt, in 6–7 cm lg., lockeren Trauben; Staubbeutel orangerot, Staubfäden dicht gelbhaarig; Narbe 3lappig; Tragb. lanzettlich. ✻ 7–8. Geschützt! △ Heidemoore; selten. Nordwestdeutschland, Westeuropa. GefGr. 3!

4 **Gewöhnliche Simsenlilie,** *Tofieldia calyculata* (L.) Wahlb., Pfl. 10–30 cm; grundständige B. 2zeilig, grasähnlich, 2–4 mm br., 5–10nervig; Bl. in den Achseln eines Tragb., gelblich, 3–5 mm br., mit 3lappiger, kelchartiger Außenhülle, in 2–8 cm lg. Traube; Bl.b. 6, lanzettlich. ✻ 5–7. △ Kalkhaltige Flach- und Quellmoore; zerstreut. Südskandinavien, Gebirge Mitteleuropas, Alpen, Pyrenäen, Balkanhalbinsel. GefGr. 3! – Ähnlich ist die **Kleine Simsenlilie,** *T. pusilla* (Michx.) Pers. (*T. palustris* Huds.), aber Bl. weißlich, ohne kelchartiger Außenhülle, in 5–10 mm lg. Köpfen; B. 3–5 nervig; Pfl. 5–12 cm; Quellmoore der Alpen, bis etwa 2600 m; selten; sonst noch Nordeuropa, Großbritannien. GefGr. 4!

5 **Schnittlauch,** *Allium schoenoprasum* L., Pfl. 10–40 cm, mit länglichen Zwiebeln; B. grundständig, röhrenförmig, hohl; Bl.stand dichtblütig, kugelig; Bl.b. rosa. ✻ 6–8. ssp. *schoenoprasum,* die Gewürzpfl. und gelegentlich verwildert an Flußufern hat 1–2 mm br. St. und bis 10 mm lg. Bl.; ssp. *sibiricum* (L.) Hartm. auf feuchten Schutthalden, Schneeböden, Bachkies und Flachmoore der Gebirge hat 3–5 mm br. St. und bis 15 mm lg. Bl.b. Hauptsächlich Gebirge Europas.

6 **Weißer Germer,** *Veratrum album* L., Pfl. 50–150 cm; B. wechselständig (im Gegensatz zu Enzian-Arten), br. eiförmig, stark längsfaltig; Bl.rispe 30–60 cm lg.; Bl. sternförmig, 8–15 mm br., weiß oder gelblich, außen grünlich, die unteren 2geschlechtig, die oberen meist rein ♂. ✻ 6–8. △ Moorwiesen, Alpenweiden, Hochstaudenfluren; verbreitet. Gebirge Mittel- und Südeuropas.

1
2
3
4
5
6

Tafel 100 Gewässer, Moore, Sümpfe

Liliengewächse / Liliaceae

1 Schachblume, *Fritillaria meleagris* L., Pfl. 15–30 cm, mit fast kugeliger Zwiebel; B. wechselständig, meist 4–5, linealisch, rinnig, graugrün, am ganzen St. verteilt; Bl. meist einzeln, seltener zu 2–3, bauchig-glockenförmig, überhängend, 3–4 cm lg. und etwa 2 cm br., purpurbraun, schachbrettartig gemustert; Bl.b. stumpf, an der Spitze umgebogen, am Grund mit Nektardrüse; Narbe 3lappig. ✻ 4–5. Giftig! Geschützt! △ Flachmoorwiesen, nasse, häufig überschwemmte, sumpfige Auenwiesen; selten. Südskandinavien, Mittel- und Südeuropa; Zierpfl. und gelegentlich verwildert. GefGr. 2! – Ähnlich ist die **Burnats Schachblume,** *F. burnatii* Planch. (*F. tubiformis* Gren. et Godr.), aber B. im oberen Teil des St. gehäuft; Narbe nur ganz an der Spitze 3spaltig; Steinrasen der Südalpen. Geschützt!

Schwertliliengewächse / Iridaceae

2 Wasser-Schwertlilie, *Iris pseudacorus* L., Pfl. 50–100 cm, mit dickem Rhizom; B. schwertförmig, 1–3 cm br., kürzer als der runde, mehrblütige St.; Bl. gelb; äußere 3 Bl.b. 4–8 cm lg., eiförmig, innere 3 Bl.b. linealisch, viel kürzer, die Narben nicht überragend; Fruchtkapsel stumpf 3kantig, 4–5 cm lg. ✻ 5–6. Geschützt! △ Sümpfe, Ufer, Gräben, Altwasser, Verlandungsgesellschaften; verbreitet. Fast ganz Europa.

3 Sibirische Schwertlilie, *Iris sibirica* L., Pfl. 30–80 cm; B. unter 1 cm br., kürzer als der 1–3blütige St.; Bl. blau bis violett, gegen den Grund gelb; äußere 3 Bl.b. 4–5 cm lg., innere kürzer, aber die Narben weit überragend; Fruchtkapsel 3–4 cm lg., querrunzelig. ✻ 5–6. Geschützt! △ Moorwiesen, Gräben; durch Kulturmaßnahmen seltener geworden. Fast ganz Europa, nördlich bis Südskandinavien, südlich bis Mittelitalien. GefGr. 2!

4 Sumpf-Gladiole, *Gladiolus palustris* Gaud., Pfl. 30–60 cm, mit Knolle; Knollenhülle faserig, netzaderig; B. 4–9 mm br.; Bl. etwa 3 cm br., zu 2–6 am St., purpurn; Fruchtkapsel etwa 1,5 cm lg., länglich, verkehrt-eiförmig; Samen br. geflügelt. ✻ 6–7. Geschützt! △ Moorwiesen; selten. Mittel- und Südosteuropa. GefGr. 2!

Knabenkrautgewächse oder Orchideen / Orchidaceae

5 Sumpf-Stendelwurz, Sumpfwurz, *Epipactis palustris* (Mill.) Crantz, Pfl. 20–50 cm; B. länglich-lanzettlich, 1–2 cm br.; äußere 3 Bl.b. 10–12 mm lg., bräunlich, innere 2 Bl.b. kürzer, weiß; Lippe 10–12 mm lg., mit einem rundlichen, am Rand wellig gekerbten, weißen oder rosa geaderten Vorderglied; Bl.traube 8–15blütig. ✻ 6–8. Geschützt! △ Flachmoore, Moorwiesen; ziemlich selten. Fast ganz Europa, nördlich bis Südskandinavien. GefGr. 3!

5
2
3
4
1

Tafel 101 Gewässer, Moore, Sümpfe

Knabenkrautgewächse oder Orchideen / Orchidaceae

1 Sommer-Wendelorchis, *Spiranthes aestivalis* (Poir.) Rich., Pfl. 10–30 cm; St. am Grund mit schmal lanzettlichen, gelblichgrünen, netzadrigen 6–10 cm lg. B.; St.b. schuppenförmig; Bl.ähre locker; Bl. weiß und grünlich geadert, schraubig angeordnet, wohlriechend; Tragb. lanzettlich; Bl.b. 4–6 mm lg., Lippe länglich-eiförmig, vorne kreisförmig verbreitert, am Rand gekerbt. ✻ 7. Geschützt! △ Kalkreiche Flachmoore; selten. Mittel- und Südeuropa. GefGr. 1!

2 Kleingriffel, Einblatt, *Malaxis monophyllos* (L.) Sw. (*Microstylis m.* (L.) Lindb.), Pfl. 8–30 cm, mit meist 1 grundständigen, länglich-eiförmigen, 4–6 cm lg. B. und vielblütiger, lockerer Traube; Bl. klein, grünlichgelb; Tragb. lanzettlich, spitz; äußere 3 Bl.b. lanzettlich, die beiden seitlichen linealisch; Lippe eiförmig, plötzlich schmal zugespitzt, nach oben gestellt. ✻ 6–7. Geschützt! △ Auenwälder, Waldbäche, moorige, schattige Wiesen; selten. Nord- und Mitteleuropa, vor allem Alpen und Vorland, Schwarzwald. GefGr. 2! – Ähnlich ist die **Weichwurz, Weichorchis,** *Hammarbya paludosa* (L.)O. Kuntze (*Malaxis p.* (L.)Sw.), Pfl. 5–20 cm; B. zu 2–3, oval, das obere am größten, bis 3 cm lg.; Bl. klein, grünlichgelb; Lippe lanzettlich, löffelartig vertieft, nach oben gestellt. ✻ 7–8; Geschützt! Moorschlenken, Zwischenmoore; sehr selten; Nord- und Mitteleuropa. GefGr. 1!

3 Glanzorchis, Glanzstendel, *Liparis loeselii* (L.) Rich., Pfl. 6–20 cm, gelbgrün, mit 1–3 grundständigen, fettig glänzenden, lanzettlichen B. und 3–7 gelbgrünen, kleinen Bl.; Lippe 4–5 mm lg., elliptisch, rinnig gefaltet, am Rand klein gekerbt. ✻ 6–7. Geschützt! △ Kalkhaltige Flach- und Zwischenmoore, Quellsümpfe; selten. Nord- und Mitteleuropa, südlich bis Pyrenäen, Apennin und nördliche Balkanhalbinsel. GefGr. 2!

4 Sumpf-Knabenkraut, *Orchis palustris* Jacq., Pfl. 30–50 cm; B. lineal-lanzettlich, rinnig, bis 1 cm br., ungefleckt; Bl.stand 5–10 cm lg., lockerblütig; Tragb. häutig, 3–5nervig; Bl. dunkelrot, seitliche Bl.b. abstehend; Lippe 3lappig, 12–15 mm lg. ✻ 4–5. Geschützt! △ Flachmoore, Moorwiesen; selten. Mittel- und Südeuropa. GefGr. 1!

5 Fleischrotes Knabenkraut, *Dactylorhiza incarnata* (L.) Soó (*Orchis i.* L.), Pfl. 20–60 cm; St. hohl, kantig, mit 3–6 B.; B. gelbgrün, steif aufrecht, ungefleckt, unten am breitesten, an der Spitze kapuzenförmig; Tragb. krautig, kräftig; Bl. fleischfarben, selten gelblich; Lippe ungeteilt oder schwach 3teilig; Sporn kegelförmig, kürzer als der Fruchtknoten. ✻ 5–7. Geschützt! △ Sumpfwiesen, Flachmoore; zerstreut. Hauptsächlich Nord- und Mitteleuropa. GefGr. 3!

6 Breitblättriges Knabenkraut, *Dactylorhiza majalis* (Rchb.) Hunt. et Summ. (*O. latifolia* aut., *O. majalis* Rchb.), Pfl. 15–60 cm; B. br. lanzettlich, 5–10 cm lg., etwa in der Mitte am breitesten, meist gefleckt; Bl.stand dicht; Tragb. grün bis rot, länger als die Bl.; Bl. rot mit dunklen Flecken; äußere 2 Bl.b. abstehend; Lippe 3teilig, mit herabgeschlagenen Seitenlappen. ✻ 5–6. Geschützt! △ Naßwiesen, Quellsümpfe, Gräben, Flachmoore; verbreitet. Hauptsächlich Mitteleuropa, nördlich bis Südskandinavien, südlich bis Norditalien, Nordspanien. GefGr. 3!

3
2
4
1
6

Tafel 102 Gewässer, Moore, Sümpfe

Weidengewächse / Salicaceae

1 **Kriech-Weide,** *Salix repens* L., Zwergstrauch, 20–100 cm, mit unterirdisch kriechendem Stamm und niederliegenden, bogig aufsteigenden Ästen; B. schmal elliptisch oder lanzettlich, 1–5 cm lg., ganzrandig; Kätzchen 10–15 mm lg., kurz vor den B. erscheinend; Fruchtknoten gestielt, seidig-filzig. ✻ 4–5. (Sehr variabel und oft bastardierend). △ Moorwiesen, Magerrasen, Heiden; zerstreut. Fast ganz Europa.

Birkengewächse / Betulaceae

2 **Zwerg-Birke,** *Betula nana* L., Zwergstrauch, 20–70 cm; B. fast kreisrund, breiter als lg., stumpf gekerbt, etwa 1 cm br.; Kätzchen aufrecht, bis 1 cm lg. ✻ 4–6. Geschützt! △ Hochmoore, saure Torfböden, Kiefernmoore; sehr selten; Eiszeitrelikt. Nordeuropa, norddeutsche Tiefebene, Harz, Erzgebirge, Jura, Alpen und Vorland, Böhmer Wald, Karpaten. GefGr. 2!

3 **Strauch-Birke,** *Betula humilis* Zwergstrauch, 50–200 cm; B. eiförmig, ungleich gesägt, 2–3 cm lg., gestielt; junge Zweige drüsig behaart, ✻ 4–5. Geschützt! △ Birkenmoore, Übergangsmoore, Torfböden; selten; Eiszeitrelikt. Nordostdeutschland, Süddeutschland, Alpen und Vorland, Karpaten. GefGr. 3!

Knöterichgewächse / Polygonaceae

4 **Wasser-Knöterich,** *Polygonum amphibium* L., Pfl. 30–100 cm, Wasserform bis 300 cm; B. bei der Wasserform länglich-eiförmig, kahl mit herzförmigem Grund, bis 10 cm lg. gestielt, bei der Landform B. länglich-lanzettlich, behaart, am Grund abgerundet, kurz gestielt; B.stiel über der Mitte der B.scheide abgehend; Bl.stand dicht, gedrungen, walzlich; Bl. rosa; Staubb. 5. ✻ 6–9. △ Teiche, Gräben, Naßwiesen, feuchte Äcker, Röhricht- und Laichkrautgesellschaften; zerstreut. Europa.

Portulakgewächse / Portulacaceae

5 **Bach-Quellkraut,** *Montia fontana* L., Pfl. 10–30 cm, niederliegend bis aufsteigend oder im Wasser flutend; B. gegenständig, spatelförmig, 5–25 mm lg.; Bl. unscheinbar, weiß, zu 2–5; Kelchb. 2; Kronb. 3–5, 1–2 mm lg.; Staubb. 3. ✻ 6–8. (Sammelart mit mehreren Kleinarten, die sich an der Oberflächenstruktur und Größe der Samen unterscheiden lassen). △ Ufer, Gräben, Quellfluren, feuchte, saure Äcker; zerstreut. Europa.

Nelkengewächse / Caryophyllaceae

6 **Wassermiere, Wasserdarm,** *Myosoton aquaticum* (L.) Moench (*Malachium aquaticum* (L.) Fries), Pfl. 20–60 cm, liegend oder klimmend; St. 4kantig; B. gegenständig, ei-lanzettlich, spitz, mit herzförmigem Grund sitzend, 3–8 cm lg.; Kronb. 5, weiß, fast bis zum Grund 2teilig, 7–10 mm lg.; Griffel 5 (*Stellaria* hat 3 Griffel); Fruchtkapsel 5klappig aufspringend. ✻ 6–9. △ Ufer, Gräben, feuchte Lehm- und Schlammböden, Auenwälder; häufig. Fast ganz Europa.

7 **Gras-Sternmiere,** *Stellaria graminea* L., Pfl. 10–50 cm; St. schlaff; B. lineal-lanzettlich, grasgrün, 2–4 cm lg.; Kronb. 3–5 mm lg., weiß, fast bis zum Grund geteilt, so lg. wie die 3nervigen Kelchb.; Griffel 3; Fruchtkapsel 6klappig sich öffnend. ✻ 4–6. △ Flachmoorwiesen, Magerweiden, Wegränder; verbreitet. Europa.

8 **Moor-Sternmiere,** *Stellaria alsine* Grimm (*S. uliginosa* Murray), siehe S. 254.

5
2
3
1
♂
♀
7
6
8
4

Tafel 103 Gewässer, Moore, Sümpfe

Fortsetzung von S. 252: Pfl. niederliegend, lockerrasig, 10–30 cm; B. blaugrün, länglich eiförmig, spitz, fast sitzend, 1–2 cm lg., am Grund bewimpert; Kronb. 1–3 mm lg., weiß, bis zum Grund geteilt, kürzer als die Kelchb. ✻ 6–7. △ Quellfluren, Gräben, Waldwege; verbreitet. Europa, im Süden nur in den Gebirgen.

Seerosengewächse / Nymphaeaceae

1 **Weiße Seerose,** *Nymphaea alba* L., Wasserpfl. mit dickem Rhizom; B. schwimmend, rundlich, 10–30 cm lg.; Seitennerven gegen den Rand miteinander verbunden; B.stiele je nach Wassertiefe bis 3 m lg.; Bl. 10–12 cm br.; Kelchb. 4, grün; Kronb. 15–25, weiß, so lg. oder länger als die Kelchb.; Staubfäden der inneren Staubb. fadenförmig; Narbenscheibe flach, 12–24strahlig, meist gelb. ✻ 6–8. Geschützt! △ Nährstoffreiche, stehende oder langsam fließende Gewässer; zerstreut. Fast ganz Europa. – Ähnlich ist die **Glänzende Seerose,** *N. candida* Presl., aber Bl. 6–8 cm br., meist halbgeschlossen; Bl.b. kürzer als die Kelchb.; Staubfäden der inneren Staubb. lanzettlich; Narbenscheibe konkav, 6–14strahlig, rötlich; selten. Geschützt! GefGr. 2!

2 **Gelbe Teichrose, Mummel,** *Nuphar lutea* (L.)Sm., Wasserpfl. mit dickem, verzweigtem Rhizom; B. schwimmend, br. eiförmig, 10–30 cm lg., Seitennerven nicht miteinander verbunden; B.stiele bis 3 m lg.; Bl. 3–5 cm br.; Bl.b. 5, gelb, außerdem 7–24 spatelförmige, gelbe Nektarb.; Narbenscheibe 15–20strahlig, in der Mitte trichterförmig vertieft; Frucht birnenförmig. ✻ 6–8. Geschützt! △ Nährstoffreiche, stehende oder langsam fließende Gewässer bis in 4 m Wassertiefe; ziemlich häufig. Fast ganz Europa. – Ähnlich ist die **Kleine Teichrose,** *N. pumila* (Timm) DC., aber Bl. 2–3 cm br.; B. 5–12 cm lg.; Narbenscheibe 8–10strahlig, sternförmig ausgerandet, flach; nährstoffarme Moor- und Gebirgsseen, selten; Eiszeitrelikt. Geschützt! GefGr. 1!

Hornblattgewächse / Ceratophyllaceae

3 **Rauhes Hornblatt,** *Ceratophyllum demersum* L., Pfl. 50–100 cm, untergetaucht; B. quirlig, 1–2mal gabelteilig, Zipfeln linealisch, starr, dicht stachelig gezähnt, dunkelgrün; Bl. klein, einzeln in den B.achseln sitzend, 1geschlechtig; Bl.b. 6–12, grün; Frucht mit 2 Stacheln. ✻ 6–8. △ Stehende oder langsam fließende Gewässer, Altwasser, Teiche; ziemlich häufig. Bestäubung unter Wasser, Europa.

4 **Untergetauchtes Hornblatt,** *Ceratophyllum submersum* L., Pfl. 50–100 cm, untergetaucht; B. hellgrün, 3–4mal gabelteilig, bis 3 cm lg., Zipfeln weich, linealisch, fädlich, kaum gezähnt; Frucht stachellos. ✻ 6–8. △ Teiche, Altwasser, Laichkrautgesellschaften; selten. Mittel- und Südeuropa. GefGr. 2!

Hahnenfußgewächse / Ranunculaceae

5 **Sumpf-Dotterblume,** *Caltha palustris* L., Pfl. 15–40 cm; St. hohl, mehrblütig; B. herz- bis nierenförmig, gekerbt, dunkelgrün, glänzend, bis 15 cm br.; Bl.b. 5, innen glänzend, leuchtend gelb. ✻ 4–6. △ Sumpfwiesen, Ufer, Gräben, Auenwälder, in den Alpen bis über 2400 m; verbreitet, aber durch Entwässerungen mancherorts gefährdet. Europa.

4
3
5
2
1

Tafel 104 Gewässer, Moore, Sümpfe

Hahnenfußgewächse / Ranunculaceae

1 Flutender Hahnenfuß, *Ranunculus fluitans* Lamk., Pfl. bis 6 m lg., im Wasser flutend; Schwimmb. fehlend; Wasserb. fein zerteilt, 5–20 cm lg., mit parallel vorgestreckten, fadenförmigen Zipfeln, diese außerhalb dem Wasser pinselartig zusammenfallend; Bl. 1–2 cm br., weiß; Fruchtboden (fast) kahl. ✻ 6–8. △ Bäche, Flüsse, mit meist schnell strömendem, sauerstoffreichem Wasser; ziemlich häufig. Südschweden, Mitteleuropa, südlich bis Südfrankreich, Norditalien.

2 Wasser-Hahnenfuß, *Ranunculus aquatilis* L., Pfl. 10–20 cm; Schwimmb. rundlich, meist auf $^{2}/_{3}$ 3–5lappig, Abschnitte nochmals eingeschnitten; Wasserb. bis 5 cm lg., mehrfach 3teilig, zuletzt gabelig; Zipfeln im Wasser ausgebreitet, außerhalb dem Wasser pinselartig zusammenfallend; Bl. 1–2 cm br., Kronb. sich berührend oder überlappend, weiß. ✻ 5–8. △ Nährstoffreiche, stehende oder langsam fließende Gewässer; zerstreut. Europa. – Sehr ähnlich sind noch: **Schild-Hahnenfuß,** *R. peltatus* Schrank, aber Schwimmb. nur bis etwa zur Mitte 3teilig, Abschnitte grob gekerbt; Bl. 2–3 cm br.; zerstreut. – **Efeublättriger Hahnenfuß,** *R. hederaceus* L., Schwimmb. rundlich-nierenförmig, glänzend, mit 3–5 seichten, stumpfen Lappen; Wasserb. fehlend; St. kriechend, an den Knoten wurzelnd; Quellfluren, nasse Sandböden; selten. GefGr. 2! – **Brackwaser-Hahnenfuß,** *R. baudotii* Lloyd, Schwimmb. mit 3 tief keilförmigen Einschnitten; Kronb. 6–10 mm lg., am Grund gelb; Wasserb. vorhanden oder fehlend; Salz- und Brackwasser.

3 Spreizender Hahnenfuß, *Ranunculus circinatus* Sibth., Pfl. 50–100 cm; Zipfeln der Wasserb. starr, auch außerhalb dem Wasser nicht zusammenfallend; Zipfeln in 1 Ebene, am Grund 3teilig, dann mehrfach gabelig; Schwimmb. fehlend; Kronb. weiß, sich überlappend, 6–10 mm lg. ✻ 5–8. △ Nährstoffreiche Gewässer, Seerosenbestände; zerstreut. Fast ganz Europa. – Ähnlich ist der **Haarblättrige Hahnenfuß,** *R. trichophyllus* Chaix (*R. flaccidus* Pers.), aber B.zipfeln der Wasserb. nicht in einer Ebene, außerhalb des Wasser meist pinselartig zusammenfallend; Schwimmb. fehlend; Kronb. 3–6 mm lg., sich nicht überlappend; Pfl. meist brüchig; nährstoffreiche Gewässer, verbreitet.

4 Gift-Hahnfuß, *Ranunculus sceleratus* L., Pfl. 20–60 cm, kahl; St. hohl, gerieft; B. dicklich, glänzend, 3–5teilig; Bl. 5–10 mm br., blaßgelb; Kelchb. zurückgeschlagen; Früchtchen kahl, 1 mm lg., in walzigen, 6–10 mm lg. Köpfen. ✻ 6–10. Giftig! △ Gräben, Teichufer, Schlammböden; zerstreut. Europa.

5 Ufer-Hahnenfuß, *Ranunculus reptans* L., Pfl. 5–30 cm; St. fadenförmig, kriechend, an allen Knoten wurzelnd; B. lineal-lanzettlich bis spatelförmig, gestielt; 1–5 cm lg.; Bl. einzeln, 5–10 mm br. ✻ 6–8. △ Zeitweise überschwemmte Ufer, Flutmulden; ziemlich selten. Nord- und Mitteleuropa. GefGr. 2!

6 Zungen-Hahnenfuß, *Ranunculus lingua* L., Pfl. 50–150 cm; alle B. ungeteilt, ganzrandig oder schwach gezähnt, lanzettlich, bis 25 cm lg.; St. dick, hohl, aufrecht; Bl. 3–4 cm br. gelb. ✻ 6–8. Geschützt! Giftig! △ Ufer, Gräben, flache Gewässer, auf schlammigem Boden, Röhricht; selten. Fast ganz Europa. GefGr. 3!

5
4
6
3
2
1

Tafel 105 Gewässer, Moore, Sümpfe

Hahnenfußgewächse / Ranunculaceae

1 Brennender Hahnenfuß, *Ranunculus flammula* L., Pfl. 10–50 cm; untere B. elliptisch, obere lanzettlich, sitzend, bis 10 cm lg.; St. niederliegend bis aufsteigend, nur an den unteren Knoten wurzelnd (beim Ufer-Hahnenfuß, *R. reptans* L., St. an allen Knoten wurzelnd); Bl. 8–15 mm br. gelb. ✻ 6–10. Giftig! △ Sumpfwiesen, Gräben, Schlammböden, Erstbesiedler; verbreitet. Fast ganz Europa.

2 Eisenhutblättriger Hahnenfuß, *Ranunculus aconitifolius* L., Pfl. 20–60 cm; Grundb. 3–7teilig, lg. gestielt, Abschnitte br. eiförmig, ungleich gesägt, der Mittellappen kurz gestielt; St.b. sitzend; Bl. weiß, 1–2 cm br.; Bl.stiele behaart; St. mit gespreizten Ästen. ✻ 5–7. △ Staudenreiche Bergwälder, Bäche, Quellen, Hochstaudenfluren, in den Alpen bis 2600 m; zerstreut. Gebirge Mittel- und Südeuropa. – Ähnlich ist der **Platanen-Hahnenfuß,** *R. platanifolius* L., aber Abschnitte der B. schmäler, Mittellappen nicht gestielt; Bl.stiele kahl; St. mit aufrechten Ästen. ✻ 5–7; Hochstaudenfluren.

3 Trollblume, *Trollius europaeus* L., Pfl. 30–60 cm; B. handförmig geteilt, deren Abschnitte 3teilig, mit ungleichen Zipfeln; Bl. zu 1–3, kugelförmig, 3–5 cm br.; Bl.hüllb. 10–15, gelb. ✻ 5–7. Geschützt! △ Sumpfwiesen, Flachmoore, Bachränder, Bergwiesen; in den Alpen bis 2400 m; zerstreut. Nord- und Mitteleuropa, Gebirge Südeuropas. GefGr. 3!

Kreuzblütengewächse / Cruciferae oder Brassicaceae

4 Echte Brunnenkresse, *Nasturtium officinale* R. Br., Pfl. 30–80 cm; St. kriechend oder aufsteigend, hohl, verzweigt, kahl; B. gefiedert, mit größerer Endfieder, scharf schmeckend; Bl. weiß; Kronb. 4, 4–5 mm lg.; Staubbeutel gelb; Schoten 13–18 mm lg, deren Stiele 8–12 mm lg. ✻ 5–9. △ Bäche, Gräben, Quellen, in schnell fließenden, kühlen Gewässern; zerstreut. Europa. – Ähnlich ist das **Bittere Schaumkraut,** *C. amara* L., Pfl. 10–60 cm; St. markig, kantig; B. gefiedert, jederseits mit 4–10 ovalen Fiederb. und größerer Endfieder; Kronb. weiß (selten rötlich), 4–10 mm lg.; Staubbeutel purpurn; Schoten 2–4 cm lg. ✻ 4–6; Bachränder, Gräben, in Quellfluren und Erlenbruchwälder; verbreitet; fast ganz Europa, im Süden nur in den Gebirgen.

5 Gewöhnliche Sumpfkresse, *Rorippa palustris* (L.) Bess. (*R. islandica* aut.), Pfl. 15–50 cm; B. gefiedert, jederseits mit 3–7 schmal ovalen, unregelmäßig gezähnten Fiederb. und größerer Endfieder; Kronb. hellgelb, etwa so lg. wie die Kelchb.; Schoten 5–12 mm lg., gedunsen, so lg. wie ihre Stiele. ✻ 6–9. △ Ufer, Gräben, feuchte Äcker und Wege, Altwasser, Pionierpfl.; ziemlich häufig. Fast ganz Europa. – Ähnlich ist die **Wasser-Sumpfkresse** oder **Wasserkresse,** *R. amphibia* (L.) Bess., aber Krone goldgelb, länger als die Kelchb.; Grundb. fiederteilig; St.b. meist ungeteilt, elliptisch bis lanzettlich, ganzrandig oder gezähnt; Schoten eiförmig, 3–6 mm lg., ihre Stiele waagrecht abstehend, 2–3mal so lg.; Altwasser, Gräben, Ufer; zerstreut.

5
4
1
3
2

Tafel 106 Gewässer, Moore, Sümpfe

Sonnentaugewächse / Droseraceae

1 Rundblättriger Sonnentau, *Drosera rotundifolia* L., Pfl. 5–15 cm; B. in Rosetten, rund, lg. gestielt, mit lg. gestielten, reizbaren, klebrigen Drüsenhaaren (Tentakeln) und kurzen Verdauungsdrüsen zum Fangen und Verdauen von Insekten; Bl.stand wenigblütig; Kronb. 5, 4–6 mm lg., weiß. ✻ 7–8. Geschützt! △ Hoch- und Zwischenmoore, saure Torfböden, auf nacktem Torf, in Torfmoospolstern; zerstreut; durch Moorkultivierung seltener werdend. Nord- und Mitteleuropa, südlich bis Mittelspanien, Italien, Korsika, Balkanhalbinsel. GefGr. 3!

2 Langblättriger Sonnentau, *Drosera anglica* Huds., Pfl. 8–20 cm; B. länglich keilförmig, 1–4 cm lg., Bl.st. in der Mitte der B.rosette entspringend, aufrecht, 2–3mal länger als die B. ✻ 6–8. Geschützt! △ Schlenken von Hoch- und Übergangsmooren; selten. Nord- und Mitteleuropa, Alpen, Pyrenäen, Karpaten. GefGr. 2! – Ähnlich ist der **Mittlere Sonnentau,** *D. intermedia* Hayne, aber Pfl. 3–10 cm; B. 7–10 mm lg.; Bl.st. seitlich entspringend und bogenförmig aufsteigend, kaum länger als die B.; Hoch- und Übergangsmoorschlenken, Torfschlammböden; selten. Geschützt! GefGr. 3! – Häufig kommt hier auch *D. x obovata* Mert. et Koch, der Bastard aus *D. rotundifolia* und *D. anglica* vor, der sich durch senkrechte (nicht bogig) aufsteigende, gerade Bl.stengel von *D. intermedia* unterscheidet; Fruchtstand ohne Samen.

Steinbrechgewächse / Saxifragaceae

3 Fetthennen-Steinbrech, *Saxifraga aizoides* L., Pfl. 3–15 cm; B. fleischig, linealisch, stachelspitz, am Rand kurz bewimpert; Bl. zu 5–12, zitronengelb bis dunkelorange, oft mit orangeroten Punkten. ✻ 6-8. Geschützt! △ Quellfluren, Bachränder, überrieselter Fels und Schutt; in den Alpen über 3000 m; verbreitet. Nordeuropa, Alpen, Pyrenäen, Karpaten. - Der **Moor-Steinbrech.,** *S. hirculus* L., ebenfalls gelbblütig, aber Bl. nur zu 1-3; Kronb. 10-15 mm lg., gelb, 2-3mal so lg. wie die Kelchb., diese bald zurückgeschlagen; B. ei-länglich, 1-3 cm lg., allmählich in den B.stiel verschmälert, beiderseits flach, ganzrandig, am Grund braunrot behaart; Pfl. 10-40 cm; Übergangsmoore, Torfschlammböden; Eiszeitrelikt; sehr selten, vielerorts ausgestorben. Mittel- und Nordeuropa. Geschützt! GefGr. 1!

4 Sternblütiger Steinbrech, *Saxifraga stellaris* L., Pfl. 4–15 cm; B. in Rosetten, verkehrt eiförmig, keilig, vorne grob gezähnt, fleischig, glänzend; Bl.stand 3–15blütig; Kronb. 5 (selten 6), 2–3 mm lg., weiß, mit 2 gelben Punkten. ✻ 6–8. Geschützt! △ Nasse Böden, quellige Bachufer, überrieselte Felsen; in den Alpen bis 3000 m; verbreitet. Arktis, Gebirge Europas.

5 Sumpf-Herzblatt, *Parnassia palustris* L., Pfl. 10–30 cm; grundständige B. herzförmig, lg. gestielt; St.b. 1, st.umfassend; St. 1blütig; Bl. 1–3 cm br.; Kronb. 5, oval, weiß. ✻ 7-9. Geschützt! △ Flach- u. Quellmoore, Alpen auf wasserzügigen Schutthängen, bis über 2500 m; zerstreut. Europa, im Süden nur in Gebirgen. GefGr. 3!

Rosengewächse / Rosaceae

6 Bach-Nelkenwurz, *Geum rivale* L., Pfl. 20–100 cm; B. rundlich, auf $^2/_3$ oder bis zum Grund 3teilig, Lappen grob gezähnt; St. locker verzweigt, mehrblütig, abstehend behaart; Bl. 5–6zählig, nickend; Kelchb. rotbraun, lanzettlich, die äußeren kürzer; Kronb. außen rötlich, innen gelb. ✻ 5–6. △ Ufer, Quellen, Auenwälder, Alpen bis über 2000 m; häufig. Europa, im Süden hauptsächlich in den Gebirgen.

7 Blutauge, *Potentilla palustris* (L.)Scop. (*Comarum palustre* L.), siehe S. 262.

3
6
4
2
5
7
1

Fortsetzung von S. 260: Pfl. kriechend, bis 1 m weit; St. bogig aufsteigend, 15–30 cm hoch; B. gefiedert, mit 3–7 gesägten Fiederb., oberseits dunkelgrün, unterseits grau- bis blaugrün; Bl. dunkelpurpurn; Kronb. bleiben bis zur Fruchtreife, 3–8 mm lg., fein zugespitzt, halb so lang wie die trübpurpurnen Kelchb.; Außenkelch grün. * 6–7. △ Kalkfreie Flach- und Zwischenmoore, Hochmoorschlenken; in den Alpen bis etwa 2000 m; zerstreut.

Rosengewächse / Rosaceae

1 Blutwurz, *Potentilla erecta* (L.)Räusch., Pfl. kriechend, niederliegend bis aufsteigend, nie wurzelnd, 15–30 cm, mit verdicktem, innen rötlichem Rhizom; B. mit 3 keilförmigen, grob gezähnten Fiederb. und großen, fingerig gelappten Nebenb., dadurch B. scheinbar mehrzählig; St.b. sitzend oder nur 5 mm lg. gestielt; Bl. lg. gestielt, meist mit 4 gelben, ei-herzförmigen, 4–5 mm lg. Kronb. * 6–8. △ Moorwiesen, Heiden, Magerrasen, lichte Wälder; häufig. Heilpfl. Europa. – Ähnlich ist das **Englische Fingerkraut,** *P. anglica* Laich., siehe T. 150.

2 Mädesüß, *Filipendula ulmaria* (L.)Maxim., Pfl. 50–150 cm, mit großen, gefiederten B.; Fiederb. eiförmig, 4–6 cm lg., doppelt gesägt, oberseits dunkelgrün, unterseits hellgrün oder weißfilzig; Endfieder meist 3teilig; Bl. in dichten, reichblütigen Bl.ständen; Kronb. 5–6, rundlich bis eiförmig, 2–5 mm lg., gelblichweiß. * 6–7. △ Naß- und Moorwiesen, Gräben, Ufer, Auenwälder, Bachläufe; häufig. Europa.

3 Moltebeere, *Rubus chamaemorus* L., Pfl. 2häusig, 5–20 cm, mit unterirdisch kriechenden Trieben; B. herz-nierenförmig, mit 5–7 rundlichen, gezähnten Lappen und seichten Buchten; Nebenb. eiförmig, papierartig; St. stachellos; Bl. einzeln, endständig, weiß, 2 cm br.; Kronb. 5 oder zu mehreren, viel länger als die kurz drüsenhaarigen Kelchb.; Frucht hellrot bis orange, eßbar. * 5-6. Geschützt! △ Hoch- und Übergangsmoore; selten. Nordwestdeutschland, sonst hauptsächlich Nordeuropa. GefGr. 2!

4 *Rubus arcticus* L., Pfl. 10–20 cm, mit unterirdisch kriechenden Trieben; St. stachellos; B. 3zählig, mit eiförmigen, doppelt gesägten Fiederb.; Bl. zu 1–3, rosarot oder rot, 1,5–2,5 cm br.; Kronb. 5–7, oft gezähnt; Kelchb. unbehaart; Frucht dunkelrot. * 6-7. △ Torfmoore Nordeuropas.

1
2
3
4

Schmetterlingsblütengewächse / Fabaceae oder Papilionaceae

1 Sumpf-Platterbse, *Lathyrus palustris* L., Pfl. 30–100 cm; St. niederliegend oder kletternd, schmal geflügelt; B. mit 4 oder 6 lanzettlichen, 3–6 cm lg., 5nervigen Fiederb. und endständiger Ranke; B.stiele kaum geflügelt; Bl. zu 3–6; Krone 15–20 mm lg., schmutzigblau oder blauviolett. ✻ 7–8. △ Moorwiesen, Gräben, Großseggengesellschaften; ziemlich selten. Nord- und Mitteleuropa. GefGr. 3!

Storchschnabelgewächse / Geraniaceae

2 Sumpf-Storchschnabel, *Geranium palustre* L., Pfl. 30–80 cm, gabelig verzweigt, behaart, aber drüsenlos; B. 5–7teilig, Abschnitte unregelmäßig gezähnt oder eingeschnitten; Bl.stand meist 2blütig; Bl.stiele und Kelch anliegend behaart, drüsenlos (bei *G. pratense* und *G. sylvaticum* drüsenhaarig); Krone 3–4 cm br.; Kronb. gerundet, rotviolett. ✻ 6–9. △ Bäche, Gräben, Moorwiesen, Auengebüsch; zerstreut. Südskandinavien, Mittel- und Osteuropa, südlich bis Poebene.

Malvengewächse / Malvaceae

3 Echter Eibisch, *Althaea officinalis* L., Pfl. graufilzig, 50–120 cm; B. schwach 3–5lappig, graufilzig; Bl. in den B.achseln gebüschelt, 3–5 cm br., hellila; Außenkelchb. 7–9, lanzettlich, kürzer als die eiförmigen, spitzen Kelchb. ✻ 7–9. Geschützt! △ Gräben, nasse, salzhaltige Böden, Küsten; ziemlich selten; Arzneipfl. Mittel- und Südosteuropa. GefGr. 2!

Wassersterngewächse / Callitrichaceae

4 Gemeiner Wasserstern, *Callitriche palustris* L., Wasserpfl. 5–40 cm, mit fadenförmigem St. und rosettigen Schwimmb.; untergetauchte B. gegenständig, ganzrandig, linealisch bis eiförmig; Bl. klein, in B.achseln, ohne Bl.b. nur mit 2 sichelförmigen Vorb., 1 Staubb. und 1 Fruchtknoten. ✻ 5–10. (Sammelart mit mehreren, schwer unterscheidbaren Kleinarten). △ Stehende und fließende Gewässer, verbreitet. Europa. – Ähnlich ist der **Herbst-Wasserstern,** *C. hermaphroditica* L. (*C. autumnalis* L.), aber Bl. ohne Vorb.; Pfl. stets untergetaucht und ohne Schwimmb. ✻ 6–9; △ Stehende, kalkarme Gewässer; selten. Nord- und Mitteleuropa. GefGr. 4!

Veilchengewächse / Violaceae

5 Sumpf-Veilchen, *Viola palustris* L. Pfl. 3–10 cm; B. alle grundständig, herz-nierenförmig, glänzend; Bl. in den Achseln der grundständigen B., duftend, lila; Sporn gerade; seitliche Kronb. abwärts gerichtet; Kelchb. stumpf. ✻ 5–6. △ Saure, nährstoffarme Übergangsmoore, Gräben; verbreitet. Fast ganz Europa.

Weiderichgewächse / Lythraceae

6 Blut-Weiderich, *Lythrum salicaria* L., Pfl. 50–120 cm, aufrecht, am Grund verholzt; B. lanzettlich, bis 10 cm lg., gegen- oder zu 3 quirlständig; Bl. purpurrot, quirlständig, in lg. Ähre; Kronb. 6, 8–12 mm lg.; Staubb. 12, verschieden lg. ✻ 6–9. △ Naßwiesen, Gräben, Ufer, Seggenrieder, nasse Staudenfluren; verbreitet. Fast ganz Europa. – Ähnlich ist der **Ysop-Weiderich,** *L. hyssopifolia* L., aber B. lineallanzettlich, meist wechselständig, gegen die Spitze hin allmählich größer werdend; Bl. hellrot, zu 1–2 b.achselständig, am St. verteilt, dieser 5–30 cm, mit bogig aufsteigenden Seitenästen; Schlammufer, feuchte Äcker und Wege, Zwergbinsengesellschaften; selten; hauptsächlich Mittel- und Südeuropa; GefGr. 2!

5
3
6
2
4
1

Tafel 109 Gewässer, Moore, Sümpfe

Wassernußgewächse / Trapaceae

1 Wassernuß, *Trapa natans* L., Schwimmpfl. mit Schwimmb.rosette aus 5–30 rautenförmigen, lederigen B., 2–6 cm lg., vorne gezähnt, oberseits grün oder rot, unterseits braun, B.stiele aufgeblasen; Bl. 4zählig, weiß; Frucht eine Nuß mit 2–4 Dornen. ✻ 7–8. Geschützt! △ Kalkarme, sommerwarme, stehende Gewässer; selten. Wird z. B. für Bodensee, Rhein, Main, Weser, Elbe- und Odergebiet und für einige Seen der Alpensüdseite noch angegeben, aber durch Gewässerverschmutzung in der letzten Zeit vielerorts verschwunden. GefGr. 2!

Nachtkerzengewächse / Onagraceae

2 Vierkantiges Weidenröschen, *Epilobium adnatum* Griseb., Pfl. 30–100 cm; St. 2- oder 4kantig, ± kahl; B. gegenständig, länglich-lanzettlich, hellgrün, dicht gezähnelt; Kronb. 5–7 mm lg., rot; Narbe keulig (nicht 4spaltig). ✻ 7–8. △ Gräben, Ufer, nasse Staudenfluren, auch in feuchten Schuttstellen; zerstreut. Mittel- und Südeuropa, nördlich bis Südschweden, in den Alpen selten.

3 Rauhhaariges Weidenröschen, *Epilobium hirsutum* L., Pfl. 60–120 cm; St. ästig, abstehend behaart; B. 6–12 cm lg., scharf gezähnt, halbst.umfassend, weichhaarig; Krone 15–22 mm br., rotviolett; Narbe 4spaltig. ✻ 6–9. △ Gräben, Quellen, Ufer, nasse Staudenfluren; verbreitet. Fast ganz Europa. – Ähnlich ist das **Kleinblütige Weidenröschen,** *E. parviflorum* Schreb., aber Krone 6–10 mm br., B. schwach gezähnt, nicht st.umfassend.

Tausendblattgewächse / Haloragaceae

4 Ähriges Tausendblatt, *Myriophyllum spicatum* L., Pfl. untergetaucht oder flutend, 20–200 cm; B.quirle meist 4zählig; B. mit 13–35 gegenständigen, borstlichen Fiedern; Bl. etwa 3 mm br., rosa, 1- oder 2geschlechtig, in aufrechter, verlängerter Ähre; Tragb. kürzer als die Bl., im oberen Teil der Ähre nicht geteilt; Pfl. 1häusig. ✻ 6–8. △ Stehende oder langsam fließende, nährstoffreiche Gewässer bis in etwa 6 m Tiefe; verbreitet. – Ähnlich ist das **Quirlblütige Tausendblatt,** *M. verticillatum* L., aber B.quirl 5–6zählig; Tragb. der Ähre fiederteilig, länger als die Bl.; verbreitet. – Das **Wechselblütige Tausendblatt,** *M. alterniflorum* DC., hat 8–18 haarförmige Fiedern an den B., diese meist zu 4 im Quirl; Bl.ähre zuerst überhängend, oben mit wechselständig sitzenden Bl.; Kronb. gelb; nährstoffarme und kalkarme Gewässer; selten; GefGr. 2!

Tannenwedelgewächse / Hippuridaceae

5 Tannenwedel, *Hippuris vulgaris* L., Wasserpfl. 20–100 cm; St. meist aufrecht, unverzweigt, oft flutend; B. quirlständig, linealisch, untergetauchte B. schlaff, über dem Wasser stehende steif; Bl. klein, grün, b.achselständig, ohne Kronb., Staubb. 1, Fruchtknoten 1, unterständig. ✻ 6–8. △ Langsam fließende oder fast stehende, klare Gewässer; zerstreut. Europa.

Wassernabelgewächse / Hydrocotylaceae

6 Wassernabel, *Hydrocotyle vulgaris* L., Pfl. 10–40 cm; St. kriechend, fadenförmig, an den Knoten wurzelnd; B. kreisrund, schildförmig, gekerbt, 2–4 cm br.; Bl. weißlich, etwa 1 mm br., zu 3–5 in kopfiger Dolde, diese kurz gestielt. ✻ 7–8. △ Moorwiesen, Flachmoore, Gräben, Ufer; ziemlich selten. Fast ganz Europa.

2
3
6
5
4
1

Doldengewächse / Umbelliferae oder Apiaceae

1 Wasserschierling, *Cicuta virosa* L., Pfl. 60–120 cm, mit dickem, durch Querwände gekammertem Wurzelstock; B. 2–3fach gefiedert, Fiedern schmal lanzettlich, scharf gezähnt, bis 8 cm lg.; Dolde 15–25strahlig; Hüllb. 0–2; Hüllchenb. zahlreich, zuletzt zurückgeschlagen. ✻ 7–9. Giftig! △ Ufer, Gräben, Altwasser; zerstreut. Nord- und Mitteleuropa, südlich bis Poebene.

2 Aufrechte Berle, Wassersellerie, *Berula erecta* (Huds.) Cov. (*Sium erectum* Huds.), Pfl. 30–80 cm, mit Ausläufer; St. stielrund, gestreift; B. 1fach gefiedert, Fiedern ungleich, untere eiförmig, obere lanzettlich, grob gesägt, Endfieder oft 3teilig; Bl.dolde b.gegenständig; Frucht rundlich, 2 mm lg. ✻ 7–8. △ Bäche, Gräben, Teiche; verbreitet. Fast ganz Europa.

3 Breitblättriger Merk, *Sium latifolium* L., Pfl. ohne Ausläufer, 60–120 cm; St. kantig gefurcht; St.b. 1fach gefiedert, Abschnitte ei-lanzettlich, fein scharf gesägt, 3–6 cm lg., untergetauchte B. doppelt fiederteilig, mit linealischen Zipfeln; Bl.dolde endständig, 15–25strahlig; Frucht länglich-eiförmig, 4 mm lg. ✻ 7–8. △ Gräben, Ufer, nährstoffreiche Gewässer, ziemlich selten. Südskandinavien, Mittel- und Südeuropa.

4 Gewöhnlicher Wasserfenchel, Roßkümmel, Rebendolde, *Oenanthe aquatica* (L.) Poir., Pfl. 30–120 cm, mit dickem, schwammigem Rhizom und dünnen, büscheligen Wurzelfasern; B. 2–3fach gefiedert, Fiedern ei-lanzettlich, 4–6 mm lg.; untergetauchte B. selten, mit haarfeinen Zipfeln; Dolden kurz gestielt, b.gegenständig, 8–15strahlig; Hüllb. meist fehlend; Hüllchenb. zahlreich; Frucht etwa 4 mm lg. ✻ 6–8. △ Gräben, Tümpel, Altwasser, Sümpfe; zerstreut. Fast ganz Europa. – Ähnlich ist der **Fluß-Wasserfenchel,** *Oe. fluviatilis* (Bab.)Coleman, aber Pfl. 100–200 cm, zum größten Teil im Wasser flutend; B.fiedern 15–25 mm lg., schmal rauten- oder keilförmig, nochmals in Zipfeln zerteilt; Dolden b.gegenständig; Frucht 5–6 mm lg.; kalkarme, langsam fließende, klare Gewässer; selten; Rheinebene, Vogesen, Elsaß, England, Irland, Flandern, Jütland. GefGr. 0!

5 Röhriger Wasserfenchel, *Oenanthe fistulosa* L., Pfl. 30–60 cm, mit Ausläufern; St. und B.stiele röhrig; untere B. doppelt, obere B. 1fach fiederteilig, mit linealischen, oft 3spaltigen Fiedern; B.spreite viel kürzer als der B.stiel; Dolden endständig, 2–5strahlig; Hüllb. 0–2; Randbl. der Döldchen lg. gestielt und etwas größer, mittlere B. fast ungestielt; Frucht stumpfkantig, 3–4 mm lg. ✻ 6–7. △ Ufer, Gräben, Sümpfe; zerstreut. Südskandinavien, Mittel- und Südeuropa (westlich). GefGr. 3! – Ähnliche Arten mit endständigen Dolden sind: **Lachenal's- oder Wiesen-Wasserfenchel,** *Oe. lachenalii* C. C. Gmelin, Pfl. 40–60 cm, ohne Ausläufer; St. markig, kantig gefurcht; Dolden 5–12strahlig; Hüllb. 4–6; Hüllchenb. so lg. wie die Bl.stiele; Kronb. bis zur Mitte 2spaltig; obere St.b. 1fach gefiedert, Fiedern ei-lanzettlich, 2–4 cm lg. und bis 2 mm br.; untere B. mit ei- oder keilförmigen Zipfeln; Salzwiesen, Großseggengesellschaften; zerstreut; Rheinebene, Norddeutschland, Südschweden, Westeuropa. GefGr. 2! – **Haarstrang-Wasserfenchel,** *Oe. peucedanifolia* Pollich, Pfl. 30–60 cm; Wurzel rübenförmig; Hüllb. 0–1; Hüllchenb. kürzer als die Bl.stiele; Kronb. zu 1/3 2spaltig; alle B. mit linealischen Zipfeln; kalkarme Moorwiesen; selten; Rhein-, Nahe-, Lahn- und oberes Wesertal, nördlich bis Holland, Südwesteuropa. GefGr. 2!

3
5
1
2
4

Tafel 111 Gewässer, Moore, Sümpfe

Doldengewächse / Umbelliferae oder Apiaceae

1 **Sumpf-Haarstrang,** *Peucedanum palustre* (L.) Moench, Pfl. 80–150 cm; St. röhrig, kantig gefurcht; B. 2-3fach gefiedert, Zipfel lineal-lanzettlich, 1-2 mm br. weiß bespitzt; Dolde 15–30strahlig; Hüllb. und Hüllchenb. br.hautrandig; Frucht eiförmig, 3–5 mm lg. ✻ 7–8. △ Ufer, Moore, Sümpfe, Erlenbrüche; zerstreut. Hauptsächlich Mitteleuropa, südlich bis Norditalien, Südfrankreich.

Krähenbeerengewächse / Empetraceae

2 **Schwarze Krähenbeere,** *Empetrum nigrum* L., Zwergstrauch, 15–50 cm, ausgedehnte Teppiche bildend; Pfl. 2häusig; B. wintergrün, nadelförmig, 3–4mal so lg. wie br., parallelrandig, unterseits mit sehr schmaler, weißer Rinne; Triebe jung rötlich, später rotbraun; Bl. einzeln, 1geschlechtig, an Kurztrieben, unscheinbar, 3zählig, rosa oder purpurn; Frucht eine schwarzglänzende, kugelige Beere, genießbar, aber bitter. ✻ 4–5. △ Torfmoore, Dünen, Heiden, Nadelwälder; kalkmeidend; zerstreut. Nordeuropa. Norddeutschland, deutsche Mittelgebirge, in den Alpen fehlend. - Sehr ähnlich ist die **Zwittrige Krähenbeere,** *E. hermaphroditum* (Lange) Hagerup, aber Pfl. 1häusig; Bl. 2geschlechtig; am Grund der Früchte daher meist vertrocknete Staubb. vorhanden; B. 2-3mal so lg. wie br., oval, unterseits mit breiterer, weißer Rinne; junge Triebe grün, ältere braun; in den Alpen bis 3000 m; Nord- und Mitteleuropa, Alpen, Pyrenäen, Apennin, Gebirge der Balkaninsel.

Heidekrautgewächse / Ericaceae

3 **Sumpf-Porst,** *Ledum palustre* L., Strauch 50–150 cm, stark duftend; B. immergrün, lederig, linealisch, etwa 3 cm lg., 3 mm br., unterseits wie die jungen Zweige rostfilzig; Bl. weiß, in Dolden; Kronb. 5, frei; Fruchtknoten unterständig. ✻ 5–7. Giftig! Heilpfl., Geschützt! Kalkfreie Kiefernmoore, Hoch- und Übergangsmoore; selten. Hauptsächlich Norddeutschland und nördliches Europa. GefGr. 2!

4 **Rosmarinheide,** *Andromeda polifolia* L., Pfl. 10–30 cm; Zweige bogig aufsteigend; B. immergrün, schmal lanzettlich, Rand umgerollt, oberseits dunkelgrün, unterseits grau bis blaugrün; Bl. zu 2–8, rosa, nickend; Krone kugelig; Staubb. 10, in der Krone eingeschlossen. ✻ 5–8. Giftig! △ Hoch- und Übergangsmoore; zerstreut. Nord- und Mitteleuropa, Alpen, Karpaten, Pyrenäen. GefGr. 3!

5 **Gemeine Moosbeere,** *Oxycoccus palustris* Pers. (*Vaccinium oxycoccus* L.), Pfl. mit fadenförmigen, 10–80 cm lg., kriechenden Zweigen; B. immergrün, eiförmig, 4–8 mm lg., in der Mitte oder im unteren Drittel am breitesten; Bl.stiele rot, fein behaart; Krone rosa, Kronzipfel zurückgeschlagen; Staubfäden außen kahl; Beere kugelig, rot, 8–10 mm br. ✻ 6–8. △ Hochmoorbulte, zwischen Torfmoosen; ziemlich selten. Nord- und Mitteleuropa. – Sehr ähnlich ist die **Kleinfrüchtige Moosbeere,** *O. microcarpus* Turcz. (*Vaccinium microcarpum* (Turcz.) Hooker), aber Bl.stiele kahl; Bl. meist einzeln; Staubfäden ringsum behaart; B. 3-5 mm lg., im untersten Viertel am breitesten; Hochmoorbulte; selten. GefGr. 4!

6 **Heidekraut,** *Calluna vulgaris* (L.) Hull, Pfl. 30–100 cm; B. immergrün, 4zeilig, dachziegelig, lineal-lanzettlich, 1–4 mm lg.; Bl. in 1seitswendigen, dichten Trauben; Bl. mit 4blättrigem Außenkelch und 4 blaßvioletten bis weißlichen, freien Kelchb.; Kronb. 4, verwachsen; gleichfarbig wie die Kelchb.; Staubb. 8. ✻ 8–10. △ Heiden, Magerrasen, Moore, Kiefern- und Eichenwälder; verbreitet. Europa.

7 **Glocken-Heide,** *Erica tetralix* L., siehe S. 272.

5
2
1
4
3
6
7

Heidekrautgewächse / Ericaceae

Fortsetzung von S. 270: Pfl. 15–50 cm; B. nadelförmig 3–5 mm lg., steifhaarig bewimpert, zu 3–4 quirlständig; Bl.stand kopfig, 5–15blütig; Krone rot, 6–8 mm lg.; Staubb. in der Krone eingeschlossen. ✻ 6–9. △ Hochmoore, Torfböden; selten. Hauptsächlich Westeuropa, Norddeutschland, Schwarzwald.

1 **Erica ciliaris** L., 30–80 cm, ähnlich *E. tetralix,* aber B. eiförmig bis ei-länglich, 2–4 mm lg., zu 3 quirlständig, drüsenhaarig, lg. bewimpert; Zweige abstehend behaart; Bl. in verlängerten 5–12 cm lg., 1seitswendigen Trauben; Krone tiefrot, 8–10 mm lg., krugförmig, schwach gekrümmt, Kelch behaart; Staubb. ohne Anhängsel, in der Krone eingeschlossen (*E. tetralix* hat Staubb. mit schmalen Anhängseln). ✻ 7–9. △ Moore, Heiden, lichte Kiefernwälder; kalkmeidend. Westeuropa, nördlich bis Westirland.

2 **Grau-Heide,** *Erica cinerea* L., Aufrechter Zwergstrauch, 20–60 cm, mit linealischen, dunkelgrünen, kahlen, 4–6 mm lg. B. zu 3 im Quirl; B.rand umgerollt; Bl. violettrot, in dichten, quirligen, 1–7 cm lg. Trauben; Krone 5–6 mm lg., die Staubbeutel einschließend, diese mit kurzen Anhängseln; Kelch kahl. ✻ 6–8. △ Moore, Heiden, lichte, felsige Wälder; kalkmeidend. West und Nordeuropa, Nordwestdeutschland (sehr selten). GefGr. 1!

3 **Blauheide,** *Phyllodoce coerulea* (L.)Bab., Zwergstrauch, 10–30 cm; B. dicht gedrängt, wechselständig, linealisch, immergrün, lederig, 6–10 mm lg., unterseits behaart; B.rand umgerollt; Kelchb. und Kronb. 5; Krone flaschenförmig, 7–8 mm lg., blauviolett, purpurn, kurz 5zähnig; Bl. an dünnen, rötlichen, drüsenhaarigen Stielen zu 2–6 in lockeren Trauben. ✻ 6–7. △ Heiden, lichte, felsige Wälder, Torfböden; hauptsächlich in den Gebirgen; kalkmeidend; Nordeuropa, isoliertes Vorkommen in den Pyrenäen.

4 **Vierkantige Moorheide,** *Cassiope tetragona* (L.)D.Don, Zwergstrauch, 10–30 cm; B. dicht, dachziegelig, 4zeilig angeordnet, stumpf, 3–5 mm lg., unterseits mit tiefer Längsfurche; Bl. einzeln, b.achselständig; Krone glockenförmig, 5–7 mm lg., weiß, mit rosafarbenen Zipfeln oder reinweiß; Bl.stiele kahl; Frucht eine Kapsel. ✻ 7–8. △ Heiden, Tundra. Hauptsächlich Gebirge Nordeuropas, Arktis. – Ähnlich ist *C. hypnoides* (L.)D.Don., aber B. spitz, nadelförmig, wechselständig, unterseits nicht gefurcht; Bl. endständig, weiß, halbkugelig; Bl.stiele kurzhaarig; Schneeböden, Tundra, Heiden. Gebirge Nordeuropas.

Primelgewächse / Primulaceae

5 **Salzbunge,** *Samolus valerandi* L., Pfl. 10–50 cm, mit grundständiger B.rosette; obere B. wechselständig, verkehrt eiförmig, ganzrandig, 1–8 cm lg.; Bl. winzig, 2–3 mm br.; Krone glockenförmig, weiß, mit 5 gerundeten Zipfeln. ✻ 6–8. △ Salzreiche Schlickböden, Küsten, Teichböden; an den Küsten verbreitet, sonst selten. Fast ganz Europa. GefGr. 2!

2
5
3
1
4

Tafel 113 Gewässer, Moore, Sümpfe

Primelgewächse / Primulaceae

1 Mehl-Primel, *Primula farinosa* L., Pfl. 10–15 cm; B. in grundständiger Rosette, oberseits dunkelgrün, unterseits weiß bestäubt, meist unregelmäßig gezähnt; Bl. 10–15 mm br., rosa oder rotviolett, in aufrechter Dolde. ✻ 5–7. Geschützt! △ Kalkflachmoore, Sumpfwiesen, quellige Stellen, alpine Steinrasen. In den Alpen und im Vorland verbreitet, sonst selten, durch Entwässerungen vielerorts verschwunden. Nordeuropa, Nordbayern, Bodensee, Jura, Alpen und Vorland, Pyrenäen, Karpaten. GefGr. 3!

2 Wasserfeder, *Hottonia palustris* L., Wasserpfl. 20–50 cm; B. untergetaucht, kammartig bis auf den Mittelnerv fiederteilig, in Rosetten; Bl.schaft aufrecht, über dem Wasser; Bl. weiß oder rötlich, innen am Grund gelb. ✻ 5–6. Geschützt! △ Mäßig nährstoffreiche, flache, stehende Gewässer, über torfigen Schlammböden, Altwässer, Gräben, Moorseen, oft mit Wasserschlauch (*Utricularia*) und Arten der Schwimmblattgesellschaften; selten. Fast ganz Europa, nördlich bis Südskandinavien. GefGr. 3!

3 Strauß-Gilbweiderich, *Lysimachia thyrsiflora* L., Pfl. aufrecht, 30–60 cm; B. lanzettlich, sitzend, kreuzweis gegenständig; Bl. in dichten, gestielten Trauben in den Achseln der mittleren St.b. stehend; Kronb. 5–6, schmal lanzettlich, 4–5 mm lg., gelb, gegen die Spitze rot punktiert. ✻ 5–6. △ An Ufern von Teichen oder langsam fließenden Gewässern, auf nassen, oft überschwemmten, torfigen Böden; selten. Europa. GefGr. 3!

4 Gewöhnlicher Gilbweiderich, *Lysimachia vulgaris* L., Pfl. 50–150 cm; St. rundlich, zottig; B. gegenständig oder zu 3 quirlständig, ei-lanzettlich, bis 14 cm lg., drüsig punktiert; Bl. in kurzen, gestielten Trauben oder Rispen; Kronb. oval, 7–12 mm lg., gelb; Kronzipfel am Rand kahl; Kelchzipfel rötlich berandet. ✻ 6–8. △ Quellen, Gräben, Ufer, Streuwiesen, Erlenbruch- und Auenwälder; verbreitet. Europa. – Ähnlich ist der **Drüsige Gilbweiderich** oder **Tüpfelstern,** *L. punctata* L., aber Kronzipfel drüsig bewimpert; Kelchzipfel grün; St. 4kantig, drüsig-weichhaarig; B. zu 3–4 quirlständig, lanzettlich-eiförmig, bis 10 cm lg. ✻ 6–8; Zierpfl. und gelegentlich an Ufern und in Auenwäldern verwildert; Ost- und Südosteuropa, Ostbayern, Ostalpen.

1
2
3
4
2

Tafel 114 Gewässer, Moore, Sümpfe

Fieberkleegewächse / Menyanthaceae

1 Seekanne, *Nymphoides peltata* (Gmelin) Kuntze (*Limnanthemum nymphoides* Link), Pfl. 80–150 cm; St. flutend; B. rundlich-herzförmig, wie kleine Seerosenb.; Bl. gelb, 3–5 cm br., innen bärtig, lg. gestielt, über die Wasseroberfläche ragend. ✻ 7–8. Geschützt! △ Stehende oder langsam fließende, nährstoffreiche Gewässer mit etwa 50–150 cm Tiefe, in Schwimmblattgesellschaften, meist in tieferen, sommerwarmen Lagen; ziemlich selten. Mittel- und Südeuropa. GefGr. 3!

2 Fieberklee, Bitterklee, *Menyanthes trifoliata* L., Pfl. 15–30 cm, mit dickem, lg. kriechendem Rhizom; B. kleeartig, 3zählig; Bl. weiß oder rötlich, bärtig, in aufrechter Traube. ✻ 4–5. Geschützt! △ Flach- und Quellmoore, Moorschlenken und verlandete Teiche; zerstreut bis selten; Heilpfl. Nord- und Mitteleuropa, Gebirge Südeuropas. GefGr. 3!

Enziangewächse / Gentianaceae

3 Lungen-Enzian, *Gentiana pneumonanthe* L., Pfl. 15–50 cm, ohne grundständige B.rosette; B. linealisch, bis 5 cm lg., meist 1nervig; Bl. in den Achseln der obersten B.; Krone eng glockenförmig, 5teilig, blau, innen mit 5 grün punktierten Streifen. ✻ 7–9. Geschützt! △ Moorwiesen, Flachmoore; ziemlich selten. Europa, nördlich bis Südskandinavien, im Süden nur in den Gebirgen. GefGr. 3!

4 Blauer Sumpfstern, Moorenzian, Tarant, *Swertia perennis* L., St. 15–40 cm, einfach, aufrecht; B. oval, untere gestielt, obere sitzend; Bl. 2–3 cm br., schmutzig blau, dunkel punktiert, in Trauben oder Rispen; Bl.stiele 4kantig, geflügelt. ✻ 6–8. Geschützt! △ Kalkhaltigen Flach- und Quellmoore; bis etwa 1500 m; selten. Alpen und Vorland, Gebirge Mittel- und Südeuropas. GefGr. 2!

Röte- oder Krappgewächse / Rubiaceae

5 Sumpf-Labkraut, *Galium palustre* L., Pfl. 15–80 cm; St. dünn, von gekrümmten, feinen Stacheln rauh; B. schmal ei-lanzettlich, vorne breiter, stumpf, 1nervig, zu 4–6 im Quirl, getrocknet schwärzlich; Bl.stand locker; Krone 4zipfelig, weiß, 3–5 mm br.; Staubbeutel purpurn; Frucht fast glatt. ✻ 5–9. △ Röhrichte, Naßwiesen, Gräben, Ufer, Erlenbrüche; verbreitet. Fast ganz Europa. – Ähnlich ist das **Moor-Labkraut,** *G. uliginosum* L., aber B. lineal-lanzettlich, stachelspitzig; Staubbeutel gelb; Frucht feinkörnig-rauh. Moorwiesen.

6 Nordisches Labkraut, *Galium boreale* L., Pfl. 30–50 cm; St. steif, aufrecht; B. zu 4 quirlständig, derb., lanzettlich, stumpf, 3nervig; Bl.stand pyramidenförmig; Krone 4zählig, weiß, 3–5 mm br. ✻ 6–8. △ Flachmoore, Magerwiesen, Auenwiesen, auch Kiefern- und Eichenwälder; zerstreut. Nord- und Mitteleuropa, Gebirge Südeuropas.

1
3
4
5
6
2

Tafel 115 Gewässer, Moore, Sümpfe

Borretschgewächse / Boraginaceae

1 Sumpf-Vergißmeinnicht, *Myosotis palustris* L., Pfl. 20–100 cm; St. stumpfkantig, dicht beblättert, schief aufwärts oder waagrecht-abstehend behaart; B. länglich-eiförmig, 2–10 cm lg., 5–20 mm br., behaart; Bl.stand ohne B.; Krone 4–8 mm br., blau; Kelch spärlich angedrückt behaart, Haare nie hakig. ✻ 5–9. △ Naßwiesen, Gräben, Ufer; verbreitet. Europa.

2 Gemeiner Beinwell, *Symphytum officinale* L., Pfl. 30–100 cm; B. schmal lanzettlich, obere bis zum nächsten B. am St. herablaufend, St. daher br. geflügelt; Bl. rotviolett oder gelblichweiß, innen, zwischen den Staubb. mit 5 spitzen Schlundschuppen. ✻ 5–7. Arzneipfl. △ Naß- und Moorwiesen, Ufer, Auenwälder; verbreitet. Fast ganz Europa.

Lippenblütengewächse / Labiatae oder Lamiaceae

3 Sumpf-Helmkraut, *Scutellaria galericulata* L., Pfl. 10–40 cm; B. oval bis lanzettlich, seicht gezähnt; Bl. in 1seitswendigen Paaren in den Achseln der oberen B.; Krone 12–20 mm lg., blau, kürzer als die Tragb.; Kronröhre aufwärts gekrümmt. ✻ 6–9. △ Naßwiesen, Gräben, Ufer, Verlandungsgesellschaften; verbreitet. Europa. – Auch in Moorwiesen und an Ufern, im Aussehen ähnlich ist das **Spießblättrige Helmkraut,** *S. hastifolia* L., aber B. ganzrandig, untere B. spießförmig; Krone 20–22 mm lg., länger als die Tragb.; selten. GefGr. 1! – Das **Kleine Helmkraut,** *S. minor* Huds., hat 6–7 mm lg., rotviolette Bl. mit gerader Kronröhre; Feuchtwiesen, Bruchwälder, kalkmeidend; selten. GefGr. 3!

4 Ufer-Wolfstrapp, Wolfsfuß, *Lycopus europaeus* L., Pfl. 20–80 cm; B. lanzettlich, tief und grob gezähnt, untere B. fiederteilig; Bl. quirlartig in den B.achseln der oberen B. paare sitzend; Kelchzähne 5, steif, langspitzig; Krone 4–6 mm lg., weiß. ✻ 7–8. △ Ufer, Gräben, Erlenbruchwälder; ziemlich häufig. Europa.

5 Wasser-Minze, *Mentha aquatica* L., Pfl. 20–80 cm, aromatisch riechend, mit unterirdischen und lg., oberirdischen, beblätterten Ausläufern; B. eiförmig, gesägt; Bl. in einem endständigen, kopfigen Bl.stand und darunter quirlartig in den Achseln der obersten B.paare; Krone 5–7 mm lg., rosa oder lila; Kelch gleichmäßig 5zähnig (bei der **Polei-M.,** *M. pulegium* L., Kelch ungleich 5zähnig, fast 2lippig.) ✻ 7–9. △ Ufer, Gräben, Naßwiesen, Röhrichte, Großseggengesellschaften; häufig. Europa.

6 Roß-Minze, *Mentha longifolia* (L.) Huds., Pfl. 30–80 cm; St. behaart; B. länglich-lanzettlich, 6–10 cm lg., scharf gesägt, unterseits filzig behaart; Bl.stand ährenförmig, schlank; Kelch dicht behaart, 5zähnig; Krone 3–4 mm lg., rosa oder rötlichlila. ✻ 7–9. △ Ufer, Naßweiden, Quellfluren; ziemlich häufig. Mittel- und Südeuropa, nördlich bis Großbritanien. – Ähnlich sind noch: **Rundblättrige Minze,** *M. rotundifolia* (L.)Huds., aber B. rundlich-eiförmig, kerbig gesägt, unterseits filzig; Krone hellila oder fast weiß; Gräben, Ufer, feuchte Äcker; ziemlich selten. – **Grüne** oder **Ähren-Minze,** *M. spicata* L., Pfl. 30–80 cm; B. kahl oder nur auf den Nerven behaart, beiderseits grün, länglich-lanzettlich, scharf gesägt; St. kahl, oft rot überlaufen; Bl.stand schlank; Kulturpfl. und gelegentlich verwildert, ursprünglich wahrscheinlich Südeuropa.

2
3
4
1
6
5

Tafel 116 Gewässer, Moore, Sümpfe

Braunwurzgewächse / Scrophulariaceae

1 Bach-Ehrenpreis, Bachbunge, *Veronica beccabunga* L., Pfl. 20–60 cm, fleischig; B. br. elliptisch bis rundlich, 1–4 cm lg., kurz gestielt, unregelmäßig stumpf gesägt; Bl. in gegenständigen Trauben; Krone himmelblau. ✻ 5–9. △ Ufer, Gräben, Quellen; verbreitet. Europa. – Ähnlich ist der **Wasser-Ehrenpreis,** *V. anagallis-aquatica* L., aber B. länglich-lanzettlich, mit schwach herzförmigem Grund sitzend, fast ganzrandig; Krone blaßlila, rotviolett geadert; Bachröhricht, Gräben.

2 Alpenhelm, Bartschie, *Bartsia alpina* L., Pfl. 5–15 cm; St. kraushaarig; B. eiförmig, mit herzförmigem Grund, stumpf gezähnt, obere B. schmutzig violett; Bl. einzeln in den obersten B.; Krone 2lippig, 15–20 mm lg., dunkelviolett, drüsenhaarig; Kelch 4teilig. ✻ 6–8. △ Quellmoore, Zwergstrauchheiden, in den Alpen bis über 2500 m; verbreitet, in der Ebene selten. Nordeuropa, Mittelgebirge Mitteleuropas, Alpen, Pyrenäen, Karpaten, Gebirge der Balkanhalbinsel.

3 Sumpf-Läusekraut, *Pedicularis palustris* L., Pfl. 20–50 cm; St. einzeln, aufrecht, ästig, nur oben mit Bl.; B. kahl, tief fiederteilig; Kelch 2lippig, 5zähnig; Krone hellpurpurn, Oberlippe dunkler, Unterlippe bewimpert, so lg. wie die Oberlippe. ✻ 5–7. Geschützt! △ Flach- und Übergangsmoore, Torfböden; zerstreut. Fast ganz Europa, außer Mittelmeerraum. GefGr. 3! – Ähnlich ist das **Wald-Läusekraut,** *P. sylvatica* L., aber Pfl. mit mehreren, niederliegenden-aufsteigenden St., auch unten mit Bl.; Unterlippe kahl, kürzer als die Oberlippe; Flach- und Quellmoore. Geschützt!

4 Karlszepter, *Pedicularis sceptrum-carolinum* L., Pfl. 30–100 cm, stattlichste Art der Gattung; B. 10–30 cm lg., bis auf den Mittelnerv fiederteilig; Bl.stand locker, lang; Krone hellgelb, 3 cm lg.; Unterlippe rot gerandet, Oberlippe sichelförmig. ✻ 6–8. Geschützt! △ Moorwiesen, Flachmoore; selten. Nord- und Mitteleuropa. GefGr. 1!

Wasserschlauchgewächse / Lentibulariaceae

5 Alpen-Fettkraut, *Pinguicula alpina* L., Pfl. 5–15 cm; B. in grundständiger Rosette, fleischig, 3–6 cm lg., sich vom Rand her einrollend, mit Kleb- und Verdauungsdrüsen zum Fangen und Verdauen von Insekten; Bl. weiß, mit kurzem, kegelförmigem Sporn. ✻ 5–7. Geschützt! △ Quell- und Flachmoore, feuchte, bemooste Felsen, von der Ebene bis 2700 m; zerstreut bis selten. Hauptsächlich Alpen und Vorland, Pyrenäen, Skandinavien. GefGr. 3!

6 Gemeines Fettkraut, *Pinguicula vulgaris* L., Pfl. wie Nr. 5, aber Bl. blauviolett, mit schlankem pfriemlichem Sporn. ✻ 5–7. Geschützt! △ Flach- und Quellmoore, feuchte Böden; von der Ebene bis etwa 2000 m; zerstreut bis selten. Hauptsächlich Nordeuropa und Gebirge Mitteleuropas. GefGr. 3!

7 Gewöhnlicher Wasserschlauch, *Utricularia vulgaris* L., Pfl. meist frei schwimmend, untergetaucht, 10–200 cm lg., nur Bl. über dem Wasser; B. 2–8 cm lg., mehrfach in haarförmige Abschnitte zerteilt, daran 1–4 mm große Fangbläschen oder Schläuche zum Einfangen von Plankton (zusätzliche Ernährung); Bl. zu 3–15 in Trauben, leuchtend gelb, 13-20 mm lg. ✻ 6-8. △ Stehende oder langsamfließende, meist nährstoffreiche Gewässer, Gräben; zerstreut bis selten. Europa.

8 Mittlerer Wasserschlauch, *Utricularia intermedia* Hayne, siehe Seite 282.

4
3
1
2
5
8
6
7

Fortsetzung von S. 280: Pfl. 10–20 cm, mit farblosen Schlammsprossen im Boden verankert und mit grünen, untergetauchten Wassersprossen; Fangblasen nur an den Schlammsprossen; B. der Wassersprosse im Umriß rundlich, 5–20 mm lg., mit bandförmigen, 0,5 mm br. Zipfeln, diese auf jeder Seite mit 2–10 Wimperborsten und vorne mit aufgesetzter Spitze; Bl. (selten) mit walzlichem, 1 cm lg. Sporn. ✻ 7–8. Geschützt! △ Moorschlenken von Flach- und Übergangsmooren, auf Torfschlamm, in 10–50 cm Wassertiefe; zerstreut. Mittel- und Nordeuropa südlich bis Norditalien, Pyrenäen. GefGr. 2! – An ähnlichen Standorten wächst auch der **Kleine Wasserschlauch,** *U. minor* L., B.zipfel allmählich zugespitzt, ohne Wimperborsten; Bl. zu 2–6, blaßgelb, braungestreift; Seitenränder der Unterlippe nach unten gebogen; zerstreut. Fast ganz Europa. Geschützt! GefGr. 3!

Wegerichgewächse / Plantaginaceae

1 **Strandling,** *Littorella uniflora* (L.) Achers., Pfl. 5–10 cm, mit grasartigen, linealischen, meist aufrechten B. in grundständiger Rosette und dünnen, oberirdischen Ausläufern; Bl. 1geschlechtig, trockenhäutig; ♂ Bl. einzeln an lg. Stiel, mit 4teiliger, 6–8 mm lg. Krone; ♀ Bl. meist zu 2, am Grund des Stieles der ♂ Bl. sitzend. ✻ 6–8. △ Sandige, flache Ufer, ziemlich nährstoffarme Seen und Teiche, bis in 2 m Tiefe; ziemlich selten (besonders im Süden). Fast ganz Europa. GefGr. 2!

Baldriangewächse / Valerianaceae

2 **Echter Baldrian,** *Valeriana officinalis* L., Pfl. 30–150 cm; B. gegenständig, alle B. gefiedert, mit 7–13 lanzettlichen, gesägten oder ganzrandigen Fiederb.; Bl.stand dicht, schirmförmig; Krone 3–6 mm br., rosa. ✻ 6–8. Sehr formenreiche Art mit vielen Kleinarten. △ Moorwiesen, Ufer, Gräben, Auenwälder, Hochstaudenfluren; verbreitet. Die Gesamtart fast ganz Europa, die Kleinarten meist auf kleinere Gebiete beschränkt.

3 **Sumpf-Baldrian,** *Valeriana dioica* L., Pfl. 10–30 cm; Grundb. rundlich-nierenförmig; St.b. gefiedert, mit ovaler, größerer Endfieder; Bl.stand schirmförmig; Krone der ♀ Bl. 1 mm lg., weiß, Krone der ♂ Bl. 3 mm lg., rosa. ✻ 5–6. △ Kalkarme Moorwiesen, Flach- und Quellmoore; verbreitet. Fast ganz Europa.

Glockenblumengewächse / Campanulaceae

4 **Wasser-Lobelie,** *Lobelia dortmanna* L., Pfl. 40–70 cm; B. untergetaucht, linealisch, fast stielrund, in grundständiger Rosette; Bl. 1–2 cm lg, weißlich, mit bläulicher Kronröhre; Krone 2lippig, mit 2teiliger Oberlippe und 3teiliger Unterlippe. ✻ 7–8. Geschützt! △ Nährstoffarme, kalkarme Seen; selten. Nordwestdeutschland, Nordwesteuropa. GefGr. 1!

1
3
4
2

Korbblütengewächse / Compositae oder Asteraceae

1 Dreiteiliger Zweizahn, *Bidens tripartitus* L., Pfl. 15–100 cm; St. braunrot, mit abstehenden, weitausladenden Ästen; B. dunkelgrün, 3–7teilig, Abschnitte ei-lanzettlich, grob gezähnt, spitz; Zähne gerade, vorwärtsgerichtet; Bl.köpfe 1–2 cm br., ohne oder mit gelben, zungenförmigen Randbl.; Röhrenbl. bräunlich; äußere Hüllb. 5–8, b.artig; innere Hüllb. gelbbraun; Frucht auf der Fläche glatt, am Rand von rückwärts gerichteten Haaren rauh. ✻ 7–10. △ Teichränder, Gräben, vernäßte Äkker, auch Schuttplätze, auf stickstoffreichen, tonig-schlammigen oder sumpfigen Böden; verbreitet. Fast ganz Europa. – Ähnlich sind noch: **Strahlen-Zweizahn,** *B. radiata* L., aber B. hellgrün, Zähne nach vorne gekrümmt; Bl.köpfe breiter, mit 9–14 b.artigen Außenhüllb.; St. bleichgrün bis schwach rötlich, mit aufrechten Ästen; Gräben, Teichränder. – **Schwarzfrüchtiger Zweizahn,** *B. frondosa* L. (*B. melanocarpa* Wieg.), B.gefiedert, die oberen 3zählig, lg. gestielt, auch Fiederb. gestielt; Bl.köpfe lg. gestielt; Frucht auch auf der Fläche höckerig, mit nach vorne gerichteten Haaren; Flußufer.

2 Nickender Zweizahn, *Bidens cernua* L., Pfl. 1jährig, 10–100 cm; B. ungeteilt, lanzettlich, grob gezähnt, sitzend; Bl.köpfe nickend, 2–4 cm br., oft mit zungenförmigen Randb.; äußere Hüllb. 5–8, krautig, am Rand bewimpert, viel länger als die br. eiförmigen, braun gestreiften, inneren Hüllb.; Frucht flach, 4kantig, mit 4 hakigen Borsten. ✻ 8–10. △ Dorfteiche, Gräben, nährstoffreiche Schlammböden; ziemlich selten. Fast ganz Europa, nördlich bis Südskandinavien.

3 Sumpf-Schafgarbe, *Achillea ptarmica* L., Pfl. 20–100 cm; B. schmal lanzettlich, ungeteilt, fein gezähnt, meist kahl, glänzend; Bl.köpfe 12–17 mm br., zu 5–30 am St.; Zungenbl. 8–13, weiß, ausgebreitet, 4–6 mm lg.; Hüllb. filzig behaart, mit Hautrand. ✻ 7–9. △ Naßwiesen, Gräben, Ufer; zerstreut. Südskandinavien, Mitteleuropa, südlich bis Nordspanien, Norditalien.

4 Gewöhnliche Pestwurz, *Petasites hybridus* (L.) G. M. Sch., Pfl. zur Bl.zeit 10–40 cm, zur Fruchtzeit 100 cm; B. am Ende der Bl.zeit erscheinend, rundlich-herzförmig, bis 60 cm br., gezähnt, unterseits anfangs graufilzig; Schuppen des Bl.standes rötlich; Bl.köpfe in dichten Trauben, nur mit Röhrenbl., rötlich; ✻ 3–5. △ Ufer, Naßwiesen, in Weiden- und Erlengebüsch; verbreitet. Nord- und Mitteleuropa und Gebirge Südeuropas (siehe auch *Petasites albus* T. 180).

5 Wasser-Greiskraut, *Senecio aquaticus* Huds., Pfl. 15–60 cm; B. fiederteilig, gelbgrün, mit nach vorne gerichteten, schmalen Abschnitten und großem Endlappen; Grundb. oft ungeteilt; Bl.köpfe 2–3 cm br., in doldenartiger Rispe, mit 1–3blättriger, kurzer Außenhülle; Zungenbl. 10–12 mm lg., gelb. ✻ 6–8. △ Naß- und Moorwiesen, Gräben, Quellen; häufig. Fast ganz Europa. (Siehe auch *S. erucifolius* und *S. erraticus* T. 74). – In Verlandungsgesellschaften mit Seggen und Röhrichten wächst das **Sumpf-Greiskraut,** *S. paludosus* L., Pfl. 80–150 cm; B. lineal-lanzettlich, scharf gesägt, unterseits graufilzig, 8–14 cm lg.; Bl.köpfe 3–4 cm br., gelb, zu 10–30 in doldenartiger Rispe, mit 10–20 Zungenbl.; zerstreut. GefGr. 3!

1
3
5
4
2

Tafel 119 Gewässer, Moore, Sümpfe

Korbblütengewächse / Compositae oder Asteraceae

1 Bach-Kratzdistel, *Cirsium rivulare* (Jacq.) All. (*C. salisburgense* (Willd.) G. Don.), Pfl. 30–100 cm; St. oberwärts b.los; B. beiderseits grün, kurzhaarig, geöhrt, st.umfassend, tief fiederspaltig, Abschnitte lanzettlich, meist ungeteilt; Bl. purpurn; Hüllb. meist rot überlaufen. ✻ 5–7. △ Naß- und Moorwiesen, Gräben, quellige Stellen. Alpen- und Vorland verbreitet, sonst ziemlich selten. Hauptsächlich Gebirge Mitteleuropas, Alpen, Pyrenäen, Karpaten. – Ähnlich ist die **Knollen-Kratzdistel,** *C. tuberosum* (L.) All. (*C. bulbosum* DC.), aber Bl.köpfe einzeln; B. unterseits schwach spinnwebig-wollig, gefiedert, mit gelappten oder grob gezähnten Fiedern; Wurzel spindelförmig verdickt; Moorwiesen, Flachmoore, Gebüsche; ziemlich selten; Mitteleuropa; GefGr. 3! – Ebenfalls 1köpfig ist die seltene **Englische Kratzdistel,** *C. dissectum* (L.) Hill, aber Wurzel nicht verdickt; B. unterseits grau, spinnwebig-wollig; St.b. wenig fiederteilig; Moorwiesen; Nordwestdeutschland, Westeuropa. GefGr. 2!

2 Kohldistel, *Cirsium oleraceum* (L.) Scop., Pfl. 50–150 cm, weichdornig; St. entfernt beblättert; B. weich, kaum stechend, hellgrün, untere fiederteilig, obere ungeteilt, eiförmig, st.umfassend; Bl.köpfe zu mehreren gehäuft, von bleichen, br. eiförmigen Hochb. umgeben; Bl. gelblichweiß; Hüllb. nicht klebrig. ✻ 7–9. △ Naßwiesen, Auenwälder, Bachufer, Staudenfluren; in den Alpen bis 2000 m; verbreitet. Südskandinavien, Mitteleuropa, südlich bis Westalpen, Nordapennin, Bulgarien. – Die **Klebrige Kratzdistel,** *C. erisithales* (Jacq.) Scop. hat ebenfalls hellgelbe Bl., aber Bl.köpfe nicht von Hochb. umgeben; Hüllb. klebrig; B. weich, bis zum Mittelnerv fiederteilig, mit lanzettlichen, stachelig gezähnten Seitenfiedern und sehr schmaler Endfieder; Hochstaudenfluren, Waldränder, Laubmischwälder; Alpen, Apennin, Schweizer Jura, Karpaten, Gebirge der Balkanhalbinsel; in Deutschland fehlend.

3 Verschiedenblättrige Kratzdistel, Alantdistel, *Cirsium helenioides* (L.) Hill (*C. heterophyllum* (L.) Hill), Pfl. 50–100 cm; St. reich beblättert; B. oberseits grün, unterseits schneeweißfilzig, ungeteilt oder fiederspaltig, mit schmal lanzettlichen Abschnitten, obere B. st.umfassend; Bl.köpfe zu 1–3; Bl. purpurn. ✻ 7–8. △ Kalkarme Naßwiesen, an Bächen, in nassen Staudenfluren; ziemlich selten. Hauptsächlich Nordeuropa, Alpen und mitteleuropäische Mittelgebirge.

3
2
1

Korbblütengewächse / Compositae oder Asteraceae

1 Sumpf-Kratzdistel, *Cirsium palustre* (L.) Scop., Pfl. 50–150 cm; St. dornig geflügelt, bis oben beblättert; B. lanzettlich, tief in schmale, dornige Lappen zerteilt, unterseits wollig-filzig; St.b. herablaufen; Bl.köpfe gehäuft, eiförmig, kurz gestielt, purpurn, 10–15 mm lg.; Frucht 2–3 mm lg., Pappus 7–10 mm lg. weiß. ✻ 5–6. △ Moorwiesen, Quellen, Gräben, Auenwälder; verbreitet. Europa. – Ähnlich ist die **Graue Kratzdistel,** *C. canum* (L.) All., aber Bl.köpfe einzeln; B. weniger herablaufend; St. oben fast b.los, wollig behaart; Wurzel knollig verdickt; feuchte Wiesen, Moore, selten, Mitteldeutschland.

2 Färber-Scharte, *Serratula tinctoria* L., Pfl. 20–100 cm; oben verzweigt, mit zahlreichen Bl.köpfen, bis oben beblättert; untere B. eiförmig, 1fach, fein gezähnt, obere B. tief fiederteilig; Bl.köpfe schmal eiförmig, 15–20 mm lg., purpurn; Hüllb. dachziegelig, angedrückt, mit purpurroter Spitze; Frucht 5 mm lg., grünlich, Pappus gelblich. ✻ 7–8. △ Moorwiesen, Gräben, lichte Laubwälder; zerstreut. Europa. GefGr. 3!

3 Niedrige Schwarzwurzel, *Scorzonera humilis* L., Pfl. 10–40 cm; St. und Hülle wollig; B. grundständig, lanzettlich, ganzrandig; St.b. fehlend oder schuppenförmig; St. unverzweigt, 1köpfig; Bl. hellgelb, 2mal so lg. wie die Hülle; äußere Hüllb. halb so lg. wie die inneren; Früchte 5-7 mm lg., braun behaart. ✻ 5-6. Geschützt! △ Kalkfreie Moorwiesen, Magerrasen, Heiden, Föhrenwälder; ziemlich selten. Südskandinavien, Mitteleuropa, im Süden nur in den Gebirgen. GefGr. 3! - Ähnlich ist die **Kleinblütige Schwarzwurzel,** *S. parviflora* Jacq., aber St. und Hülle kahl; Bl. hellgelb, so lg. wie die Hülle; Salzwiesen; selten; Mitteldeutschland, pannonische Tiefebene.

4 Kronenlattich, *Willemetia stipitata* (Jacq.) Cass. (*Calycocorsus s.* (Jacq.) Rauschert), Pfl. 15–40 cm; St. unten kahl, oben abstehend schwarzhaarig, mit 1–2 kleinen B.; Rosettenb. kahl, schwach bläulichgrün, eiförmig, buchtig gezähnt bis ganzrandig; Bl.köpfe zu 1–5, gelb; Hüllb. 2reihig; Früchte geschnäbelt, mit 6–7 mm lg. Pappus. ✻ 6–8. △ Flach- und Quellmoore, Bachufer; zerstreut. Gebirge Mittel- und Südeuropas, Alpen und Vorland, Bayerischer Wald.

5 Sumpf-Pippau, *Crepis paludosa* (L.) Moench., Pfl. 40–80 cm, oben locker verzweigt; grundständige B. schmal eiförmig bis lanzettlich, unregelmäßig buchtig gezähnt; St.b. herz- oder pfeilförmig st.umfassend, unterseits bläulich; Bl.köpfe gelb; Hülle drüsenhaarig; Früchte 5 mm lg., 10rippig, nach oben wenig verschmälert; Pappus gelblichweiß, brüchig. ✻ 6–8. △ Naßwiesen, Flachmoore, Auenwälder; verbreitet. Fast ganz Europa. – Ähnlich ist der **Schabenkraut-Pippau,** *C. blattarioides* (L.) Vill., St. bis zu den Bl.köpfen reich beblättert; B. ei-lanzettlich, buchtig gezähnt, spießförmig st.umfassend; Grundb. zur Bl.zeit verwelkt; Bl.köpfe 3–4 cm br.; Hülle nicht drüsig, schwärzlich-rauhhaarig; Pappus schneeweiß, weich, biegsam; Hochstaudenfluren, feuchte Wiesen der Alpen von 1000–2400 m; zerstreut; Gebirge Mittel- und Südeuropas.

6 Wiesen-Alant, *Inula britannica* L., Pfl. 20–80 cm, oben verzweigt; B. lanzettlich, unterseits wollig-zottig, die unteren in den kurzen Stiel verschmälert, die oberen mit herzförmigem Grund sitzend; Bl.köpfe 3–5 cm br., gelb, einzeln oder in lockeren Doldenrispen; Zungenbl. viel länger als die Röhrenbl.; Hüllb. abstehend oder zurückgekrümmt. ✻ 7–9. △ Feuchtwiesen, Gräben, Ufer, salzertragend; ziemlich selten. Südskandinavien, Mitteleuropa, südlich bis Mittelitalien. GefGr. 3!

5
6
3
4
1
2

Eibengewächse / Taxaceae

1 Eibe, *Taxus baccata* L., Baum, bis 20 m, oft mehrere Bäume verwachsen; Rinde anfangs rotbraun, dann graubraun, schuppig; B. immergrün, nadelförmig, flach, in einer Ebene (gescheitelt), oberseits dunkelgrün, unterseits hellgrün; Pfl. 2häusig; ♂ Bl. aus 6–14 kätzchenartig angeordneten Staubb. bestehend; ♀ Bl. aus einer endständigen Samenanlage bestehend; Same von einem fleischigen, roten Samenmantel (Arillus) umgeben. Beginn der Bl. mit 20 Jahren. ✻ 3-4. Geschützt! Giftig (Samenmantel genießbar)! △ Laubwälder, Buchen-Tannenwälder, Bergmischwälder mit wintermildem Klima; selten; Verjüngung durch überhöhte Schalenwildbestände (Hirsche, Rehe) gefährdet, für die die Nadeln unschädlich sind. Südskandinavien, Mitteleuropa, Gebirge Südeuropas. GefGr. 3!

Kieferngewächse / Pinaceae

2 Weißtanne, *Abies alba* Mill., Baum, bis 50 m, Krone pyramidenförmig, bei älteren Bäumen storchennestartig abgeflacht, da Seitenäste den Gipfeltrieb überragend; Rinde glatt, hellgrau; Nadeln 2–3 cm lg., flach, 2spitzig, dunkelgrün, mit scheibenartig verbreiterten, grünen Stielchen, unterseits gekielt, mit weißlichen Wachsstreifen; Zapfen aufrecht, bei der Reife fallen die Schuppen einzeln ab und die Zapfenspindel bleibt zurück. Beginn der Blüte mit 60–70 Jahren. ✻ 5–6. △ Wälder, vor allem Bergmischwälder mit Buchte und Fichte in luftfeuchter Lage, frostempfindlich; verbreitet; Verjüngung durch überhöhte Schalenwildbestände gefährdet. Gebirge Mittel- und Südeuropas.

3 Fichte, Rottanne, *Picea abies* (L.) Karsten (*P. excelsa* Lk.), Baum bis 50 m, Krone spitz; Rinde rotbraun; Nadeln 4kantig, spitz, mit braunen Stielchen; Zapfen hängend, zur Reife als Ganzes abfallend; Beginn der Blüte mit 30–60 Jahren. ✻ 5–6. △ Wälder; häufig; ursprünglich nur über 800 m Höhe bestandsbildend; in den Alpen bis etwa 2000 m; durch Pflanzung weit verbreitet und andere Baumarten ersetzend. Nord- und Mitteleuropa. – Als forstlich genutzte Art oder als Zierbaum verwendet wird die **Stech-** oder **Blau-Fichte,** *P. pungens* Engelm. mit graugrünen oder silberweißen, harten, stechenden Nadeln. Herkunft Nordamerika.

4 Europäische Lärche, *Larix decidua* Mill. (*L. europaea* DC.), Baum bis 40 m, mit graubrauner, abblätternder Rinde; Nadeln hellgrün, 1–3 cm lg., im Herbst goldgelb und abfallend, weich, zu 15–30 an Kurztrieben gebüschelt; Zapfen eiförmig bis kugelig, anfangs rot, zur Reife braun, 2–5 cm lg.; Beginn der Blüte mit 30–60 Jahren. ✻ 4–5. △ Bergwälder der Alpen, Sudeten, Karpaten; lichtliebend; in den Alpen bis 2500 m; verbreitet; im Flachland vielfach angepflanzt.

1
2
3
4
♂

Tafel 122 Wälder, Waldränder, Gebüsche, Auen

Kieferngewächse / Pinaceae

1 Wald-Kiefer, Föhre, *Pinus sylvestris* L., Baum bis 40 m; Krone kegel-, später schirmförmig; Rinde in der unteren Stammhälfte dunkelbraun, in der oberen und im Kronenraum rostrot; Nadeln zu 2 an Kurztrieben gebüschelt, grau- oder blaugrün, zugespitzt, 4–7 cm lg.; Zapfen kugel- bis eiförmig, 3–7 cm lg., deutlich gestielt, hängend; Beginn der Blüte mit 30–70 Jahren; Samenreife erst im 2. Jahr nach der Blüte. ✻ 5. △ Wälder, Dünen, Moore, steinige, trockne, sandige Böden, wo andere Hölzer nicht mehr konkurrenzkräftig sind; häufig. Europa. – Ähnlich ist die **Schwarz-Kiefer,** *P. nigra* Arnold, aber Nadeln 8–15 cm lg., schwarzgrün, mit gelblicher Spitze; Stamm und Äste dunkelgrau; Südosteuropa, aber vielerorts angepflanzt.

2 Berg-Kiefer, Latsche, *Pinus mugo* Turra (*P. montana* Mill.), niederliegender Strauch oder bis 20 m hoher Baum; Krone kegelförmig; Rinde grau- bis schwarzbraun; Nadeln zu 2 an Kurztrieben, dunkelgrün, stumpflich, 2–5 cm lg.; Zapfen 2–5 cm lg., fast sitzend. ✻ 6–7. (Nach Wuchsform und Form der Zapfen und der Zapfenschilder werden mehrere Kleinarten unterschieden, deren genaue Abgrenzung noch nicht geklärt ist.) △ Bergwälder, in den Alpen bis etwa 2500 m (Latschen- oder Krummholzzone), Hochmoore; verbreitet. Gebirge Mittel- und Südeuropas.

3 Zirbel-Kiefer, Arve, *Pinus cembra* L., Baum bis 25 m; Krone kegelförmig oder walzig; Rinde braun, junge Zweige dick, rotgelb behaart; Nadeln zu 5 an Kurztrieben gebüschelt, steif, dunkelgrün, 6–10 cm lg., 3kantig, 1,5 mm br.; Zapfen eiförmig, 5–8 cm lg., schief aufrecht oder abstehend, erst im 2. Jahr nach der Blüte reif; Fruchtschuppen bläulich, mit brauner Spitze. ✻ 6–7. △ Nadelwälder in Hochlagen und an der Waldgrenze in den Alpen und Karpaten; in den Zentralalpen häufig, in den Nordalpen selten, etwa zwischen 1200 und 2600 m.

4 Weymouths-Kiefer, Strobe, *Pinus strobus* L., Baum bis 40 m; Krone kegelförmig; Rinde grau- bis dunkelbraun; junge Zweige dünn, grünlich, anfangs fein behaart; Nadeln zu 5 an Kurztrieben gebüschelt, weich, dünn, blaugrün, 8–15 cm lg., unterseits mit 2 Wachstreifen; Zapfen schlank, hängend, häufig leicht gekrümmt, 10–15 cm lg.; Fruchtschuppen schmal, keilförmig, an der Spitze mit gelbbrauner Verdickung; Beginn der Blüte mit etwa 30 Jahren. ✻ 5–6. △ Gärten, Parkanlagen, Forstbaum; Herkunft Nordamerika.

1
4
3
2

Tafel 123 Wälder, Waldränder, Gebüsche, Auen

Süßgräser / Gramineae oder Poaceae

1 Riesen-Schwingel, *Festuca gigantea* (L.) Vill., Pfl. 60–120 cm; B. flach, 5–15 mm br., glänzend, am Grund mit st.umfassenden B.öhrchen; B.häutchen 1 mm lg., gestutzt; Rispe 10–30 cm lg., locker, zuletzt überhängend; Ährchen (ohne Granne) 10–15 mm lg.; Deckspelzen mit 10–20 mm lg., geschlängerter Granne. ✻ 7–8. △ Erlen- oder Eschenauenwälder, feuchte Waldwege, Laubmischwälder; häufig. Südskandinavien, Mitteleuropa, südlich bis Mittelitalien. – Ähnlich ist der **Wald-Schwingel,** *F. altissima* All., aber Ährchen 7–8 mm lg., Deckspelze unbegrannt; B.häutchen 3 mm lg.; Buchen-Tannenwälder.

2 Hain-Rispengras, *Poa nemoralis* L., Pfl. 20–60 cm; B. waagrecht abstehend, 1–2 mm br., bläulichgrün; B.häutchen sehr kurz oder fehlend; Rispe armblütig, locker, 5–10 cm lg.; Ährchen oft 1blütig. ✻ 6–7. △ Laubmischwälder, Hecken, Waldränder; häufig. Europa.

3 Einblütiges Perlgras, *Melica uniflora* Retz., Pfl. 30–50 cm; B. 3–6 mm br.; B.scheiden kahl, mit kleinen, bis 4 mm lg. Anhängseln gegenüber dem B.grund; Rispe locker; Ährchen aufrecht, 5–6 mm lg., 1blütig. ✻ 5–6. △ Laubmischwälder, Buchenwälder; verbreitet. Südskandinavien, Mittel- und Südeuropa.

4 Nickendes Perlgras, *Melica nutans* L., Pfl. 30–60 cm; B. 3–8 mm br.; B.häutchen sehr kurz, ohne gegenständigem Anhängsel; Ährchen nickend, 6–10 mm lg., 2blütig, in lockerer 1seitswendiger, bis 10 cm lg. Traube. ✻ 5–6. △ Laubmischwälder, Auenwälder, lichte Nadelwälder; häufig. Fast ganz Europa.

5 Kalk-Blaugras, *Sesleria varia* (Jacq.) Wettst. (*S. caerulea* (L.) Ard.), Pfl. dichtrasig, 10–40 cm; B. grün, 2–3 mm br., mit hervortretendem Mittelnerv und stumpfer Spitze; B.häutchen 0,5 mm lg.; Ährenrispe eiförmig bis zylindrisch, am Grund mit schuppenförmigen, häutigen Tragb.; Deckspelzen bläulich, mit grannenartiger Spitze. ✻ 3–5. △ Lichte Kiefern- und Buchenwälder, Trocken- und Halbtrockenrasen, kalkhaltige Böden; ziemlich selten, in den Alpen und im Vorland verbreitet. Fast ganz Europa, im Süden in den Gebirgen.

6 Waldgerste, *Hordelymus europaeus* (L.) Jessen (*Elymus europaeus* L.), Pfl. 50–120 cm; untere B.scheiden und St.knoten zottig behaart; B. 6–10 mm br., grün, weich, kurz behaart, am Grund mit sichelförmigen B.öhrchen, unterseits mit weißlichem, vorspringendem Mittelnerv; B.häutchen fast fehlend; Ähre 4–8 cm lg.; Ährchen 10blütig, jeweils zu 2 oder 3 auf den Absätzen der Ährenachse, kurz gestielt; Hüllspelzen mit Granne 2–3 cm lg. ✻ 6. △ Laubmischwälder, Buchenwälder; zerstreut. Südskandinavien, Mittel- und Südeuropa.

1
2
3
5
6

Süßgräser / Gramineae oder Poaceae

1 Fieder-Zwenke, *Brachypodium pinnatum* (L.) P. B., Pfl. 50–100 cm, gelbgrün, mit lg., unterirdischen Ausläufern; St. steif, nur an den Knoten kurzhaarig; B. 4–6 mm br., am Rand borstig behaart, selten kahl; B.häutchen gestutzt, 1–2 mm lg.; Ähre steif, aufrecht; Ährchen 2–3 cm lg., 8–20blütig; Deckspelze mit kurzer Granne. ✻ 6–7. △ Lichte, trockne Wälder und Waldränder, Magerrasen, Weiden, Halbtrockenrasen; verbreitet. Europa. – Ähnlich ist die **Wald-Zwenke,** *B. sylvaticum* (Huds.) P. B., aber Pfl. in lockeren Horsten; B. dunkelgrün, schlaff, unterseits mit hervortretendem, weißem Mittelnerv; Ähre überhängend; Granne so lg. oder länger als die dazugehörige Deckspelze. Auenwälder, Laubmischwälder; häufig. Europa.

2 Rasen-Schmiele, *Deschampsia cespitosa* (L.) P. B., Pfl. 30–120 cm, kräftige Horste bildend; B. flach, 2–4 mm br., sehr rauh, oberseits stark 7rippig; B.häutchen 6–8 mm lg., oft zerschlitzt; Rispe grün, 10–30 cm lg., silbrig oder rötlich glänzend; Rispenäste rauh; Ährchen 4–5 mm lg., meist 2blütig; Granne der Deckspelze meist im Ährchen versteckt. ✻ 6–7. △ Auenwälder, nasse Waldstellen, feuchte Wiesen, Flachmoore, Quellfluren; häufig. Europa.

3 Draht-, Schlängel-Schmiele, *Deschampsia flexuosa* (L.) P. B., Pfl. lockerrasig, weiche Polster bildend, 30–50 cm; B. eingerollt, fadenförmig; B.häutchen 2–3 mm lg.; Rispe locker, mit geschlängelten, feinen Rispenästen; Ährchen hellbräunlich, wie die Rispenäste violett überlaufen; Granne der Deckspelze gekniet, das Ährchen überragend. ✻ 6–8. △ Bodensaure Laub- und Nadelwälder, Magerweiden, Heiden; kalkmeidend; verbreitet. Europa.

4 Land-Reitgras, Waldschilf, *Calamagrostis epigejos* (L.) Roth, Pfl. 80–150 cm, mit lg. unterirdischen Ausläufern; B. 5–10 mm br., flach oder eingerollt, hart, beiderseits stark rauh; B.häutchen bis 9 mm lg., gestutzt; Rispe bis 30 cm lg., knäuelig gelappt; Ährchen am Grund der Deckspelzen mit einem Haarkranz; Deckspelzen am Rücken begrannt, Granne die Deckspelze weit überragend, die Spitze der Hüllspelze fast erreichend, aber nicht aus dem Öhrchen herausragend ✻ 6–8. △ Waldschläge, lichte Wälder, Ufer, Kiesgruben; häufig. Europa. Ähnlich sind noch: **Wolliges Reitgras,** *C. villosa* (Chaix) Gmelin, B. 4–5 mm br., schlaff, am B.grund mit 2 Haarbüscheln; rückenständige Granne der Deckspelze diese nicht überragend; Fichtenwälder, Fichtenmoore, bodensaure Eichenwälder, Zwergstrauchgesellschaften; Gebirge Mittel- und Südosteuropas. – **Berg-Reitgras,** *C. varia* (Schrad.) Host, B. dunkelgrün, 3–8 mm br., beiderseits rauh; Granne gekniet, im untersten Viertel der Deckspelze eingefügt, diese und die Hüllspelze überragend und aus dem Ährchen herausragend; Bergwälder, besonders mit Föhre, steinige Kalkböden, Pionier auf Rutschhängen; Gebirge Mittel- und Südeuropas.

4
3
2
1

Tafel 125 Wälder, Waldränder, Gebüsche, Auen

Süßgräser / Gramineae oder Poaceae

1 Weiches Honiggras, *Holcus mollis* L., Pfl. 30–80 cm, blau- bis graugrün, mit unterirdischen Ausläufern; St. nur an den Knoten stark behaart (im Gegensatz zu *H. lanatus* siehe T. 70.); B. 3–8 mm br., rauh; Hüllspelzen kahl; Granne gekniet, aus dem Ährchen herausragend. ✻ 7–8. △ Bodensaure Eichenwälder, Heiden, Waldschläge; verbreitet. Fast ganz Europa.

2 Flattergras, Waldhirse, *Milium effusum* L., Pfl. 60–100 cm, blaugrün, kahl; B. 10–15 mm br., unterseits gekielt; B.häutchen bis 7 mm lg.; Rispe locker, 10–25 cm lg.; Rispenäste waagrecht, später schräg abwärts gerichtet; Ährchen 1blütig, oval, 3–4 mm lg.; Spelzen glänzend, kahl, nach der Blüte hart werdend. ✻ 5–7. △ Laub- und Nadelmischwälder, lichte Tannen-Buchen-Fichtenwälder; verbreitet. Europa.

Riedgrasgewächse oder Sauergräser / Cyperaceae

3 Zittergras-Segge, Seegras, *Carex brizoides* Jusl., Pfl. 30–70 cm, rasenbildend, mit Ausläufern; B. schlaff, 2–3 mm br., länger als der dünne, 3kantige, zur Fruchtzeit gebogenen St.; Bl.stand 2–3 cm lg., aus 5–8 gekrümmten, gleichgestalteten Ähren, diese unten ♂, oben ♀; Fruchtschläuche 2–2,5 mm lg., schmal geflügelt, gelbgrün; Narben 2. ✻ 5–6. △ Feuchte Wälder, Laubmischwälder, Auenwälder; häufig, früher als »Seegras« zu Polstern verwendet. Mittel- und Osteuropa, südlich bis Pyrenäen, Oberitalien.

4 Winkel-Segge, *Carex remota* L., Pfl. 30–60 cm; B. 2 mm br., schlaff; St. 3kantig, bis oben beblättert, zuletzt überhängend; Ähren 5–10, gleichgestaltet, 5–8 mm lg., unten ♂, oben ♀, die unteren Ähren weit auseinanderstehend (bis 8 cm), Gesamtbl.stand dadurch 10–15 cm lg.; Tragb. laubb.artig, schlaff, sehr lg.; Fruchtschläuche 3–4 mm lg., weißlichgrün, innen flach, außen gewölbt; Narben 2. ✻ 6–7. △ Auenwälder, schattige Quellfluren, feuchte Waldwege, Laubmischwälder; häufig. Fast ganz Europa.

5 Blaugrüne Segge, *Carex flacca* Schreb. (*C. glauca* Scop.), Pfl. 20–60 cm; grundständige B.scheiden, rotbraun; B. 2–5 mm br., steif, rinnig, blaugrün; Ähren verschieden gestaltet, die ♂ schlank, zu 2–4, endständig, die ♀ walzlich, 2–3 cm lg., an 3–8 cm lg., zuletzt überhängenden Stielen; Tragb. laubb.artig, das unterste die Spitze des Bl.standes erreichend; Fruchtschläuche braun bis schwarz, beiderseits gewölbt, mit undeutlichem Schnabel; Narben 3. ✻ 5–7. △ Lichte Wälder, Kalkmagerrasen, Kalkflachmoore; häufig. Europa.

1
2
3
4
5

Tafel 126 Wälder, Waldränder, Gebüsche, Auen

Riedgrasgewächse oder Sauergräser / Cyperaceae

1 Große, Hängende Segge, *Carex pendula* Huds., Pfl. 50–150 cm, horstbildend; B. 7–15 mm br., glänzend; St. 3kantig, 2–4 mm br., gleichmäßig bis oben beblättert; ♂ Ähre 1, endständig; ♀ Ähren 2–5, lg. gestielt, bogig überhängend, 7–15 cm lg., dichtblütig; Tragb. laubb.artig; Fruchtschläuche 3–4 mm lg., in den kurzen Schnabel verschmälert, glänzend; Narben 3. ✻ 5–6. △ Feuchte Laubwälder, schattige Quellfluren; verbreitet. Mittel- und Südeuropa.

2 Weiße Segge, *Carex alba* Scop., Pfl. 10–30 cm, rasenbildend, mit lg., unterirdischen Ausläufern; grundständige B.scheiden braun; B. 1–1,5 mm br., steif, kahl; St. stumpf 3kantig; ♂ Ähre 1, endständig, ♀ Ähren 2–4, lockerfrüchtig, 5–10 mm lg., an 0,5–3 cm lg., aufrechten Stielen, oberste ♀ Ähre oft die ♂ Ähre überragend; Fruchtschläuche kugelig, gelblich, Spelzen weißhäutig; Narben 3. ✻ 5–6. △ Wärmeliebende Laubwälder, besonders mit Buche, Kiefernwälder; zerstreut. Süddeutschland, Alpen, Pyrenäen, Karpaten, Gebirge der nördlichen Balkanhalbinsel.

3 Finger-Segge, *Carex digitata* L., Pfl. 10–30 cm; grundständige B.scheiden rotbraun, faserig; B. 2–4 mm br., dunkelgrün, schlaff; ♂ Ähre 1, endständig, ♀ Ähren dünn, 15–20 mm lg., 5–10blütig, fingerartig genähert, das unterste herabgerückt, 1–2 cm lg. gestielt; Fruchtschläuche gelbgrün bis hellbraun; Narben 3. ✻ 3–5. △ Laub- und Nadelmischwälder; häufig. Fast ganz Europa.

4 Vogelfuß-Segge, *Carex ornithopoda* Willd., Pfl. 5–15 cm, sehr ähnlich *C. digitata,* aber alle Ähren fast von einem Punkt entspringend; ♀ Ähren 6–10 mm lg., 2–6blütig, zuletzt krallenförmig gekrümmt. ✻ 4–5. △ Wälder, Gebüsche, Halbtrockenrasen; zerstreut. Fast ganz Europa.

5 Wald-Segge, *Carex sylvatica* Huds., Pfl. dichtrasig, 30–70 cm; grundständige B.scheiden braun; St. bis oben beblättert; B. 4–8 mm br., schlaff, glänzend grün; ♂ Ähre 1, endständig; ♀ Ähren 2–5, linealisch, 3–5 cm lg., lockerfrüchtig, an 3–10 cm lg., dünnen, nickenden Stielen; Fruchtschläuche 5–6 mm lg., allmählich in den lg., 2zähnigen Schnabel verschmälert; Narben 3. ✻ 5–7. △ Laub- und Nadelmischwälder; verbreitet. Südskandinavien, Mittel- und Südeuropa.

Binsengewächse / Juncaceae

6 Haar-, Frühlings-Hainsimse, *Luzula pilosa* (L.) Willd., Pfl. 15–30 cm, horstbildend; Grundb. 5–10 mm br., St.b. schmäler; B.scheiden dunkelrot; Bl.stand doldig; Bl. einzeln, an lg. Stielen; Bl.b. 6, spitz, braun, 3–4 mm lg.; Bl.äste später zurückgeschlagen. ✻ 4–5. △ Laub- und Nadelwälder; verbreitet. Europa.

7 Schnee-Hainsimse, *Luzula nivea* (L.) DC., Pfl. lockerrasig, 40–90 cm; B. 3–5 mm br., bewimpert; Bl. zu 6–20 gebüschelt; Hochb. so lg. oder länger als der Bl.stand, dieser zusammengezogen; Bl.b. 6, reinweiß. ✻ 6–7. △ Laub- und Nadelmischwälder; zerstreut. Alpen und Vorland, Pyrenäen, Cevennen, Apennin. – Ähnlich ist die **Weiße** oder **Schmalblättrige Hainsimse,** *L. luzuloides* (Lam.) Dandy et Willm. (*L. albida* (Hoffm.) DC.), aber Bl.stand ausgebreitet; Bl. zu 2–6 gebüschelt, gelblichweiß; bodensaure Wälder, Magerwiesen, Zwergstrauchgesellschaften.

1
2
3
4
5
6

Tafel 127 Wälder, Waldränder, Gebüsche, Auen

Binsengewächse / Juncaceae

1 Wald-Hainsimse, *Luzula sylvatica* (Huds.) Gaud., Pfl. 30–90 cm, mit kurzen, dicken Ausläufern; B. 10–15 mm br., am Rand lg. bewimpert, glänzend, dunkelgrün; Bl. zu 3–4 an den Ästen gebüschelt; Hochb. kürzer als der Bl.stand; Bl.b. braun oder rotbraun, mit grünem Mittelstreifen, die inneren länger als die äußeren. ✻ 5–6. △ Bodensaure Wälder, Heiden; häufig. Fast ganz Europa. - Ssp. *sieberi* (Tausch) Cif. et Giacom. hat kleineren Bl.stand und 4–5 mm br. B.; subalpine Fichtenwälder, Alpenrosengebüsch; Alpen.

Aronstabgewächse / Araceae

2 Gefleckter Aronstab, *Arum maculatum* L., Pfl. 15–40 cm; B. pfeilförmig, 10–20 cm lg., grün, selten gefleckt; Bl. klein, an einem Kolben sitzend, unten die ♀, dann die ♂, darüber zu Sperrhaken umgewandelte Bl.; Kolben oben bl.los, violett, ganzer Kolben (mit Bl.) umgeben von einer 10–25 cm lg., tütenförmigen, gelbgrünen Hochb.scheide (Spatha); Beere rot. ✻ 4–6. Giftig! △ Auenwälder, Laubmischwälder, Hecken; häufig. Gleitfallenblumen (Bestäubung durch Fliegen). Mittel- und Südeuropa.

Liliengewächse / Liliaceae

3 Wald-Gelbstern, *Gagea lutea* (L.) Ker-Gawl. (*G. sylvatica* Loud.), Pfl. 10–30 cm, nur mit 1 Zwiebel, Nebenzwiebeln fehlend; mit 1 grundständigen B., 6–12 mm br.; Bl.stand doldenartig; Bl.b. frei, sternförmig abstehend, gelb. ✻ 4–5. △ Auenwälder, Laubwälder, Gebüsche, Obstgärten; verbreitet. Fast ganz Europa.

4 Südliche Tulpe, *Tulipa australis* Link, Pfl. 20–40 cm; B. gewöhnlich 2, linealisch, 1 cm br.; Bl. glockenförmig, 2–3 cm lg.; Bl.b. schmal lanzettlich, zugespitzt, innen gelb, außen rot überlaufen; Fruchtkapsel etwa so lg. wie br. ✻ 4-6. Geschützt! △ Gebirgswiesen, lichte Bergwälder, Felsbänder; zerstreut. Westalpen, Apennin, Gebirge Südwesteuropas. - Ähnlich ist die **Wilde Tulpe,** *T. sylvestris* L., aber B. meist 3, schmal lanzettlich, 1-2 cm br.; Bl. 4-6 cm lg., gelb, innen am Grund behaart; Fruchtkapsel 2mal so lg. wie br. ✻ 4-5. Geschützt! Weinberge, Gebüsche, feuchte Wälder; selten; Süddeutschland, Südeuropa; GefGr. 2!

5 Stechender Mäusedorn, *Ruscus aculeatus* L., immergrüner Strauch, 30–100 cm; B. schuppenförmig, früh abfallend, stattdessen b.artig verbreiterte, 2zeilig stehende Seitensprosse (Phyllokladien), diese br. lanzettlich, lederig, immergrün, 2–3 cm lg., mit stechender Spitze; Bl. klein, grünlich, 3 mm br., zu 1–2, mit schuppigen Tragb., auf der Oberseite der Phyllokladien; Frucht eine kugelige, rote Beere, ✻ 2–4. △ Gebüsche, Eichenwälder, trockne, felsige Hänge; wärmeliebend; zerstreut. Südalpen, Südeuropa; Schottland und Belgien verwildert.

6 Hasenglöckchen, *Endymion non-scriptus* (L.)Garcke (*Scilla n.* L., *Hyacinthoides n.* (L.)P. Chd.), Pfl. 15–30 cm; B. zu 5–6, linealisch, glänzend, 5–10 mm br.; Bl. blau, zu 4–20 in 1seitswendiger, meist überhängender Traube an einem b.losen, krautigen St.; Bl.hülle am Grund verwachsen, glockig; Bl.stiele kürzer als die Tragb. und Vorb. ✻ 4–5. Geschützt! △ Laubwälder, Gebüsche; selten; Zierpfl. West- und Nordwestdeutschland, Westeuropa. GefGr. 4!

5
3
4
1
2
6

Tafel 128 Wälder, Waldränder, Gebüsche, Auen

Liliengewächse / Liliaceae

1 **Hunds-Zahnlilie,** *Erythronium dens-canis* L., Pfl. 10–25 cm; St. mit 2 eiförmigen bis ei-lanzettlichen, gegenständigen, 6–10 cm lg., braungrün, dunkelgrün bis graugrün gescheckten B. und 1 (selten 2) nickenden Bl.; Bl.b. 6, frei, zurückgebogen, 3 cm lg., rosa bis rotviolett. △ Waldränder, Gebüsche, Gebirgswiesen; zerstreut. Gebirge Südeuropas, Südalpen, Kaukasus.

2 **Türkenbund-Lilie,** *Lilium martagon* L., Pfl. 30–100 cm; B. länglich-spatelförmig, in der Mitte des St. fast quirlständig, sonst wechselständig; Bl. hängend, zu 3–8 in lockerer Traube; Bl.b. 6, frei, zurückgerollt, fleischrot, mit dunklen Flecken, 3–6 cm lg. ✻ 6–7. Geschützt! △ Bergmischwälder, Buchenwälder, Hochstaudenfluren, Bergwiesen, in den Alpen bis etwa 2500 m; zerstreut bis selten. Gebirge Mittel- und Südeuropas.

3 **Feuer-Lilie,** *Lilium bulbiferum* L., Pfl. 50–100 cm; B. lineal-lanzettlich, wechselständig, bis 10 cm lg.; in den Achseln der oberen St.b. oft mit Brutzwiebeln; Bl. aufrecht, orange, mit schwarzen Flecken, einzeln oder zu 2–5; Bl.b. nicht zurückgebogen. ✻ 6–7. Geschützt! △ Waldwiesen, Waldränder, Gebüsche, Bergwiesen; häufig kultiviert, gelegentlich verwildert, ursprüngliche Verbreitung unklar, wohl Gebirge Mittel- und Südeuropas (östlich). GefGr. 3!

4 **Zweiblättriger Blaustern, Sternhyazinthe, Meerzwiebel,** *Scilla bifolia* L., Pfl. 10–20 cm; Zwiebeln meist mit 1 runden St. und 2 st.umfassenden, bis 10 cm lg. B.; Bl.stand 2–8blütig; Bl.b. 6, frei, sternförmig abstehend, 6–12 mm lg., 2–3 mm br., hellblau, selten weiß oder rosa. ✻ 3–4. Geschützt! △ Laubwälder, Auenwälder, Gebüsche; ziemlich selten. Mittel- und Süddeutschland, Alpen und Vorland, Süd- und Südosteuropa. – Der **Herbst-Blaustern,** *S. autumnalis* L. hat 3–6 grasartige B., diese im Frühjahr erscheinend, im Herbst zur Blütezeit verwelkt; Bl. blauviolett, in 10–20blütiger Traube; Bl.b. 4–5 mm lg. und 1,5 mm br.; ✻ 8–10; Trockenrasen; wärmeliebend; selten; hauptsächlich Südeuropa. Geschützt!

1
4
2
3

Liliengewächse / Liliaceae

1 Bär-Lauch, *Allium ursinum* L., Pfl. 20–50 cm, mit Lauchgeruch; Zwiebeln länglich; B. grundständig, meist zu 2, mit 2–5 cm br., ei-lanzettlicher Spreite und 5–15 cm lg. Stiel; Bl.stand doldig, 5–20blütig, ohne Zwiebeln; Bl.b. 6, frei, weiß; Staubb. 6, etwa 1/2 so lg. wie die Bl.b. ✻ 5–6. △ Auenwälder, Laub- und Bergmischwälder; ziemlich häufig. Fast ganz Europa. – Weitere br.blättrige Arten sind: **Seltsamer Lauch,** *A. paradoxum* (M. Bieb.) G. Don., B. ungestielt, lanzettlich, 1–2 cm br.; Bl. zu 1–3, mit grünlichen Brutzwiebeln; Auenwälder, Parks; selten. – **Schwarzer Lauch,** *A. multibulbosum* Jacq. (*A. nigrum* Koch) mit 3–5 cm br., grundständigen B. und grünlichweißen Bl. in reichblütiger, zwiebelloser Scheindolde; Weinberge, Hackäcker; selten. – **Allermannsharnisch,** *A. victorialis* L., St. beblättert; B. 2–5 cm br., elliptisch-lanzettlich, kurz gestielt; Bl. grünlichgelb, in kugeliger Scheindolde; Hochstaudenfluren, alpine Matten; in den Alpen bis 3000 m; Alpen, Jura, Schwarzwald, Vogesen, Gebirge Südeuropas. Geschützt!

2 Schattenblümchen, *Maianthemum bifolium* (L.) F.W. Schmidt, Pfl. 5–15 cm; Grundb. zur Bl.zeit meist verwelkend; St.b. meist 2, herz-eiförmig, spitz, gestielt, 4–8 cm lg.; Bl. in 8–15blütiger Traube, weiß; Bl.b. 4, frei, zurückgebogen, 2–3 mm lg.; St. oben mit steifen, weißen Haaren; Beere rot, 6 mm br. ✻ 5–6. △ Laub- und Nadelwälder; zerstreut. Hauptsächlich Nord- und Mitteleuropa, südlich bis Apennin, nördliche Balkanhalbinsel.

3 Salomonssiegel, Duftende Weißwurz, *Polygonatum odoratum* (Mill.) Druce (*P. officinale* All.), Pfl. 15–40 cm; St. scharfkantig; bogig überhängend; B. br.elliptisch, 2zeilig; Bl. zu je 1–2, etwas bauchig, 5–7 mm br., bis 2 cm lg.; Bl.b. 6, röhrig verwachsen, weiß, an den freien Zipfeln grünlich, kahl; Staubfäden kahl. ✻ 5–6. Giftig! △ Waldränder, Gebüsche, Eichen- und Kiefernwälder; zerstreut. Europa.

4 Vielblütige Weißwurz, *Polygonatum multiflorum* (L.) All., Pfl. 30–70 cm, ähnlich Salomonssiegel, aber St. stielrund; B. ± in einer Ebene ausgerichtet; Bl. zu je 3–5, vorne trichterig erweitert, Zipfel behaart. Staubfäden flaumig behaart; Beeren dunkelblau, 8–10 mm. ✻ 5–6. Giftig! △ Buchen-, Eichen- und Nadelmischwälder. Fast ganz Europa, nördlich bis Südskandinavien.

5 Quirlblättrige Weißwurz, *Polygonatum verticillatum* (L.) All., Pfl. 30–70 cm; St. aufrecht, kantig; B. zu je 3–7 quirlständig, schmal lanzettlich, 5–15 cm lg.; Bl. zu je 1–4, 6–10 mm lg.; Beeren zuerst rot, dann dunkelblau. ✻ 5–6. Giftig! △ Bergwälder, Hochstaudenfluren, in den Alpen bis etwa 2000 m; zerstreut. Gebirge Europas.

2
4
1
5
3

Tafel 130 Wälder, Waldränder, Gebüsche, Auen

Liliengewächse / Liliaceae

1 Maiglöckchen, *Convallaria majalis* L., Pfl. 10–25 cm; B. meist 2, br. lanzettlich, 10–20 cm; Bl. nickend, glockenförmig, in lg. gestielter, 1seitswendiger Traube; Bl.b. 6, verwachsen, Zipfeln nach außen gebogen; Frucht eine rote Beere. ✻ 5–6. Giftig! Geschützt! △ Eichen- und Buchenwälder, Kiefernwälder, Felsschutt; in den Alpen bis 2200 m; verbreitet. Fast ganz Europa, im Süden nur in den Gebirgen.

Einbeerengewächse / Trilliaceae

2 Vierblättrige Einbeere, *Paris quadrifolia* L., Pfl. 10–40 cm; St. kahl, an der Spitze mit 4, seltener 5 oder 6 quirlständigen, sitzenden, elliptischen, netznervigen, bis 10 cm lg. B. und 1 endständigen, lg. gestielten, meist 4zähligen, grünen Bl.; äußere 4 Bl.b. ei-lanzettlich, 2–3 cm lg., bis 5 mm br., innere 4 Bl.b. etwas kürzer und schmäler; Staubb. 8, seltener 10 oder 12; Frucht eine schwarze, bereifte, 1 cm br. Beere. ✻ 5–6. Stark giftig! △ Auenwälder, Eichen- und Buchenwälder, Nadelmischwälder; zerstreut. Europa.

Amaryllisgewächse / Amaryllidaceae

3 Schneeglöckchen, *Galanthus nivalis* L., Pfl. 10–20 cm; B. 2, grundständig, grasartig, fleischig, 5–8 mm br., blaugrün; St. mit 1 nickenden Bl.; äußere 3 Bl.b. reinweiß, 14–18 mm lg., innere 3 Bl.b. nur $^1/_2$.so lg., ausgerandet, an der Spitze mit grünem Fleck; Frucht eine fleischige, eiförmige Kapsel. ✻ 2–3. Geschützt! △ Auenwälder, feuchte Laubmischwälder; zerstreut; häufig angepflanzt, gelegentlich verwildert. Hauptsächlich Südeuropa, Süddeutschland. GefGr. 3!

4 Frühlings-Knotenblume, Märzenbecher, *Leucojum vernum* L., Pfl. 10–30 cm; B. linealisch, 20–30 cm lg., 1 cm br., hellgrün; Bl. zu 1 oder 2, nickend, glockenförmig, weiß, mit gelbem Saum; alle Bl.b. gleich lg., oval, plötzlich in eine stumpfe, gelbe Spitze verschmälert. ✻ 2–4. Giftig! Geschützt! △ Gebüsche, Auen- und Schluchtwälder, Wiesen, Ufer; Zierpfl.; zerstreut. Hauptsächlich Mitteleuropa, südlich bis Mittelitalien. GefGr. 3! – Ähnlich ist die **Sommer-Knotenblume,** *L. aestivum* L., aber St. 3–7blütig, 30–60 cm lg.; B. 30–50 cm lg. und 1,5 cm br. ✻ 4–5; Wiesen, Auenwälder, eingebürgert, sonst Südeuropa. Geschützt!

Yamswurzgewächse / Dioscoreaceae

5 Schmerwurz, *Tamus communis* L., krautige, linkswindende Kletterpfl., 1,5–3 m; B. sehr variabel, ei-herzförmig, lg.spitzig, gestielt, 3–10 cm lg., dunkelgrün, glänzend; Bl. 1geschlechtig, die ♂ mit glockiger Röhre und oben sternförmig abstehenden Bl.b., gelblich, gebüschelt, die ♀ Bl. mit freien Bl.b., einzeln oder in armblütigen, hängenden Trauben; Beere rot, glänzend, 12 mm br., giftig. ✻ 4–6. △ Hekken, Waldränder, lichte Eichenmischwälder; selten bis zerstreut. Hauptsächlich West- und Südeuropa, Süddeutschland.

3
1
4
2
5

Knabenkrautgewächse oder Orchideen / Orchidaceae

1 Frauenschuh, *Cypripedium calceolus* L., Pfl. 15–50 cm; B. eiförmig bis länglich, 6–12 cm lg., st.umfassend, hellgrün, am Rand und auf den Nerven fein behaart; Bl. zu 1–2, auffällig, groß; Bl.b. rotbraun, lanzettlich, die beiden unteren auf $^4/_5$ verwachsen; Lippe pantoffel- oder schuhförmig, gelb und dunkel geadert und gefleckt, 3–4 cm lg. und bis 3 cm br.; Staubb. 2 (übrige Gattungen nur mit 1 Staubb.). ✻ 5–7. Geschützt! △ Lichte, gras- und krautreiche Laub- und Nadelwälder, Gebüsche, kalkhaltige Böden; in den Alpen bis etwa 1600 m (selten höher); selten, vielerorts ausgerottet. Hauptsächlich Nord- und Mitteleuropa, im Mittelmeerraum fehlend. GefGr. 2!

2 Rotes Waldvöglein, *Cephalanthera rubra* (L.) Rich., Pfl. 20–50 cm; St. oberwärts dicht drüsenhaarig; B. ei-lanzettlich, spitz, 6–12 cm lg.; Bl. zu 4–12 in lockerer Ähre; Tragb. so lg. oder länger als der Fruchtknoten; Bl.b. 15–20 mm lg., spitz, glockenförmig zusammenneigend, rosa oder purpurn, die Lippe meist verdeckend; Vorderglied der Lippe mit rotviolettem Rand und violetter Spitze und mit gekräuselten, gelblichen Längsleisten; Fruchtknoten behaart; ✻ 5–7. Geschützt! △ Buchen-, Eichen- und Kiefernwälder, auch Fichten-Tannenwälder; zerstreut. Mittel- und Südeuropa, nördlich bis Südskandinavien.

3 Weißes oder **Bleiches Waldvöglein,** *Cephalanthera damasonianum* (Mill.) Druce (*C. alba* Simk., *C. grandiflora* S. F. Gray), Pfl. 20–50 cm; B. eiförmig, spitz, bis 10 cm lg., nicht gefaltet, mit 5–10 Nerven; Bl.stand 3–8blütig; Bl.b. gelblichweiß, stumpf, 15–20 mm lg.; Bl. höchstens 4mal so lg. wie br.; Tragb. länger als der halbe Fruchtknoten; Lippe innen rötlichgelb. ✻ 5–6. Geschützt! △ Buchen- und Buchen-Tannenwälder, seltener Eichen- und Föhrenwälder; zerstreut. Mittel- und Südeuropa, nördlich bis England.

4 Langblättriges Waldvöglein, *Cephalanthera longifolia* (L.) Fritsch, Pfl. 20–50 cm; St. kahl; B. lanzettlich, gefaltet, 2zeilig, bis 10 cm lg.; Bl.stand 10–20blütig; Bl.b. reinweiß, spitz, 10–15 mm lg.; Bl. mindest 10mal so lg. wie br.; mittlere und obere Tragb. kürzer als der kahle Fruchtknoten. ✻ 5–6. Geschützt! △ Lichte Eichen- und Buchenwälder, Kiefernmischwälder, Gebüsche, wärmeliebend; ziemlich selten. Mittel- und Südeuropa, nördlich bis Südskandinavien.

1
2
3
4

Tafel 132 Wälder, Waldränder, Gebüsche, Auen

Knabenkrautgewächse oder Orchideen / Orchidaceae

1 Braunrote Stendelwurz, *Epipactis atrorubens* (Hoffm.) Schult. (*E. rubiginosa* (Crantz)Gaudin, *E. atropurpurea* Raf.), Pfl. 30–60 cm; St. rötlich, oben flaumig behaart; B. br. lanzettlich, fast st.umfassend, 2zeilig, zugespitzt, länger als die St.glieder; Bl. braunrot, nach Kakao duftend; äußere 3 Bl.b. lanzettlich, 6–8 mm lg., innere 2 Bl.b. heller gefärbt; Lippe etwas kürzer, vorderes Lippenglied am Grund mit 2 krausgefalteten Höckern; Fruchtknoten flaumig. ✻ 6–8. Geschützt! △ Lichte, trockne Eichen-Kiefernwälder, Kiefernsteppen, Halbtrockenrasen; zerstreut. Fast ganz Europa. – Ähnlich ist die **Kleinblütiges Stendelwurz,** *E. microphylla* (Ehrh.) Sw., aber B. lanzettlich, kürzer als die St.glieder, graugrün, violett überlaufen; Bl. grünlich und violett überlaufen; alle 5 Bl.b. glockenförmig zusammenneigend; krautreiche Laubmischwälder; selten. Geschützt! GefGr. 3!

2 Breitblättrige Stendelwurz, *Epipactis helleborine* (L.) Crantz (*E. latifolia* All.), Pfl. 25–60 cm; B. eiförmig, spitz, 6–15 cm lg., 2–8 cm br., dunkelgrün, st.umfassend, viel länger als die St.glieder; Bl. blaßgrün; Lippe oft violett überlaufen oder rosa oder purpurn gezeichnet. ✻ 6–8. Geschützt! △ Eichen-, Buchenwälder, Nadelmischwälder; ziemlich häufig. Fast ganz Europa. – Ähnlich ist die **Violette Stendelwurz,** *E. purpurata* Sm. (*E. sessilifolia* Peterm., *E. violacea* (Dur.) Boreau), aber B. kleiner, lanzettlich, 5–8 cm lg., 1–2,5 cm br., mittlere St.b. kaum länger als die St.glieder; Bl.stand dichtblütig; Bl. gelbgrün und rosa überlaufen; ✻ 8–9; Laubmischwälder; selten. Geschützt!

3 Violetter Dingel, *Limodorum abortivum* (L.) Sw., Pfl. 20–50 cm, blau bis violett, ohne B. grün; B. schuppenförmig; Bl. violett, aufgerichtet, 3–4 cm lg., in lockerer, 4–8blütiger Ähre; Sporn abwärts gerichtet, 15–25 mm lg.; Bl.b. helmförmig zusammenneigend, Lippe eiförmig, am Rand gezähnt. ✻ 5–7. △ Flaumeichen-, Kiefern-, Eichen-, Buchenwälder; wärmeliebend; selten. Süddeutschland, Österreich, Südeuropa. GefGr. 2!

4 Großes Zweiblatt, *Listera ovata* (L.) R. Br., Pfl. 20–50 cm; St. mit 2 gegenständigen, br. eiförmigen, 5–10 cm lg. B.; Bl.traube vielblütig; Bl.b. grün, zusammenneigend, 3–4 mm lg.; Lippe gelbgrün, 2lappig, Lappen stumpf, nicht spreizend. ✻ 5–6. △ Laubmischwälder, Auenwälder, Gebüsche, Bergwiesen; ziemlich häufig. Fast ganz Europa. Geschützt!

5 Herz-Zweiblatt, *Listera cordata* R. Br., Pfl. 5–15 cm, zierlich; St. zart, blaßgrün, in der Mitte mit 2 herzförmigen, glänzend grünen B.; Traube 6–12blütig; Bl.b. gelbgrün bis rötlichbraun, 2 mm lg.; Lippe länglich, rot, 3–4 mm lg., tief 2spaltig, Abschnitte lg. zugespitzt und spreizend. ✻ 5–8. Geschützt! △ Moosreiche Fichtenwälder, Bergkiefernbestände; selten. Nordeuropa, Norddeutschland, Alpen, Pyrenäen, Jura, Vogesen, Schwarzwald, Karpaten, Gebirge der Balkanhalbinsel. GefGr. 3!

1
2
3
4
5

Knabenkrautgewächse oder Orchideen / Orchidaceae

1 Vogelnestwurz, *Neottia nidus-avis* (L.) Rich., Pfl. 20–50 cm, ohne B. grün, hellbraun; St. dick, mit scheidigen Schuppenb.; Bl.traube vielblütig; Bl.b. zusammenneigend, stumpf, 4–6 mm lg., hellbraun; Lippe tief 2teilig. ✻ 5–6. Geschützt! △ Laubmischwälder, besonders Buchenwälder; Moderpfl., auf moderndem Holz, lebt von toten, organischen Stoffen; ziemlich häufig. Fast ganz Europa, nördlich bis Mittelskandinavien.

2 Kriechstendel, Netzblatt, *Goodyera repens* R. Br., Pfl. 10–30 cm; Grundb. eiförmig bis ei-länglich, 1–3 cm lg. obere St.b. schmal lanzettlich; St. dicht drüsenhaarig; Bl.stand 10–15blütig, 1seitswendig; Bl. klein, weiß oder rahmgelb, außen grünlich, süßlich riechend; Bl.b. 4 mm lg.; Lippe ungeteilt, rinnig und schnabelartig abwärts gebogen. ✻ 7–8. Geschützt! △ Moosige Nadelwälder; in den Alpen bis über 2000 m; ziemlich selten. Nord- und Mitteleuropa, Alpen, Pyrenäen, Balkanhalbinsel. GefGr. 3!

3 Widerbart, *Epipogium aphyllum* Sw., Pfl. 10–20 cm, ohne B.grün, gelblich bis braun, oben purpurn überlaufen; St. röhrig, mit scheidigen Schuppenb.; Tragb. oval, dünn, weißlich; Bl. 2–4, blaßgelb, rötlich gestrichelt; Bl.b. spreizend, schmal lanzettlich, 10–14 mm lg.; Lippe aufwärts gerichtet, am Grund mit 2 seitlichen, rundlichen Abschnitten, Mittellappen oval, am Rand kraus; Sporn aufwärts gerichtet. ✻ 7–8. Geschützt! △ Moosige Nadel- und Laubmischwälder; selten. Nord- und Mitteleuropa, im Süden in den Gebirgen (Pyrenäen, Alpen, Apennin, Olymp). GefGr. 2!

4 Korallenwurz, *Corallorhiza trifida* Chatel., Pfl. gelblich bis braun, 8–20 cm, ohne grüne B.; St.b. schuppenförmig; Bl. gelbgrün, ohne Sporn, zu 4–9; Bl.b. 6, 3–6 mm lg., Lippe ungeteilt oder schwach 3lappig, weißlich, rot punktiert. ✻ 6–7. Geschützt! △ Schattige, moosreiche Nadelwälder; ziemlich selten. Nord- und Mitteleuropa, Alpen, Pyrenäen, Apennin, Gebirge der Balkanhalbinsel. GefGr. 3!

5 Weiße Waldhyazinthe, Kuckucksstendel, *Platanthera bifolia* (L.) Rich., Pfl. 20–40 cm; B. meist 2, nahe dem B.grund, eiförmig, 5–15 cm lg., 2–5 cm br.; obere St.b. klein, lanzettlich; Bl.traube locker, 5–15 cm lg.; Bl. weiß, stark duftend, 11–18 mm br., äußere 3 Bl.b. lanzettlich, abstehend, innere 2 Bl. kürzer und schmäler, aufwärts gerichtet; Lippe bandförmig, 6–10 mm lg.; Staubbeutelfächer parallel; Sporn fädlich, spitz, 15–22 mm lg. ✻ 5–7. Geschützt! △ Lichte Laub- und Nadelwälder, besonders Föhrenwälder, Waldränder, Magerrasen, Feuchtwiesen; zerstreut. Europa. GefGr. 3!

6 Grünliche oder **Berg-Waldhyazinthe,** *Platanthera chlorantha* (Gust.) Rchb., sehr ähnlich der Weißen Waldhyazinthe, aber Bl. grünlichweiß, geruchlos, Staubbeutelfächer nicht parallel, nach unten auseinanderspreizend; Lippe 10–16 mm lg.; Sporn keulig, stumpf, 20–40 mm lg. ✻ 5–6. Geschützt! △ Nadelmischwälder, quellige, moorige Wiesen; ziemlich selten. Fast ganz Europa. GefGr. 3!

7 Norne, *Calypso bulbosa* L., Pfl. 10–25 cm, am Grund mit 1–3 häutigen, die rundliche Knolle umgebenden B.scheiden und einem br., eiförmigen, grünen, lg. gestielten B.; St. mit 1–2 scheidigen B. und einer einzelnen, endständigen Bl.; die 5 oberen Bl.b. linealisch, purpurn, spreizend; Lippe pantoffelförmig, 15–25 mm lg., weißlich, rosa oder gelb gefleckt, ohne Sporn. ✻ 5–6. △ Nadelwälder, Sümpfe, Moore. Nordeuropa. Geschützt!

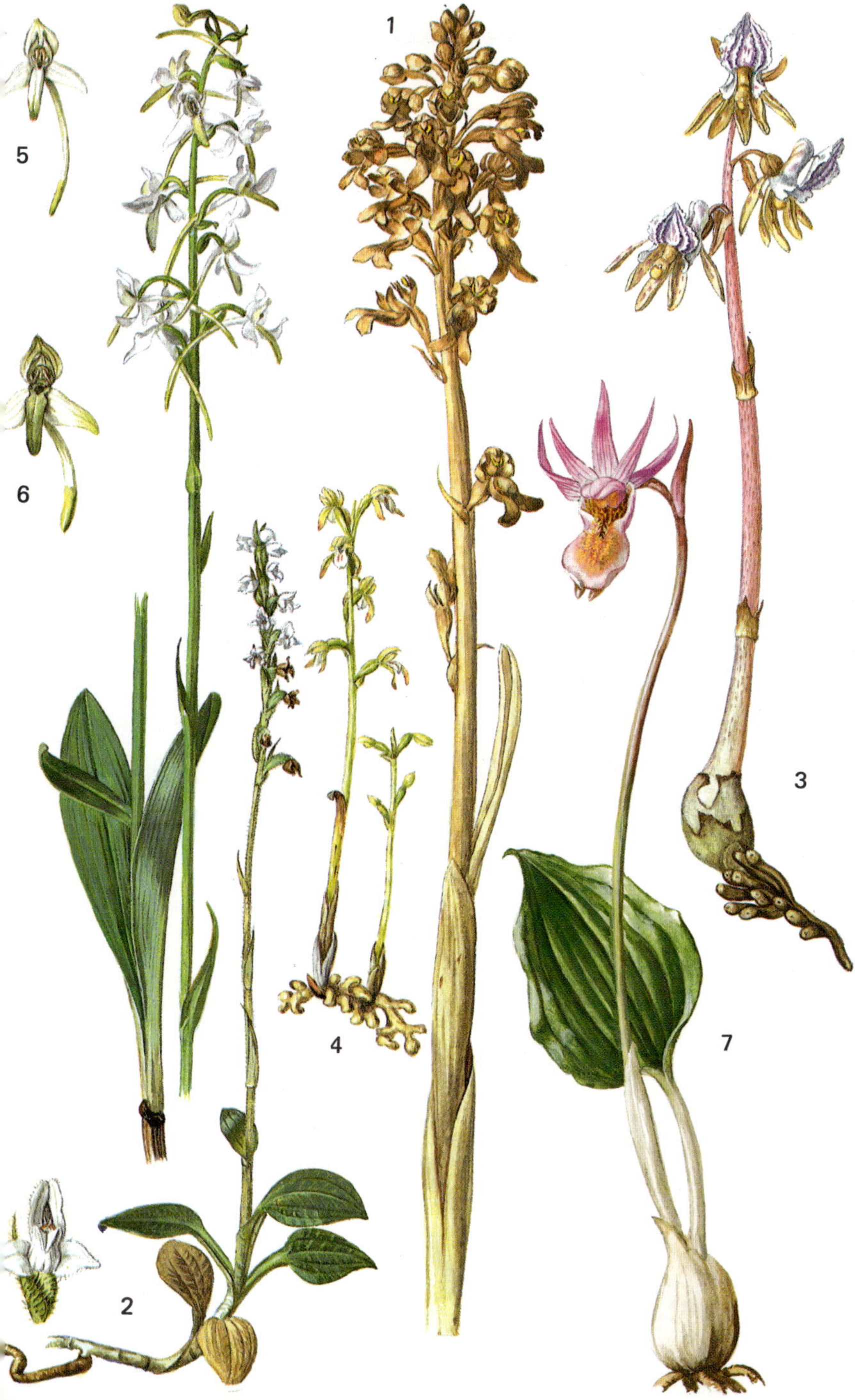

1
5
6
4
3
7
2

Tafel 134 Wälder, Waldränder, Gebüsche, Auen

Knabenkrautgewächse oder Orchideen / Orchidaceae

1 Blasses Knabenkraut, *Orchis pallens* L., Pfl. 15–40 cm; B. br. eiförmig, stumpf, bis 4 cm br., glänzend; Bl.stand dichtblütig, eiförmig, kurz; Tragb. häutig, 1nervig; Bl. blaßgelb; äußere Bl.b. abstehend oder zurückgeschlagen, innere zusammenneigend; Lippe seicht 3lappig. ✻ 4–5. Geschützt! △ Lichte Laubwälder, Gebüsche, Halbtrockenrasen; selten. Süddeutschland, Thüringen, Alpen und Vorland, Wiener Becken, Siebenbürgen, Südeuropa. GefGr. 4! – Ähnlich ist das **Holunder-Knabenkraut,** *Dactylorhiza sambucina* (L.) Soó, aber Bl. trübrot oder gelb; Lippe ungeteilt, am Rand wellig, mit purpurnen Punkten; Silikatmagerrasen, trockne Gebüschsäume; selten. Geschützt! GefGr. 2!

2 Stattliches Knabenkraut, *Orchis mascula* L., Pfl. 15–50 cm; B. lanzettlich, die unteren mit abstehender Spreite, die oberen den St. scheidig umfassend; Bl.stand schmal, zylindrisch, 5–15 cm lg., meist lockerblütig; Tragb. häutig, 1nervig, violett überlaufen; Bl. purpurn; Bl.b. lanzettlich, spitz, die 2 seitlichen abstehend oder zurückgeschlagen; Lippe tief 3lappig, dunkel gefleckt, mit abstehenden Seitenlappen; Sporn keulenförmig, etwa so lg. wie der Fruchtknoten, meist aufwärts gerichtet. ✻ 5–6. Geschützt! △ Gebirgswiesen, Halbtrockenrasen, lichte Laubmischwälder; zerstreut. Europa. GefGr. 3!

3 Purpur-Knabenkraut, *Orchis purpurea* Huds., Pfl. 30–80 cm; B. länglich-eiförmig; Bl.stand meist dichtblütig, 5–15 cm lg., walzlich; Tragb. kurz, häutig, schuppenförmig; alle 5 Bl.b. zusammenneigend, einen kugeligen, eiförmigen Helm bildend, außen braunrot; Lippe hellrot, dunkel punktiert, mit linealischen Seitenlappen und 2 br., feingezähnten Endlappen, dazwischen oft mit kleinem Zähnchen; Sporn halb so lg. wie der Fruchtknoten. ✻ 5–6. Geschützt! △ Wärmeliebende Wälder, besonders Eichenwälder, Gebüsche, Halbtrockenrasen; ziemlich selten. Mittel- und Südeuropa. GefGr. 3!

4 Geflecktes Knabenkraut, *Dactylorhiza fuchsii* (Druce) Soó, Pfl. 20–70 cm; untere B.br. elliptisch bis verkehrt-eiförmig, stumpf, meist mit quer-verlängerten Flekken; Bl. in dichtblütiger kegelförmiger, später walzlicher Ähre, blaßlila oder weißlich; seitliche Bl.b. abstehend; Lippe tief 3spaltig, der Mittellappen zugespitzt, etwas länger als die seitlichen; Sporn kegelförmig, etwa so lg. wie der Fruchtknoten. ✻ 6–7. Geschützt! △ Lichte Wälder, Flachmoore, Heiden; zerstreut bis selten. Fast ganz Europa. – Sehr ähnlich ist *D. maculata* (L.)Soó, aber B. lanzettlich bis linealisch, spitz, mit runden Flecken; Bl.lippe seicht 3lappig, ihr Mittellappen kleiner und kürzer; Wälder, Heiden; selten.

1
2
3
4

Tafel 135 Wälder, Waldränder, Gebüsche, Auen

Gagelgewächse / Myricaceae

1 Gagelstrauch, *Myrica gale* L., Strauch 50–200 cm, 2häusig; B. lanzettlich bis verkehrt-eiförmig, kurz gestielt, schwach gesägt, stark aromatisch riechend, 2–5 cm lg. Bl. in 5–15 mm lg., aufrechten Kätzchen, vor den B. erscheinend. ✻ 4–5. △ Heidemoore, feuchte Gebüsche; zerstreut. Norddeutschland, Nordeuropa. GefGr. 3!

Weidengewächse / Salicaceae

2 Zitter-Pappel, Espe, *Populus tremula* L., Baum 5–20 m, mit gelbbrauner, später dunkelgrauer, glatter Rinde; B. fast kreisrund, stumpflich gezähnt, an lg., dünnen, zusammengedrückten Stielen, kahl, leicht beweglich (Espenlaub); Bl. in 5–10 cm lg. Kätzchen; ♂ Bl. mit 7–17 Staubb.; ♀ Bl. mit purpurnen Narben. ✻ 3–4. △ Waldränder, lichte Wälder; verbreitet. Europa.

3 Silber-Pappel, *Populus alba* L., Baum 15–35 m, mit hellgrauer, glatter Rinde und weit ausladender Krone; junge Zweige, Knospen und B.unterseite weißfilzig; B. eiförmig, am Rand buchtig gelappt; Bl. in 5–10 cm lg. Kätzchen; Tragb. der Bl. behaart; ♀ Bl. mit gelben Narben. ✻ 3–4. △ Auenwälder, Schuttplätze; ziemlich häufig. Mittel- und Südeuropa.

4 Schwarz-Pappel, *Populus nigra* L., Baum 15–30 m, mit starkrissiger Rinde; jüngere Äste rundlich; B. br. eiförmig bis rautenförmig, fein gesägt, kahl, 5–10 cm lg.; Tragb. der Bl. kahl; ♂ Bl. mit 20–30 Staubb. ✻ 3–4. △ Auenwälder, Parkanlagen; verbreitet. Mittel- und Südeuropa. GefGr. 3! – Die jüngeren Äste der **Kanadischen** oder **Bastard-Pappel,** *P. x canadensis* Moench, sind durch Korkrippen kantig; in zahlreichen Kulturformen häufig gepflanzt.

5 Silber-Weide, *Salix alba* L., Baum oder Strauch, bis 20 m; Zweige gelbbraun bis rotbraun; B. lanzettlich, 5–8 cm lg., mit fein gesägtem Rand, unterseits dicht anliegend behaart (jung beiderseits seidenhaarig); Kätzchen mit den B. erscheinend; Tragb. der Bl. 1farbig; Fruchtknoten kahl, fast sitzend. ✻ 4–5. △ Ufer von Seen und Flüssen, Altwasser, Auenwälder; häufig. Mittel- und Südeuropa.

6 Mandel-Weide, *Salix triandra* L., Strauch 2–5 m; Zweige gelbgrün bis rotbraun; Rinde alter Stämme sich in Fetzen ablösend; B. lanzettlich, kahl, 5–10 cm lg., bis 2 cm br., grün beiderseits fast gleichfarbig; Tragb. der Bl. 1farbig; ♀ Kätzchen dünn; Fruchtknoten kahl, deren Stiele $^1/_4$–$^1/_2$ so lg. wie der Fruchtknoten; ♂ Bl. mit 3 Staubb. ✻ 4–5. △ Auengebüsch, Ufer von Flüssen und Bächen; verbreitet. Fast ganz Europa.

5
5
1
♂
♀
♂
4
6
♂
♀
3
2

Weidengewächse / Salicaceae

1 Korbweide, *Salix viminalis* L., Strauch, seltener Baum, 4–10 m; Zweige grüngelb bis blaugrün, rutenförmig; B. schmal lanzettlich, fast ganzrandig, 8–15 cm lg., am Rand wellig; Kätzchen vor den B. erscheinend, walzig, dicht seidenhaarig, 10–15 mm br.; Tragb. der Bl. 2farbig, Fruchtknoten fast sitzend, behaart. ✻ 3–4. △ Auen; verbreitet; als Kopfweiden gepflanzt, zum Korbflechten verwendet. Fast ganz Europa.

2 Purpur-Weide, *Salix purpurea* L., Strauch 2–6 m; junge Zweige purpurn überlaufen; B. 4–12 cm lg., oberseits dunkelgrün, unterseits blaugrün, kahl; Kätzchen vor den B. erscheinend, schlank, dichtblütig; Tragb. der Bl. 2farbig, dicht behaart; Fruchtknoten sitzend, filzig behaart; Staubfäden bis zu den Staubbeuteln verwachsen, anfangs purpurn, beim Stäuben gelb, dann braun. ✻ 4–5. △ Auengebüsch, Kiesbänke der Flüsse; häufig. Mittel- und Südeuropa.

3 Ohr-Weide, *Salix-aurita* L., Strauch 1–3 m; Äste sparrig; Zweige und Knospen kahl; junges Holz unter der Rinde durch Längsrippen gestriemt; B. 2–5 cm lg., rundlich-eiförmig, runzelig, am Rand wellig, unregelmäßig gezähnt, mit großen Nebenb.; Kätzchen 2 cm lg.; Tragb. der Bl. 2farbig; Fruchtknoten filzig behaart, Narben kopfig; Staubbeutel gelb. ✻ 4–5. △ Weidengebüsch, am Rand von Mooren, Bruchwälder; verbreitet. Nord- und Mitteleuropa. südlich bis Pyrenäen, Apennin.

4 Grau-Weide, *Salix cinerea* L., Strauch 2–5 m; junge Zweige graufilzig; junges Holz unter der Rinde wie bei *S. aurita* gestriemt; B. br. eiförmig, 4–10 cm lg., graugrün, fein gesägt; Kätzchen 4–9 cm lg.; Fruchtknoten filzig; Narben tief 2teilig, spreizend; Staubbeutel anfangs orangerot. ✻ 4–5. △ Wie *S. aurita;* häufig. Europa.

5 Sal-Weide, *Salix caprea* L., Strauch 3–9 m; Zweige rotbraun, wie die Knospen kahl; B. elliptisch, 3–10 cm lg., unterseits graugrün bis weißlich, dicht weißfilzig; Nebenb. klein; Kätzchen dick, walzlich, 4–10 cm lg., erst sitzend, später gestielt; Tragb. 2farbig, mit lg. weißen Haaren; Fruchtknoten filzig. ✻ 3–4. △ Gebüsche, Waldränder, Kiesgruben, Auenwälder; häufig. Fast ganz Europa.

6 Schwarz-Weide, *Salix myrsinifolia* Salisb. (*S. nigricans* Sm.), Strauch 2–5 m; Zweige braun bis schwarzbraun, matt; B. 3–8 cm lg., eiförmig, gesägt, oberseits dunkelgrün, glänzend, unterseits blaugrün, gegen die Spitze hin reingrün; Nebenb. groß, nierenförmig; Kätzchen fast gleichzeitig mit den B. erscheinend, eiförmig, 2–3 cm lg.; Tragb. 2farbig, zottig; Fruchtknoten kahl, gestielt. ✻ 4–5. △ Auenwälder, Bachufer, Moore; zerstreut. Fast ganz Europa, hauptsächlich in den Gebirgen.

7 Lorbeer-Weide, *Salix pentandra* L., Strauch bis 12 m, mit kahlen, lackartig glänzenden, olivgrünen bis rotbraunen Zweigen und br. lanzettlichen, fein gesägten, 5–15 cm lg. B.; ♀ Kätzchen lockerblütig; Tragb. 1farbig, gelbgrün; Staubb. meist 5; Kätzchen und B. gleichzeitig. ✻ 5–6. △ Auen, Bruchwälder; zerstreut. Mittel- und Nordeuropa, südlich bis Pyrenäen, Norditalien, Balkanhalbinsel.

Walnußgewächse / Juglandaceae

8 Echte Walnuß, *Juglans regia* L., Baum bis 25 m, mit kugeliger Krone, grauer, längsrissiger Borke; B. mit 7–9 ganzrandigen, eiförmigen, bis 15 cm lg. Fiederb.; ♂ Bl. in hängenden, 5–15 cm lg. Kätzchen; ♀ Bl. zu 2–3 , endständig; Fruchtknoten unterständig, Narbe 2; Steinfrucht mit grüner, fleischiger Schale und brauner Fruchtwand (Nußschale). ✻ 5. △ Laubwälder in milden, spätfrostsicheren Lagen; Kulturpfl.; Südosteuropa, im übrigen Europa eingebürgert.

2
3
8
6
7
1
♂
♀
5

Tafel 137 Wälder, Waldränder, Gebüsche, Auen

Birkengewächse / Betulaceae

1 Hänge-Birke, *Betula pendula* Roth (*B. verrucosa* Ehrh.), Baum bis 25 m, unten (bis etwa 10 m) mit rissiger, wulstiger, schwärzlicher Borke mit einigen weißen Flecken, oberer Stammteil glatt, weiß; B. 3eckig-rautenförmig, lg. zugespitzt, jung klebrig, kahl; Zweige hängend, jung mit harzigen Wärzchen; ♂ Kätzchen 3–6 cm lg., ♀ 1,5–3 cm lg.; Fruchtschuppen 3lappig (Verwachsung aus Tragb. und 2 Vorb.), bei der Reife abfallend; Frucht eine geflügelte Nuß; Flügel 2–3mal so br. wie die Nuß. ✻ 4–5. △ Wälder, Moore, Heiden, Steinbrüche; verbreitet. Europa. – Ähnlich ist die **Moor-Birke** *B. pubescens* Ehrh., aber Rinde meist glatt, weiß, selten grau bis schwarz; junge Zweige und B. weichhaarig; B. ei- oder rautenförmig, kurz zugespitzt; Verästelung aufrecht; Flügel kaum breiter als die Nuß; Moor- und Bruchwälder, bodensaure Eichenwälder.

2 Grau-Erle, *Alnus incana* (L.) Moench, Baum bis 20 m, mit glatter (auch an alten Bäumen), hellgrauer Rinde; B. eiförmig-elliptisch, allmählich zugespitzt, doppelt gesägt, mit 7–12 Seitennervenpaaren; junge Zweige behaart; ♀ Kätzchen sitzend. ✻ 2–4. △ Auenwälder, Gebirgsbäche und Alpenflüsse; vor allem in Kalkgebieten; häufig. Stickstoffanreicherung des Bodens durch stickstoffbindende Strahlenpilze, die in Wurzelknöllchen mit der Erle in Symbiose leben. Nord- und Mitteleuropa, südlich bis Mittelitalien, Balkanhalbinsel.

3 Schwarz-Erle, *Alnus glutinosa* (L.) Gaertn., Baum bis 20 m; Borke schwärzlich, rissig; B. rundlich-eiförmig, bis 10 cm lg., stumpf oder ausgerandet, mit 5–8 Seitennervenpaaren, schwach gesägt; Knospen und junge B. klebrig; ♂ und ♀ Kätzchen an denselben Zweigen, die ♀ gestielt, zapfenförmig, verholzend. ✻ 3–4. △ Auen- und Bruchwälder, Ufer; häufig. Europa.

4 Grün-Erle, *Alnus viridis* (Chaix) DC., Strauch 2–3 m; B. eiförmig, spitz, beiderseits grün, gezähnt; Zähne höher als br.; Knospen spitzlich, sitzend (bei den übrigen Arten gestielt); ♂ Kätzchen hängend, gelb, bis 6 cm lg., bei Entfaltung der B. stäubend; ♀ Kätzchen unter den ♂ Kätzchen, eirund, 10–15 mm lg., grün, später zu braunen Zapfen verholzend. ✻ 5–7. △ Schattige, feuchte Steilhänge in den höheren Lagen der Gebirge, in den Alpen etwa 1400–2400 m, in den Mittelgebirgen tiefer; zerstreut. Gebirge Mittel- und Südeuropas.

Haselgewächse / Corylaceae

5 Hainbuche, Weißbuche, *Carpinus betulus* L., Baum bis 20 m, mit glatter, grauer Rinde, oft mit gedrehten Längsstreifen; B. eiförmig, 5–8 cm lg., meist asymetrisch, doppelt gezähnt, hellgrün; ♂ Bl.stände gleichzeitig mit den B. erscheinend; ♂ Bl. ohne Bl.b., einzeln in den Achseln der Tragb. walziger Kätzchen; ♀ Bl. mit unscheinbarer Bl.hülle und 3teiligen Vorb. in lockeren Kätzchen; Frucht eine Nuß, 5–10 mm lg., von der grünen Bl.hülle umschlossen. ✻ 4–5. △ Laubwälder, Hekken, in tieferen Lagen; verbreitet. Hauptsächlich Mittel- und Südosteuropa, nördlich bis Südschweden.

6 Hasel, *Corylus avellana* L., Strauch 2–6 m; B. eiförmig, spitz, 5–12 cm lg., doppelt gezähnt; ♂ Bl. in 2–8 cm lg. Kätzchen, diese zu 1–4; ♀ Bl. zu 2–6, von Knospenschuppen umgeben, zur Bl.zeit nur die roten, fadenförmigen Narben herausragend; Frucht eine hartschalige, braune Nuß, umgeben von einer unregelmäßig zerschlitzten Hülle. ✻ 2–4. △ Gebüsche, Waldränder, Laubwälder; verbreitet. Europa.

5
1
6
2
4
3

Buchengewächse / Fagaceae

1 Rot-Buche, *Fagus sylvatica* L., Baum bis 40 m, mit glatter, grauer Rinde; Tiefwurzler; Knospen schmal, lg. zugespitzt, braun; B.br. eiförmig, bis 10 cm lg., ganzrandig, gewimpert; ♂ Bl. in kugeligen, lg. gestielten Kätzchen; ♀ Bl. zu 2 auf lg. Stiel, gemeinsam von einem weichstacheligen Fruchtbecher (Cupula) umgeben; Frucht eine 3kantige Nuß, im Herbst aus dem Fruchtbecher fallend; Beginn der Blüte mit 40–60 Jahren. ✻ 4–5. △ Laubmischwälder; spätfrostempfindlich; verbreitet. Fast ganz Europa in Gebieten mit ozeanischem Klimacharakter (hohe Niederschläge und relativ milde Winter), nördlich bis Südskandinavien, im Süden hauptsächlich in den Gebirgen, bildet dort oft die Waldgrenze.

2 Edel-Kastanie, *Castanea sativa* Mill., Baum bis 30 m, mit rissiger Rinde; Tiefwurzler; B. länglich-lanzettlich, dornig gezähnt, lederig, bis 25 cm lg.; ♂ Bl. in bis 20 cm lg., aufrechten Kätzchen; ♀ Bl. meist zu 3 am Grund der ♂ Bl.stände; Bl.b. 6, nur an der Spitze frei, Narben 6, steif, fadenförmig; Fruchtbecher kugelig, 5–7 cm br., mit harten, stechenden Stacheln, meist 3 dunkelbraune, glatte, halbkugelige Nüsse einschließend; Beginn der Blüte mit 20–30 Jahren. ✻ 6. △ Laubwälder sommerwarmer Gebiete; kalkarme bis saure Böden. Zur Römerzeit im Mittelmeergebiet eingebürgert, Süddeutschland, Zentralplateau, Ober- und Niederösterreich, Südalpen, Südeuropa.

3 Stiel-Eiche, *Quercus robur* L., Baum bis 40 m, mit dunkelbrauner, rissiger Rinde und knorrigen, weit ausladenden Ästen; B. sehr kurz gestielt, mit herzförmig geöhrtem Grund, unsymmetrisch, größte Lappen an der Spitze der B.spreite; ♂ Bl. in lockeren, hängenden Ähren; ♀ Bl. zu 2–5 achselständig; Bl.hülle 6zählig; Fruchtstand 3–8 cm lg. gestielt; Frucht (Eichel) eine eiförmige, glatte Nuß, von zapfenförmigem Fruchtbecher umschlossen; Beginn der Blüte mit 40–80 Jahren. ✻ 4–5. △ Laubmischwälder; verbreitet. Fast ganz Europa. – Ähnlich ist die **Trauben-Eiche,** *Qu. petraea* (Mattuschka) Liebl., Baum bis 40 m; B. 1-3 cm lg. gestielt, mit keilförmigem Grund, größte Lappen in B.spreitenmitte; Frucht höchstens 1 cm lg. gestielt; ✻ 4–5; △ Laubmischwälder; verbreitet. – Häufig gepflanzter Forst- und Zierbaum ist die **Rot-Eiche,** *Q. rubra* L., mit 15–20 cm lg. B. mit zugespitzten, br. Lappen und schmalen Buchten; Herkunft Nordamerika.

4 Flaum-Eiche, *Quercus pubescens* Willd., Strauch oder Baum, 5–20 m; Äste sparrig abstehend; junge Triebe und B. flaumig behaart, später verkahlend (nicht aber B.unterseite); B. 5–10 cm lg., 1–2 cm lg. gestielt; Schuppen des Fruchtbechers behaart. ✻ 4–5. △ Wälder, sonnige Trockenhänge; selten, im Süden häufig. Süddeutschland, warme Täler der Alpen, Wiener Becken, Südkarpaten, Südeuropa. – Ebenfalls im Mittelmeerraum bestandsbildender und an trocknen, steinigen Hängen häufig ist die **Stein-Eiche,** *Qu. ilex* L., mit immergrünen, 3–6 cm lg., meist stachelig gezähnten, am Rand welligen B.

5 Stein-Eiche, *Quercus ilex* L., Strauch, selten Baum, bis 20 m, mit wintergrünen, ovalen, am Rand welligen, stachelig gezähnten (**5a**) oder glattrandigen, 3–6 cm lg., unterseits dicht grauhaarigen B.; Fruchtbecher mit stumpfen, angepreßten Schuppen. ✻ 4–5. △ Trockne, felsige Hänge; Charakterbaum der mediterranen Hartlaubwälder. Hauptsächlich Südeuropa.

5
5a
1
3
2
4

Tafel 139 Wälder, Waldränder, Gebüsche, Auen

Ulmengewächse / Ulmaceae

1 Feld-Ulme, *Ulmus minor* Mill. *(U. carpinifolia* Gled., *U. campestris* L.), Baum, 10–30 m, mit gefeldeter, graubrauner Rinde; B. glatt, 6–10 cm lg., scharf gezähnt, jederseits mit 8–12 Seitennerven, fast kahl, in der Mitte am breitesten, bis 1,5 cm lg. gestielt; Bl. zwitterig, fast sitzend, in knäuligen Bl.ständen; Frucht eiförmig bis rundlich, bis 2 cm lg.; Same dem oberen Flügelrand der Frucht genähert. ✻ 3–4. △ Auenwälder, Laubwälder, Flaumeichenwälder, wärmeliebend; verbreitet. Mittel- und Südeuropa. GefGr. 2! – Ähnlich ist die **Flatter-Ulme,** *U. laevis* Pall. (*U. effusa* Willd), aber B. jederseits mit 12–29 Seitennerven, unterseits behaart, bis 1 cm lg. gestielt; Bl. lg. gestielt, hängend; Flügel der Frucht zottig bewimpert; Same in oder unterhalb der Mitte der Frucht. △ Laubwälder, Auenwälder; ziemlich selten. Hauptsächlich Mittel- und Osteuropa.

2 Berg-Ulme, *Ulmus glabra* Huds. *(U. scabra* Mill.), Baum bis 30 m, mit längsgefurchter Rinde; B. asymmetrisch, 8–15 cm lg., rauh, scharf gesägt; jederseits mit 12–20 Seitennerven, unterseits behaart, im oberen Drittel am breitesten, 3–7 mm lg. gestielt; Bl. fast sitzend; Samen in der Mitte der Frucht. ✻ 3–4. △ Laubwälder, Gebüsche, Schluchtwälder; Alpen bis 1400 m; zerstreut. Europa.

Hanfgewächse / Cannabaceae

3 Hopfen, *Humulus lupulus* L., Pfl. 2–6 m; St. rechtswindend; B. gegenständig, meist tief 3lappig, gezähnt; Pfl. 1geschlechtig; ♂ Bl.stände in Rispen; Bl.b. 5, frei, hellgrün, Staubb. 5; ♀ Bl.stand zapfenartig, ährig (Hopfen»dolde«); Frucht eine 3 mm lg. Nuß. ✻ 7–8. △ Auenwälder, Gebüsche; häufig. Europa.

Sandelgewächse / Santalaceae

4 Berg-Leinblatt, *Thesium bavarum* Schrank (*Th. montanum* Ehrh.), Pfl. 20–60 cm, ohne Ausläufer; B. br. lanzettlich, 2–7 mm br., 3–5nervig, bläulichgrün; Bl. meist 5teilig, weiß, mit je 1 größerem und 2 kleineren Tragb.; Bl.b. zur Fruchtzeit bis auf den Grund eingerollt. ✻ 6–9. △ Sonnige Waldränder, Kiefernwälder, Halbtrockenrasen; selten; Mittel- und Südosteuropa.

Mistelgewächse / Loranthaceae

5 Mistel, *Viscum album* L., Pfl. strauchig, bis 1 m, als Halbschmarotzer auf Bäumen (holt aus der Wirtspfl. Wasser und Mineralsalze); Zweige gabelig verzweigt; B. lederig, immergrün; Bl. 1geschlechtig, unscheinbar, in der Gabel zwischen den Zweigen; Beeren weiß oder gelblich. ✻ 2–5. △ Die **Laubholz-Mistel,** ssp. *album* auf Laubhölzern, die **Tannen-M.,** ssp. *abietis* (Wiesb.) Abrom. auf Weißtannen und die **Kiefern-M.,** ssp. *austriacum* (Wiesb.) Vollm. (*V. laxum* Boiss. et Reut.) auf Kiefern; zerstreut. Südskandinavien, Mittel- und Südeuropa.

Osterluzeigewächse / Aristolochiaceae

6 Haselwurz, *Asarum europaeum* L., Pfl. 5–10 cm; St. kriechend, am Grund mit schuppenförmigen, weißlichen oder bräunlichen Niederb.; B. rundlich-nierenförmig, dunkelgrün, 3–10 cm br., oft wintergrün; Bl. einzeln, kurz gestielt, radiär; Bl.hülle 3teilig, glockig, braunrot, 10–15 mm lg. ✻ 3–5. △ Laub- und Nadelwälder, Auenwälder; häufig. Hauptsächlich Mittel- und Osteuropa.

4
5
6
2
3
1

Nelkengewächse / Caryophyllaceae

1 Hain-Sternmiere, *Stellaria nemorum* L., Pfl. 20–50 cm, mit weit kriechenden Ausläufern; St. stielrund, oberwärts drüsig-weichhaarig, B. gegenständig, herz-eiförmig, spitz, am Rand gewimpert, die unteren gestielt; Bl. 5zählig; Kelchb. 4–6 mm lg., Kronb. doppelt so lg., fast bis zum Grund 2teilig, weiß. ✻ 5–7. △ Krautreiche Mischwälder, Auen, Bergwälder, Hochstaudenfluren, in den Alpen bis 2200 m; häufig. Europa.

2 Große Sternmiere, *Stellaria holostea* L., Pfl. 10–30 cm; St. 4kantig, unten kahl, oben zerstreut behaart; B. steif, schmal lanzettlich, sitzend; Kronb. bis zur Mitte 2spaltig, weiß, doppelt so lg. wie die 6–8 mm lg. Kelchb. ✻ 4–6. △ Krautreiche Mischwälder, Gebüsche; häufig. Fast ganz Europa, nördlich bis Südskandinavien. – Die **Langblättrige Sternmiere,** *S. longifolia* Muhl. (*S. diffusa* Schldl.), hat ebenfalls schmal lanzettliche, sitzende, 2–3 cm lg. B., aber Kronb. fast bis zum Grund geteilt, kaum länger als der Kelch; St. oberwärts rauh, unten 4kantig; Pfl. lockerrasig, 10–20 cm. ✻ 6–8. △ Moorige Nadelwälder; selten; Eiszeitrelikt, im natürlichen Verbreitungsgebiet der Fichte; hauptsächlich nördliches Mitteleuropa, Alpen, Karpaten, Nordosteuropa. GefGr. 3!

3 Taubenkropf, Hühnerbiß, *Cucubalus baccifer* L., Pfl. stark ästig, klimmend, kurz behaart, 50–150 cm; B. eiförmig, spitz, kurz gestielt; Bl. in lockeren Bl.ständen, mit ungleich 5zähnigem, glockig aufgeblasenem Kelch und tief 2teiligen, grünlichweißen Kronb.; Griffel 3; Frucht eine 6–8 mm lg., schwarze Scheinbeere. ✻ 7–9. △ Auenwälder, Gebüsche, nährstoffreiche Schlickböden in Flußtälern; ziemlich selten. Mittel- und Südeuropa, nördlich bis Südengland. GefGr. 3!

4 Dreinervige Nabelmiere, *Moehringia trinerva* (L.) Clairv., Pfl. aufsteigend, 10–30 cm; St. einzeln, nicht rasig, kurz behaart; B. eiförmig spitz, meist 3nervig, kurz behaart, die unteren gestielt, die oberen fast sitzend; Bl. 5–6 mm br., weiß, einzeln, b.achselständig oder zu mehreren am Ende der Zweige; Kronb. 5, kürzer als der Kelch; Kelchb. 5, br.hautrandig, 3nervig, kurzhaarig. ✻ 5–7. △ Laub- und Nadelmischwälder, Waldschläge, Waldwege, Gebüsche; verbreitet. Fast ganz Europa, im Süden nur in den Gebirgen.

Hahnenfußgewächse / Ranunculaceae

5 Glänzende Wiesenraute, *Thalictrum lucidum* L., Pfl. 60–120 cm; B. 2fach gefiedert; Fiederb. länglich, keilförmig oder linealisch, oberseits dunkelgrün, glänzend; Bl. an den Enden der Rispenäste gedrängt; Bl. und Staubb. aufrecht, gelblich. ✻ 6–7. △ Auenwälder, Moorwiesen; selten. Mitteleuropa (Mecklenburg, Ostpreußen, Thüringen, Donau- und Maingebiet, Alpen), Südosteuropa. GefGr. 3!

3
4
5
2
1

Tafel 141 Wälder, Waldränder, Gebüsche, Auen

Hahnenfußgewächse / Ranunculaceae

1 Akeleiblättrige Wiesenraute, *Thalictrum aquilegifolium* L., Pfl. 40–120 cm, B. 3fach gefiedert; Fiederb. rundlich, grob und stumpf gezähnt, blaugrün; Bl.stand rispig, reichblütig; Bl.b. unscheinbar, bald abfallend; Staubfäden oben verdickt, hellviolett, selten weiß; Früchtchen an lg. Stielen hängend, 3kantig geflügelt. ✻ 5–7. △ Auenwälder, Hochstaudenfluren, in den Alpen bis über 2000 m; zerstreut. Hauptsächlich Mitteleuropa, südlich bis Nordspanien, Pyrenäen, Peleponnes.

2 Kleine Wiesenraute, *Thalictrum minus* L., Pfl. 30–100 cm; B. am St. gleichmäßig verteilt, 3–4fach gefiedert; Fiederb. rundlich oder rundlich keilig, blaugrün, unterseits hellgrün; St. gefurcht; Bl.stand rispig, oft mit abstehenden Ästen; Bl.b. und Staubfäden gelblich, hängend; Früchtchen sitzend, spindelförmig, längs gerippt, ✻ 5–8. △ Lichte, trockne Wälder, Trockengebüsch, Trockenrasen an Waldrändern, ziemlich selten. Hauptsächlich Mittel- und Südeuropa, nördlich bis Südskandinavien. GefGr. 3! – Ähnlich sind noch: **Stein-Wiesenraute,** *Th. saxatile* DC., B. beiderseits blaugrün, unterseits mit hervortretenden Nerven; B. in der unteren Hälfte oder in der Mitte des St. gehäuft; Trockenrasen, lichte Gebüsche, Föhrenwälder, in den Alpen bis etwa 2000 m; selten. – **Einfache Wiesenraute,** *Th. simplex* L., aber Fiederb. länglich bis linealisch; Bl. grünlich; Moorwiesen, Kalkmagerweiden; selten. GefGr. 2!

3 Stinkende Nieswurz, *Helleborus foetidus* L., Pfl. 30–60 cm; B. wintergrün, handförmig 3–9teilig, bis 30 cm im Durchmesser, Abschnitte gezähnt; Bl.stand reich verzweigt; Bl. glockenförmig, 2 cm br., 5zählig, grüngelb, am Rand rötlich, unangenehm riechend; Früchtchen mit hakigem Schnabel, zu 3-8, etwa 2 cm lg. ✻ 2-4. Geschützt! Giftig! △ Eichen- und Buchenwälder, Waldränder, trockne, kalkreiche Buschhänge; zerstreut. Hauptsächlich Südwesteuropa, Süddeutschland, nördlich bis England.

4 Christrose, Schneerose, *Helleborus niger* L., Pfl. 10–30 cm; B. überwinternd, 7–9teilig, 10–20 cm br., Abschnitte nur oberwärts gesägt; St. meist 1blütig, nur oben mit 1–2 ovalen, ganzrandigen B.; Bl. 5–10 cm br., weiß oder rosa, später grün werdend; Bl.b. ausgebreitet; Nektarb. gelb oder gelbgrün. ✻ 1–4. Giftig! Geschützt! △ Laubmisch- und Kiefernwälder; zerstreut. Alpen und südosteuropäische Gebirge. GefGr. 3!

5 Grüne Nieswurz, *Helleborus viridis* L., Pfl. 10–30 cm; B. nicht überwinternd, 7–11teilig, Abschnitte bis zum Grund gesägt; St. 1fach oder verzweigt, mit geteilten, gesägten B.; Bl. zu 2–3 nickend, 4–6 cm br.; Bl.b. ausgebreitet, br. eiförmig, grün; Nektarb. grün. ✻ 3–4. Geschützt! △ Lichte Wälder, Gebüsche; selten; als Heilpfl. früher häufig kultiviert und gelegentlich verwildert. Mitteleuropa, südlich bis Spanien und Norditalien.

6 Winterling, *Eranthis hyemalis* (L.) Salisb., Pfl. 5–15 cm; Grundb. meist erst nach der Bl.zeit erscheinend, rundlich, bis zum Grund 5–7teilig, Abschnitte 2–3lappig; St. rotbraun, mit einem B.quirl unter der gelben, 2–3 cm br. Bl.; Früchtchen bis 15 mm lg. ✻ 2–3. △ Feuchte Laubwälder Südosteuropas, in Mitteleuropa in Gärten, Parkanlagen, Weinbergen, Gebüsche; zerstreut; ursprünglich Süd- und Südosteuropa.

5
3
6
1
2
4

Tafel 142 Wälder, Waldränder, Gebüsche, Auen

Hahnenfußgewächse / Ranunculaceae

1 Blauer Eisenhut, *Aconitum napellus* L., Pfl. 50–150 cm; B. fast bis zum Grund handförmig 5–7teilig, Abschnitte mit schmal linealischen Zipfeln; Bl. in meist 1facher oder wenigästiger, dichter Traube, blauviolett; Bl.helm breiter als hoch; Staubb. meist behaart. ✻ 6-8. Geschützt! Giftig! (Sehr variable Art mit mehreren Kleinarten). △ Hochstaudenfluren, Gebüsche, Grauerlenwälder, in den Alpen bis über 2000 m; zerstreut. Alpen, Pyrenäen, Gebirge Mitteleuropas. GefGr. 4! - Ähnlich ist der **Bunte Eisenhut,** *A. variegatum* L., Bl., violett und weiß gescheckt, an lg., drüsenlosen Stielen; Helm höher als br.; Grauerlenwälder, subalpine Hochstaudenfluren. Giftig! Geschützt! GefGr. 3!

2 Rispiger Eisenhut, *Aconitum paniculatum* Lam., Pfl. 50–150 cm; Bl.stiele und St. im oberen Teil drüsig-klebrig und flaumig behaart; Bl.stand ästig; Bl.traube locker, kurz; Bl.helm so hoch wie br.; Bl. blauviolett. ✻ 6–8. Giftig! Geschützt! △ Berg- und Schluchtwälder, Hochstaudenfluren; in den Alpen bis 2400 m; zerstreut. Gebirge Mittel- und Südeuropas (östlich). GefGr. 3!

3 Gelber oder **Wolfs-Eisenhut,** *Aconitum vulparia* Rchb. (*A. lycoctonum* L.), Pfl. 50–150 cm; B. handförmig 5–7teilig, mit br. Abschnitten; Bl. gelb oder weißlich, mit hohem, schlankem Helm, in 1facher oder ästiger Traube. ✻ 6–8. Giftig! Geschützt! △ Schlucht- und Auenwälder, feuchte Laubmischwälder, Hochstaudenfluren, in den Alpen bis 2400 m. Gebirge Mittel- und Südeuropas. GefGr. 3!

4 Gelbes Windröschen, *Anemone ranunculoides* L., Pfl. 10–20 cm; Grundb. zur Bl.zeit noch fehlend; St.b. 3, fast quirlständig, kurz gestielt oder fast sitzend, 4–8 cm lg., bis zum Grund 3teilig, Abschnitte grob gezähnt oder eingeschnitten; Bl. 2 cm br., meist zu 2; Bl.b. 5, gelb, außen behaart; Früchtchen dicht borstig kurzhaarig. ✻ 4–5. △ Auenwälder, feuchte Laubmischwälder; ziemlich selten. Fast ganz Europa, nördlich bis Südskandinavien, südlich bis Nordspanien, Mittelitalien, Albanien.

5 Busch-Windröschen, *Anemone nemorosa* L., Pfl. 10–25 cm; B. zu 3, fast quirlständig, gestielt, bis zum Grund teilig, 3–6 cm lg., Abschnitte tief 2–5teilig und grob gezähnt; Bl. einzeln, 2–4 cm br., Bl.b. 6–8, weiß oder außen rosa, kahl. ✻ 3–4. △ Laub- und Nadelwälder, Bergwiesen, Obstgärten; verbreitet. Fast ganz Europa.

6 Großes Windröschen, *Anemone sylvestris* L., Pfl. 15–40 cm; Grundb. und St.b. rundlich, handförmig 2- oder 5teilig, 4–10 cm br., locker behaart, Abschnitte 2–3teilig, vorn grob gezähnt; Bl. meist 1,4–7 cm br.; Bl.b. 5–6, weiß, außen seidenhaarig. ✻ 4-6. Geschützt! △ Waldränder, Böschungen, Hohlwege, Kiefernwälder, wärmeliebend; selten. Mitteleuropa, nördlich bis Nordrußland, Sibirien, südlich bis Nordspanien, Südalpen, Gebirge der Balkanhalbinsel. GefGr. 3!

7 Leberblümchen, *Hepatica nobilis* Mill. (*Anemone hepatica* L.), Pfl. 5–15 cm; B. grundständig; überwinternd, 3lappig, oberseits grün, unterseits oft rotbraun oder violett; St. zu mehreren, behaart, mit je 1 Bl.; Bl.b. 6–10, blau, seltener rosa oder weiß, dicht unter der Bl. 3 grüne Hochb., die einen Scheinkelch bilden. ✻ 3–4. Geschützt! △ Buchen-, Eichen-, Nadelmischwälder; zerstreut. Fast ganz Europa.

1
2
3
4
5
6
7

Hahnenfußgewächse / Ranunculaceae

1 Christophskraut, *Actaea spicata* L., Pfl. 30–60 cm; Grundb. fehlend; St.b. lg. gestielt, doppelt 3zählig bis gefiedert, mit ovalen, unregelmäßig und grob gezähnten Abschnitten; B.spreite 20–30 cm lg.; Bl. weiß, klein, 4teilig, in vielblütigen Trauben; Frucht eine grün, später schwarze Beere. ✻ 5–6. △ Laubmischwälder, Schluchtwälder; zerstreut. Fast ganz Europa, hauptsächlich in den Gebirgen.

2 Gewöhnliche Akelei, *Aquilegia vulgaris* L., Pfl. 30–80 cm; grundständige B. lg. gestielt, doppelt 3teilig, oft blaugrün, Abschnitte rundlich, 3schnittig; oberste B. sitzend, 3lappig; Bl. blauviolett, 3–5 cm lg., mit lg. Sporn; Staubb. zahlreich, kaum aus der Bl. ragend. ✻ 5–7. Geschützt! △ Laubwälder, Gebüsche, Waldränder, Trockenrasen; wärmeliebend; zerstreut. Fast ganz Europa.

3 Schwarzviolette Akelei, *Aquilegia atrata* Koch, Pfl. 30–70 cm, sehr ähnlich der Gewöhnlichen Akelei, aber Bl. braunviolett; Staubb. weit aus der Bl. ragend. ✻ 6–7. Geschützt! △ Lichte Nadelwälder, Waldränder, Moorwiesen; zerstreut. Süddeutschland, Alpen und Vorland, Apennin.

4 Gewöhnliche Waldrebe, *Clematis vitalba* L., Pfl. 3–8 m, windend und kletternd, mit verholztem St.; B. mit 3 oder 5 lg. gestielten, ei- oder herzförmigen, grob und asymmetrisch gezähnten Fiederb.; Bl.stand rispig, end- und b.achselständig; Bl. 5zählig, 2–3 cm br., weiß; Bl.b. beiderseits flaumig behaart; Griffel zur Fruchtreife bärtig. ✻ 6–7. Giftig! △ Auenwälder, Gebüsche, Waldränder; ziemlich häufig. Mittel- und Südeuropa, nörlich bis England. – Ähnlich ist die **Brennende Waldrebe,** *C. flammula* L., aber Fiederb. ganzrandig; Bl.b. weiß, nur am Rand dicht filzig behaart. Mittelmeergebiet. – Im östlichen Mittelmeergebiet verbreitet ist noch die **Italienische Waldrebe,** *C. viticella* L., Pfl. 3–6 m, windend; B. doppelt gefiedert, Fiedern eiförmig, ganzrandig oder ungleich 2–3teilig; Bl. blau, nickend, 3–4 cm br.; Bl.b. vorne kraus; Zierpfl. und gelegentlich verwildert.

5 Aufrechte Waldrebe, *Clematis recta* L., Pfl. 50–150 cm, aufrecht, nicht kletternd oder windend, krautig; St. selten verholzt, kantig, hohl; B. mit 5, 7 oder 9 ganzrandigen, eiförmigen, spitzen Fiederb.; Bl. in endständiger Rispe, weiß; Bl.b. nur am Rand dicht filzig behaart. ✻ 5–7. △ Trockne, buschige, steinige Hänge, Laubmischwälder; wärmeliebend; selten. Süddeutschland, Elbegebiet, Thüringen, Südalpen, Pyrenäen. Süd- und Osteuropa.

2
1
3
4
5

Hahnenfußgewächse / Ranunculaceae

1 **Scharbockskraut,** *Ranunculus ficaria* L. (*Ficaria verna* Huds.), Pfl. 5–20 cm, niederliegend, oft an den Knoten wurzelnd; B. rundlich-herzförmig, entfernt stumpf gezähnt, stark glänzend; Bl. gelb, 2–3 cm br.; Bl.b. 3, kelchb.artig; Nektarb. 8–12, kronb.artig, ei-länglich, gelb. ✻ 3–5. △ Auenwälder, Mischwälder, Obstgärten, Hecken; verbreitet. Europa.

2 **Wolliger Hahnenfuß,** *Ranunculus lanuginosus* L., Pfl. 30–70 cm, abstehend dicht behaart; grundständige B. handförmig geteilt, Abschnitte mit br. eiförmigen, gesägten Zipfeln; Bl.stiele rund, nicht gefurcht; Bl. orangegelb, 2–2,5 cm br.; Früchtchen mit hakig gebogenem bis eingerolltem Schnabel; Fruchtboden kahl. ✻ 5–7. △ Mischwälder, Auen- und Schluchtwälder; zerstreut. Mittel- und Südeuropa, (östlich).

3 **Hain-** oder **Wald-Hahnenfuß,** *Ranunculus nemorosus* DC. (*R. breyninus* aut.), Pfl. 20–80 cm, mit dunkelgrünen, im Umriß 5eckigen, bis fast zum Grund 3teiligen Grundb.; B.abschnitte keilförmig, gelappt und gezähnt; Bl.stiele stark gefurcht, locker behaart; Bl.stand vielblütig; Bl. leuchtend gelb; Kronb. 15–20 mm lg.; Früchtchen mit 1,5 mm lg., an der Spitze eingerolltem Schnabel. ✻ 5–7. △ Laubmischwälder, Bergwiesen, Trockenrasen; verbreitet; (Sammelart mit mehreren Kleinarten). Mittel- und Südeuropa, nördlich bis Dänemark, in Großbritannien und Skandinavien eingeführt.

4 **Vielblütiger Hahnenfuß,** *Ranunculus polyanthemos* L., Pfl. 30–60 cm, mit 5teiligen Grundb.; B.abschnitte tief eingeschnitten, mit linealischen bis lineal-lanzettlichen, gezähnten Zipfeln; Bl.stiele schwach gefurcht, angedrückt behaart; Kronb. gelb, 7–14 mm lg.; Früchtchen mit 0,5 mm lg., schwach gebogenem, nicht eingerolltem Schnabel. ✻ 5–7. △ Lichte Eichenwälder, Waldränder, sonniges Gebüsch; zerstreut bis selten. Mittel- und Nordeuropa. GefGr. 2!

5 **Gold-Hahnenfuß,** *Ranunculus auricomus* L., Pfl. 15–50 cm; St.b. und Grundb. sehr verschieden; Grundb. im Umriß rundlich bis nierenförmig, kahl, glänzend, fast ungeteilt bis tief 5teilig eingeschnitten, mit br. keilförmigen, gelappten Abschnitten; St.b. bis zum Grund in lanzettliche Abschnitte zerteilt; Bl. gelb, 1–3 cm br.; Bl.stiele rund, nicht gefurcht; Früchtchen behaart; Fruchtboden kahl oder behaart. ✻ 4–6. △ Laubmischwälder, Auenwälder, Wiesen; verbreitet. Fast ganz Europa. (Sammelart mit fast unzähligen Kleinarten; diese haben oft ein sehr kleines Verbreitungsgebiet.)

3
4
5
2
1

Tafel 145 Wälder, Waldränder, Gebüsche, Auen

Sauerdorn- oder Berberitzengewächse / Berberidaceae

1 Berberitze, Sauerdorn, *Berberis vulgaris* L., sommergrüner Strauch, bis 3 m; Langtriebe mit 1–7, meist 3teiligen Dornen, in deren Achseln Kurztriebe mit Büscheln von verkehrt-eiförmigen, stechend gewimperten, 2–6 cm lg. B.; Bl. 6zählig, in vielblütigen, hängenden Trauben; Kelchb. und Kronb. gelb; Beere länglich, rot, 8–11 mm lg. ✻ 5–6. △ Hecken, Waldränder, Auenwälder, lichte Laub- und Kiefernwälder; zerstreut. Zwischenwirt des Getreiderostes. Hauptsächlich Mittel- und Südeuropa, nördlich bis Südskandinavien.

Erdrauchgewächse / Fumariaceae

2 Hohler Lerchensporn, *Corydalis cava* (L.) Schw. et Koerte, Pfl. 15–30 cm, mit kugeliger, hohler Knolle; B. doppelt 3zählig, blaugrün; Bl. 18–28 mm lg., in 6–20blütigen, aufrechten Trauben, purpurn oder weiß; Tragb. der Bl. eiförmig, ganzrandig; äußere Kronb. 2, das obere nach rückwärts gespornt und vorne verbreitert (Oberlippe), das untere vorne verbreitert (Unterlippe), innere Kronb. 2, an der Spitze verwachsen. ✻ 3–5. △ Laubwälder, Auenwälder, Obstgärten, Gebüsche; zerstreut. Hauptsächlich Mitteleuropa, nördlich bis Südschweden.

3 Fester, Finger-Lerchensporn, *Corydalis solida* (L.) Clairv., Pfl. 10–20 cm, ähnlich Höhlem Lärchensporn, aber Wurzelknolle voll; Hochb. des Bl.standes fingerförmig zerteilt; St. am Grund mit schuppenförmigen, bleichen Niederb. ✻ 3–5. △ Laubmischwälder, Hecken; ziemlich selten. Südschweden, Mitteleuropa, im Süden in den Gebirgen.

Kreuzblütengewächse / Cruciferae oder Brassicaceae

4 Wildes Silberblatt, *Lunaria rediviva* L., Pfl. 30–140 cm; B. herzförmig, gestielt, gezähnt, die unteren fast gegenständig; Bl. 4zählig, wohlriechend; Kronb. 12–20 mm lg., hellviolett, lila oder weiß; Kelchb. 5–6 mm lg.; Schoten elliptisch bis br. lanzettlich, an beiden Enden zugespitzt, 4–8 cm lg. ✻ 5–7. △ Schlucht- und Bergwälder, schattige, luftfeuchte Hänge; ziemlich selten. Fast ganz Europa.

5 Kleeblättriges Schaumkraut, *Cardamine trifolia* L., Pfl. 10–20 cm; St. b.los oder mit 1 B.; Grundb. 3zählig, lg. gestielt, wintergrün; B.chen rautenförmig-rundlich, gekerbt; Kronb. 4, 8–11 mm lg., weiß; Staubbeutel gelb; Schoten 15–25 mm lg. und 2 mm br., Stiele etwa genauso lg. ✻ 4–6. △ Krautreiche Buchen- und Buchenmischwälder, Gebirgswälder; zerstreut. Gebirge Mittel- und Südeuropas, (östlich).

6 Turm-Gänsekresse, *Arabis turrita* L., Pfl. 10–70 cm; Grundb. schmal eiförmig, in den Stiel verschmälert, unregelmäßig gezähnt; St.b. länglich, mit herzförmig geöhrtem Grund st.umfassend; Bl.stand unten beblättert; Kronb. 4, 6–8 mm lg., gelblichweiß; Schoten bogig überhängend, 8–12 cm lg., 2–3 mm br., ✻ 4–6. △ Lichte Wälder, Gebüsche, felsige Hänge; wärmeliebend; selten. Süddeutschland (Schwarzwald, Jura), Schweizer Jura, Alpen, Südeuropa.

7 Turmkraut, Kahle Gänsekresse, *Arabis glabra* (L.) Bernh. (*Turritis glabra* L.), Pfl. 60–120 cm; Grundb. buchtig gezähnt bis fiederteilig, zur Bl.zeit verwelkt; St.b. ganzrandig, st.umfassend sitzend, kahl, bläulich bereift; Krone 5–8 mm br., gelblichweiß; Schoten 4kantig, 4–7 cm lg., am St. angedrückt. ✻ 5–7. △ Wald- und Heckenränder, lichte Eichenwälder; zerstreut. Europa.

4
5
2
3
7
6
1

Tafel 146 Wälder, Waldränder, Gebüsche, Auen

Kreuzblütengewächse / Cruciferae oder Brassicaceae

1 Zwiebeltragende Zahnwurz, *Dentaria bulbifera* L., Pfl. 30–50 cm; Grundb. und untere St.b. gefiedert, gestielt, mit 5–7 ei-lanzettlichen, gesägten Fiederb., obere St.b. ungeteilt; B.achseln mit kleinen, braunvioletten Brutknöllchen; Krone hellviolett, rosa oder weiß. ✻ 5–6. △ Krautreiche Buchen- und Ahornmischwälder; selten. Hauptsächlich Gebirge Mitteleuropas, nördlich bis Südskandinavien, südlich bis Griechenland.

2 Finger-Zahnwurz, *Dentaria pentaphyllos* L. (*D. digitata* Lam.), Pfl. 25–50 cm; Rhizom fleischig, mit zahnartigen Niederb.schuppen (bei allen Arten der Gattung *Dentaria);* St.b. wechselständig, handförmig 3–5zählig gefiedert, Fiederb. ei-lanzettlich, gesägt; Kronb. 4, rosa oder violett, 12–18 mm lg. ✻ 4–6. △ Krautreiche Buchen- und Buchen-Tannenwälder, Schluchtwälder; zerstreut. Gebirge Mittel- und Südeuropas, (westlich). – Ähnlich ist die **Fieder-Zahnwurz,** *D. heptaphyllos* L., aber B. 7zählig gefiedert; Krone weiß oder blaßlila. ✻ 4–5. △ Laub- und Mischwälder; selten; mittel- und südeuropäische Gebirge.

3 Weiße oder **Quirlblättrige Zahnwurz,** *Dentaria enneaphyllos* L., Pfl. 20–30 cm; St.b. zu 3, fast quirlständig, 3zählig; Krone gelblichweiß. ✻ 4–5. △ Buchen- und Buchen-Tannenwälder; selten. Gebirge Mittel- und Südeuropas, (östlich).

Steinbrechgewächse / Saxifragaceae

4 Wechselblättriges Milzkraut, *Chrysosplenium alternifolium* L., Pfl. 5–20 cm, rasenbildend, mit fadenförmigen Ausläufern; Grundb. rundlich-nierenförmig, 2–5 cm br., am Grund tief herzförmig, gekerbt, lg. gestielt; St.b. ähnlich, wechselständig; St. 3kantig; Bl.stand doldenartig, mit gelblichen Hochb.; Bl.hülle 1fach, 4zählig, grünlichgelb, 5–6 mm br.; Staubb. 8. ✻ 3–5. △ Auenwälder, Schluchtwälder, Ufer; ziemlich häufig. Fast ganz Europa, südlich bis Mittelitalien. – Ähnlich ist das **Gegenblättrige Milzkraut,** *Ch. oppositifolium* L., aber St. 4kantig, B. gegenständig. ✻ 4–5. △ Quellfluren, Schluchtwälder; zerstreut.

5 Rundblättriger Steinbrech, *Saxifraga rotundifolia* L., Pfl. 20–70 cm; B. lg. gestielt, hellgrün, rundlich, grob gekerbt; Bl. in lockeren Rispen, weiß, am Grund rot punktiert. ✻ 6–9. Geschützt! △ Bergmischwälder, Hochstaudengebüsch, Bachufer, in den Alpen bis über 2200 m; verbreitet. Gebirge Mittel- und Südeuropas.

Stachelbeerengewächse / Grossulariaceae

6 Berg-Johannisbeere, *Ribes alpinum* L., Strauch 80–150 cm, ohne Stacheln; B. 3(–5)lappig, grob gezähnt, 2–4 cm lg., beiderseits mit rotkopfigen Drüsenhaaren; B.stiele 1/2 so lg. wie die Spreite; Pfl. meist 1geschlechtig; ♂ Bl. in 10–30blütigen, ♀ in 2–5blütigen aufrechten Trauben; Bl. 5zählig, grünlichgelb; Kronb. kürzer als die Kelchb.; Beere rot. ✻ 4–5. △ Bergmischwälder, Schluchtwälder, Gebirgsauen, in den Alpen bis 2000 m; Zierpfl.; zerstreut. Nord- und Mitteleuropa, südlich bis nordspanische Gebirge, Apennin, Gebirge der Balkanhalbinsel.

7 Stachelbeere, *Ribes uva-crispa* L. (*R. grossularia* L.), Strauch 60–120 cm, stachelig; B. 3–5lappig, 3 cm br., flaumig behaart, mit stumpfen Zähnen; Bl. zu 1–3, grünlich; Kelchb. dicht behaart, oval, abstehend, 2–3mal so lg. wie die weißlichen Kronb.; Beere eiförmig, 1–2 cm br., rötlich, grün, gelblich, borstig oder kahl. ✻ 4–5. △ Waldränder, Schlucht- und Auenwälder, Burgruinen; Kulturpfl. in vielen Formen; ziemlich häufig. Fast ganz Europa, im Süden in den Gebirgen.

1
2
3
4
5
6
7

Stachelbeerengewächse / Grossulariaceae

1 Schwarze Johannisbeere, *Ribes nigrum* L., Strauch 80–150 cm, ohne Stacheln, mit eigenartigem, intensivem Geruch; B. 3–(5)lappig, bis 10 cm lg., unterseits mit gelblichen Drüsen; junge Triebe flaumig behaart; Bl. grünlich, in hängenden Trauben; Kronb. aufrecht, viel kürzer als die zurückgekrümmten, dicht behaarten Kelchb.; Frucht eine 10–15 mm br., schwarze, eßbare Beere. ✻ 4–5. △ Erlenbruch, Auenwälder; ziemlich selten. Hauptsächlich Mittel- und Nordeuropa. GefGr. 3!

Rosengewächse / Rosaceae

2 Wald-Geißbart, *Aruncus sylvestris* Kost. (*A. vulgaris* Rafin., *A. dioicus* aut.), Pfl. 80–150 cm, 1geschlechtig, 2häusig; B. 2–3fach 3zählig; Fiederb. eiförmig, scharf doppelt gesägt; Bl.stand rispig, bis 50 cm lg.; Bl. klein, 2–4 mm br., ♂ Bl. gelblichweiß, mit über 20 Staubb., ♀ Bl. reinweiß, sehr zahlreich; Kronb. und Kelchb. 5. ✻ 4–7. △ Schluchtwälder, Gebirgsbäche, Hochstaudenfluren; zerstreut. Gebirge Mitteleuropas, Alpen, Pyrenäen, Apennin, Gebirge der Balkanhalbinsel.

3 Gewöhnliche Zwergmispel, *Cotoneaster integerrimus* Med., Strauch 50–200 cm; B. eiförmig, 2–4 cm lg., oberseits kahl, grün, unterseits graufilzig; Bl. zu 1–5; Kelchb. 5, außen kahl, 2 mm lg.; Kronb. 5, weiß bis blaurot; Frucht kugelig, rot, 6–8 mm br. ✻ 4–5. △ Felsgebüsch, sonnige Felshänge, trockne Eichen-Kiefernwälder; ziemlich selten. Hauptsächlich Mittel- und Südeuropa, (östlich), nördlich bis Südskandinavien. – Ähnlich ist die **Filzige Zwergmispel,** *C. tomentosus* (Ait.) Lindl., aber B. oberseits behaart, unterseits weißfilzig, 2–6 cm lg.; Kelch filzig; Frucht filzig behaart; trockne Wälder und Gebüsche, Kalkfelsspalten; selten; Gebirge Mittel- und Südeuropas. GefGr. 4!

4 Vogelbeerbaum, Eberesche, *Sorbus aucuparia* L., Strauch oder Baum mit glatter Borke, 5–15 m; B. unpaarig gefiedert; Fiederb. eiförmig, 4–6 cm lg., scharf gezähnt; Bl. in reichblütigen, doldenartigen Rispen; Kelchb. 5; Kronb. 5, 4–5 mm lg., weiß, Griffel 2–4; Frucht fast kugelig, rot, 8–10 mm lg. ✻ 5–6. △ Lichte Laub- und Nadelwälder, bis zur Waldgrenze; verbreitet. Europa. – Ähnlich ist der **Speierling,** *S. domestica* L., aber Borke rauh; Fiederb. nur in der oberen Hälfte gesägt; Bl.stand nur 6–12blütig, Griffel meist 5; Frucht birnförmig, rötlichgelb; wärmeliebende Laubwälder; Mittelmeergebiet, gebietsweise auch in Deutschland urwüchsig, häufig auch angepflanzt oder verwildert.

5 Mehlbeere, *Sorbus aria* (L.) Crantz, Strauch oder Baum, 2–10 m; B. eiförmig, ungleichmäßig gesägt, 8–14 cm lg., dunkelgrün, unterseits grau- bis weißfilzig, mit 10–14 Nervenpaaren; Bl. weiß; Griffel 2; Frucht kugelig oder eiförmig, orange bis rot. ✻ 5–6. △ Sonnige Laubwälder, Kalkfelshänge, Bergwälder; zerstreut. Gebirge Mittel- und Südeuropas. – Ähnlich ist die **Vogesen-Mehlbeere,** *S. mougeotii* Soy.-Will et Godr., aber B auf etwa 1/4 der B.breite eingeschnitten und mit 8–10 Nervenpaaren; Lappen stumpf, nach vorne gerichtet, nach der Spitze hin kleiner werdend; wärmeliebende Laubmischwälder, Bergwälder, Gebüsche; selten; Gebirge Mittel- und Südeuropas. GefGr. 4!

5
2
4
3
1

Tafel 148 Wälder, Waldränder, Gebüsche, Auen

Rosengewächse / Rosaceae

1 Elsbeere, *Sorbus torminalis* (L.) Crantz, Baum oder Strauch 3–15 m; B. gelappt, unterseits graufilzig, später verkahlend, jederseits mit 4–5 hervortretenden Nerven; B.lappen spitz, die unteren groß, waagrecht abstehend; Bl. in doldenartigen Rispen, weiß; Früchte eiförmig, braun. ✻ 5–6. △ Eichen-Hainbuchenwälder, Flaumeichengebüsch; wärmeliebend; zerstreut. Mittel- und Südeuropa.

2 Schwedische Vogelbeere, *Sorbus intermedia* (Ehrh.) Pers., Baum oder Strauch, 3–15 m, ähnlich Elsbeere, aber B. unterseits nicht verkahlend, jederseits mit 3–8 Nerven und stumpfen, abgerundeten Lappen. ✻ 5–6. △ Laubwälder. Nordeuropa und Ostseeraum.

3 Wild-, Holz-Apfel, *Malus sylvestris* (L.) Mill. (*Pyrus malus* L.), Baum 8–10 m; Zweige meist dornig; B. rundlich bis eiförmig, 3–5 cm lg., fein gezähnt, unterseits nur auf den Nerven behaart, diese deutlich hervortretend; Bl. 5zählig, 3–4 cm br., in armblütigen Trauben; Kronb. oberseits weiß, unterseits rot überlaufen; Staubb. gelb; Frucht holzig. ✻ 4–5. △ Auenwälder, Hecken; zerstreut. Fast ganz Europa. – Die **Wild-Birne,** *Pyrus achras* Gaertn. (*P. pyraster* Borkh.) hat beiderseits reinweiße Kronb., rote Staubb. und runde B. mit unterseits kaum hervortretenden Nerven; steinige Gebüsche, Auenwälder; wärmeliebend.

4 Zweigriffeliger Weißdorn, *Crataegus oxyacantha* L., Strauch ähnlich Eingriffeligem Weißdorn, aber B. schwach gelappt, mit keilförmigem Grund; Griffel 2–3; Frucht mit 2–3 Steinkernen. ✻ 5–6. (Formenreich). △ Laubwälder, Hecken; verbreitet. Fast ganz Europa, nördlich bis Südskandinavien.

5 Eingriffeliger Weißdorn, *Crataegus monogyna* Jacq., Strauch 1–8 m; B. tief fiederspaltig, meist 5teilig, mit br. B.grund; B.lappen ganzrandig oder an der Spitze gezähnt; Bl. in Schirmrispen, 5zählig, 10–15 mm br., weiß; Griffel 1; Frucht kugelig, rot, 6–10 mm br., mit 1 Steinkern. ✻ 5–6. (Formenreich, mit mehreren Kleinarten). △ Sonnige Gebüsche, Wälder, Felsen; häufig. Fast ganz Europa, nördlich bis Schottland.

6 Himbeere, *Rubus idaeus* L., Pfl. 60–120 cm; St. 2jährig, verholzend, aufrecht-überhängend, mit roten Stacheln; B. gefiedert, mit 5 oder 7 gezähnten, hellgrünen, unterseits weißfilzigen Fiederb.; Bl.stand nickend, rispig; Kronb. schmal eiförmig, weiß, 5 mm lg.; Kelchb. nach der Bl.zeit zurückgebogen; Frucht rot, kahl, der Fruchtboden bleibend. ✻ 5–6. △ Waldlichtungen, Schläge, Auen, Schluchten; häufig. Europa.

7 Bereifte Brombeere, Kratzbeere, *Rubus caesius* L., Pfl. 30–80 cm; St. rundlich, bläulich bereift, stachelig; B. 3zählig, grob und ungleich gezähnt; Nebenb. lanzettlich; Bl.stand doldenartig; Bl. 1,5–2 cm br.; Kronb. 5, weiß; Kelchb. graufilzig; Frucht blau bereift, aus 5–20 großen Früchtchen bestehend. ✻ 5–6. △ Auwälder, Waldränder, Hecken, Ufer; häufig. Fast ganz Europa.

6
7
2
1
3
4
5
4

Tafel 149 Wälder, Waldränder, Gebüsche, Auen

Rosengewächse / Rosaceae

1 Steinbeere, *Rubus saxatilis* L., Pfl. 10–30 cm; St. 1jährig, nicht verholzend, mit feinen Stacheln; B. 3zählig, lg. gestielt, beiderseits grün, grob doppelt gezähnt; Bl. zu 3–10; Kronb. weiß, 5 mm lg.; Frucht hellrot (mit Johannisbeergeschmack). ✻ 5–6. △ Mischwälder, Gebüsche, in den Alpen bis 2000 m; ziemlich selten. Europa, im Süden in den Gebirgen.

2 Echte Brombeere, *Rubus fruticosus* coll., formenreiche Sammelart mit zahlreichen Kleinarten, 50–200 cm; St. bogig oder kriechend bis aufrecht oder nickend, stachelig; Form der Stacheln je nach Kleinart sehr unterschiedlich; B. 3–5zählig gefiedert, oft wintergrün, B.chen eiförmig, spitz, gesägt sitzend bis unterschiedlich lg. gestielt; Nebenb. fädlich; Frucht schwarz, glänzend, aus 20–50 kleinen Früchtchen bestehend, mit dem Bl.boden abgehend. ✻ 5–8. △ Wälder, Hecken, Kahlschläge, Heiden; häufig. Fast ganz Europa.

3 Felsenbirne, *Amelanchier ovalis* Med., Strauch 1–3 m; B. elliptisch, 2–4 cm lg., oberseits dunkelgrün, kahl, unterseits graufilzig, später kahl und graugrün, fein gezähnt; Bl. in armblütigen Trauben, 5zählig; Kronb. schmal lanzettlich, 15–20 mm lg., weiß oder gelblichweiß, außen zottig; Staubb. 20; Frucht blauschwarz. ✻ 4–5. △ Felsgebüsch, Kalkfelsspalten, sonnige Eichen- oder Kiefernwälder; zerstreut. Gebirge Mittel- und Südeuropas.

4 Echte Nelkenwurz, *Geum urbanum* L., Pfl. 30–60 cm; Grundb. lg. gestielt, gefiedert, mit großer Endfieder, alle Fiederb. grob gezähnt und eingeschnitten; Nebenb. groß, b.artig; St. mehrblütig; Bl. 5zählig, aufrecht, ausgebreitet, 1–2 cm br.; Kronb. gelb, so lg. wie die inneren Kelchb.; Griffel hakig gekrümmt, unten kahl, oben federig. ✻ 5–9. △ Laubmischwälder, Gebüsche, Mauern, schattige Zäune; verbreitet. Fast ganz Europa.

5 Gewöhnlicher oder **Kleiner Odermennig,** *Agrimonia eupatoria* L., Pfl. 30–100 cm; St. oben meist verzweigt, dicht rauhhaarig, mit sitzenden Drüsen; B. gegenständig, 10–15 cm lg., unterseits weißfilzig, mit 5–9 großen, grob gezähnten Fiederpaaren und großer Endfieder, dazwischen mit kleinen Fiederb.; Bl. 5zählig; Kronb. gelb, kaum ausgerandet; Kelchbecher gefurcht, mit abstehenden, zur Reife harten Stacheln. ✻ 7–9. △ Hecken, Waldränder, Magerrasen, Halbtrockenrasen; verbreitet. Fast ganz Europa.

6 Felsen-Fingerkraut, *Potentilla rupestris* L., Pfl. 30–50 cm; grundständige B. gefiedert, lg. gestielt; Fiederb. oval, 1–3 cm lg., gezähnt, obere B. 3zählig; Bl. 5zählig, 1–2 cm br.; Kronb. weiß, oval, 1–2mal so lg. wie die lanzettlichen Kelchb.; Staubfäden kahl; Früchtchen kahl. ✻ 5–7. △ Sonnige, lichte Eichen- und Kiefernwälder, Mauern; wärmeliebend; selten. Mittel- und Südeuropa. GefGr. 3!

1
2
6
3
4
5

Rosengewächse / Rosaceae

1 Weißes Fingerkraut, *Potentilla alba* L., Pfl. 5–20 cm; B. 5zählig gefingert, oberseits grün, unterseits silberweiß, seidenhaarig; Fiederb. lanzettlich, 3–6 cm lg., jederseits mit 1–4 kleinen Zähnen; St. behaart, 1–5blütig; Kronb. 5, weiß, herzförmig, ausgerandet, wenig länger als die Kelchb.; Staubfäden kahl. ✻ 4–6. △ Waldränder, lichte Eichen- und Eichen-Kiefernwälder trockner und warmer Gebiete; selten. Mittel- und Osteuropa. GefGr. 3!

2 Erdbeer-Fingerkraut, *Potentilla sterilis* (L.) Garcke, Pfl. 5–10 cm, mit lg., an der Spitze B.rosetten bildenden Ausläufern; Grundb. 3zählig, erdbeerartig, jedes B.chen jederseits mit 4–6 Zähnen, oberseits locker, unterseits dicht behaart; B.stiele abstehend behaart; Bl. 10–15 mm br.; Kronb. weiß, nicht übereinandergreifend; Staubfäden kahl, nach oben dünner werdend. ✻ 3–5. △ Gebüsche, krautreiche Laubwälder, Waldränder, Grasraine; verbreitet. Mitteleuropa, nördlich bis Schottland, Südskandinavien, südlich bis Mittelspanien, Jugoslavien. – Ähnlich ist das **Kleinblütige Fingerkraut,** *P. micrantha* Ram., aber Pfl. ohne Ausläufer, B.chen jederseits mit 6–11 Zähnen; Kelch und Krone am Grund rötlich; Staubfäden unten bewimpert, bandförmig verbreitert. Mischwälder, Waldränder; wärmeliebend; selten. Südeuropa und südliches Mitteleuropa. GefGr. 1!

3 Englisches Fingerkraut, *Potentilla anglica* Laich., Pfl. 15–30 cm; St. niederliegend, an den Knoten oft wurzelnd; Grundb. 3–5zählig, deren B.chen jederseits mit 4–6 Zähnen; St.b. 1–2 cm lg. gestielt, Nebenb. meist ganzrandig; Bl. 4(–5) zählig, gelb; Kronb. 5–7 mm lg. ✻ 6–8. △ Waldwege, feuchte Wälder, Sumpfwiesen; selten. Bastardart aus *P. erecta* × *P. reptans*. Mittel- und Nordeuropa. Ähnlich ist die Blutwurz, *P. erecta* siehe T. 107.

4 Wald-Erdbeere, *Fragaria vesca* L., Pfl. 5–20 cm, mit lg. Ausläufern; B. 3zählig, B.chen eiförmig, sitzend, gesägt, locker behaart, unterseits seidenhaarig; Bl. 1–1,5 cm br.; Kronb. 5, weiß; Kelchb. zur Fruchtzeit waagrecht abstehend oder zurückgeschlagen (vergl. Knackbeere T. 51), beim Pflücken der reifen, roten, weichen Beere zurückbleibend. ✻ 5–6. △ Waldränder, Kahlschläge, Waldlichtungen; häufig. Europa.

1
4
2
3

Rosengewächse / Rosaceae

1 **Feld-Rose,** *Rosa arvensis* Huds., Strauch 50–150 cm, liegend oder kletternd, mit schwach gebogenen, gleichartigen Stacheln; B. 7zählig, B.chen eiförmig, 1–3 cm lg., gezähnt, dunkelgrün, unterseits hellgrün; Bl. einzeln, lg. gestielt, 4 cm br., weiß; Kelchb. ganzrandig, selten gefiedert, vor der Fruchtreife abfallend; Griffel zu einer Griffelsäule verwachsen, diese deutlich aus dem Bl.becher ragend und mindestens so lg. wie die inneren Staubb.; Frucht elliptisch bis kugelig, dunkelrot, 1–1,5 cm lg. ✻ 6–7. △ Waldränder, lichte Laubwälder, Hecken; häufig. Mittel- und Südeuropa.

2 **Alpen-Heckenrose,** *Rosa pendulina* L., Strauch, 0,5–2 m; Stamm und Zweige mit geraden, wenigen Stacheln oder stachellos; B. mit 9–11 dunkelgrünen, doppelt gezähnten B.chen; B. meist einzeln; Bl.stiele 1–3 cm, mit Drüsenhaaren; Kelchb. ganzrandig, nach der Bl.zeit aufgerichtet, bleibend; Kronb. rosa bis dunkelrot; Frucht flaschenförmig, mit Drüsenhaaren und Stachelborsten, orange bis rot. ✻ 6–7. △ Bergmischwälder, Hochstaudenfluren, Felsbänder, Latschengebüsch; zerstreut. Gebirge Mittel- und Südeuropas.

3 **Hunds-Rose,** *Rosa canina* L., Strauch, 1–3 m, mit hakigen Stacheln; B. 5–7zählig, beiderseits kahl, drüsenlos, B.chen gezähnt; B.stiel mit sichelförmigen Stacheln; Kelchb. nach der Bl.zeit zurückgeschlagen, vor der Reife abfallend, äußere 2 Kelchb. durch schmale Anhängsel gefiedert; Bl. rosa; Griffel frei, kurz, nur wenig aus dem Bl.becher ragend; Frucht eiförmig, rot. ✻ 6. △ Wald- und Wegränder, Hecken, lichte Wälder; verbreitet. Europa.

4 **Zimt-Rose,** *Rosa majalis* Herrm. (*R. cinnamomea* L.), Strauch 0,5–2 m; Bl.zweige mit gleichartigen, meist paarweise angeordneten, hakig gekrümmten Stacheln, untere Zweige und Stamm noch mit vielen Nadelstacheln und Stachelborsten; B. 5–7zählig, oberseits dunkelgrün bis blaugrün, behaart, unterseits graugrün, flaumig bis filzig behaart; Kelchb. ganzrandig, nach der Bl.zeit aufgerichtet, bleibend, länger als die Kronb., diese rosa bis dunkelrot; Frucht kugelig, kahl, orange bis rot. ✻ 5–6. △ Sonnige Hecken, Felshänge, Auenwälder; selten. Nord- und Mitteleuropa, (östlich).

5 **Schwarzdorn, Schlehe,** *Prunus spinosa* L., Strauch bis 4 m, sparrig und stark dornig; B. ei-lanzettlich, 2–4 cm lg., dunkelgrün, fein gezähnt; Bl. einzeln oder zu 2, aber dicht gedrängt; Kronb. 5–8 mm lg., weiß; Kelchb. unregelmäßig und fein gezähnt; Staubb. etwa 20; Frucht kugelig, blau bereift, 1–1,5 cm br. ✻ 4–5. △ Wald- und Wegränder, sonnige Hecken, Magerweiden; häufig. Europa.

6 **Steinweichsel, Felsenkirsche,** *Cerasus mahaleb* (L.) Mill. (*Prunus mahaleb* L.), Strauch 1–6 m; B. ei-rundlich, mit aufgesetzter Spitze, dunkelgrün, am Rand mit kurzen, stumpfen Zähnen, 4–8 cm lg.; Bl. zu 4–10 in Schirmtrauben, weiß, 1 cm br.; Frucht eiförmig, schwarz. ✻ 4–5. △ Sonnige Hecken, Buschwälder, felsige Hänge, Flaumeichenwälder; wärmeliebend; selten, im Süden häufiger. Süddeutschland, Österreich, Südeuropa, sonst angepflanzt.

5
1
6
2
4
2
3

Rosengewächse / Rosaceae

1 Vogel- oder **Süß-Kirsche,** *Cerasus avium* (L.) Moench (*Prunus avium* L.), Baum bis 25 m, mit rotbrauner bis schwarzer, in Querstreifen sich abringelnder Rinde; B. eiförmig, 6–15 cm lg., gezähnt; Bl. in Büscheln, ohne Laubb.; Bl.stiele 3–5 cm lg., am Grund nur mit Knospenschuppen; Kronb. 10–15 mm lg., oval, weiß; Staubb. bis 20; Frucht kugelig, 10–15 mm br., rot bis schwarzrot, mit glattem Stein. ✻ 4–5. △ Laub- und Nadelmischwälder, Waldränder, Hecken, Hartholzaue; zerstreut. Hauptsächlich Mittel- und Südeuropa. – Ähnlich ist die **Weichsel** oder **Sauer-Kirsche,** *C. vulgaris* Mill. (*Prunus cerasus* L.), Strauch oder Baum, bis 10 m; Bl.stiele 2–4 cm lg., am Grund mit Knospenschuppen und mit 1–2 Laubb.; Kronb. fast kreisrund; lichte Wälder, Hecken; häufig angepflanzt; ursprünglich Südosteuropa.

2 Traubenkirsche, *Padus avium* Mill. (*Prunus padus* L.), Strauch oder Baum bis 12 m; B. weich, br. lanzettlich, 5–10 cm lg., fein gezähnt; Bl. zu 10–20 in aufrechten, dann hängenden Trauben; Bl.stiele 10–15 mm lg.; Kronb. 5–10 mm lg., weiß Kelchb. gefranst, drüsig; Frucht kugelig, glänzend, schwarz, 7–8 mm br., Stein grubig gefurcht. ✻ 4–5. △ Auenwälder, Waldränder, Gebüsche; ziemlich häufig. Fast ganz Europa. – Ähnlich ist die **Späte Traubenkirsche** oder **Herbstkirsche,** *P. serotina* (Ehrh.) Borkh. (*Prunus serotina* Ehrh.), aber B. lederig, oberseits stark glänzend; Bl.stiele 3–6 mm lg.; Kelch an der reifen Frucht noch vorhanden, diese mit glattem Stein. ✻ 6–7. △ Waldränder, Zierbaum; ursprünglich Nordamerika.

Schmetterlingsblütengewächse / Fabaceae oder Papilionaceae

3 Wald- oder **Hügel-Klee,** *Trifolium alpestre* L., Pfl. 10–30 cm, rasenbildend; B. 3zählig, B.chen schmal-lanzettlich, 3–5 cm lg., dunkelgrün, nicht gefleckt; Nebenb. pfriemlich, über 3 cm lg.; Bl.köpfe kugelig bis eiförmig, meist zu 2; Kelchröhre 20nervig, behaart; Krone 10–15 mm lg., purpurn. ✻ 6–7. △ Waldränder, lichte Trockenwälder, Gebüsche, Kalktrockenrasen; wärmeliebend; ziemlich selten. Mittel- und Südeuropa.

4 Fuchsschwanz- oder **Purpur-Klee,** *Trifolium rubens* L., Pfl. 30–60 cm, ähnlich Hügel-Klee, aber Kelchröhre außen kahl (Kelchzähne aber bewimpert), 20nervig; Bl.köpfe zu 2, länglich-walzig, zuletzt 3–7 cm lg., am Grund mit Hülle; B.chen fein gezähnt; Nebenb. kahl, länger als der B.stiel und länger als die B.chen. ✻ 6–7. △ Sonnige Waldränder, lichte Eichen-Kiefernwälder; wärmeliebend; selten. Mitteleuropa, südlich bis Nordspanien und Mittelitalien. – Bei dem ähnlichen **Zickzack-Klee,** *T. medium* L. ist die Kelchröhre 10nervig, kahl (Zähne aber bewimpert); Bl.köpfe kugelig, meist einzeln, ohne Hülle; B.chen länglich-elliptisch, meist gefleckt; Nebenb. bewimpert; Waldränder, Gebüsche, Halbtrockenrasen; verbreitet.

5 Deutscher Backenklee, *Dorycnium germanicum* (Gremli) Rikli, Pfl. 15–30 cm, am Grund verholzt; B. 3–5fach gefingert; B.chen 2–4 mm br., anliegend seidig behaart; Bl.köpfe 6–14blütig; Bl.stiele 1–2 mm lg., kürzer als die Kelchröhre; Krone 5–7 mm lg., weiß, mit violetter Schiffchenspitze; Flügel mit taschenförmiger Längsfalte; Hülsen eiförmig, 3–5 mm lg. ✻ 7–8. △ Lichte Kieferntrockenwälder, Kalkmagerrasen; selten. Alpenvorland, Ostalpen, Südosteuropa. – Ähnlich ist der **Krautige Backenklee,** *D. herbaceum* Vill., aber B.chen 4–6 mm br., abstehend lg.haarig (bis verkahlend); Bl. 3–5 mm lg., zu 15–25; Bl.stiele so lg. oder länger als die Kelchröhre; sonnige Gebüsche, Halbtrockenrasen; sehr selten; hauptsächlich Süd- und Südosteuropa. GefGr. 1!

5
2
1
3
4

Tafel 153 Wälder, Waldränder, Gebüsche, Auen

Schmetterlingsblütengewächse / Fabaceae oder Papilionaceae

1 Schwärzender Geißklee, *Lembotropis nigricans* (L.) Griseb. (*Cytisus nigricans* L.), Pfl. 50–150 cm, beim Trocknen schwarz werdend; Zweige anliegend kurzhaarig, rutenförmig; B. 3zählig, oberseits kahl, unterseits behaart; Bl. in endständigen, reichblütigen, b.losen Trauben; Krone 10–12 mm lg., gelb; Bl.stiele 1–2mal so lg. wie der glockenförmige, kurze Kelch; Hülsen 2–3 cm lg. ✻ 6–8. △ Lichte Wälder, sonnige Waldränder; wärmeliebend; selten. Süddeutschland, Südalpen, Osteuropa.

2 Besenginster, *Sarothamnus scoparius* (L.) Koch (*Cytisus s.* (L.) Link), Zwergstrauch 50–200 cm, mit aufrechten, verzweigten St. und rutenförmigen, 4–5kantigen, grünen Zweigen; untere B. 3zählig, obere B. 1fach, lanzettlich, 5–20 mm lg.; Bl. zu 1–2, b.achselständig; Kelch kahl; Krone 20–25 cm lg., spiralig eingerollt; Hülse 3–5 cm lg., behaart. ✻ 5–6. △ Waldränder, Kahlschläge, bodensaure Eichenwälder, Heiden; kalkmeidend; häufig. Südskandinavien, Mittel- und Südeuropa, (westlich).

3 Blasenstrauch, *Colutea arborescens* L., Strauch 2–5 m; B. unpaarig gefiedert, Fiedern verkehrt-eiförmig, vorne ausgerandet, 1–3 cm lg.; Bl. zu 3–6, gelb, 15–25 mm lg.; Kelch glockenförmig, mit 5 ungleichen Zähnen; Hülsen bauchig aufgeblasen, 6–8 cm lg., 3 cm dick. ✻ 6–8. △ Eichenwälder, Gebüsche, sonnige Waldränder; selten. Süddeutschland, Niederösterreich, Südeuropa. GefGr. 4!

4 Zaun-Wicke, *Vicia sepium* L., Pfl. 30–60 cm; B. mit 8–14 eiförmigen Fiederb. und vorne mit geteilter Ranke; Bl. zu 2–5 in kurz gestielten Trauben; Kelchzähne ungleich lg.; Krone 12–15 mm lg., braunviolett; Hülse 2–3,5 cm lg., anfangs kurzhaarig, dann kahl, 3–6samig. ✻ 5–8. △ Gebüsche, Waldränder, Laubmischwälder, auch Wiesen; verbreitet. Fast ganz Europa.

5 Kassuben-Wicke, *Vicia cassubica* L., Pfl. 30–60 cm; St. einfach oder verzweigt, kurz behaart; B. mit 16–28 eiförmigen, 5–7 mm br., beiderseits zerstreut kurzhaarigen Fiederb. und verzweigter Endranke; Nebenb. ganzrandig, pfeil- bis spießförmig; Bl. zu 10–15 in gestielten Trauben; Bl.traube kürzer als das Tragb.; Krone 9–13 mm lg., mit rotvioletter und dunkel geaderter Fahne, weißlichen Flügeln und weißlichen Schiffchen mit violetter Spitze; Hülse kahl, 1–3samig. ✻ 6–7. △ Lichte, trockne Wälder, sonnige Waldränder, Gebüsche; selten. Mitteleuropa, Südskandinavien, südlich bis Mittelspanien. GefGr. 3!

6 Hecken-Wicke, *Vicia dumetorum* L., Pfl. 60–200 cm; B. mit 6–10 br. eiförmigen, 15–40 mm lg. und 10–25 mm br. Fiederb. und verzweigter Endranke; Nebenb. gezähnt; Bl. zu 4–12 in gestielten Trauben, diese so lg. wie die Tragb.; Krone 13–18 mm lg., rotviolett, nach dem Verblühen schmutziggelb; Hülse kahl, 4–10samig. ✻ 6–8. △ Krautreiche Laubwälder, Waldwege, Gebüsche; ziemlich selten. Mitteleuropa, nördlich bis Südschweden, südlich bis Mittelitalien. – Ähnlich ist die **Erbsen-Wicke,** *V. pisiformis* L., aber Bl. hellgelb, Bl.traube kürzer als die Tragb.; trockne Wälder, sonnige Waldränder, ziemlich selten. Hauptsächlich Mittel- und Osteuropa, südlich bis Bulgarien.

1
2
3
4
5
6

Schmetterlingsblütengewächse / Fabaceae oder Papilionaceae

1 Wald-Wicke, *Vicia sylvatica* L., Pfl. 50–200 cm, niederliegend oder kletternd; B. mit 12–24 länglichen Fiederb. und verzweigter Ranke; Bl. in 10–20blütigen, lg. gestielten Trauben; Krone 13–17 mm lg., weiß, violett geadert, Schiffchenspitze violett. ✻ 6–8. △ Krautreiche Mischwälder, lichte Schluchtwälder, Bergwälder, in den Alpen bis über 2000 m; zerstreut. Fast ganz Europa, hauptsächlich in den Gebirgen.

2 Strauchige Kronwicke, *Coronilla emerus* L., Strauch 50–200 cm; St. aufrecht, holzig; Zweige grün, kantig; B. kurz gestielt, mit 5–9 ovalen, 1–2 cm lg., vorne abgerundeten oder ausgerandeten Fiederb.; Bl. zu 2–3; Krone gelb, 16–22 mm lg., Fahne oft rot gestreift; Kelch kurz, $^1/_3$ so lg. wie die Krone, mit kurzen 3eckigen Kelchzähnen; Hülse 5–10 cm lg., schmal walzlich, fast stielrund. ✻ 4–5. △ Sonnige Gebüsche, lichte Eichen- und Kiefernmischwälder, felsige Hänge; wärmeliebend; selten. Vereinzelt bis Südskandinavien, Süddeutschland, Österreich, Föhntäler der Nordalpen, Zentral- und Südalpen, Südeuropa. GefGr. 2!

3 Berg-Kronwicke, *Coronilla coronata* L. (*C. montana* Scop.), Pfl. 30–50 cm, aufrecht; B. unpaarig gefiedert, mit 7–13 ovalen, unterseits blaugrünen, etwas fleischigen Fiederb.; Nebenb. fädlich, bald abfallend, die unteren verwachsen, die oberen frei; Bl. in 12–20blütigen Dolden; Krone gelb, 7–10 mm lg.; Hülsen eingeschnürt, 2–3 cm lg., Glieder mit 4 stumpfen Kanten. ✻ 5–7. △ Lichte Wälder, Gebüsche, sonnige, trockne Hänge; kalkhaltige Böden, wärmeliebend; selten. Mittel- und Südeuropa, (östlich), hauptsächlich Gebirge. – Die **Scheiden-Kronwicke,** *C. vaginalis* Lam., ist niederliegend, 5–15 cm; Bl.dolde 4–10blütig, gelb; Fiederb. 7–9, dicklich; Nebenb. eiförmig, verwachsen, bleibend; lichte Kiefernwälder, Felsköpfe, Trockenrasen; Gebirge Mittel- und Südeuropas.

4 Kicher-Tragant, *Astragalus cicer* L., Pfl. 20–60 cm; St. und B. anliegend behaart; B. mit 17–25 länglich-lanzettlichen Fiederb.; Bl. zu 8–25 in dichten Trauben; Krone 12–16 mm lg., hellgelb; Hülsen aufgeblasen, rauhhaarig. ✻ 6–8. △ Gebüsche, Waldränder; kalkhaltige Böden, wärmeliebend; ziemlich selten. Mittel- und Südeuropa. GefGr. 3!

5 Bärenschote, Süßer Tragant, *Astragalus glycyphyllos* L., Pfl. 50–150 cm; St. und B. kahl; B. mit 11 oder 13 eiförmigen, 2–5 cm lg. Fiederb.; Bl. zu 8–30; Krone 13–15 mm lg., gelbgrün; Hülsen kahl, linealisch, schwach gebogen. ✻ 6–7. △ Waldränder, Gebüsche, steinige Hänge; verbreitet. Südskandinavien, Mitteleuropa, in Südeuropa selten.

6 Rundblättrige Hauhechel, *Ononis rotundifolia* L., Pfl. 15–30 cm, drüsig behaart, am Grund verholzt; B. 3zählig; Fiederb. eiförmig bis rundlich, 2–3 cm lg., buchtig gezähnt, das mittlere lg. gestielt; Bl. zu 1–3 b.achselständig; Krone 15–22 mm lg., rosa. ✻ 5–7. △ Lichte Föhrenwälder, steinige Hänge. Zentral- und Südalpen, zerstreut; Pyrenäen, Cevennen, Abruzzen.

2
6
3
1
4
5

Schmetterlingsblütengewächse / Fabaceae oder Papilionaceae

1 Schwarze Platterbse, *Lathyrus niger* (L.) Bernh., Pfl. 30–80 cm, beim Trocknen schwarz werdend; St. aufrecht, nicht geflügelt; B. mit 8–12 elliptischen bis eiförmigen Fiederb. und grannenartiger, endständiger Spitze; Bl.stand lg. gestielt, 3–10blütig; Krone 10–15 mm lg., purpurn, später violett; Frucht 8–14samig. ✻ 6–7. △ Lichte Eichen- und Eichen-Kiefernwälder, sonnige Gebüschsäume, wärmeliebend; ziemlich selten. Mittel- und Südeuropa, nördlich bis Südskandinavien, (östlich).

2 Frühlings-Platterbse, *Lathyrus vernus* (L.) Bernh., Pfl. 20–40 cm; St. aufrecht, unverzweigt, nicht geflügelt; B. mit 4–8 br. eiförmigen, lg. zugespitzten, 3–7 cm lg. und 1–3 cm br. Fiederb. und endständiger, grannenartiger Spitze; Traube 3–7blütig, so lg. wie ihr Tragb.; Krone purpurn, später blaugrün. ✻ 4–5. △ Buchen-, Buchen-Tannen-, Eichen-Hainbuchenwälder; verbreitet. Fast ganz Europa, im Süden in den Gebirgen. – Die **Schwert-Platterbse,** *L. bauhinii* Genty, hat 4–8 lineal-lanzettliche, 2–4 mm br. Fiederb.; Traube viel länger als ihr Tragb.; Krone purpurn oder blauviolett; lichte Kiefernwälder; sehr selten; Baden-Württemberg (Jura), Schweizer Jura, Südosteuropa. GefGr. 2!

3 Berg-Platterbse, *Lathyrus linifolius* (Reich.) Bässler (*L. montanus* Bernh.), Pfl. 15–30 cm, niederliegend bis aufsteigend; St. geflügelt; B. mit 4–8 lanzettlichen bis linealischen, blaugrünen Fiederb. und endständiger, grannenartiger Spitze; B.stiel schmal geflügelt; Bl.stand lg. gestielt, 3–6blütig; Krone 12–18 mm lg., zuerst hellpurpurn, dann trübblau; Kelch mit ungleich lg. Zähnen; Hülse 3–4 cm lg., 6–10samig. ✻ 4–6. △ Lichte Eichen- und Eichen-Buchenwälder, Waldwege, Magerrasen, Heiden; kalkmeidend; ziemlich häufig. Fast ganz Europa.

4 Wald-Platterbse, *Lathyrus sylvestris* L., Pfl. 100–200 cm, niederliegend, aufsteigend oder kletternd; B. mit 3nervigen, 5–14 cm lg. und 5–15 mm br. Fiederb. und endständiger, verzweigter Ranke; St. und B.stiel br. geflügelt; Flügel der B.stiele schmäler als die des St.; Bl.stand 3–6blütig, etwa so lg. gestielt wie das Tragb.; Krone 12–18 mm, gelblichgrün, rot überlaufen; Hülse 5–7 cm lg. ✻ 7–8. △ Waldränder, Waldwege, sonnige Hecken, Steinschutt; ziemlich häufig. Fast ganz Europa, nördlich bis Südskandinavien. – Ähnlich ist die **Breitblättrige Platterbse,** *L. latifolius* L., aber B.fiedern 5nervig, 15–50 mm br., B.stiel ebenso br. geflügelt wie der St.; Stiele der Bl.traube viel länger als das Tragb.; Bl. karminrot. ✻ 6–7.; sonnige Hecken; selten; Zierpfl., gelegentlich verwildert; Südeuropa. – Bei der **Verschiedenblättrigen Platterbse,** *L. heterophylla* L. haben die unteren B. 2, die oberen B. 4 oder 6 Fiederb.; St. und B.stiele br. geflügelt; Krone purpurrot; sonnige Hecken, Steinschutt; selten; hauptsächlich Mittelgebirge Mitteleuropas, nördlich bis Südschweden.

Sauerkleegewächse / Oxalidaceae

5 Wald-Sauerklee, *Oxalis acetosella* L., Pfl. 5–12 cm; alle B. grundständig, lg. gestielt, 3zählig, kleeb.artig; Bl. einzeln, an lg. Stielen, diese in der Mitte mit 2 schuppenförmigen Vorb.; Kronb. 5, weiß, seltener rosa oder bläulich, purpurn geadert, 10–15 mm lg.; Kelchb. länglich eiförmig, 4–5 mm lg. ✻ 4–5. △ Krautreiche Nadel- und Laubmischwälder, Hochstaudenfluren, Zwergstrauchgesellschaften; in den Alpen bis über 2000 m; häufig. Europa, im Süden nur in den Gebirgen.

4
2
5
1
3

Tafel 156 Wälder, Waldränder, Gebüsche, Auen

Storchschnabelgewächse / Geraniaceae

1 **Glänzender Storchschnabel,** *Geranium lucidum* L., Pfl. 1jährig, kahl, 10–30 cm; St. zerbrechlich, rot überlaufen; B. glänzend, fast fleischig, im Umriß rundlich, bis zur Mitte in br., stumpfzähnige Abschnitte geteilt; unterseits oft rot überlaufen; Kronb. 7–9 mm lg., rosarot, vorne abgerundet; Kelchb. mit 3 scharf gekielten Nerven. ✻ 5–8. △ Gebüsche, Waldlichtungen, schattige Mauern; selten. Mittel- und Südeuropa, vereinzelt bis Südskandinavien, Großbritannien.

2 **Blut-Storchschnabel,** *Geranium sanguineum* L., Pfl. 15–60 cm, niederliegend oder aufsteigend; St. abstehend behaart, meist gabelig verzweigt; untere B. im Umriß rundlich-nierenförmig, fast bis zum Grund 7teilig, mit linealischen Abschnitten; Bl. einzeln; Kronb. 15–20 mm lg., vorne abgerundet oder unregelmäßig ausgerandet, purpurrot. ✻ 6–8. △ Sonnige Waldränder, trockne Gebüsche, lichte Eichen- und Kiefernwälder; wärmeliebend; zerstreut. Südskandinavien, Mittel- und Südeuropa, in den Nordalpen nur in den Föhntälern.

3 **Rupprechts Storchschnabel,** *Geranium robertianum* L., Pfl. 20–50 cm, unangenehm riechend; St. rötlich, zerstreut abstehend drüsenhaarig; B. im Umriß 3–5eckig, bis zum Grund 3–5teilig, aus 3–5 gestielten, bis fast zum Mittelnerv fiederteiligen B.chen bestehend; Bl.stand meist 2blütig; Kronb. 9–12 mm lg., rosa, vorne nicht ausgerandet; Kelchb. 6–7 mm lg.; Staubbeutel rotbraun. ✻ 5–10. △ Schlucht- und Auenwälder, schattige Mauern und Schuttplätze; häufig. Fast ganz Europa.

Wolfsmilchgewächse / Euphorbiaceae

4 **Wald-Bingelkraut,** *Mercurialis perennis* L., Pfl. 15–30 cm, 2häusig; St. im oberen Teil beblättert, unten nur mit Schuppenb.; B. länglich-lanzettlich, 4–12 cm lg., stumpf gezähnt; B.stiele über 5 mm lg.; Bl. 1geschlechtig, klein, mit 3teiligem, grünem Kelch, in Rispen oder Knäueln. ✻ 4–5. △ Krautreiche Laubwälder und Nadelmischwälder, Gebüsche; häufig. Südskandinavien, Mittel- und Südeuropa. – Ähnlich ist das **Eiblättrige Bingelkraut,** *M. ovata* Sternb., aber B. br. eiförmig, sitzend oder höchstens 2 mm lg. gestielt; St. im unteren Teil mit kleinen Laubb.; wärmeliebende Wälder, Eichen-Kiefernwälder, sonnige Gebüsche; selten; Bayern (Donaugebiet), Südalpen, Südosteuropa. GefGr. 4!

5 **Süße Wolfsmilch,** *Euphorbia dulcis* L., Pfl. 20–50 cm; St. meist zu mehreren; B. wechselständig, länglich-eiförmig, in den kurzen Stiel verschmälert, oberseits dunkelgrün, unterseits blaugrün; Bl.stand meist 5strahlig; Drüsen des Hüllbechers rundlich-oval, anfangs gelbgrün, später rotbraun; Hochb. des Einzelbl.standes nicht verwachsen; Fruchtkapsel mit halbkugeligen Warzen bedeckt. ✻ 4–6. △ Krautreiche Laubwälder, Nadelmischwälder; zerstreut. Mitteleuropa, südlich bis Nordspanien, Mittelitalien, Balkanhalbinsel.

6 **Mandelblättrige Wolfsmilch,** *Euphorbia amygdaloides* L., Pfl. 30–60 cm, mit vielen nichtblühenden, dicht beblätterten St., diese verholzen und treiben im nächsten Jahr blühende St.; B. wechselständig, ei-lanzettlich, 3–6 cm lg., wintergrün, unter dem Bl.stand gedrängt stehend; Bl.stand reichästig; Drüsen des Hüllbechers halbmondförmig; die beiden Hochb. der Einzelbl.stände zu einem rundlichen B. verwachsen; Fruchtkapsel kahl, fein punktiert, 3furchig. ✻ 4–5. △ Krautreiche Laubwälder mit Buche, Eiche, Hainbuche; zerstreut. Mittel- und Südeuropa.

1
2
3
4
5
6

Rautengewächse / Rutaceae

1 Diptam, *Dictamus albus* L., Pfl. 60–120 cm, stark aromatisch nach Zitrone oder Zimt duftend; B. 1fach gefiedert, mit 7–11 ei-lanzettlichen, 5–8 cm lg., fein gezähnten Fiederb.; Bl. in endständiger, aufrechter Traube; Kronb. 5, rosa dunkel geadert, 2–3 cm lg., 4 nach oben gerichtet, das 5. herabgebogen; Kelchb. 5, 6–8 mm lg. ✻ 5–6. Geschützt! △ Sonnige, felsige Hänge, Eichengebüsch, auch lichte Eichen-Föhrenwälder; wärmeliebend; selten. Mittel- und Südeuropa. GefGr. 3!

Ahorngewächse / Aceraceae

2 Berg-Ahorn, *Acer pseudoplatanus* L., Baum bis 30 m; B. über 10 cm br., 5lappig, mit spitzen Buchten und ungleich grob gezähnten Abschnitten, unterseits graugrün; Bl. gelbgrün, in hängenden 5–15 cm lg. Trauben; Kelchb. und Kronb. 5, frei; jede Teilfrucht mit einem 4–6 cm lg. Flügel, diese zusammen einen spitzen Winkel bildend. ✻ 5–6. △ Schluchtwälder, Buchen-Mischwälder; Bergwälder, in den Alpen oft bis fast zur Waldgrenze; ziemlich häufig. Mittel- und Südeuropa.

3 Spitz-Ahorn, *Acer platanoides* L., Baum bis 30 m; B. über 10 cm br., 3–7lappig, beiderseits dunkelgrün, glänzend; B.lappen lg. zugespitzt, mit spitzen Zähnen und gerundeten Buchten; Bl. gelbgrün, mit den B. erscheinend, in abstehenden, doldenartigen Rispen; die Flügel der Frucht einen stumpfen Winkel bildend bis fast waagrecht abstehend. ✻ 4–5. △ Krautreiche Laubwälder mit Eiche, Linde, Hainbuche, Ulme; in den Alpen selten über 1000 m; zerstreut. Südschweden, Mitteleuropa, südlich bis Pyrenäen, Apennin, Griechenland. – Ähnlich ist die **Bastard-Platane,** *Platanus hybrida* Brot. (Platanengewächse / *Platanaceae*), B. handförmig, 3–5teilig, Lappen spitz, ganzrandig oder mit großen, spitzen, gebogenen Zähnen, Mittellappen am Grund breiter als lg.; Rinde in Schuppen abblätternd; Bl. in dichten, kugeligen, 1geschlechtigen, 1 cm br., hängenden Köpfen; als Parkbaum gepflanzt; Bastardart aus *P. occidentalis* (heimisch in Nordamerika) und *P. orientalis* (heimisch in Südosteuropa und Asien). – Die **Morgenländische Platane,** *P. orientalis* L., hat 5–7lappige, gezähnte B.; Mittellappen am Grund schmäler; Auenwälder; frostempfindlich; Südosteuropa.

4 Feld-Ahorn, *Acer campestre* L., Baum oder Strauch 3–15 m; B. 5–8 cm br. (3–)-5lappig, Lappen stumpf, die mittleren jederseits mit einem großen, stumpfen Zahn, die beiden seitlichen meist ganzrandig; Bl. in doldigen, aufrechten Bl.ständen; Bl.stiele und Bl.hülle dicht behaart; Früchte anfangs filzig behaart, deren Flügel waagrecht abstehend. ✻ 5–6. △ Auenwälder, Eichen-Hainbuchenwälder, Hecken; in den Alpen kaum über 1000 m; häufig. Mittel- und Südeuropa. – Ähnlich sind noch: **Schneeballblättriger Ahorn,** *A. opulifolium* All. (*A. opalus* aut.), Baum bis 12 m; B. mit 3 grob stumpf gekerbten Lappen, unterseits graugrün; Bl. in sitzenden Dolden, vor den B. erscheinend; wärmeliebende Eichenwälder; Südschwarzwald, Schweizer Jura, Alpen, Cevennen, Pyrenäen, Südwesteuropa. GefGr. 4! – **Französischer, Felsen-Ahorn,** *A. monspessulanum* L., bis 5 m; B. mit 3 ganzrandigen Lappen; Bl. in abstehenden, doldenartigen Bl.ständen; Flügel der Frucht zusammenneigend oder parallel vorlaufend; sonnige Eichengebüsche; selten; Nahe-, Rhein-, Mosel- und Maintal, Schweizer Jura, Südeuropa.

Stechpalmengewächse / Aquifoliaceae

5 Stechpalme, *Ilex aquifolium* L., siehe S. 364.

1
2
3
4
5

Fortsetzung von S. 362: Strauch 1–10 m (in den Alpen kaum über 2 m, da die nicht schneebedeckten Zweige im Winter erfrieren); B. immergrün, kahl, glänzend, lederig, dornig gezähnt oder ganzrandig, 3–8 cm lg., mit sehr kleinen Nebenb.; Bl. 1geschlechtig, 4–5zählig; Kronb. weiß, 3 mm lg.; ♀ Bl. zu 1–3; ♂ Bl. zu mehreren; Frucht 6–8 mm br., rot. ✻ 5–6. Geschützt! △ Laubwälder, Gebüsche; zerstreut bis selten. Südnorwegen, Irland, Schottland, Nordwestdeutschland, Vogesen, Schwarzwald, Bodensee, Rheingebiet, Alpen und Vorland, Südeuropa.

Springkrautgewächse / Balsaminaceae

1 Echtes Springkraut, Rühr mich nicht an, *Impatiens noli-tangere* L., Pfl. 30–80 cm; St. ästig; B. wechselständig, eiförmig, stumpf gezähnt, 3–10 cm lg.; Bl. zu 1–4, hängend, 2–3 cm lg. mit gekrümmtem Sporn, goldgelb; Fruchtkapsel spindelförmig, 2–3 cm lg., zur Reife aufspringend. ✻ 7–8. △ Auen, Schluchtwälder, feuchte Laubwälder; häufig. Fast ganz Europa, südlich bis Mittelitalien.

2 Kleinblütiges Springkraut, *Impatiens parviflora* DC., Pfl. 30–60 cm; B. eiförmig, zugespitzt, scharf gezähnt; Bl. 8–10 mm lg., in aufrechter, 4–10blütiger Traube, hellgelb, mit geradem Sporn; Fruchtkapsel keulenförmig, 15–20 mm lg. ✻ 6–9. △ Waldränder, Hecken, nährstoffreiche Laubwälder, Gärten. Ursprünglich Asien, etwa seit 1840 aus botanischen Gärten verwildert; häufig.

3 Drüsiges Springkraut, *Impatiens glandulifera* Royle, Pfl. 50–200 cm; B. wechsel-, obere quirlständig, ei-lanzettlich, scharf gezähnt, an den Zähnen und am B.stiel mit gestielten Drüsen; Bl. weinrot, 2–4 cm lg., mit gekrümmtem Sporn, in lg. gestielten, 2–15blütigen Trauben. ✻ 7–8. △ Ufer, Auenwälder; zerstreut; ursprünglich Ostindien; Gartenpfl. und etwa seit 50 Jahren verwildert.

Spindelstrauch- oder Baumwürgergewächse / Celastraceae

4 Gewöhnliches Pfaffenhütchen, Spindelbaum, *Euonymus europaeus* L. (*Evonymus e.*), Strauch bis 5 m; junge Zweige 4kantig, grün, später oft mit Korkleisten; B.knospen kurz eiförmig; B. eiförmig, spitz, fein gezähnt, 4–10 cm lg.; Bl.stand 2–6blütig, lg. gestielt, b.achselständig; Bl. grünlich, 8–10 mm br., 4zählig; Frucht eine rote, 4kantige Kapsel, Samen weiß, vom orangeroten Samenmantel umgeben, zur Reife, wenn die Kapsel aufspringt, sichtbar. ✻ 5–6. Samen giftig! △ Hecken, Auen, Laubwälder; häufig. Fast ganz Europa. Ähnlich sind noch: **Breitblättriges Pfaffenhütchen,** *E. latifolia* (L.) Miller, junge Zweige etwas zusammengedrückt, im Querschnitt eiförmig; B.knospen lg. zugespitzt; Bl. 5zählig; Fruchtkapsel meist 5kantig, an den Kanten geflügelt; Laubmischwälder; wärmeliebend; selten; Alpen und Vorland, Schweizer Jura, Gebirge Südeuropas. – Das **Warzige Pfaffenhütchen,** *E. verrucosa* Scop. hat alle Zweige dicht mit schwarzen Korkwarzen bedeckt; Bl. zu 1–3; Kronb. 4, gelbgrün, mit roten Punkten; Ostalpen, Osteuropa.

Pimpernußgewächse / Staphyleaceae

5 Pimpernuß, *Staphylea pinnata* L., Strauch bis 5 m; B. gegenständig, lg. gestielt, mit 5 oder 7 ei-lanzettlichen, fein gezähnten, 6–10 cm lg. Fiedern, unterseits blaugrün; Bl. in hängenden Rispen, radiär, 5zählig; Kronb. 10–15 mm lg., gelblich, spatelig, glockenförmig zusammenneigend; Frucht eine häutige, aufgeblasene Kapsel, 3–4 cm lg. und br. ✻ 5–6. Geschützt! △ Laubwälder, Waldränder; wärmeliebend; selten. Süddeutschland, Elsaß, Französischer Jura, Alpen, Südosteuropa. GefGr. 3!

5
2
3
4
1

Tafel 159 Wälder, Waldränder, Gebüsche, Auen

Buchsbaumgewächse / Buxaceae

1 **Buchsbaum,** *Buxus sempervirens* L., Strauch, 0,5–3 m; B. immergrün, eiförmig, lederig, gegenständig, fast sitzend, 10–25 mm lg.; Bl. 1geschlechtig, in b.achselständigen, knäueligen Bl.ständen mit 1 ♀ Bl. und vielen ♂ Bl.; Krone fehlend; Kelchb. 4-8, gelbgrün, 2 mm lg.; Frucht eiförmig, 8 mm br., runzelig. ✻ 3-4. Geschützt! △ Laubwälder; wärmeliebend; in wintermilden Klimalagen; selten. Zierpfl., gelegentlich verwildert. Moseltal, Südschwarzwald, Elsaß, Alpen, Pyrenäen, Südeuropa.

Kreuzdorngewächse / Rhamnaceae

2 **Echter, Purgier-Kreuzdorn,** *Rhamnus cathartica* L., Strauch 1–3 m; Zweige und B. gegenständig; Zweigspitzen meist dornig; B. rundlich bis br. eiförmig, 4–6 cm lg., jederseits mit 2–3 bogenförmigen Seitennerven; B.stiel viel länger als die Nebenb.; Bl. zu 2–8 in den B.achseln, gelbgrün, 4zählig, 4–5 mm br.; Beere 6–8 mm br., schwarz. ✻ 5–6. △ Sonnige Hecken, Waldränder, lichte Wälder, Magerweiden; zerstreut; Südskandinavien, Mittel- und Südeuropa.

3 **Felsen-Kreuzdorn,** *Rhamnus saxatilis* Jacq., Strauch 50–100 cm, dornig; B. eilanzettlich, 1–3 cm lg., unterseits weichhaarig, in den kurzen B.stiel verschmälert, dieser so lg. wie die Nebenb.; Bl. und Beeren wie bei *Rh. cathartica.* ✻ 4–5. △ Waldränder, sonnige Gebüsche; ziemlich selten. Süddeutschland, Alpen, Südosteuropa, südlich bis Nordspanien, Mittelitalien. – Der **Immergrüne Kreuzdorn,** *Rh. alaternus* L. hat immergrüne, lederige, ovale, 3–5 cm lg., gezähnte oder ganzrandige, unterseits oft blaugrüne B. und 6–12blütige, doldenartige, b.achselständige Bl.stände; Beeren 4–6 mm br., rot; felsige, trockne Hänge, im Mittelmeergebiet verbreitet.

4 **Faulbaum,** *Frangula alnus* Mill. (*Rhamnus frangula* L.), Strauch 1–4 m; Zweige dornenlos; B. wechselständig, rundlich bis eiförmig, 2–5 cm lg., jederseits mit 7–12 Seitennerven; Bl. 5zählig, zu 2–10 in den B.achseln, gelbgrün, etwa 5 mm br.; Frucht eine rote, später dunkelblaue, 5–8 mm br. Beere. ✻ 5–6. △ Erlenwälder, Birkenmoore, Weidengebüsche, lichte Laubmischwälder; häufig. Fast ganz Europa.

Lindengewächse / Tiliaceae

5 **Winter-Linde,** *Tilia cordata* Mill., Baum bis 25 m; B. herzförmig, 3–8 cm br., gesägt, oberseits matt, dunkelgrün, unterseits blaugrün, in den Nervenwinkeln rostrot oder gelblich behaart, sonst kahl; B.stiele kahl, Triebe kahl; Bl.stand 4–10blütig, dessen flügelartiges Tragb. 4–8 cm lg.; Bl. 5zählig; Kronb. 4–8 mm lg., gelblich-weiß; junge Zweige und Knospen olivgrün bis rötlich; Frucht dünnwandig, lederig, undeutlich kantig. ✻ 6–7. △ Laubmischwälder; in wintermilden Klimalagen; zerstreut. Südskandinavien, Mittel- und Südeuropa. – Die **Krim-Linde,** *T. euchlora* Koch, eine Bastardart, hat glänzende, dunkelgrüne B. und B.zähne mit Grannenspitze; junge Zweige und Knospen gelbgrün; Allee- und Parkbaum.

6 **Sommer-Linde,** *Tilia platyphyllos* Scop. (*T. grandifolia* Ehrh.), Baum bis 30 m; B. 5–15 cm br., oberseits meist kurzhaarig, unterseits in den Nervenwinkeln büschelig weißbärtig, sonst kurzhaarig; B.stiel behaart; Triebe behaart; Bl.stand 2–5blütig, mit flügelartigem, 5–12 cm lg. Tragb.; Frucht dickwandig, holzig, 5kantig. ✻ 6. △ Laubwälder; zerstreut. Mittel- und Südeuropa.

Veilchengewächse, Violaceae

7 **Wunder-Veilchen,** *Viola mirabilis* L., siehe S. 368.

2
3
1
6
4
5
7

Veilchengewächse / Violaceae

Fortsetzung von S. 366: Pfl. 10–25 cm, mit grundständiger B.rosette; B. br. herzförmig bis fast nierenförmig, 5–10 cm br., mit herzförmigem Grund und 10–18 cm lg. Stiel; St. und B.stiel 1reihig behaart; grundständige Bl. blaßviolett, duftend, meist steril, st.ständige Bl. kronenlos, verkümmert, aber fruchtbar. ✻ 4–6. △ Laubwälder; zerstreut. Fast ganz Europa.

1 Hain-Veilchen, *Viola riviniana* Rchb., Pfl. 5–30 cm, mit aufrechten, oberirdischen St. und grundständiger B.rosette; St. und B. kahl; B. lg. gestielt, br. herzförmig bis fast nierenförmig, dunkelgrün, 3–5 cm lg., am Rand gekerbt; Nebenb. lanzettlich, kammartig gefranst; Bl. in den Achseln von St.b.; Krone hellviolett, 14–22 mm lg.; Kronb. sich meist überdeckend; Sporn weißlich, dick, 3 mm lg., an der Spitze gefurcht; Anhängsel der spitzen Kelchb. 2–3 mm lg., oft ausgerandet. ✻ 4–6. △ Laub- und Mischwälder; verbreitet. Fast ganz Europa.

2 Rauhhaariges Veilchen, *Viola hirta* L., Pfl. 5–25 cm, ohne Ausläufer, mit grundständiger B.rosette, aber ohne aufrechten, oberirdischen St.; Bl. in den Achseln von Grundb.; B. herzförmig, spitz, bis 8 cm lg., behaart; Nebenb. br. lanzettlich, nicht oder kurz gefranst; Bl. geruchlos, violettblau; Kronb. ausgerandet, Sporn rötlichviolett, an der Spitze aufwärtsgebogen; Kelchb. stumpf. ✻ 3–5. △ Waldränder, sonnige Gebüsche, lichte Eichen- und Kiefernwälder, Magerrasen; ziemlich häufig. Fast ganz Europa.

3 Wald-Veilchen, *Viola reichenbachiana* Jord. (*V. sylvestris* Lamk.), Pfl. 10–20 cm, mit aufrechten, oberirdischen St. und grundständiger B.rosette, ähnlich Hain-Veilchen, aber Krone rötlichviolett, 12–15 mm lg.; Kronb. sich nicht überdeckend; Sporn dunkelviolett, schlank, 4–6 mm lg., mit gerundeter Spitze; Anhängsel der spitzen Kelchb. 1–2 mm lg. ✻ 3–5. △ Laub- und Nadelmischwälder; verbreitet; Südschweden, Mittel- und Südeuropa.

4 Wohlriechendes Veilchen, *Viola odorata* L., Pfl. 5–10 cm, mit oberirdischen, wurzelnden Ausläufern und grundständiger B.rosette, ohne oberirdischen St.; B. herzförmig, mit lanzettlich-eiförmigen, 4–5 mm br., kurz gefransten Nebenb.; Bl. duftend; Krone dunkelviolett, selten weiß oder rosa; Sporn gerade, gleichfarbig; Kelchb. stumpf. ✻ 3–4. △ Gebüsche, Waldränder; häufig. Ursprünglich Südeuropa, heute fast ganz Europa.

Seidelbastgewächse / Thymelaeaceae

5 Gewöhnlicher Seidelbast, *Daphne mezereum* L., Strauch 30–150 cm, blüht bevor die B. erscheinen; Zweige rutenförmig, an der Spitze beblättert; B. lanzettlich, 5–12 cm lg., hellgrün; Bl. duftend, rosa, 10–14 mm br., 4zipfelig, zu 1–3 über den Narben vorjähriger B. im oberen Teil der Zweige ährenartig angeordnet sitzend; Frucht rot, kugelig, 6–10 mm br. ✻ 3–4. Giftig! Geschützt! △ Laub- und Mischwälder, Hochstaudenfluren, Felsschutt; in den Alpen über 2000 m; verbreitet. Fast ganz Europa. – Der **Lorbeer-Seidelbast,** *D. laureola* L. hat immergrüne, derbe B. und gelbgrüne Bl. in 5blütigen, b.achselständigen Trauben; Frucht schwarz; wärmeliebende Laubwälder; sehr selten; Rheingebiet, Schweizer Jura, Alpen, West- und Südeuropa. Geschützt! GefGr. 4!

Ölweidengewächse / Eleagnaceae

6 Sanddorn, *Hippophae rhamnoides* L., siehe S. 370.

6
6
♂
♀
3
2
5
4
1

Fortsetzung von S. 368; Dorniger Strauch bis 6 m; B. lineal-lanzettlich, 5–6 cm lg., 3–7 mm br., oberseits dunkelgrün, unterseits silberweiß, am Rand umgerollt; Bl. 1geschlechtig, klein, bräunlich, ♂ in kopfartigen Bl.ständen, ♀ in wenigblütigen Trauben; Frucht eiförmig, 6–8 mm lg., orangerot. ✻ 3–5. Geschützt! △ Flußauen, Kiesbänke, Küstendünen, lichte Föhrenwälder; zerstreut bis selten. Gebirge Mittel- und Südeuropas, Nord- und Ostseeküste, Bodensee, Rheingebiet; Zierpfl.

Johanniskrautgewächse / Hypericaceae

1 Berg-Johanniskraut, *Hypericum montanum* L., Pfl. 30–80 cm, aufrecht; St. stielrund; B. ei-länglich, 2–8 cm lg., am Rand drüsig punktiert, halb st.umfassend sitzend; Bl.stand kopfig; Bl. blaßgelb; Kelchb. spitz, schwarzdrüsig gewimpert. ✻ 6–8. △ Lichte, sommerwarme Laubwälder, sonnige Gebüsche; zerstreut. Fast ganz Europa.

2 Schönes Johanniskraut, *Hypericum pulchrum* L., Pfl. 30–60 cm, am Grund verholzt; B. herzförmig, fast 3eckig, stumpflich, sitzend, 1–2 cm lg., am Rand nicht drüsig punktiert; Bl. goldgelb; Kelchb. stumpflich, am Rand mit sitzenden oder kurz gestielten, schwarzen Drüsen; Kronb. oft rot überlaufen, am Rand schwarzdrüsig. ✻ 7–9. △ Laubwälder, Waldränder, Besenginstergebüsch, Heiden; kalkmeidend; verbreitet. Mitteleuropa, Südskandinavien.

3 Rauhhaariges Johanniskraut, *Hypericum hirsutum* L., Pfl. 40–100 cm; St. stielrund, wie die B. dicht behaart; B. eiförmig, 2–6 cm lg.; Bl. gelb; Kelchb. und Kronb. am Rand mit schwarzen, gestielten Drüsen. ✻ 6–8. △ Laubmischwälder, Waldwege, Ufer; verbreitet. Europa.

Nachtkerzengewächse / Onagraceae oder Oenotheraceae

4 Schmalblättriges Weidenröschen, *Epilobium angustifolium* L., Pfl. 50–150 cm; St. stumpfkantig; B. alle wechselständig, schmal lanzettlich, 8–12 cm lg. und 1–2 cm br., kahl, unterseits blaugrün, mit hervortretende Seitennerven; Bl. 2–3 cm br., in lg., aufrechten Trauben, rosa oder purpurrot; Kronb. kurz gestielt; Narbe 4spaltig. ✻ 7–8. △ Waldschläge, Waldwege, Gebüsche; verbreitet. Fast ganz Europa. – Ähnlich ist das **Rosmarin-Weidenröschen,** *E. dodonaei* Vill., aber B. linealisch, 2–5 mm br., starr, beiderseits grün, ohne hervortretende Seitennerven; Kronb. nicht gestielt; Kiesbänke; Pionierpfl.; selten; Süddeutschland, Mittel- und Südeuropa.

5 Berg-Weidenröschen, *Epilobium montanum* L., Pfl. 10–80 cm; St. 1fach oder oben wenigästig, oben mit abstehenden Drüsenhaaren; B. eiförmig, dicht gezähnt, fast sitzend, 4–7 cm lg., 15–35 mm br., grasgrün; Bl. 8–12 mm lg.; Narbe 4spaltig; Kelch und Frucht abstehend drüsenhaarig. ✻ 6–9. △ Laub- und Nadelmischwälder, Hecken, Schläge; verbreitet. Europa. – Ähnlich ist das **Hügel-Weidenröschen,** *E. collinum* C. C. Gmelin, aber St. von unten an ästig; B. gestielt, 1–4 cm lg., 5–15 mm br., graugrün, geschweift gezähnt; Bl. 4–6 mm lg.; Kelch und Frucht angedrückt behaart; Fels- und Mauerspalten; kalkmeidend; verbreitet.

6 Alpen-Hexenkraut, *Circaea alpina* L., Pfl. 5–15 cm, bogig aufsteigend; B. glänzend, kahl, br. lanzettlich, 1–3 cm lg., ausgeschweift gezähnt; B.stiel geflügelt; Bl. in kurzer, sich verlängernder Traube, mit 1 mm lg., leicht abfallenden Tragb. ✻ 6–8. △ Schlucht- und Auenwälder, Nadelmischwälder; ziemlich selten. Nord- und Mitteleuropa, Alpen, Pyrenäen, Apennin, Korsika, Gebirge der Balkanhalbinsel.

7 Großes Hexenkraut, *Circaea lutetiana* L., siehe S. 372.

1
2
3
4
5
6
7

Fortsetzung von S. 370: Pfl. 20–60 cm; St. aufrecht, zerstreut behaart; B. matt, br. lanzettlich, allmählich zugespitzt, gestielt, 5–10 cm lg., am Grund abgerundet, kaum herzförmig, gezähnt, auf den Nerven behaart; Bl. in lg. endständiger Traube; Bl.stiele mit abstehenden Drüsenhaaren, ohne Tragb.; Kelchb. 2; Kronb. 2, tief ausgerandet, 2–4 mm lg., weiß oder rötlich; Frucht 3–4 mm lg. ✻ 6–8. △ Laub- und Nadelmischwälder, Auen; verbreitet. Fast ganz Europa. – Ähnlich ist das **Mittlere Hexenkraut,** *C. intermedia* Ehrh., aber B. glänzend, plötzlich kurz zugespitzt, am Grund deutlich herzförmig; Frucht bis 2 mm lg.; Schlucht- und Auenwälder, Bacheschenwälder; ziemlich selten.

Araliengewächse / Araliaceae

1 **Efeu,** *Hedera helix* L., Kletterstrauch 6–20 m; Äste und Zweige mit Haftwurzeln; B. wechselständig, immergrün, glänzend, an nichtblühenden Trieben 3–5eckig, gelappt, an blühenden Sprossen ei-lanzettlich bis rhombisch, 5–10 m lg.; Bl. 5zählig, in halbkugeligen Dolden, grün; Kronb. 3–4 mm lg., fleischig, außen braun, innen grün; Frucht eine dunkelblaue Beere, 8–10 mm br. ✻ 9–11. △ Auenwälder, Laubwälder mit Eiche, Buche, Mauern, Felsen; frostempfindlich. Fast ganz Europa.

Doldengewächse / Umbelliferae oder Apiaceae

2 **Wald-Sanikel,** *Sanicula europaea* L., Pfl. 20–50 cm; grundständige B. immergrün, lg. gestielt, 5–8 cm br., 5eckig, bis zum Grund handförmig 5teilig, Abschnitte grob gezähnt; St.b. kleiner, fast sitzend; Bl. in einer endständigen Dolde; Döldchen kopfig, mit sitzenden und gestielten Bl.; Hüllchenb. 4–8; Krone weiß oder gelblich, 3 mm br.; Frucht kugelig, dicht mit Stacheln besetzt, 4–5 mm br. ✻ 5–6. △ Laubwälder mit Eiche und Buche, Nadelmischwälder; ziemlich häufig. Fast ganz Europa.

3 **Große Sterndolde,** *Astrantia major* L., Pfl. 30–100 cm, oben gabelig verzweigt; grundständige B. lg. gestielt, im Umriß 5–7eckig, 10–20 cm br., tief handförmig 5–7teilig, Abschnitte nochmals 2–3teilig und grob gezähnt, die seitlichen teilweise verwachsen; St.b. ähnlich, kleiner; Bl. lg. gestielt, in 1facher, kopfiger Dolde, sternförmig umgeben von auffälligen, weißen oder rötlichen Hüllb., diese 11–30 mm lg., derb; Krone meist rötlich; Kelchzähne ei-lanzettlich, stachelspitz. ✻ 6–8. △ Schlucht- und Auenwälder, Gebüsche, Nadelmischwälder, Bergwiesen, Hochstaudenfluren; in den Alpen bis über 2000 m; verbreitet. Gebirge Mittel- und Südeuropas. – Ähnlich sind noch: **Bayerische Sterndolde,** *A. bavarica* F. W. Schultz, Pfl. 20–50 cm, seitliche B.abschnitte fast bis zum Grund frei; Hüllb. dünn, 10–15 mm lg.; Kelchzähne eiförmig, stumpflich oder kurz stachelspitzig; subalpine Hochstaudenfluren, steinige Rasen, Latschengebüsch; Ostalpen und Vorland; selten. – **Kleine Sterndolde,** *A. minor* L., Pfl. 20–40 cm; Grundb. 5 cm br.; B.abschnitte schmal-lanzettlich, gezähnt; Hüllb. 5–11 mm lg.; steinige Rasen, Felsspalten; hauptsächlich Zentral- und Südalpen, Pyrenäen.

4 **Sichelblättriges Hasenohr,** *Bupleurum falcatum* L., Pfl. 20–100 cm, am Grund verholzt, mehrfach verzweigt; untere B. länglich spatelförmig, mit sehr lg., kaum geflügelten Stielen, obere B. lanzettlich, 5–7nervig; Hüllb. und Hüllchenb. schmal lanzettlich, nicht verwachsen Frucht 3–4 mm lg., braun. ✻ 6–9. △ Gebüsche, lichte Eichen- und Kiefernwälder, Trockenrasen; wärmeliebend; zerstreut bis selten. Mitteleuropa, südlich bis Mittelspanien, Albanien.

5 **Langblättriges** oder **Wald-Hasenohr,** *B. longifolium* L., siehe S. 374.

1
2
3
4
5

Doldengewächse / Umbelliferae oder Apiaceae

Fortsetzung von S. 372: Pfl. 30–100 cm; B. länglich-eiförmig oder br. lanzettlich, netzaderig, bis 15 cm lg., die untersten allmählich in den geflügelten Stiel verschmälert, die oberen herzförmig st.umfassend; Bl.dolde 4–8strahlig; Hüllb. 3–4, rundlich, am Grund oft verwachsen, 3–7nervig; Bl. gelbgrün, Früchte 4–5 mm lg., fast schwarz. ✻ 5–6. △ Laubwälder mit Eiche, Hainbuche oder Buche, Gebüsche, Waldränder; wärmeliebend; selten. Gebirge Mitteleuropas, Alpen und Vorland, Karpaten, Gebirge der Balkanhalbinsel. – Ähnlich ist das **Rundblättrige Hasenohr,** *B. rotundifolium* L., aber B. rundlich-eiförmig, die untersten sitzend, die oberen vom St. durchwachsen, 3–7 cm lg.; Hüllb. fehlend; Frucht 3–4 mm lg.; Getreideäcker; selten; GefGr. 2!

1 Österreichischer Rippensame, *Pleurospermum austriacum* (L.) Hoffm., Pfl. 60–150 cm; St. röhrig, 2–3 cm br., gefurcht; B. dunkelgrün, glänzend, 2–3fach gefiedert, Fiedern ungleich grob gesägt und eingeschnitten; Dolde 12–20strahlig, bis 25 cm br.; Hüllb. fiederspaltig, groß; Hüllchenb. lanzettlich; Bl. weiß; Kronb. bis 3 mm lg., nicht ausgerandet; Frucht 6–10 mm lg., mit flügelartigen Rippen. ✻ 6–8. △ Auenwälder, Waldränder, Flußufer, Hochstaudenfluren; zerstreut; in den Alpen bis über 2000 m. Hauptsächlich Alpen und Vorland, Jura, Rhön, Riesengebirge, nördlich bis Südschweden, südlich bis Dalmatien, Bulgarien, Rumänien. – Ähnlich ist die **Krainer Kerndolde,** *Grafia golaka* (Hacquet) Rchb. (*Pleurospermum golaka* Rchb.), Pfl. 50–100 cm, kahl; B. derb, glänzend, 3zählig oder 3fach gefiedert; Hüllb. br. lanzettlich, ganzrandig oder nur an der Spitze 2zähnig; Hüllchenb. meist 3, auf der Außenseite der Döldchen; B. weiß; Kronb. 1 mm lg., ausgerandet; Frucht länglich-eiförmig, 8–13 mm lg., gerippt; Felshänge; südöstliche Kalkalpen, Abruzzen, Gebirge der Balkanhalbinsel.

2 Geißfuß, Giersch, *Aegopodium podagraria* L., Pfl. 50-100 cm, mit lg. unterirdischen Ausläufern; Grundb. doppelt 3zählig; Fiederb. ei-länglich, 5–10 cm lg., gezähnt; B.stiel 3kantig, markig (bei *Angelica silvestris* B.stiel hohl); Dolde 15–25strahlig; Hüllb. und Hüllchenb. fehlend; Krone weiß; Frucht länglich-eiförmig, 3 mm lg., kümmelähnlich. ✻ 6–8. △ Auen- und Schluchtwälder, Waldränder, Ufer, Gärten; häufig. Fast ganz Europa.

3 Wald-Engelwurz, *Angelica sylvestris* L., Pfl. 80-200 cm; St. stielrund, oft bereift; B. 2fach gefiedert, dunkelgrün; Fiederb. eiförmig bis br. lanzettlich, 6–12 cm lg., fein gesägt; B.scheiden groß, bauchig aufgeblasen; B.stiele oberseits rinnig, im Querschnitt mit halbmondförmiger Höhlung; Dolde 20–40strahlig, Doldenstrahlen flaumig zottig; Hüllb. 0–3; Hüllchenb. viele; Kronb. weiß oder rötlich, anfangs grünlich; Frucht oval, 4–6 mm lg. ✻ 7–9. △ Ufer, Auenwälder, Naßwiesen; verbreitet. Europa. – Ähnlich sind noch: **Echte Engelwurz,** *Angelica archangelica* L., aber B.stiele stielrund; B. hellgrün, stark riechend; Fiederb. teilweise fiederschnittig; Doldenstrahlen nur oberwärts flaumig zottig; Bl. grünlich; Flußufer, Gräben, Weidengebüsch; selten. – Die **Sumpf-Engelwurz,** *A. palustris* (Besser) Hoffm. hat scharfkantig gefurchten St., unterseits gekielte B.stiele, herzförmige bis 3eckig-eiförmige, kerbig gesägte Fiederb. und kahle Doldenstrahlen; Naßwiesen, Auengebüsch; selten; Mitteldeutschland, Osteuropa.

1
2
3

Doldengewächse / Umbelliferae oder Apiaceae

1 **Breitblättriges Laserkraut,** *Laserpitium latifolium* L., Pfl. 50–150 cm, am Grund mit großem Faserschopf; St. stielrund, fein gerillt, kahl, bis 2 cm br.; B. sehr groß, bis 1 m lg., 1–2fach 3zählig, blaugrün kahl; Fiederb. br.eiförmig, gesägt, 3–15 cm lg., gestielt; Dolde 20–40strahlig; Hüllb. hautrandig; Hüllchenb. fädlich, kaum hautrandig; Krone weiß. ✻ 7–8. △ Lichte, trockne Wälder, Gebüsche, Hochstaudenfluren, steinige Rasen; in den Alpen bis über 2000 m; zerstreut. Fast ganz Europa. – Ähnlich ist das **Gaudins Laserkraut,** *L. gaudinii* Moretti, aber Pfl. kleiner, Fiederb. tief 3teilig; Dolde 10–15strahlig, Hüllb. meist fehlend; Kiefernwälder, steinige Hänge; Zentral- und Südalpen.

2 **Berg-Laserkraut,** *Laserpitium siler* L., Pfl. 30–120 cm, würzig riechend, am Grund mit starkem Faserschopf; St. fein gerillt; B. 2–4fach gefiedert, bis 1 m lg., blaugrün; Fiederb. lineal-lanzettlich, ganzrandig, kahl, 1–5 cm lg., mit hellem Knorpelrand; Dolde bis 25 cm br., 20–40strahlig; Hüllb. derb, lanzettlich, Hüllchenb. eilanzettlich, br. hautrandig; Krone weiß; Frucht 5–12 mm lg. ✻ 6–8. △ Eichen- und Kiefernwälder, sonnige Gebüsche; wärmeliebend; zerstreut bis selten. Alpen und Vorland, Jura, nordspanische Gebirge, Pyrenäen, Apennin, Gebirge der Balkanhalbinsel. – Das **Preußische Laserkraut,** *L. prutenicum* L., hat gefurchten, meist steifhaarigen St. und 2–3fach gefiederte B. mit lanzettlichen, am Rande gewimperten Zipfeln; Bl. gelblichweiß; Moorwiesen, lichte Eichen- und Kiefernwälder; selten. GefGr. 2!

3 **Rüben-Kälberkropf, Kerbelrübe,** *Chaerophyllum bulbosum* L., Pfl. 80–180 cm, 1–2jährig, mit knolliger oder rübenartig verdickter Wurzel; St. oberwärts kahl, oft bereift, unten steifhaarig, rot gefleckt, an den Knoten verdickt; B. 3–4fach gefiedert, mit schmal lanzettlichen, spitzen Fiedern; Dolde 5–12strahlig; Hüllb. fehlend; Hüllchenb. 4–8, meist kahl, unterschiedlich lg.; Kronb. weiß, kahl; Frucht 4–6 mm lg. ✻ 6–8. △ Flußufer, Gräben, lichte Auenwälder; zerstreut. Mittel-, Ost- und Südosteuropa. – Ähnlich sind noch: **Gold-Kälberkropf,** *Ch. aureum* L., aber Pfl. 60–120 cm, ausdauernd, nicht mit verdickter Wurzel, aber mit dickem, ästigem Rhizom, schwer aus dem Boden ziehbar; B. 3–4fach gefiedert, mit fein zugespitzten Zipfeln, unterseits meist weichhaarig; Hüllb. 5–10, lanzettlich, hautrandig, lg. bewimpert; Kronb. weiß, vorne mit eingeschlagenen Läppchen; Frucht 8–11 mm lg., zur Reife gelblich; Gräben, Ufer, Schutt, Hecken, Waldränder, überdüngte Bergwiesen; Mitteleuropa, südlich bis Pyrenäen, Apennin. – Der **Hecken-Kälberkropf,** *Ch. temulentum* L., hat spindelförmige, leicht aus dem Boden ziehbare Wurzel, steifhaarigen, rot gefleckten St. und 2–3fach gefiederte B. mit stumpfen, eiförmigen B.abschnitten und gerundeten Zipfeln und Zähnen; schattige Unkrautfluren, nährstoffreiche Hecken und Waldränder; Mittel- und Südeuropa.

3
1
2

Doldengewächse / Umbelliferae oder Apiaceae

1 Rauhhaariger Kälberkropf, *Chaerophyllum hirsutum* L., Pfl. 50–100 cm; B. 2–3fach gefiedert, behaart; die beiden untersten Fiederabschnitte fast so groß wie das übrige B., Abschnitte nochmals in unregelmäßige, grob gezähnte Fiedern zerteilt; oberste B.scheiden 10–60 mm lg.; Dolde 10–20strahlig; Hüllb. fehlend; Hüllchenb. 5–10, lanzettlich, mit bärtigem, bewimperten Rand; Kronb. bewimpert, weiß oder rosa; Frucht 8–12 mm lg. ✻ 5–6. △ Bergwälder, Auen, Ufer, Hochstaudenfluren; in Gebirgen Mitteleuropas häufig, in Norddeutschland selten.

2 Berg-Kälberkropf, *Chaerophyllum villarsii* Koch, Pfl. 50–100 cm, sehr ähnlich *Ch. hirsutum,* aber die beiden untersten Fiederabschnitte viel kleiner als das übrige B.; Abschnitte feiner und regelmäßiger zerteilt; Fiedern bis fast zum Mittelnerv zerteilt; oberste B.scheiden 3–10 mm lg. ✻ 5–8. △ Bergwiesen, Erlengebüsch, Hochstaudenfluren, lichte Bergwälder; verbreitet. Gebirge Mittel- und Südeuropas.

Hartriegelgewächse / Cornaceae

3 Roter Hartriegel, *Cornus sanguinea* L., Strauch 2–5 m; junge Zweige rot; B. gegenständig, eiförmig, spitz, 5–8 cm lg., mit 3–4 Nervenpaaren, beiderseits grün, im Herbst rot; Bl. in reichblütigen Scheindolden, 4zählig, nach den B. erscheinend; Kronb. 4–6 mm lg., weiß; Früchte blauschwarz, kugelig, 6–8 mm lg. ✻ 5–6. △ Hekken, häufig, oft auch gepflanzt. Fast ganz Europa. – Der ähnliche **Weiße Hartriegel,** *C. alba* L., hat unterseits graugrüne B. mit 5–7 Nervenpaaren; Frucht weiß oder hellblau; Zierstrauch, gelegentlich verwildert; Herkunft Asien.

4 Kornelkirsche, *Cornus mas* L., Strauch 2–6 m; junge Zweige grün; B. gegenständig, ei-lanzettlich, 5–8 cm lg., beiderseits grün, unterseits in den Nervenwinkeln behaart, mit 3–4 Nervenpaaren; Bl. gelb, vor den B. erscheinend, an Kurztrieben zu 10–20 in kugeligen Dolden, diese mit 4blättriger, gelbgrüner Hochb.hülle; Kronb. 2–3 mm lg.; Frucht länglich, 1–2 cm lg., rot, saftig. ✻ 3–4. △ Wälder, Gebüsche; häufig gepflanzt und verwildert, selten ursprünglich; Mittel- und Südosteuropa.

5 Schwedischer Hartriegel, *Cornus suecica* L., krautige Pfl., 5–20 cm; St. unverzweigt, aufrecht, 4kantig, mit je einer endständigen Dolde aus 8–25 dunkelroten, 2 mm lg. Bl., umgeben von 4 weißen, 5–8 mm lg., eiförmigen Hüllb.; B. eiförmig, sitzend, 3–5nervig, unterseits blaugrün. ✻ 7–8. △ Moore, Zwergstrauchheiden, Torfböden; selten. Nordwestdeutschland, sonst vor allem Nordeuropa. GefGr. 1!

Wintergrüngewächse / Pyrolaceae

6 Moosauge, Einblütiges Wintergrün, *Moneses uniflora* A. Gray (*Pyrola u.* L.), Pfl. 5–10 cm; B. in grundständiger Rosette, rundlich-spatelförmig, bis 2 cm lg., mit fein gezähneltem Rand; Bl. einzeln, weiß, 2 cm br.; Kronb. flach ausgebreitet. ✻ 5–7. △ Nadelwälder, bodensaure Eichenwälder; zerstreut. Nord- und Mitteleuropa, südlich bis Pyrenäen, Korsika, Bulgarien, Kaukasus.

6
2
4
1
3
5

Tafel 166 Wälder, Waldränder, Gebüsche, Auen

Wintergrüngewächse / Pyrolaceae

1 **Rundblättriges Wintergrün,** *Pyrola rotundifolia* L., Pfl. 15–30 cm; St. unten stumpfkantig, meist grün, selten rot; B. rundlich-eiförmig; Bl. zu 8–15 in aufrechter, allseitswendiger Traube; Krone weiß, offen, glockenförmig; Kelchzipfel lanzettlich, spitz, abstehend. * 6-7. △ Nadelwälder, saure Buchen- und Eichenwälder, Birkenmoore; ziemlich selten. Nord- und Mitteleuropa. - Ähnlich ist das **Grünblütige Wintergrün,** *P. chlorantha* Sw., aber St. unten scharfkantig, meist rot; Bl. zu 3-8; Kelchzipfel eiförmig, kurz zugespitzt, meist der grünlichweißen Krone angedrückt; trockne Kiefernwälder; selten. GefGr. 3! - Das **Nickende Wintergrün,** *Orthilia secunda* (L.) House (*Pyrola s.* L.) hat grünlichweiße, glockige bis fast kugelige Bl. in 1seitswendiger Traube; Nadelwälder.

2 **Kleines Wintergrün,** *Pyrola minor* L., Pfl. 10–20 cm; B. rundlich-eiförmig; Bl. kugelig, geschlossen, zu 5–20 in allseitswendiger Traube; Griffel kürzer als die Bl., nicht verdickt; Kelchzipfel der Krone angedrückt. * 6-7. △ Nadelwälder, saure Eichen- und Buchenwälder, Birkenmoore; zerstreut. Nord- und Mitteleuropa, südlich bis Mittelitalien. - Ähnlich ist das **Mittlere Wintergrün,** *P. media* Sw., aber B. fast rund; Griffel länger als die Bl., nach oben verdickt; Kelchzipfel abstehend. Kiefernwälder; selten. GefGr. 3!

3 **Nickendes Wintergrün,** *Orthilia secunda* (L.) House (*Pyrola s.* L.), Pfl. 5–25 cm; B. im unteren Drittel des St. (nicht in einer grundständigen Rosette), eiförmig, spitz; Bl. in 1seitswendiger, reichblütiger, 5–15 cm lg. Traube, grünlichweiß, glockig bis fast kugelig; Kronb. 3–4 mm lg. * 6–7. Geschützt! △ Nadelwälder, bodensaure Laubmischwälder; zerstreut bis selten; Heilpfl. Fast ganz Europa.

4 **Winterlieb,** *Chimaphila umbellata* (L.) Bart. (*Pyrola u.* L.), Pfl. 5–20 cm; B. lederig, ei-lanzettlich, 3–5 cm lg., scharf gesägt; Bl. zu 3–7 in Schirmtrauben, nikkend; Kronb. 5–6 mm lg., zusammenneigend, weiß bis hellrosa; Griffel kurz, dick, mit schildförmiger Narbe. * 6–8. Geschützt! △ Trockne Kiefernwälder, sandige Böden; selten. Mittel- und Nordeuropa. GefGr. 1!

Fichtenspargelgewächse / Monotropaceae

5 **Fichtenspargel,** *Monotropa hypopitys* L., Pfl. 10–20 cm, auf Wurzeln von Holzpfl. parasitierend, braun oder gelblich, ohne B. grün; B.schuppen, 1–2 cm lg., bleichgelb; Bl. 4–5zählig, glockenförmig, sitzend, zu 8–15 in dichter Traube. * 6–7. △ Nadelwälder, auch Eichen- und Buchenwälder; zerstreut. Fast ganz Europa.

Heidekrautgewächse / Ericaceae

6 **Schnee-Heide,** *Erica herbacea* L. (*E. carnea* L.), Zwergstrauch 15–30 cm; B. wintergrün, nadelförmig, spitz, zu 4 quirlständig; Bl. in 1seitswendiger Traube; Krone hell- bis dunkelrot, selten weiß; Staubbeutel dunkel, aus der länglichen-krugförmigen Kronröhre herausragend. * 2–5. △ Kiefernwälder, Latschengebüsch; zerstreut; in den Alpen bis 2700 m. Gebirge Mittel- und Südeuropas.

1
4
5
3
2
6

Heidekrautgewächse / Ericaceae

1 Heidelbeere, *Vaccinium myrtillus* L., Zwergstrauch 15–50 cm; Zweige kantig, grün; B. eiförmig, spitz, fein gesägt, hellgrün, 2–3 cm lg.; Bl. einzeln; b.achselständig; Krone kugelig, 4–5 mm br., grünlich und rötlich überlaufen; Frucht kugelig, 5–8 mm, blauschwarz. ✻ 4–6. △ Bodensaure Laub- und Nadelwälder, Zwergstrauchgesellschaften; verbreitet; in den Alpen bis über 2500 m. Nord- und Mitteleuropa, südlich bis nordspanische Gebirge, Korsika, Apennin, Gebirge der Balkanhalbinsel.

2 Rauschbeere, *Vaccinium uliginosum* L., Zwergstrauch 20–100 cm; Zweige stielrund, braun; B. verkehrt-eiförmig, stumpf, ganzrandig, blaugrün, unterseits stark netzadrig; Bl. zu mehreren, traubig, rosa oder weißlich; Frucht schwarzblau, 6–10 mm br. ✻ 4–6. △ Kiefern- und Birkenmoore, Heiden, Zwergstrauchgesellschaften; zerstreut; in den Alpen bis etwa 2500 m. Nord- und Mitteleuropa, im Süden nur in den Gebirgen. GefGr. 3!

3 Preiselbeere, *Vaccinium vitis idaea* L., Zwergstrauch 10–20 cm; B. wintergrün, lederig, verkehrt-eiförmig, am Rand umgerollt, glänzend, unterseits hellgrün, 1–3 cm lg.; Bl. in zierlichen Trauben, glockig, meist 4zählig, weißlich oder rosa, 5–8 mm lg.; Frucht kugelig, 5–8 mm br., rot. ✻ 5–8. △ Nadelwälder, Moore, Heiden, Zwergstrauchgesellschaften; verbreitet; in den Alpen bis etwa 2500 m. Nord- und Mitteleuropa, südlich bis Pyrenäen, Apennin, Gebirge der Balkanhalbinsel.

4 Echte Bärentraube, *Arctostaphylos uva-ursi* (L.) Spreng., Zwergstrauch 20–60 cm; B. wintergrün, kahl, glänzend, lederig, ganzrandig, 1–3 cm lg., am Rand nicht umgerollt (bei der Preiselbeere B.rand umgerollt), unterseits netzaderig; Bl. zu 3–8; Krone eiförmig, 5teilig, gelblich oder rosa; Frucht rot, 6–8 mm br. ✻ 3–7. Geschützt! △ Kiefernwälder, Heiden; in den Alpen bis 2500 m. Fast ganz Europa. GefGr. 2! – Die **Alpen-Bärentraube,** *A. alpina* (L.) Spreng., hat sommergrüne, im Herbst rote, gezähnelte, schwach bewimperte, beiderseits netzadrige B.; Frucht zuletzt schwarz; alpine Zwergstrauchgesellschaften. Arktis und Gebirge Europas.

Primelgewächse / Primulaceae

5 Gewöhnliche Schlüsselblume, Wald-Primel, *Primula elatior* (L.) Hill., Pfl. 10–20 cm; B. grundständig, 10–20 cm lg., allmählich in den geflügelten Stiel verschmälert, unregelmäßig gezähnt; Bl. in vielblütiger, 1seitswendiger Dolde; Kelch 8–13 mm lg., eng anliegend, schlank, mit lanzettlichen Kelchzähnen; Krone hellgelb, mit flachem Saum. ✻ 3-5. △ Krautreiche Laubwälder, Auen- und Schluchtwälder, Bergwiesen; häufig. Mitteleuropa.

6 Frühlings-, Wiesen-Schlüsselblume, *Primula veris* L. (*P. officinalis* L.), Pfl. 10–20 cm; B.spreite vom geflügelten Stiel scharf abgesetzt; Kelch bauchig, glockig, mit eiförmigen Kelchzähnen; Krone dottergelb, mit roten Schlundflecken und glokkig vertieftem Saum. ✻ 4-6. △ Waldränder, Eichenwälder, Kalkmagerrasen; verbreitet. Mitteleuropa.

7 Alpenveilchen, *Cyclamen purpurascens* Mill. (*C. europaeum* auct.), Pfl. 5–15 cm, mit kugeliger Knolle; B. nieren- bis herzförmig, kahl, oberseits dunkelgrün, mit hellen Flecken, unterseits rötlich; St. 1blütig; Krone rotviolett, mit zurückgeschlagenen Kronzipfeln. ✻ 7–9. Geschützt! △ Laubmischwälder, Buchen-Tannen-Bergwälder; selten. Gebirge Mittel- und Südeuropas. GefGr. 4!

8 Pfennigkraut, *Lysimachia nummularia* L., siehe S. 384.

6
7
5
1
2
3
4
8

Tafel 168 Wälder, Waldränder, Gebüsche, Auen

Primelgewächse / Primulaceae

Fortsetzung von S. 382: Pfl. 10–50 cm, niederliegend, weit kriechend; B. gegenständig, rundlich oder elliptisch, stumpf; Bl. in den Achseln der mittleren B., gelb, 1–2 cm br.; Kelchzipfel herzförmig. ✻ 5–8. △ Auenwälder, Ufer, Gräben, feuchte Wiesen und Weiden; verbreitet. Fast ganz Europa, im Mittelmeerraum fehlend.

1 **Hain-Gilbweiderich,** *Lysimachia nemorum* L., Pfl. 10–30 cm, niederliegend bis aufsteigend; St. am unteren Teil wurzelnd; B. gegenständig, eiförmig, zugespitzt, 2–3 cm lg., kurz gestielt; Bl. einzeln in den Achseln der oberen B., 10–15 mm br., gelb; Kelchzipfel pfriemlich. ✻ 5–8. △ Feuchte Laubmischwälder, Waldwege, quellige Waldstellen; zerstreut. Fast ganz Europa.

2 **Europäischer Siebenstern,** *Trientalis europaea* L., Pfl. 5–20 cm; B. lanzettlich, ganzrandig, 2–4 cm lg., am Ende des St. quirlartig gehäuft; Bl. einzeln, b.achselständig, lg. gestielt; Krone weiß, 10–15 mm br., flach ausgebreitet, fast bis zum Grund in 7 spitze Zipfeln zerteilt; Kelch 4–6 mm lg., mit 7 lanzettlichen Zipfeln. ✻ 5–7. △ Fichtenwälder, Birkenmoore, bodensaure Laubwälder, Heiden, Magerrasen; kalkmeidend; ziemlich selten. Nord- und Mitteleuropa.

Ölbaumgewächse / Oleaceae

3 **Gewöhnliche Esche,** *Fraxinus excelsior* L., Baum bis 40 m, jung mit glatter, später mit längsrissiger, schwärzlicher Rinde; B. gefiedert, mit 9–13 ei-lanzettlichen, fein gezähnten Fiederb.; B.knospen dick, schwarz, gegenständig; Bl.rispe aufrecht, vor den B. erscheinend; Kronb. und Kelchb. fehlend; Frucht eine geflügelte Nuß. ✻ 4–5. △ Auen- und Schluchtwälder, krautreiche Mischwälder; verbreitet. Fast ganz Europa, nördlich bis Südskandinavien, im Süden nur in den Gebirgen.

4 **Blumen-** oder **Manna-Esche,** *Fraxinus ornus* L., Baum 5–10 m, mit glatter Rinde; B. mit 5–9 elliptischen, gezähnten, kurz gestielten Fiederb., unterseits heller grün oder weißlich; Knospen graufilzig; Bl. weiß, in reichblütigen, pyramidenförmigen Bl.ständen, duftend, mit den B. erscheinend; Kronb. 4, linealisch, 10–15 mm lg.; Staubbeutel mit lg. Staubfäden; Frucht 3 cm lg., geflügelt. ✻ 4–5. △ Flaumeichenwälder, Gebüsche; Südalpen, Südeuropa; auch als Zierbaum gepflanzt.

5 **Gewöhnlicher Liguster,** *Ligustrum vulgare* L., Strauch 1–5 m; B. ei-lanzettlich, gegenständig, ganzrandig, kahl; Bl. klein, in dichten Rispen, 4zählig; Krone tief 4teilig, weiß; Frucht eine schwarze Beere, ungenießbar. ✻ 6–7. △ Gebüsche, Waldränder, Mischwälder; wärmeliebend; häufig. Fast ganz Europa, nördlich bis Südskandinavien.

Schwalbenwurzgewächse / Asclepiadaceae

6 **Weiße Schwalbenwurz,** *Cynanchum vincetoxicum* (L.) Pers. (*Vincetoxicum officinale* Moench), Pfl. 30–120 cm; St. hohl, flaumig; B. länglich, herz-eiförmig, 8–12 cm lg., dunkel- bis blaugrün; Bl.stand zusammengesetzt, Bl. in den Teilbl.ständen knäuelig gehäuft, 5zählig, radiär; Krone trichterförmig, weiß bis gelbgrün, 4–7 mm br., mit kleiner Nebenkrone. Fruchtknoten oberständig, mit den 5 Staubb. zu einem Säulchen verwachsen. ✻ 5–8. Giftig! △ Eichen- und Kiefernwälder, sonnige Gebüsche, warme Steinschuttfluren; zerstreut. Hauptsächlich Mittel- und Südeuropa.

5
1
4
3
6
2

Hundsgiftgewächse / Apocynaceae

1 Kleines Immergrün, *Vinca minor* L., Pfl. 10–20 cm, weitkriechend; B. lederig, immergrün, lanzettlich, kahl; Bl. einzeln in den B.achseln, 1–2 cm lg. gestielt; 5zählig; Krone hellblau, 2–3 cm br.; Fruchtknoten oberständig, ✻ 4–5. △ Laubwälder, Gebüsche; Zierpfl.; zerstreut. Mittel- und Südeuropa, nördlich bis Dänemark.

2 Großes Immergrün, *Vinca major* L., Pfl. 10–50 cm, ähnlich Kleinem Wintergrün, aber B. mit der größten Breite nahe dem Grund, allmählich zugespitzt, am Rand behaart; B.stiel bis 1,5 cm lg.; Krone 4–5 cm br.; Kelchzipfel behaart. ✻ 4–5. △ Laubwälder, Gebüsche; Zierpfl. Ursprünglich Südeuropa, heute vielerorts als Gartenpfl. und verwildert.

Enziangewächse / Gentianaceae

3 Schwalbenwurz-Enzian, *Gentiana asclepiadea* L., Pfl. 30–80 cm; B. kreuzweis gegenständig, lanzettlich, spitz, 4–8 cm lg., 5nervig; Bl. zu 1–3 b.achselständig, an schattigen Hängen Bl. 1seitswendig und B. kammartig 2zeilig angeordnet; Kelch röhrig, mit 5 kurzen, schmalen Zipfeln; Krone eng, glockenförmig, 3–5 cm lg., dunkelblau, innen rotviolett. ✻ 7–9. Geschützt! △ Moorwiesen, Bergwälder, Hochstaudenfluren; in den Alpen bis fast 2000 m; ziemlich selten. Gebirge Mittel- und Südeuropas. GefGr. 3!

Röte- oder Krappgewächse / Rubiaceae

4 Gewimpertes Kreuzlabkraut, *Cruciata laevipes* Opiz (*Galium cruciata* (L.) Scop.), Pfl. 10–50 cm; St. und Bl.stand abstehend behaart; B. eiförmig, 3nervig, 1–2 cm lg., behaart, zu 4 im Quirl, gelblichgrün; Bl. in b.achselständigen Quirlen; Krone 2–3 mm br., gelb; Bl.stiele behaart. ✻ 4–6. △ Auenwälder, Hecken, Zäune, Unkrautgesellschaften; ziemlich häufig. Fast ganz Europa.

5 Rundblättriges Labkraut, *Galium rotundifolium* L., Pfl. 10–25 cm; St. aufsteigend, dünn, zart; B. br. eiförmig, stachelspitz, 1–2 cm lg., zu 4 im Quirl; Bl.stand locker; Krone weiß, 3 mm br.; Früchte mit Widerhaken. ✻ 6–9. △ Tannen- und Fichtenwälder, Fichtenforste; zerstreut. Hauptsächlich Gebirge Mittel- und Südeuropas.

6 Wald-Labkraut, *Galium sylvaticum* L., Pfl. 30–100 cm; St. stielrund, fein 4rippig; B. blaugrün, stachelspitz, meist zu 8 im Quirl; Bl.stand locker-rispig, ausgebreitet, mit feinen Bl.stielen; Krone weiß, 2–3 mm br., mit zugespitzten Zipfeln. ✻ 6–8. △ Laubwälder, Waldränder; ziemlich häufig. Hauptsächlich Mitteleuropa.

7 Waldmeister, *Galium odoratum* (L.) Scop. (*Asperula odorata* L.), Pfl. 15-30 cm; Bl. lanzettlich, die unteren zu 6, die oberen zu 8 im Quirl, stachelspitz, beiderseits grün; Bl.stand doldig; Krone trichterig, weiß, 4spaltig, 4–5 mm br.; Früchte mit Widerhaken. ✻ 5–6. △ Krautreiche Buchen- und Laubmischwälder; verbreitet. Fast ganz Europa.

1
2
3
4
5
6
7

Sperrkrautgewächse / Polemoniaceae

1 Blaue Himmelsleiter, *Polemonium caeruleum* L., Pfl. 30–80 cm, mit waagrechtem Rhizom; St. aufrecht, kantig gefurcht, kahl; B. unpaarig gefiedert, mit 15–30 ei-lanzettlichen Fiedern; Bl. 5zählig, in 10–30 cm lg., drüsig behaarter Rispe; Krone radförmig bis glockig, himmelblau, selten weiß, etwa 2 cm br., mit gerundeten Kronzipfeln; Kelch bis zur Mitte geteilt. ✻ 6–7. Geschützt! △ Grauerlenwälder, Hochstaudenfluren, Gebüsche, kalkhaltige Flachmoore; ziemlich selten; Zierpfl. Mittel- und Nordeuropa, öfters aus Gärten verwildert. GefGr. 3!

Borretschgewächse / Boraginaceae

2 Echter Steinsame, *Lithosperum officinale* L., Pfl. 30–100 cm; St. reich verzweigt, dicht beblättert; B. lanzettlich, 4–8 cm lg., sitzend, unterseits mit deutlichen Fiedernerven; Krone weiß oder gelblich, 6–8 mm br.; Kronröhre 4–5 mm lg., im Kronschlund mit 5 behaarten Falten. ✻ 5–7. △ Sommerwarme Auenwälder, lichte Laubwälder; zerstreut; Heilpfl. Europa.

3 Blauer Steinsame, *Lithospermum purpurocaeruleum* L., Pfl. 30–60 cm, dicht behaart, mit Ausläufern; B. lanzettlich, unterseits nur Mittelnerv sichtbar (nicht fiedernervig); Krone 5zählig, zuerst rotviolett, dann tiefblau, mit 14–20 mm lg. Röhre; Teilfrüchtchen glatt, glänzend weiß. ✻ 4–6. △ Sonniges Eichengebüsch, lichte Laubwälder; ziemlich selten. Mittel- und Südeuropa.

4 Wald-Vergißmeinnicht, *Myosotis sylvatica* (Ehrh.) Hoffm., Pfl. 15–45 cm, dicht behaart; Grundb. kurz gestielt, ei-lanzettlich; Kelch etwa 5 mm lg., zu $^2/_3$ verwachsen, mit linealischen Zipfeln und abstehenden, vorne hakig gebogenen Haaren besetzt; Krone flach, ausgebreitet, 6–10 mm br., blau; Fruchtstiel 5 mm lg. ✻ 5–7. △ Waldränder, krautreiche Laubwälder, Bergwiesen, Hochstaudenfluren; zerstreut. Fast ganz Europa, nördlich bis Südschweden, südlich bis Apennin und Balkanhalbinsel.

5 Weiches Lungenkraut, *Pulmonaria mollis* Wulff (*P. montana* aut.), Pfl. 15–35 cm, frischgrün; B. und St. stark drüsig, und dicht weichhaarig; Grundb. länglich-eiförmig, 4–6 cm br., allmählich in den lg. Stiel verschmälert; St.b. ei-lanzettlich, 2–4 cm br., etwas herablaufend; Bl.stand oben klebrig; Bl. 15–20 mm lg., anfangs rot, dann blauviolett; Kelch dicht kurzdrüsig, klebrig, 5nervig. ✻ 4-6. Geschützt! △ Waldränder, krautreiche Laubmischwälder, Bergwälder; ziemlich selten. Hauptsächlich Mitteleuropa. GefGr. 3! - Ähnlich sind noch: **Samt-Lungenkraut,** *P. mollissima* Kerner, aber Pfl. dicht samtig behaart, graugrün; St.b. nicht herablaufend; Eichenmischwälder; selten. Ostbayern, Mittel- und Südosteuropa. - **Schmalblättriges Lungenkraut,** *P. angustifolia* L. (*P. azurea* Besser), Grundb. schmal lanzettlich, 2-3 cm br., St.b. 5-15 mm br.; St., B. und Kelch streifhaarig, nicht drüsig; Kelch 10nervig, nicht klebrig; Eichen- und Kiefernwälder, Gebüsche; selten. Geschützt! GefGr. 2!

6 Echtes Lungenkraut, *Pulmonaria officinale* L., Pfl. 15–30 cm; Grundb. herz-eiförmig, meist weiß gefleckt, plötzlich in den lg. Stiel verschmälert; obere St.b. oval, st.umfassend; Bl.stand steifhaarig; Bl. rosa, dann blau, 1 cm br. ✻ 3–5. △ Krautreiche Laubmischwälder, Gebüsche, Waldränder; verbreitet. Fast ganz Europa.

2
3
4
1
6
5

Tafel 171 Wälder, Waldränder, Gebüsche, Auen

Borretschgewächse / Boraginaceae

1 **Knoten-Beinwell,** *Symphytum tuberosum* L., Pfl. 25–50 cm, mit unregelmäßig, knollig verdicktem Rhizom, ohne Ausläufer; St. 1fach oder nur oben ästig; B. eilänglich, 3–12 cm lg., allmählich in den Stiel verschmälert, kaum herablaufend (im Gegensatz zum Gemeinen Beinwell); Bl. 15–20 mm lg., blaßgelb; Schlundschuppen die Kronzipfel nicht überragend. ✻ 4–5. △ Krautreiche Laubwälder, Auenwälder, Hochstaudengebüsch; zerstreut bis selten. Süddeutschland, Alpen und Vorland, Südeuropa. – Ähnlich ist der **Knollen-Beinwell,** *S. bulbosum* C. Schimper, aber Pfl. mit Ausläufern, Rhizom dünn, mit kugeligen Knollen; B. plötzlich in den Stiel verschmälert; Schlundschuppen die Kronzipfel überragend; Parkanlagen, Waldränder, Weinberge; verwildert; Südeuropa.

Lippenblütengewächse / Labiatae oder Lamiaceae

2 **Immenblatt, Waldmelisse,** *Melittis melissophyllum* L., Pfl. 20–60 cm, dicht weichhaarig; B. eiförmig, grob gekerbt, 3–9 cm lg.; Bl. 2–4 cm lg., zu 1–3 in den Achseln der oberen B.; Kelch glockenförmig, 10nervig; Krone 2lippig, rosa oder weiß, mit rotvioletten Flecken auf der Unterlippe, diese 3teilig, mit br., ausgerandetem Mittelzipfel; Staubb. 4. ✻ 5–7. △ Lichte, warme Eichen-Hainbuchen-, Linden- oder Buchenmischwälder, Gebüsche; ziemlich selten. Mittel- und Südeuropa.

3 **Wald-Gamander,** *Teucrium scorodonia* L., Pfl. 30–60 cm, unangenehm riechend; B. gestielt, eiförmig, am Grund herzförmig, netzrunzelig, stumpf und unregelmäßig gezähnt, 3–7 cm lg.; Bl. gelblich, 10–14 mm lg., in lockerer, schlanker Ähre; Kelch 4–6 mm lg., 2lippig, Oberlippe 1fach, Unterlippe 4zähnig. ✻ 7–9. △ Bodensaure, lichte Eichen- und Kiefernwälder, Heiden, Waldränder; verbreitet. Mitteleuropa, nördlich bis Südskandinavien, südlich bis Südfrankreich, Oberitalien, Kroatien, (westlich).

4 **Goldnessel,** *Galeobdolon luteum* Huds. (*Lamium galeobdolon* L.), Pfl. 20–50 cm, mit oberirdischen Ausläufern; B. ei-lanzettlich, spitz, gezähnt, 3–8 cm lg.; Bl. zu mehreren in den Achseln der oberen B.; Krone 15–25 mm lg., gelb, Unterlippe mit roten Flecken; bei ssp. *galeobdolon* ist der St.grund nur an den Kanten behaart, die obersten B. eiförmig, gekerbt und die Bl.halbquirle 2–3blütig; bei ssp. *montanum* (Pers.) Hayek ist der St.grund ringsum behaart, die obersten B. lanzettlich und scharf gezähnt und die Bl.halbquirle 4–8blütig. ✻ 4–7. △ Laub- und Nadelwälder; verbreitet. Fast ganz Europa.

5 **Wald-Ziest,** *Stachys sylvatica* L., Pfl. 30–100 cm, unangenehm riechend; St. abstehend behaart; B. gestielt, herzförmig, grob und spitz gezähnt, behaart; Bl. in quirlartigen, 6blütigen, übereinanderstehenden Teilbl.ständen; Krone 12–15 mm lg., schmutzig violett, mit fast doppelt so lg. Unterlippe; Kelch 4–7 mm lg., dicht behaart. ✻ 6–9. △ Laubwälder, Auenwälder, Waldränder; verbreitet. Europa, im Süden nur in den Gebirgen.

1
4
3
5
2

Tafel 172 Wälder, Waldränder, Gebüsche, Auen

Lippenblütengewächse /Labiatae oder Lamiaceae

1 **Heilziest, Gemeine Betonie,** *Betonica officinalis* L. (*Stachys o.* (L.) Trev.), Pfl. 20–70 cm, am Grund verholzt; St. mit 1–3 Laubb.paaren, oben angedrückt behaart; B. lg. gestielt; B.spreite schmal eiförmig, 3–10 cm lg., schwach gekerbt, netzrunzelig; Bl.stand dicht, walzenförmig; Bl. rot, mit gerader Oberlippe; Kelch mit 5 borstig begrannten Zähnen. ✻ 6–8. △ Lichte Laubwälder, Moor- und magere Bergwiesen; zerstreut; früher Arzneipfl. Hauptsächlich Mittel- und Südeuropa, (westlich), nördlich bis Südskandinavien. – Die **Gelbe Betonie,** *B. alopecuros* L. (*Stachys a.* (L.) Benth.) hat blaßgelbe Krone, br. herzförmige, 3–6 cm lg. B. und abstehend rauhhaarigen St.; steinige Matten, subalpine Schutthalden, Latschengebüsch; selten; Alpen, Pyrenäen, Apennin, Abruzzen, Gebirge der Balkanhalbinsel.

2 **Klebriger Salbei,** *Salvia glutinosa* L., Pfl. 50–120 cm, drüsenhaarig, klebrig; B. lg. gestielt, Spreite am Grund spießförmig, grob gezähnt, 8–15 cm lg.; Bl.stand aus vielen quirlartigen, 4–6blütigen Teilbl.ständen; Bl. 3–10 mm lg. gestielt, hellgelb, rotbraun punktiert, 3–5 cm lg.; Staubb. 2; Kelch eng glockenförmig, klebrigdrüsig behaart. ✻ 7–10. △ Laubwälder, Bergmischwälder, Kahlschläge, Hochstaudenfluren; zerstreut. Gebirge Mittel- und Südeuropas.

3 **Wirbeldost,** *Clinopodium vulgare* L. (*Satureja vulgaris* (L.) Fritsch), Pfl. 30–60 cm; St. zottig behaart; B. eiförmig, 2–4 cm lg., ganzrandig, schwach gekerbt, behaart; Bl. zu 10–20 quirlartig in den obersten B.paaren; Kelchzähne lg. begrannt; Krone 1–1,5 cm lg., hellpurpurn. ✻ 7–10. △ Sonnige Waldränder, lichte Wälder, Gebüsche; ziemlich häufig. Europa.

4 **Gewöhnlicher Dost, Wilder Majoran,** *Origanum vulgare* L., Pfl. 20–60 cm, stark aromatisch riechend; B. kurz gestielt, länglich-eiförmig, unterseits drüsig punktiert, 1–2 cm lg.; Bl. in lockeren Rispen und Doldenrispen mit rundlichen, oft purpurnen Tragb.; Krone hellpurpurn, selten weiß, 4 mm lg. ✻ 7–9. △ Lichte Eichen- und Kiefernwälder, sonnige Waldränder und Hecken, Magerrasen, Böschungen; häufig. Fast ganz Europa.

Nachtschattengewächse / Solanaceae

5 **Tollkirsche,** *Atropa belladonna* L., Pfl. 50–150 cm; B. eiförmig, bis 15 cm lg., kurz herablaufend, im Bereich des Bl.standes scheinbar gegenständig, 1 größeres und 1 kleineres; Bl. einzeln, b.achselständig; Krone 5teilig, glockig, außen braunviolett, innen gelbgrün mit violetten Adern; Frucht eine glänzende, schwarze Beere, sehr giftig! ✻ 6–8. △ Kahlschläge, Waldwege, Waldränder; ziemlich häufig. Mittel- und Südeuropa.

6 **Bittersüßer Nachtschatten,** *Solanum dulcamara* L., Pfl. 30–200 cm, unten verholzt, oft kletternd; B. br. lanzettlich, ungeteilt oder am Grund mit 1–2 Lappen; Bl.stand doldig-traubig; Krone 5teilig, flach ausgebreitet, 1 cm br., violett; Frucht eine rote Beere. ✻ 6–8. △ Auenwälder, Ufer, Kahlschläge; ziemlich häufig. Fast ganz Europa.

4
1
2
3
5
5
6

Tafel 173 Wälder, Waldränder, Gebüsche, Auen

Nachtschattengewächse / Solanaceae

1 **Judenkirsche, Wilde Blasenkirsche,** *Physalis alkekengi* L., Pfl. 25–60 cm; St. kurz behaart, einfach verzweigt; B. 3eckig-eiförmig, spitz, am Rand oft buchtig geschweift; Bl. einzeln; Krone 15–25 mm br., grünlichweiß; Kelch zur Fruchtzeit orangerot und lampionähnlich, etwa 4 cm lg., die rote, kirschengroße Frucht einschließend. ✻ 5–8. △ Auenwälder, Weinbergshecken; zerstreut; Gartenpfl.; Beeren genießbar. Mittel- und Südeuropa, (östlich).

Braunwurzgewächse / Scrophulariaceae

2 **Echter Ehrenpreis,** *Veronica officinalis* L., Pfl. 10–30 cm, niederliegend, nur Bl.stand aufrecht; St. rauhhaarig; B. eiförmig, kurz gestielt, dunkelgrün, stumpf gekerbt; Bl. in scharf abgesetzten, achselständigen Trauben mit sehr kleinen Tragb.; Kelch 4blättrig; Krone hellviolett, 6–7 mm br.; Fruchtkapsel 3eckig bis herzförmig, drüsenhaarig. ✻ 6–8. △ Wälder, Waldränder, Heiden, Magerrasen, saure Böden; verbreitet; früher Arzneipfl. Europa.

3 **Nesselblättriger Ehrenpreis,** *Veronica latifolia* L. (*V. urticifolia* Jacq.), Pfl. aufrecht, 20–60 cm; St. ringsum gleichmäßig behaart; B. br. lanzettlich, spitz, scharf gesägt, untere B. kurz gestielt, obere sitzend; Bl. in vielblütigen, lg. Trauben; Bl.stiele 6–8 mm lg.; Kelch 4blättrig; Krone 6–8 mm br., lila oder rötlich, dunkler geadert; Fruchtkapsel rundlich. ✻ 6–8. △ Schlucht- und krautreiche Bergwälder, Hochstaudenfluren; zerstreut. Gebirge Mittel- und Südeuropas. – Ähnlich sind noch: **Gamander-Ehrenpreis,** *V. chamaedrys* L., siehe T. 83. – **Berg-Ehrenpreis,** *V. montana* L., Pfl. 15–45 cm, kriechend; B. lg. gestielt, rundlich-eiförmig, runzelig, eingeschnitten-kerbsägig; Bl.traube armblütig; Bl. blaßlila, mit dunkleren Adern; Fruchtkapsel fast brillenförmig; krautreiche Laubwälder mit Esche oder Buche, quellige Waldstellen; zerstreut; Südschweden, Mittel- und Südeuropa, im Süden nur in den Gebirgen.

4 **Großer Ehrenpreis,** *Veronica teucrium* L., Pfl. aufsteigend bis aufrecht, 15–60 cm; B. eiförmig, grob gesägt, am Grund abgerundet, sitzend; Bl. in gegenständigen, dichten, später sich verlängernden Trauben; Kelch 5blättrig; Krone hellblau, 10–13 mm br. ✻ 6–7. △ Sonnige Waldränder, Gebüsche, lichte Eichen- und Kiefernwälder, Magerrasen; zerstreut. Hauptsächlich Mitteleuropa, südlich bis Mittelspanien, Mazedonien, östlich bis Kaukasus. – Sehr ähnlich ist der **Österreichische Ehrenpreis,** *V. austriaca* L., aber B. lanzettlich. Siehe T. 70.

5 **Roter Fingerhut,** *Digitalis purpurea* L., Pfl. 40–150 cm; St. 1fach, graufilzig; B. ei-lanzettlich, gekerbt, unterseits graufilzig, die unteren gestielt, die oberen sitzend; Bl.stand 1seitswendig; Krone röhrig-glockig, mit schiefem, 4spaltigem Saum, 3–5 cm lg., purpurn, selten weiß, innen rot gefleckt. ✻ 6–8. Giftig! △ Bergwälder, Waldwege, Säume, Kahlschläge, kalkmeidend; zerstreut; Zier- und Arzneipfl., öfters verwildert. Hauptsächlich Westeuropa, östlich bis Böhmerwald, Schwarzwald.

6 **Großblütiger Fingerhut,** *Digitalis grandiflora* Mill. (*D. ambigua* Murray), Pfl. 60–120 cm; B. länglich lanzettlich, unterseits steifhaarig; Krone glockig-bauchig, 3–4 cm lg., hellgelb, innen braun gezeichnet. ✻ 6–8. Geschützt! △ Laubwälder, Kahlschläge, sonnige Waldränder, Geröllhalden; in den Alpen bis etwa 1600 m; zerstreut; Hauptsächlich Mitteleuropa, südlich bis Südalpen, Nordgriechenland, Kaukasus. – Ähnlich ist der **Gelbe Fingerhut,** *D. lutea* L., aber St. und B. meist kahl; Krone 2–2,5 cm lg., innen ohne brauner Zeichnung. Geschützt! Waldwege, Kahlschläge; selten; Gebirge Mittel- und Südeuropas.

3
1
6
5
2

Braunwurzgewächse / Scrophulariaceae

1 Knoten-Braunwurz, *Scrophularia nodosa* L., Pfl. 50–150 cm; St. 4kantig, nicht geflügelt; B. ei- oder herzförmig, doppelt gesägt; Bl. in endständiger Rispe; Krone schmutzig braun, am Grund grünlich, 7–9 mm lg. ✻ 6–9. △ Gebüsche, Kahlschläge, krautreiche Wälder; verbreitet. Europa. – Ähnlich sind noch: **Wasser-Braunwurz,** *S. auriculata* L. (*S. aquatica* L.), aber St. und B.stiele br. geflügelt; B. schmal herzförmig, stumpf, gekerbt; Krone 8-10 mm lg., rotbraun; Bachröhricht, Gräben; selten. GefGr. 4! - **Geflügelte Braunwurz,** *S. umbrosa* Dum. (*S. alata* Gilib.), St. ebenfalls br. geflügelt, aber B. spitz, am Grund verschmälert oder abgerundet, vorne scharf gesägt; Krone 6-8 mm lg., grünlichgelb; Bachröhricht; verbreitet.

2 Wiesen-Wachtelweizen, *Melampyrum pratense* L., Pfl. 10–50 cm; St. 4kantig; B. lanzettlich, 3–6 cm lg.; Bl.stand 1seitswendig, traubig; Kelchzähne lanzettlich, kürzer als die halbe Kronröhre; Krone 15–20 mm lg., mit lg., gerader Röhre, gelblichweiß; Bl. fast waagrecht. ✻ 5–9. △ Lichte Laub- und Nadelwälder, Waldränder, Hochmoore, Heiden; verbreitet. Fast ganz Europa. – Sehr ähnlich ist der **Wald-Wachtelweizen,** *M. sylvaticum* L., aber Krone mit kurzer, gekrümmter Röhre, goldgelb, 6–9 mm; Kelchzähne 3eckig-lanzettlich, etwa so lg. wie die Kronröhre; Bl. aufrecht. ✻ 5–8. △ Nadelwälder, Waldränder.

3 Hain-Wachtelweizen, *Melampyrum nemorosum* L., Pfl. 10–50 cm; St. 4kantig, auf 2 gegenüberliegenden Seiten kurzhaarig; B. lanzettlich, lg.spitzig; Hochb. br. herzförmig bis spießförmig, behaart, jederseits mit 1–5 mm lg. Zähnen, blauviolett; Bl.stand 1seitswendig; Krone 16–20 mm lg., goldgelb, später orange, mit rotbrauner, gerader Kronröhre; Kelch wollig-zottig. ✻ 6–9. △ Laubwälder; selten. Mittel- und Nordeuropa (ohne Arktis, Subarktis und Großbritannien).

4 Schuppenwurz, *Latraea squamaria* L., Pfl. 10–25 cm, blaßviolett oder rötlich, mit schuppenförmigen, rötlichen, kleinen B.; Bl. 10–15 mm lg., rötlich, in 1seitswendiger, reichblütiger Traube. ✻ 3–4. △ Auen- und Schluchtwälder; zerstreut; Wurzelschmarotzer auf Erle, Hasel, Buche oder Pappel. Fast ganz Europa.

Geißblattgewächse / Caprifoliaceae

5 Schwarzer Holunder, *Sambucus nigra* L., Strauch 3–7 m; B. gefiedert, unterseits bläulichgrün, mit meist 5länglich eiförmigen, 5–10 cm lg., fein gezähnten Fiederb.; St.mark weiß; Bl.stand eine 10–20 cm br. Doldenrispe; Krone radförmig, 5teilig, weiß oder gelblich; Beeren schwarz, eßbar. ✻ 5–6. △ Hecken, krautreiche, feuchte Wälder, Schuttplätze; häufig. Fast ganz Europa. – Der **Zwerg-Holunder,** *Sambucus ebulus* L., eine krautige Pfl., 1–2 m, mit widerlichem Geruch, hat 7 oder 9 lanzettliche, 5–15 cm lg., fein gesägte Fiederb., weiße oder rosafarbene Bl. mit roten Staubb. und schwarze, ungenießbare Früchte; Waldschläge, Waldwege, Auen; verbreitet; Mittel- und Südeuropa, nördlich bis Südschweden.

6 Trauben-Holunder, *Sambucus racemosa* L., Strauch 1–4 m; St.mark gelbbraun; B. beiderseits hellgrün, mit länglich lanzettlichen Fiederb.; Bl.stand eine eiförmige Rispe, mit den B. erscheinend; Krone grünlichgelb; Beeren rot, eßbar. ✻ 4–5. △ Nadel- und Mischwälder, Kahlschläge, Schutthalden; in den Alpen bis etwa 2000 m; verbreitet. Mitteleuropa, südlich bis Pyrenäen, Norditalien, Bulgarien; in Skandinavien eingebürgert.

7 Moosglöckchen, *Linnaea borealis* L. siehe S. 398.

5
1
3
6
4
2
7

Geißblattgewächse / Caprifoliaceae

Fortsetzung von S. 396: Pfl. 5–15 cm hoch, St. fadenförmig, weit kriechend, bis 2 m lg., drüsig behaart; B. wintergrün, br. eiförmig oder rundlich, 7–12 mm lg., jederseits mit 1–2 kleinen Zähnen, unterseits blaugrün; Bl. zu 1–2 auf lg. Stielen, nickend, glockig. 7–10 mm lg., mit 5 br. Zipfeln, weiß oder rosa, innen rot gestreift und behaart; Staubb. 4. ✻ 6–8. Geschützt! △ Fichten-, Kiefern-, Zirben- und Lärchenwälder, über Moospolster kriechend; in den Alpen bis etwa 2400 m; selten, in den Alpen gebietsweise verbreitet. Nordeuropa, Norddeutschland, Alpen, Sudeten, Karpaten, Kaukasus. GefGr. 4!

1 **Wolliger Schneeball,** *Viburnum lantana* L., Strauch 1–3 m; B. eiförmig, netzrunzelig, fein gezähnt, oberseits dunkelgrün, unterseits graufilzig; Bl. in 5–10 cm br. Doldenrispen; alle Bl. gleich groß; Krone weiß, 6–8 mm br.; Beeren eiförmig und abgeflacht, 7–9 mm lg., zuerst rot, dann schwarz. ✻ 5–6. △ Gebüsche, lichte Eichen- und Kiefernwälder; zerstreut. Hauptsächlich Mittel- und Südeuropa.

2 **Gewöhnlicher Schneeball,** *Viburnum opulus* L., Strauch 1–4 m; B. rundlich, 3–5lappig, bis 12 cm lg. und br., beiderseits grün, kahl; Abschnitte unregelmäßig gezähnt; Doldenrispe 5–10 cm br.; Bl. 6–8 mm br., die Randbl. unfruchtbar, größer, mit unsymmetrischer, radförmiger Krone, 1–2 cm br.; Beeren kugelig, rot, 8–10 mm br. ✻ 5–6. △ Auen, Wald- und Bachränder; häufig. Fast ganz Europa.

3 **Rote Heckenkirsche,** *Lonicera xylosteum* L., Strauch 1–2 m; B. gegenständig, br. elliptisch, weichhaarig, oberseits dunkelgrün, unterseits heller, 2–6 cm lg.; Bl. zu 2 auf gemeinsamen Stiel, dieser 1–2mal so lg. wie die Bl.; Krone gelblichweiß, 10–15 mm lg.; Fruchtknoten der beiden Bl. nur am Grund verwachsen; Beeren rot, ungenießbar, paarweise, aber nicht verwachsen. ✻ 5–6. △ Krautreiche Laub- und Mischwälder, Hecken; häufig. Fast ganz Europa. – Ähnlich sind noch: **Schwarzes Geißblatt,** *L. nigra* L., aber Bl.stiele 3–4mal so lg. wie die weißlichen Bl., Beeren schwarz, nur am Grund verwachsen; Bergmischwälder; Gebirge Mittel- und Südeuropas. – **Alpen-Heckenkirsche,** *L. alpigena* L., Strauch 50–150 cm; Bl. trübrot; Fruchtknoten der beiden Bl. fast ganz verwachsen; B. elliptisch, 7–10 cm lg.; Beeren rot, glänzend, paarweise verwachsen; Buchen- und Bergmischwälder, Hochstaudenfluren, in den Alpen bis 2300 m; Gebirge Mittel- und Südeuropas. – Die **Blaue Heckenkirsche,** *L. coerulea* L. hat ebenfalls paarweise verwachsene Fruchtknoten und Beeren, diese aber schwarz, blau bereift; Bl. gelblichweiß; B. eiförmig, 2–5 cm lg.; bodensaure Bergwälder, Zwergstrauchgesellschaften, kalkmeidend; in den Alpen bis 2600 m; Nordeuropa, Alpen, Pyrenäen, Karpaten.

4 **Wald-Geißblatt,** *Lonicera periclymenum* L., windender Strauch, bis 5 m; B. eilanzettlich, 4–10 cm lg., kurz gestielt, das oberste B.paar unter dem Bl.stand ungestielt; Bl. 4–5 cm lg., gelblich, in gestielten Köpfen, wohlriechend; Früchte dunkelrot, nicht verwachsen, schwach giftig! ✻ 6–7. △ Gebüsche, bodensaure Wälder mit Eiche, Birke oder Hainbuche; verbreitet; Zierpfl. West- und Mitteleuropa, nördlich bis Südskandinavien, südlich bis Mittelitalien, Korsika. – Ähnlich ist das **Echte Geißblatt, Jelängerjelieber,** *L. caprifolium* L., Strauch windend, bis 4 m, das oberste B.paar der blühenden Zweige am Grund br. miteinander verwachsen und vom St. durchwachsen, unterseits blaugrün; Bl.köpfe sitzend; Bl. weiß bis gelb, oft rötlich überlaufen; Früchte rot, nicht verwachsen; Zierpfl. und gelegentlich verwildert; Herkunft Südosteuropa.

3
2
4
1

Moschuskrautgewächse / Adoxaceae

1 Moschuskraut, *Adoxa moschatellina* L., Pfl. zierlich, 5–10 cm; B. gegenständig, Grundb. doppelt 3zählig, die 2 St.b. 1fach 3zählig; Bl. zu 4–6, grünlichgelb, in einem endständigen, fast würfelförmigen Kopf; Gipfelbl. mit 4teiliger Krone und 2teiligem Kelch, seitliche Bl. mit 5teiliger Krone und 3teiligem Kelch. ✻ 3–5. △ Gebüsche, feuchte Laubwälder, Auenwälder, Hochstaudenfluren; in den Alpen bis etwa 1800 m; ziemlich selten. Fast ganz Europa.

Baldriangewächse / Valerianaceae

2 Berg-Baldrian, *Valeriana montana* L., Pfl. 10–50 cm; St. mit 3–8 eiförmigen, glänzend grünen B.paaren; Bl. rosa oder weiß; Bl.stand reichblütig, lockerrispig; Hochb. lanzettlich, grün. ✻ 5–7. △ Lockere, felsige Bergwälder, Kalkschutthalden; zerstreut. Gebirge Mittel- und Südeuropas.

3 Dreiblättriger oder **Stein-Baldrian,** *Valeriana tripteris* L., Pfl. 10–50 cm, ähnlich Berg-Baldrian, aber St.b. 3teilig, mit gezähnten Fiedern; Grundb. herzförmig, grob gezähnt; Bl. weißlich bis rosa; Hochb. linealisch, hautrandig, grob gezähnt. ✻ 4–6. △ Lockere, felsige Bergwälder, Felsspalten, Schutthalden; zerstreut; in den Alpen bis über 2200 m. Gebirge Mittel- und Südeuropas.

Kardengewächse / Dipsacaceae

4 Wald-Knautie, Wald-Witwenblume, *Knautia sylvatica* (L.) Duby, Pfl. 30–100 cm; St. oft borstig behaart; B. länglich eiförmig, langspitzig, ganzrandig oder gekerbt; Bl. in flachen, 3–4 cm br. Köpfen, umgeben von einer grünen Hochb.hülle; Kopfboden ohne Spreub.; Krone der Einzelbl. 4teilig, lila; äußere Bl. etwas größer. ✻ 6–9. △ Schattige Waldränder, Auenwälder, Hochstaudenfluren; ziemlich häufig. Hauptsächlich Gebirge Mitteleuropas. – Ähnlich ist die **Ungarische Knautie,** *K. drymeia* Heuffel, aber grundständige B.rosette mit mehreren, bogig aufsteigenden, blühenden, flaumig behaarten St. und br. eiförmigen B.; sommerwarme Laubwälder, selten; Mitteldeutschland, Südalpen, Südeuropa, (östlich).

Glockenblumengewächse / Campanulaceae

5 Nesselblättrige Glockenblume, *Campanula trachelium* L., Pfl. 30–100 cm; St. steifhaarig, scharfkantig; B. 3eckig eiförmig, nesselb.artig gesägt, die unteren lg. gestielt; Bl. trichterförmig, violettblau, 3–4 cm lg., in lg., beblätterter Traube; Bl.stiele am Grund mit 2 Hochb. ✻ 7–8. △ Krautreiche Laubwälder, Kahlschläge, Gebüsche; verbreitet. Fast ganz Europa. – Ähnlich ist die **Breitblättrige Glockenblume,** *C. latifolia* L., aber St. stumpfkantig, weichhaarig; B. ei-länglich, gesägt, mit kurzem, geflügeltem Stiel; krautreiche Bergmischwälder und Schluchtwälder; selten; Alpen und Vorland, Jura, Schwarzwald, Vogesen, Eifel. Geschützt!

6 Pfirsichblättrige Glockenblume, *Campanula persicifolia* L., Pfl. 30–80 cm; Grundb. derb, dunkelgrün, untere B. ei-länglich, in den Stiel verschmälert, obere B. lanzettlich, sitzend, fein gesägt; Bl. weitglockig, 2–4 cm lg. und br., blaßblau, in armblütiger Traube; Kelchb. lanzettlich. ✻ 6–8. △ Sonnige, krautreiche Laub- und Nadelwälder, Wald- und Wegränder; verbreitet. Europa.

4
6
3
2
1
5

Glockenblumengewächse / Campanulaceae

1 Ährige Teufelskralle, *Phyteuma spicatum* L., Pfl. 20–60 cm; Grundb. lg. gestielt, ei-herzförmig, 1–2mal so lg. wie br., doppelt gesägt; St.b. etwas schmäler, die unteren gestielt, die oberen sitzend; Bl. in 4–10 cm lg., walziger Ähre; Krone gelblichweiß, 1 cm lg.; Kronb. an der Spitze verwachsen. ✻ 5–7. △ Krautreiche Wälder, Bergwiesen; verbreitet. Fast ganz Europa. – Ähnlich, mit lg. gestreckten Bl.köpfen, sind noch: **Schwarze Teufelskralle,** *Ph. nigrum* F. W. Schmidt, aber Bl.köpfe schwarzviolett, deren Hüllb. linealisch, kürzer als der Bl.kopf; Grundb. doppelt so lg. wie br., mittlere St.b. am Grund keilförmig verschmälert; Bergwiesen, Laubmischwälder, kalkarme Böden; verbreitet; Mitteleuropa. – **Haller's Teufelskralle,** *Ph. ovatum* Honck. (*Ph. halleri* All.), aber Grundb. so lg. wie br., mittlere St.b. am Grund herzförmig oder abgerundet; Hüllb. lanzettlich, etwa so lg. wie die schwarzvioletten Bl.köpfe; Gebirgswiesen, Hochstaudenfluren; zerstreut; Gebirge Mittel- und Südeuropas. – **Ziestblättrige** oder **Betonien-Teufelskralle,** *Ph. betonicifolium* Vill., aber Grundb. schmal, 2–4mal länger als br.; Hüllb. der hellblauen Bl.köpfe sehr kurz, borstlich-lanzettlich; Silikatmagerrasen; zerstreut; Alpen.

Korbblütengewächse / Compositae oder Asteraceae

2 Gemeiner Wasserdost, Kunigundenkraut, *Eupatoria cannabina* L., Pfl. 50–150 cm; St. oft rötlich, reich beblättert; B. gegenständig, handförmig 3–5teilig, mit gezähnten, elliptischen Lappen; Bl.köpfe klein, länglich, 1 cm lg., in dichten Schirmrispen, nur mit Röhrenbl., rosa. ✻ 7–8. △ Auenwälder, Gräben, Ufer, Kahlschläge; häufig. Europa.

3 Kahler Alpendost, *Adenostyles glabra* (Mill.) DC., Pfl. 30–80 cm; B. rundlich-nierenförmig, regelmäßig gezähnt, unterseits graugrün, mit engmaschigem Adernetz, kahl oder nur auf den Nerven behaart; B.stiel ungeöhrt; Bl. blaßrosa oder rotviolett, in Doldenrispen; Bl.köpfe meist 3blütig. ✻ 6–8. △ Steinige Bergwälder, Schuttfluren, in den Alpen zwischen 800 und 2500 m; häufig. Gebirge Mittel- und Südeuropas. – Ähnlich sind noch: **Grauer Alpendost,** *A. alliariae* (Gouan) Kerner, aber B. herz- bis nierenförmig, ungleichmäßig grob gezähnt, unterseits schwach graufilzig, mit engem Adernetz; B.stiele der oberen B. am Grund geöhrt; Bl.köpfe 3–6blütig; Bergwälder, Hochstaudenfluren; verbreitet; Gebirge Mittel- und Südeuropas. – Der **Filzige Alpendost,** *A. leucophylla* (Willd.) Rchb. (*A. tomentosa* (Vill.) Schinz et Thell.) hat unterseits filzig behaarte B. und 12–24blütige Bl.köpfe mit filzig behaarten Hüllb.; kalkarme Schuttfluren der Westalpen.

4 Berg- oder **Kalk-Aster,** *Aster amellus* L., Pfl. kurz steifhaarig, 20–50 cm; B. elliptisch, die oberen lanzettlich, ganzrandig, rauhhaarig; Bl.köpfe zu mehreren am St., mit blauvioletten Zungenbl. und gelben Röhrenbl.; Hüllb. etwas abstehend. ✻ 8-10. Geschützt! △ Lichte Kiefernwälder, sonnige Waldränder und Gebüsche, Halbtrockenrasen; zerstreut bis selten. Mittel- und Südosteuropa.

4
3
1
2

Korbblütengewächse / Compositae oder Asteraceae

1 Rauher Alant, *Inula hirta* L., Pfl. 15–45 cm; St. abstehend behaart; B. eiförmig, beiderseits rauhhaarig, hervortretend netznervig, mit abgerundetem Grund sitzend; Bl.köpfe 2–5 cm br., zu 1–3; Zungenbl. 15–20 mm lg., gelb. ✻ 6–7. △ Lichte Eichen- und Kiefernwälder, sonnige Hecken, Trockenrasen; selten. Hauptsächlich Mittel- und Osteuropa. GefGr. 3! – Ähnlich sind noch: **Schweizer Alant,** *I. helvetica* Weber, aber St. angedrückt graufilzig, B. ei-lanzettlich, in den kurzen Stiel verschmälert, unterseits dicht kurzhaarig, ohne Netznervatur; Bl.köpfe 2,5–3 cm br., zu mehreren in einer Doldenrispe; äußere Hüllb. graufilzig; Ufergebüsch, Auenwaldränder, wärmeliebend; selten. Südwestdeutschland (Kaiserstuhl), Schweizer Mittelland, Südwesteuropa. GefGr. 2! – **Deutscher Alant,** *I. germanica* L., aber St.b. mit herzförmigem Grund halbst.umfassend sitzend, unterseits lg.haarig, drüsig; Bl.köpfe 1 cm br., in dichter Schirmrispe; Zungenbl. wenig länger als die Scheibenbl.; Kalkmagerrasen, sonniger Gebüschsaum; selten. Mittel- und Süddeutschland, Ost- und Südosteuropa. GefGr. 2! – **Gewöhnlicher Alant, Dürrwurz,** *I. conyza* DC., Bl.köpfe 1 cm br., in Doldentrauben, bräunlich, ohne Zungenbl. oder diese in der Hülle versteckt, mit abstehenden Hüllb.; B. ei-lanzettlich, unterseits dicht kurzhaarig, netzaderig; lichte Eichen- und Kiefernwälder, sonnige Waldränder; zerstreut. Süddeutschland, Mittel- und Südeuropa; vergleiche auch *I. salicina* T. 73.

2 Straußblütige Wucherblume, *Tanacetum corymbosum* (L.) Schultz-Bip. (*Chrysanthemum c.* L.), Pfl. 50–100 cm; B. mit 7–15 ei-länglichen, nochmals fiederteiligen Fiedern mit linealischen, gezähnten Zipfeln; Bl.köpfe 1–2 cm br., zu 6–20 in Schirmrispen; Zungenbl. schmal lineal, 1–2 cm lg. weiß; Röhrenbl. gelb ✻ 6–8. △ Lichte Laubwälder und Waldränder, Gebüsche, wärmeliebend; zerstreut. Mittel- und Südeuropa. – Ähnlich ist die **Großblättrige Wucherblume,** *T. macrophyllum m.* (W. et Kit.) Schultz-Bip. (*Chrysanthemum m.* W. et K.), aber Zipfel der Fiederb. ei-rundlich oder br. lanzettlich, Zungenbl. breiter als lg.; Röhrenbl. bräunlichweiß; Bl.köpfe 6–8 mm br.; Zierpfl. in Unkrautfluren verwildert. Südosteuropa; vergleiche auch *Chrysanthemum parthenium* T. 36.

3 Kletten-Distel, *Carduus personata* (L.) Jacq., Pfl. 60–120 cm; St. schmal geflügelt; B. groß, weich, unterseits spinnwebig behaart, die oberen oval, borstlich gezähnt, die unteren tief gelappt; Bl.köpfe zu mehreren, 1–2 cm br., purpurn; Hüllb. linealisch, spitz, kaum stechend, länger als die Bl. ✻ 7–8. △ Grauerlenwälder, Weidengebüsch, Bachufer, Hochstaudenfluren; ziemlich selten. Gebirge Mittel- und Südeuropas.

4 Wald-Ruhrkraut, *Gnaphalium sylvaticum* L., Pfl. 10–50 cm, zur Bl.zeit mit vielen, nichtblühenden Rosetten; St. filzig; Grundb. lanzettlich, 2–6 cm lg., 2–5 mm br., kurz gestielt, wie die St.b. 1nervig, unterseits filzig; Bl.köpfe in lg. Ähre, diese mindest 1/3 der St.länge; Hüllb. mit hellbraunem Hautrand. ✻ 7–9. △ Waldwege, Kahlschläge, Magerrasen; häufig. Fast ganz Europa. – Ähnlich ist das **Norwegische Ruhrkraut,** *G. norvegicum* Gunn., aber Grundb. 5–12 cm lg., 3nervig, lg. gestielt, zur Bl.zeit meist vertrocknet, alle B. 3nervig, etwa 5–10 mm br.; Ähre kürzer; Hüllb. dunkelbraun gesäumt. ✻ 7–8. △ Silikatmagerrasen, kalkmeidend; Europa, hauptsächlich in den Gebirgen.

5 Berg-Flockenblume, *Centaurea montana* L., siehe S. 406.

3
5
4
1
2

Korbblütengewächse / Compositae oder Asteraceae

Fortsetzung von S. 404: Pfl. 20–70 cm; St. 1fach, unverzweigt; B. eiförmig, spitz, am St. flügelartig herablaufend, oberseits schwach, unterseits dicht filzig behaart, später verkahlend; Bl.köpfe einzeln; randliche Bl. stark vergrößert, tiefblau, zentrale Bl. violett; Hüllb. mit kammförmigen, braunschwarzen Fransen. ✻ 5–7. △ Berg- und Schluchtwälder, grasreiche Hochstaudenfluren und Bergwiesen; zerstreut; in den Alpen bis über 2000 m. Gebirge Mittel- und Südeuropas.

1 **Gewöhnliche Goldrute,** *Solidago virgaurea* L., Pfl. 20–100 cm; B. länglich elliptisch, 3–4mal so lg. wie br., meist gezähnt; Bl.köpfe 7–8 mm lg. und 10–15 mm br., in aufrechter, allseitswendiger Traube oder Rispe; Zungenbl. 6–12, länger als die linealischen, grünlichgelben, hautrandigen Hüllb. ✻ 7–10. △ Krautreiche Laub- und Mischwälder, Heiden, Magerweiden; verbreitet. Europa. – Sehr ähnlich ist die **Alpen-Goldrute,** *S. alpestris* W. et Kit., aber B. schmäler, 4–6mal so lg. wie br.; Bl.köpfe bis 10 mm lg. und über 15 mm br., in ährenförmiger Rispe; Zwergstrauchgebüsch, Hochstaudenfluren, Bergwiesen; kalkmeidend; Vogesen, Schwarzwald, Böhmerwald, Alpen.

2 **Gemeiner Alpenlattich,** *Homogyne alpina* (L.) Cass., Pfl. 10–30 cm; St. fast b.los, 1köpfig; Grundb. lg. gestielt, unterseits kahl, nur auf den Nerven behaart, herz-nierenförmig, gezähnt-gekerbt; Bl. hellviolett; Hüllb. wollig, vorne braunrot; Pappus schneeweiß. ✻ 5–8. △ Bergfichtenwälder, Zwergstrauchgebüsch, Silikatmagerrasen; verbreitet. Gebirge Mittel- und Südeuropas. – Ähnlich ist der **Filzige Alpenlattich,** *H. discolor* (Jacq.) Cass., aber B. rundlich-nierenförmig, unterseits weißfilzig; Pappus schmutzig weiß; Schneeböden und Schneetälchen auf Kalk von 1400 bis 2600 m der Ostalpen. GefGr. 4!

3 **Fuchs-Greiskraut,** *Senecio fuchsii* C. C. Gmelin, Pfl. 60–150 cm; B. lanzettlich, die oberen über 5mal so lg. wie br., fein gesägt, kahl, kurz gestielt oder mit verschmälertem Grund sitzend; Bl.köpfe 2–3 cm br., in doldenartiger Rispe; Hülle meist 8blättrig, walzlich; Zungenbl. 5, gelb. ✻ 7–8. △ Kahlschläge, krautreiche Mischwälder, in den Alpen bis über 2000 m; häufig. Hauptsächlich Mitteleuropa. – Ähnlich ist das **Hain-Greiskraut,** *S. nemorensis* L., aber B. etwa 3mal so lg. wie br., knorpelig gezähnt, stark bewimpert, die oberen halbst.umfassend oder mit abgerundetem Grund sitzend; Hülle etwas glockig, 10blättrig; Zungenbl. 5–7; Bergmischwälder. – Bei dem **Dostblättrigem Greiskraut,** *S. cacaliaster* Lam. sind die hellgelben Bl.köpfe ohne Zungenbl.; B. ei-lanzettlich, scharf gesägt; Südalpen, Apennin, Cevennen, Zentralplateau.

4 **Stinkender Hainsalat,** *Aposeris foetida* (L.) Less., Pfl. 5–25 cm, stinkend; St. 1fach, 1köpfig, b.los; B. in grundständiger Rosette, fiederteilig, löwenzahnartig; Hüllb. 2reihig; Bl.kopf 2–3 cm br., nur mit Zungenbl., gelb. ✻ 6–8. △ Bergmischwälder, besonders mit Buchen, Eichen-Hainbuchenwälder; in den Alpen bis über 2000 m; verbreitet; Alpen und Vorland, Gebirge Mittel- und Südeuropas.

2
4
3
1

Korbblütengewächse / Compositae oder Asteraceae

1 **Weiße Pestwurz,** *Petasites albus* (L.) Gaertn., Pfl. zur Bl.zeit 15–30 cm, zur Fruchtzeit bis 60 cm; Grundb. nach der Bl. erscheinend; St. nur mit bleichen Schuppenb.; B. rundlich herzförmig, unregelmäßig gezähnt, unterseits graufilzig, mit engmaschigem Nervennetz; B.stiel oben rund (bei *Tussilago,* siehe T. 31, oben rinnig); Bl.köpfe in dichten Trauben; Bl. weißlich. ✻ 3–5. △ Krautreiche Laubmischwälder, Schluchtwälder, Ufer; zerstreut. Fast ganz Europa, hauptsächlich in den Gebirgen. Ähnlich sind noch: **Alpen-Pestwurz,** *P. paradoxus* (Retz.) Baumg. (*P. niveus* Baumg.), aber B. eiförmig-3eckig, zugespitzt, meist länger als br., fast gleichmäßig und scharf gezähnt, unterseits weißfilzig; Schuppenb. rotbraun oder violett überlaufen; Bl. rötlich; Geröllfluren, Steinschutt, Bachgeröll, mergelige Rutschstellen; zerstreut; Alpen und Vorland, Pyrenäen, Gebirge der Balkanhalbinsel. – **Gewöhnliche Pestwurz,** *P. hybridus* (L.) G. M. Sch. (*P. officinalis* Moench), aber B. rundlich, bis 60 cm br., flachbuchtig und fast gleichmäßig gezähnt, unterseits grauwollig, später verkahlend; Bl.köpfe wohlriechend, rötlich; Bachufer, Weiden- und Erlengebüsch, Naßwiesen; verbreitet; fast ganz Europa, im Süden nur in den Gebirgen; siehe auch T. 118.

2 **Hasenlattich,** *Prenanthes purpurea* L., Pfl. 50–150 cm, oben rispig verzweigt; B. länglich eiförmig, buchtig gezähnt, mit herzförmigem Grund st.umfassend, kahl, blaugrün; Bl.köpfe nickend, 2–5blütig, purpurn. ✻ 7–8. △ Krautreiche Buchen-Tannen- und Eichen-Buchenwälder, Hochstaudenfluren; verbreitet. Mittel- und Südeuropa.

3 **Mauerlattich,** *Cicerbita muralis* (L.) Dum. (*Lactuca m.* L.), Pfl. 40–80 cm; St. hohl, oben rispig verzweigt; B. tief fiederteilig, mit eckigen Seitenfiedern und großen Endlappen, dunkelgrün, oft rot überlaufen; Bl.köpfe 5blütig, in lockeren Rispen; Bl. blaßgelb; ✻ 7–8. △ Krautreiche Laub- und Nadelwälder, Kahlschläge, schattige Mauern; verbreitet. Fast ganz Europa.

4 **Alpen-Milchlattich,** *Cicerbita alpina* (L.) Wallr. (*Mulgedium alpinum* (L.) Less.), Pfl. 60–150 cm; St. 1fach, aufrecht, oben violett überlaufen; B. unregelmäßig fiederteilig, mit 3eckig-spießförmigem Endabschnitt, oberseits dunkelgrün, unterseits blaugrün; Bl.köpfe in schmaler, rispiger Traube; Hülle und Stiel der Bl.köpfe mit abstehenden, braunen Drüsenhaaren; Krone blauviolett. ✻ 7–9. △ Hochstaudenfluren, Bergmischwälder, Grünerlengebüsch, in den Alpen 1000–2200 m; verbreitet. Skandinavien, Gebirge Mitteleuropas, Alpen, Pyrenäen, Apennin, Karpaten, Gebirge der Balkanhalbinsel. – Ähnlich ist der **Französische Milchlattich,** *C. plumieri* (L.) Kirschl., aber Bl.stand kahl; Krone hellblau; Köpfe in Doldentrauben; Endabschnitt der B. ei-länglich; selten; Schwarzwald, Vogesen, Westalpen, Cevennen, Zentralplateau, Pyrenäen. GefGr. 0!

2
3
1
4

Korbblütengewächse / Compositae oder Asteraceae

1 Wald-Habichtskraut, *Hieracium sylvaticum* L. (*H. murorum* L.), Pfl. 20–60 cm; St. b.los oder mit 1–2 kleinen B.; Grundb. eiförmig, mit herzförmigem Grund, meist lg. gestielt, grob gezähnt, weich, dunkelgrün; Bl.köpfe zu 2–15, in Doldenrispen; Kopfstiele und Hüllb. meist drüsig. ✻ 5–8. (Sehr formenreiche Art mit mehreren Kleinarten). △ Laub- und Nadelwälder, schattige Felsen und Mauern; häufig. Europa. – Ähnlich ist das **Gabelige Habichtskraut,** *H. bifidum* Kit., aber Kopfstand gabelig, sparrig, wenigköpfig; Kopfstiele und Hüllb. sternhaarig, filzig, drüsenlos; B. derb, buchtig gezähnt, unterseits oft rot; lichte Buchenwälder, Felsfluren, Steinrasen auf Kalk; zerstreut; Europa, im Süden nur in den Gebirgen.

2 Gemeines Habichtskraut, *H. lachenalii* C. C. Gmelin, Pfl. 30–100 cm, zur Bl.zeit mit grundständiger B.rosette; St. 3–8blättrig; B. grün, meist ungefleckt, eiförmig bis ei-lanzettlich, grob gezähnt bis eingeschnitten, allmählich in den Stiel verschmälert; St.b. nach oben kleiner werdend; Kopfstiele und Hülle sternhaarig und schwarzdrüsig; Hüllb. nicht dachziegelig. ✻ 6–8. (Formenreiche Art mit mehreren Kleinarten). △ Lichte, bodensaure Laub- und Nadelwälder, Heiden, Magerrasen, Felsbänder; verbreitet. Europa. – Ähnlich ist das **Hasenlattich-Habichtskraut,** *H. prenanthoides* Vill., aber St. 10–30, mit br. herzförmigem Grund st.umfassend, unterseits netzadrig, geigenförmig; Hülle und Bl.stand reichdrüsig; Zungenbl. vorne bewimpert; Hochstaudenfluren, subalpine Matten, Latschengebüsch; ziemlich selten. Nordeuropa, Gebirge Mittel- und Südeuropas. GefGr. 4!

3 Savoyer Habichtskraut, *Hieracium sabaudum* L., Pfl. 50–150 cm, zur Bl.zeit ohne grundständiger B.rosette; St. gleichmäßig beblättert oder untere B. gedrängt sitzend; B. ei-lanzettlich, grob gesägt, unthrseits blaugrün, obere B. halbst.umfassend sitzend; Bl.köpfe in lockeren Rispen, gelb; Hüllb. regelmäßig dachziegelig, stumpf, dunkel. ✻ 8–10. △ Lichte, bodensaure Laubwälder, Waldränder, Wegböschungen, Steinbrüche; verbreitet. Hauptsächlich Mitteleuropa. – Ähnlich ist das **Dolden-Habichtskraut,** *H. umbellatum* L., aber Bl.köpfe in Dolden; Hüllb. sparrig abstehend, an der Spitze zurückgebogen; B. lanzettlich, am Rand oft umgerollt; Eichen-Kiefernwälder, Magerrasen, Heiden, Brachland, verbreitet; fast ganz Europa, im Süden nur in den Gebirgen.

4 Stengelumfassendes Habichtskraut, *Hieracium amplexicaule* L., Pfl. 10–50 cm, klebrig-drüsig; St. gabelig verzweigt, meist mit 3–6 St.b.; Grundb. rosettig, ei-länglich, in den oft geflügelten Stiel verschmälert, mit groben Zähnen, dunkelgrün; St. mit herzförmigem Grund st.umfassend sitzend; Bl.köpfe zu 2–12; Hülle 10–16 mm lg., drüsenhaarig; Zungenbl. vorne bewimpert. ✻ 6–8. △ Steinige Hänge, Bergwiesen, Felsfluren; verbreitet. Gebirge Mittel- und Südeuropas.

4
3
2
1

Riedgrasgewächse oder Sauergräser / Cyperaceae

1 **Horst-Segge,** *Carex sempervirens* Vill., Pfl. horstbildend, 20–50 cm, am Grund mit dunkelgrauem Faserschopf; B. glänzend, 2–3 mm br., etwas kürzer als der stielrunde St.; ♀ Ähren 2–3, lockerfrüchtig, 1–2 cm lg.; ♂ Ähre 1, endständig; Tragb. braun, weißhäutig berandet, kürzer als die grünen Schläuche. ✻ 6–8. △ Kalkhaltige Matten, Bergwiesen, 1400–3000 m; häufig. Gebirge Mittel- und Südeuropas.

2 **Rost-Segge,** *Carex ferruginea* Scop., Pfl. 30–60 cm, ähnlich *C. sempervirens,* aber mit Ausläufern; grundständige B.scheiden rost- bis purpurrot, nicht faserig; B. 1–2 mm br., schlaff. ✻ 7–9. △ Durchfeuchtete, tiefgründige Böden, Bergwiesen, etwa 1000–2700 m; häufig. Gebirge Mittel- und Südeuropas.

3 **Polster-Segge,** *Carex firma* Host., halbkugelige Polsterpfl., 5–20 cm; B. derb, steif, dicht gedrängt, 2–3 mm br., 4–5 cm lg., fast waagrecht abstehend; St. b.los. ♀ Ähren 6–10 mm lg., zu 1–3; Narben 3; ♂ Ähre 1, endständig. ✻ 6–8. △ Kalkreiche Steinrasen, Felsbänder, etwa 1500–2500 m, gelegentlich tiefer herabgeschwemmt; häufig. Gebirge Mittel- und Südeuropas.

4 **Krumm-Segge,** *Carex curvula* All., Pfl. 5–25 cm, am Grund mit den Resten vorjähriger B.; grundständige B.scheiden gelbbraun; B. borstlich, hohlrinnig, 1–2 mm br., bogig gekrümmt, rauh, im oberen Teil bald absterbend, daher graubraun bis gelbgrün; Ähren gleichgestaltet, kopfig gedrängt, unten die ♀, oben die ♂; Narben 3. ✻ 7–8. △ Bodensaure, steinige Böden, etwa 2000–3000 m; verbreitet. Gebirge Mittel- und Südeuropas.

Binsengewächse / Juncaceae

5 **Dreispaltige Binse,** *Juncus trifidus* L., Pfl. 10–25 cm; am Grund des stielrunden St. nur mit gelbbraunen, fast spreitenlosen B.scheiden, im oberen Drittel meist mit 3 fadenförmigen B.; Bl.stand 1–4blütig, endständig; Bl.b. 6, gleich lg., kastanienbraun, fein zugespitzt. ✻ 7–8. △ Saure Böden, Silikatfelsspalten, etwa 1600–3000 m; zerstreut. Nordeuropa, Gebirge Mittel- und Südeuropas.

Süßgräser / Gramineae oder Poaceae

6 **Alpen-Rispengras,** *Poa alpina* L., var. *vivipara* L., Pfl. 5–50 cm, dichtrasig; St.grund durch viele, dicht übereinanderliegende B.scheiden zwiebelartig verdickt; B. flach, 2–5 mm br., grün bis blaugrün; Rispe locker; Ährchen 5–10blütig, grüngelb und rotviolett gescheckt, zu beblätterten Brutknospen auswachsend. ✻ 5–9. △ Tiefgründige, tonige Böden, Fettwiesen, Matten, etwa 1400–2600 m; häufig. Nordeuropa, Gebirge Mittel- und Südeuropas.

Knabenkrautgewächse oder Orchideen / Orchidaceae

7 **Schwarzes Kohlröschen,** *Nigritella nigra* (L.) Rchb. Pfl. 8–20 cm; B. grasartig, hohlrinnig; Bl. schwarzpurpurn, selten rosa, in dichter, kugeliger, 1–2 cm lg. Ähre, stark nach Vanille duftend; Bl.b. lanzettlich, 1nervig; Lippe nach oben gerichtet. ✻ 6–9. Geschützt! △ Magerrasen, etwa 1600–2800 m; zerstreut. Nordeuropa und Gebirge Mittel- und Südeuropas. GefGr. 3!

8 **Kugelblütiges Knabenkraut,** *Traunsteinera globosa* (L.) Rchb., siehe S. 414.

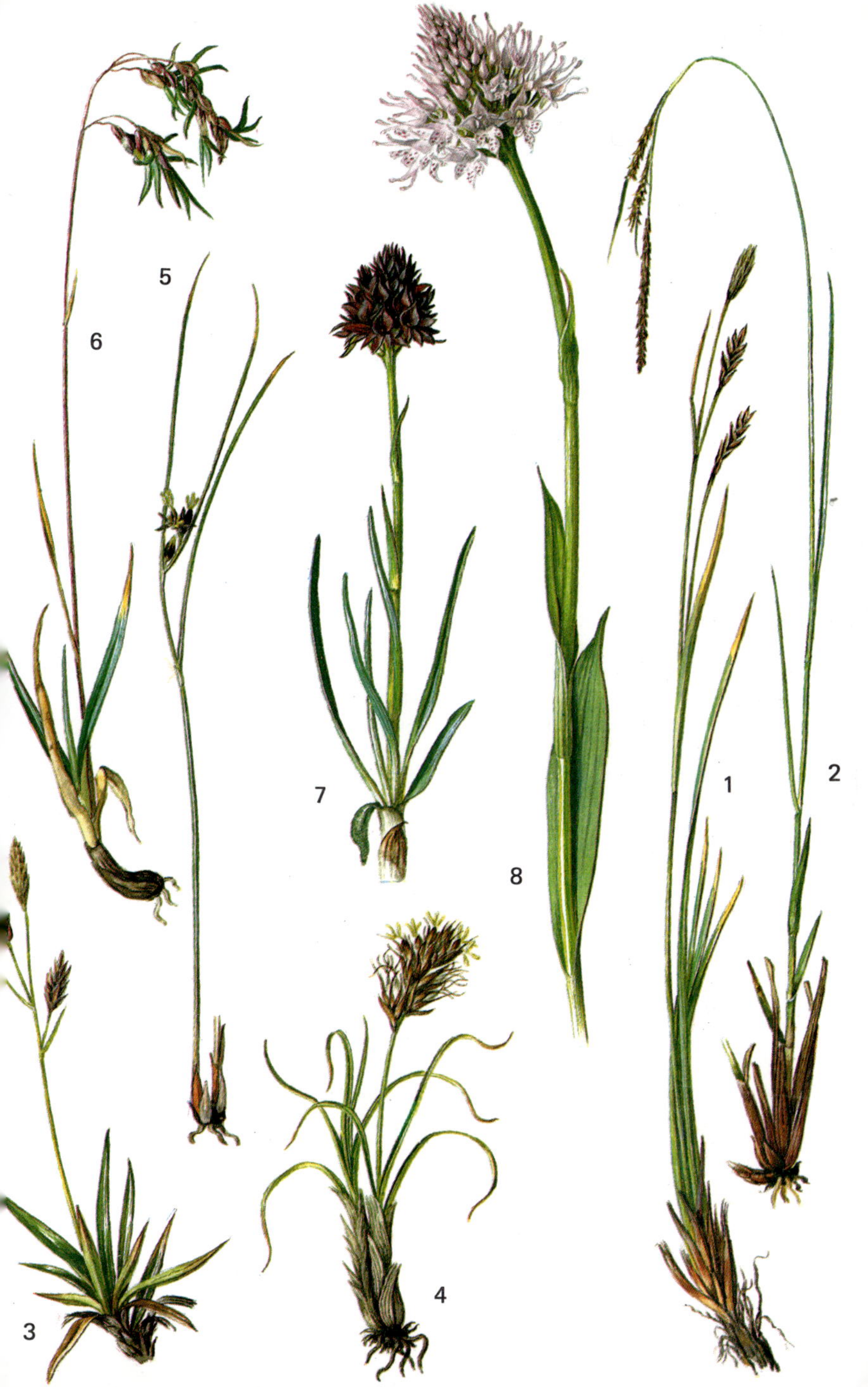

1
2
3
4
5
6
7
8

Fortsetzung von S. 412: Pfl. 20–50 cm; Bl.stand 3–6 cm lg., anfangs pyramidenförmig, dann kugelig; Bl. rosa; Bl.b. zuerst helmartig zusammenneigend, später glockig abstehend; Lippe 3spaltig, dunkelpurpurn punktiert. ✻ 6–8. Geschützt! △ Gebirgswiesen, Kalkmagerrasen, etwa 1000–2500 m; zerstreut bis selten. Gebirge Mittel- und Südeuropas. GefGr. 3!

Weidengewächse / Salicaceae

1 **Netz-Weide,** *Salix reticulata* L., Spalierstrauch, mit verzweigten, überall wurzelnden Stämmchen, B. lg. gestielt, br. elliptisch, 1–4 cm lg., oberseits dunkelgrün, matt, unterseits grau bis weißlich, behaart, netzaderig; Kätzchen lg. gestielt, dichtblütig, rosarot. ✻ 7–8. △ Kalkreicher Ruhschutt, Schneetälchen, etwa 1800–2500 m; zerstreut. Arktis, Skandinavien, Pyrenäen, Alpen, Gebirge der Balkanhalbinsel.

Knöterichgewächse / Polygonaceae

2 **Alpen-Säuerling,** *Oxyria digyna* (L.) Hill., Pfl. 5–25 cm; Grundständige B. lg. gestielt, nierenförmig; Bl. 2geschlechtig, in quirligen, traubigen Bl.ständen; Bl.b. 4, die 2 inneren der flachen Seite der Frucht anliegend, viel größer als die 2 äußeren, abstehenden Hüllb.; Frucht linsenförmig, mit purpurroten Flügeln. ✻ 6–8. △ Kalkarmer Steinschutt mit lg. Schneebedeckung, etwa 1600–2800 m; zerstreut. Arktis, Nordeuropa, Gebirge Mittel- und Südeuropas.

3 **Knöllchen-Knöterich,** *Polygonum viviparum* L., Pfl. 10–25 cm; B. kahl, oben dunkelgrün, unten blaugrün, Rand umgerollt; Bl. in lg. Scheinähre; im unteren Teil Brutknöllchen, die nach dem Abfallen einwurzeln. ✻ 6–8. △ Bergwiesen, Matten, etwa 1000–3000 m; verbreitet. Nordeuropa, Gebirge Mittel- und Südeuropas.

Nelkengewächse / Caryophyllaceae

4 **Kriechendes Gipskraut,** *Gypsophila repens* L., Pfl. 8–25 cm, bläulich bereift; B. lanzettlich, etwas fleischig, 1–3 cm lg.; Bl.stand rispig; Bl. 5zählig; Kronb. 6–10 mm lg., weiß oder rosa. ✻ 5–8. △ Kalkschutthalden, etwa 1000–2800 m, im Kies der Alpenflüsse tiefer; verbreitet. Gebirge Mittel- und Südeuropas.

5 **Alpen-Hornkraut,** *Cerastium alpinum* L., Pfl. 5–20 cm, lockerrasig, mit abstehend behaarten, graugrünen Sprossen; B. ei-lanzettlich, behaart, 5–20 mm lg.; Bl. weiß; Kronb. tief ausgerandet, 2mal so lg. wie die zottig behaarten Kelchb. ✻ 7–9. Kalkarme oder saure Böden, windexponierte Grate, etwa 1900–2800 m; zerstreut. Nordeuropa, Gebirge Mittel- und Südeuropas.

6 **Alpen-Nelke,** *Dianthus alpinus* L., Pfl. 2–20 cm, mit mehreren grundständigen B.rosetten; St. mit 2–5 B.paaren; B. linealisch, 1nervig, am Rand rauh; Bl. einzeln; Kelchschuppen halb so lg. wie die gestreifte Kelchröhre; Krone unregelmäßig gezähnt, purpurn, am Grund weißgesprenkelt. ✻ 6-8. Geschützt! △ Steinige Matten, etwa 1000-2500 m; zerstreut, Ostalpen.

7 **Stengelloses Leimkraut,** *Silene acaulis* (L.) Jacq., Polsterpfl. 1–3 cm, dicht dachziegelig beblättert; B. lineal-pfriemlich, 1nervig, 5–12 mm lg.; Bl. einzeln; Kronb. dunkel- bis blaßrot, ausgerandet, 6-14 mm lg.; Griffel 3. ✻ 6-8. Steinige, meist kalkhaltige Böden, Schutthänge, etwa 1500-3600 m; verbreitet. Nordeuropa, Gebirge Mittel- und Südeuropas.

2
6
4
3
5
7
1

Hahnenfußgewächse / Ranunculaceae

1 Alpen-Hahnenfuß, *Ranunculus alpestris* L., Pfl. 5–15 cm; Grundb. lg. gestielt, 3–5lappig, Zipfeln grob gekerbt, glänzend, dunkelgrün; St.b. fehlend oder schmal linealisch; Bl. 20–25 mm br., zu 1–2, weiß; Kronb. schwach ausgerandet. ✻ 5–9. △ Feinschutt, Schneetälchen, feuchte Felsspalten, etwa 1500–2700 m, gelegentlich bis in die Täler; häufig. Gebirge Mittel- und Südeuropas.

2 Gletscher-Hahnenfuß, *Ranunculus glacialis* L., Pfl. 5–15 cm, aufrecht oder aufsteigend; Grundb. gestielt, fleischig, dunkelgrün, bis zum Grund 3teilig, Abschnitte 3- bis vielspaltig; St.b. sitzend, handförmig 3–5spaltig; Bl. 20–30 mm br.; Kronb. weiß oder rosa, außen meist dunkler, nach der Blüte bleibend; Kelchb. außen stark dunkelbraun behaart. ✻ 7–8. △ Silikatschutt, Moränen, etwa 2000–4200 m; zerstreut. Arktis, Skandinavien, Alpen, Sierra Nevada, Pyrenäen, Karpaten. GefGr. 4!

3 Berg-Hahnenfuß, *Ranunculus montanus* Willd., Pfl. 5–30 cm, vielgestaltig; St. aufrecht, 1–3blütig; Grundb. gestielt, glänzend, 3–5teilig, mit verkehrt-eiförmigen, gezähnten, dunkelgrünen Abschnitten; obere St.b. sitzend, mit linealischen Abschnitten; Bl. goldgelb, 12–25 mm br.; Früchtchen seitlich flachgedrückt, mit kurzem, gekrümmtem Schnabel. ✻ 4–8. △ Bergwiesen und -weiden, auch lichte Wälder, etwa 1000–3000 m, auch im Alpenvorland an feuchten Stellen; häufig. Alpen, Schwarzwald, Jura, Karpaten.

4 Alpen-Anemone, *Pulsatilla alpina* (L.) Del., Pfl. 15–45 cm; St.b. quirlständig, doppelt 3teilig, mit gesägten Zipfeln, behaart; Bl. einzeln, 4–5 cm br., lg. gestielt; Bl.b. 6, eiförmig, innen weiß, außen oft violett überlaufen, behaart; Griffel sich zur Fruchtreife bis auf 5 cm verlängernd, dient als Flugorgan zur Verbreitung der Samen. ✻ 6–8. Geschützt! △ Bergwiesen, steinige Matten, kalkhaltiger Boden, etwa 1500–2800 m; zerstreut. Gebirge Mittel- und Südeuropas.

4a Schwefel-Anemone, *Pulsatilla alpina* (L.) Del., ssp. *apiifolia* (Scop.) Nym., ähnlich der Alpen-Anemone, aber Bl. schwefelgelb. ✻ 6–8. Geschützt! △ Kalkarme oder saure Böden, Matten, steinige Magerrasen, Zwergstrauchheiden, etwa 1500–2800 m; zerstreut. Gebirge Mittel- und Südeuropas. GefGr. 4!

5 Frühlings-Anemone, F.-Kuhschelle, *Pulsatilla vernalis* (L.) Mill., Pfl. 5–15 cm, zur Reife bis 35 cm; B. überwinternd, lederig, gefiedert, mit ungleich 2–5spaltigen Fiedern; St. filzig behaart, mit stark zerschlitztem, dicht behaartem Hochb.quirl und 1 nickenden, später aufrechten, 3–6 cm br. Bl.; Bl.b. meist 6, innen weiß oder blaßlila, außen violett, rosarot oder bläulich und seidenhaarig; Griffel zur Reife 3–4 cm lg., zottig. ✻ 4–6. Geschützt! △ Silikatmagerrasen, lichte Kiefernwäldern, Zwergstrauchheiden; Ebene bis 3600 m. zerstreut. Nordeuropa, Dänemark, Norddeutschland, Gebirge Mittel- und Südeuropas GefGr. 1!

4a
2
3
1
4
5

Tafel 185 Alpen

Hahnenfußgewächse / Ranunculaceae

1 Narzissenblütiges Windröschen, *Anemone narcissiflora* L., Pfl. 20–40 cm, abstehend behaart; grundständige B. handförmig 3–5teilig, deren Abschnitte in schmale, lg. Zipfel zerteilt; St.b. ähnlich; Bl. 2–3 cm br., zu 3–8 in einer Dolde, darunter 3 ungleich tief gespaltene, sitzende Hochb.; Bl.b. 5–6, weiß, beiderseits kahl, außen oft rötlich. ✻ 5–8. Geschützt! △ Kalkhaltige Bergwiesen und Matten, etwa 1400–2400 m; zerstreut. Gebirge Mittel- und Südeuropas.

2 Alpen-Waldrebe, *Clematis alpina* (L.) Mill., Schlingpfl., 1–2 m; B. gegenständig, lg. gestielt, 3zählig gefiedert; Fiedern grob gesägt; Bl. achselständig, lg. gestielt, violett bis hellblau, glockenförmig; Nektarb. 10–12, spatelig, weißfilzig, halb so lg. wie die 4 Bl.b.; Frucht mit federigem Griffel. ✻ 5-7. Geschützt! △ Alpenrosengebüsch, lichte, strauchreiche Bergwälder, Nadelwälder, etwa 1000-2400 m; zerstreut. Gebirge Mittel- und Südeuropas.

Mohngewächse / Papaveraceae

3 Bündner Alpenmohn, *Papaver rhaeticum* Ler., Pfl. 5–15 cm; B. blaugrün, in grundständiger Rosette, 1–2fach fiederteilig; Abschnitte eiförmig, stumpf, 2–6 mm br., zu 2–4 Paaren; Bl. goldgelb, 4–5 cm br.; Kronb. 4, Staubb. zahlreich. ✻ 7–8. Geschützt! △ Kalkschutt, Felsbänder, etwa 1500–3000 m; zerstreut. Südwest- und Ostalpen, Ostpyrenäen. – Ähnlich ist der **Weiße Alpenmohn,** *P. sendtneri* Kern., aber Bl. weiß; B. 1–2fach fiederteilig, die Abschnitte oval-lanzettlich, spitz, 1–2 mm br.; Zentral- und Ostalpen. Geschützt! GefGr. 4!

Kreuzblütengewächse / Cruciferae oder Brassicaceae

4 Rundblättriges Täschelkraut, *Thlaspi rotundifolium* (L.) Grand., Pfl. 5–15 cm, rasenbildend, mit tiefer Pfahlwurzel; St. im Geröll kriechend; B. bläulichgrün, etwas fleischig, eiförmig, die unteren gestielt, die oberen am Grund br. geöhrt und st.umfassend; Bl. hellviolett, in Doldentrauben; Kronb. 6–8 mm lg.; Schötchen elliptisch, 4–8 mm lg. ✻ 7–9. △ Kalkschutt, etwa 1300–3300 m; verbreitet. Alpen.

5 Alpen-Gemskresse, *Hutchinsia alpina* (Torn.) R.Br., Pfl. 5-12 cm, mit grundständiger B.rosette; St. zu mehreren, 1fach, b.los; B. bis dem Mittelnerv fiederteilig; Bl. in gedrungenen, dann verlängerten Trauben; Kronb. 3–5 mm lg., weiß; Schötchen eiförmig, 4–5 mm lg. ✻ 6–8. △ Kalkschutt, Geröll, Felsbänder, etwa 1500–3400 m; im Geröll der Alpenflüsse oft herabgeschwemmt und tiefer; verbreitet. Gebirge Mittel- und Südeuropas.

6 Immergrünes Felsenblümchen, *Draba aizoides* L., Pfl. 5–10 cm; B. hellgrün, schmal lanzettlich, 1–2 cm lg., von steifen Borsthaaren kammförmig gewimpert, in kugeligen Rosetten; St. b.los; Bl. in 3-18blütiger Doldentraube; Kronb. 4, gelb, 4–6 mm lg.; Schötchen schmal-elliptisch, 6–10 mm lg., auf kahlen, lg. Stielen. ✻ 4–8. △ Kalkfels, Ruhschutt, Steinrasen, etwa 1600–3400 m; verbreitet. Gebirge Mittel- und Südeuropas.

3
6
2
4
1
5

Tafel 186 Alpen

Dickblattgewächse / Crassulaceae

1 Berg-Hauswurz, *Sempervivum montanum* L., Pfl. 5–15 cm, mit kugeliger, später sternförmig ausgebreiteter Rosette; B.rosettenb. lanzettlich, mit grüner oder rötlicher Spitze, B.fläche drüsenhaarig; Bl. zu 2-8, 2-3 cm br.; Kronb. meist 12, rotviolett, mit dunklerem Mittelnerv. ✻ 7-9. Geschützt! △ Silikatmagerrasen, etwa 1500-3400 m; zerstreut. Gebirge Mittel- und Südeuropas.

Steinbrechgewächse / Saxifragaceae

2 Blaugrüner Steinbrech, *Saxifraga caesia* L., Pfl. 2–10 cm, kompakte Kugelpolster bildend; B. blaugrün, 3–6 mm lg., bogig zurückgekrümmt, am Rand umgebogen, oberseits mit 5-9 Kalkdrüsen; St. mit 2-6 weißen Bl. ✻ 6-9. Geschützt! △ Kalkfelsen, Ruhschutt, Steinrasen, etwa 1600-3000 m; im Geröll der Alpenflüsse tiefer steigend; verbreitet. Gebirge Mittel- und Südeuropas.

3 Trauben-Steinbrech, *Saxifraga paniculata* Mill. (*S. aizoon* Jacq.), Pfl. 10–40 cm; B. zungenförmig, 3–5 cm lg., am Rand mit Kalkgrübchen; Bl. weiß, oft punktiert, in reichhaltigen Rispen. ✻ 5-8. Geschützt! △ Kalkfelsspalten, steinige Rasen; in den Alpen 1300-3400 m; verbreitet. Gebirge Europas.

4 Schnee-Steinbrech, *Saxifraga nivalis* L., Pfl. 5–20 cm, mit grundständiger B.rosette; B. 15–35 mm lg., verkehrt eiförmig bis spatelig, in den kurzen, br. geflügelten Stiel verschmälert, stumpf gezähnt, fleischig, unterseits meist rot; St. b.los, oberseits drüsig; Bl.stand dicht, fast kopfig; Bl. 5–10 mm br.; Kronb. weiß, seltener rosa, etwas länger als die Kelchb. ✻ 7-8. Geschützt! △ Silikatfelsschutt; Eiszeitrelikt. Sudeten, Gebirge Großbritanniens, Nordeuropa.

5 Moos-Steinbrech, *Saxifraga hypnoides* L., Pfl. aus vielen lockerrasigen Polstern bestehend, 10–30 cm; Rosettenb. lg. gestielt, etwas fleischig, in 3–9 linealische, stachelspitze Zipfeln zerteilt; St. bogig aufsteigend, mit 3–12 Bl.; Kronb. weiß, 3nervig, 2mal so lg. wie die spitzen, drüsenhaarigen Kelchb.; nichtblühende Triebe mit Brutknospen in den B.achseln. ✻ 5-6. Geschützt! △ Silikatfelsspalten, Mauern, oft gepflanzt und verwildert. Westeuropa, Vogesen.

6 Roter oder **Gegenblättriger Steinbrech,** *Saxifraga oppositifolia* L., Pfl. 2–6 cm, flache Polster bildend; B. elliptisch, stumpf, blaugrün, etwas fleischig, am Rand bewimpert, gegenständig, dicht stehend, 2–5 mm lg.; Bl. einzeln, weinrot bis violett. ✻ 5-7. Geschützt! Kalkschutt, Felsspalten, etwa 1500-3500 m; verbreitet. △ Nordeuropa, Gebirge Mittel- und Südeuropas.

Rosengewächse / Rosaceae

7 Kriechende Nelkenwurz, Gletscher-Petersbart, *Geum reptans* L., Pfl. 5–15 cm, mit lg., oberirdischen Ausläufern; B. gefiedert, Endfieder wenig größer (im Gegensatz zu *Geum montanum*) als die eingeschnittenen Seitenfiedern; Bl. 3–5 cm br., 6–8zählig, gelb; Kelch rotbraun, behaart; Griffel zur Reife zu einem federig behaarten Flugorgan auswachsend. ✻ 7–8. △ Feuchter Silikatschutt, Gletschermoränen, etwa 1500–3400 m; verbreitet. Gebirge Mittel- und Südeuropas.

8 Gold-Fingerkraut, *Potentilla aurea* L., Pfl. 5–20 cm; Grundb. 5zählig, glänzend, vorne scharf gezähnt; Nebenb. lanzettlich; St.b. 3zählig; Bl. goldgelb. ✻ 6–8. △ Steinrasen, etwa 1300–3000 m; verbreitet. Gebirge Mittel- und Südeuropas.

2
3
8
1
4
7
5
6

Tafel 187 Alpen

Rosengewächse / Rosaceae

1 Stengel-Fingerkraut, *Potentilla caulescens* Turn., Pfl. 10–30 cm, behaart; Grundb. 5zählig, 2–4 cm lg., jederseits mit 2–5 Zähnen, am Rand seidig bewimpert; B.stiel 5–15 cm lg.; Bl. 15–20 mm br., in dichten, doldenähnlichen Bl.ständen; Kronb. 5, weiß, die Kelchb. kaum überragend, äußere und innere Kelchb. gleich lg. ✻ 7–9. △ Kalkfelsspalten, oft unter überhängenden Felsen, etwa 900–2400 m; verbreitet. Gebirge Mittel- und Südeuropas.

2 Dolomiten-Fingerkraut, *Potentilla nitida* L., Spalierstrauch, 2–5 cm, silbergraue Teppiche bildend, mit verholzten, am Boden angedrückten Ästen; B. 3zählig, seidenhaarig; Bl. 2–3 cm br. Kronb. 5, verkehrt-eiförmig, ausgerandet, rosarot, 2mal so lg. wie die Kelchb.; Staubbeutel schwarzpurpurn. ✻ 7–8. △ Sonnige Felsbänder, Kalkschutt, etwa 1500–3200 m; zerstreut. Westalpen und südliche Kalkalpen.

3 Silberwurz, *Dryas octopetala* L., Pfl. 2–10 cm, spalierartig, reich verzweigt; B. oval, stumpf gekerbt, gestielt, 1–3 cm lg., oberseits dunkelgrün, unterseits weißfilzig; Bl. einzeln, 2–3 cm br., lg. gestielt; Kronb. 7–9, weiß; Kelchb. 7–9, braunfilzig. ✻ 5–8. △ Kalkschutt, Kalkmagerrasen, lichte Föhrenwälder, etwa 800–2500 m; im Flußkies oft herabgeschwemmt; häufig. Nordeuropa, Alpen, Pyrenäen, Karpaten, Apennin, Gebirge der Balkanhalbinsel, Kaukasus.

4 Alpen-Frauenmantel, Silbermantel, *Alchemilla alpina* L., Pfl. 10–20 cm; B. handförmig in 5–9 schmale, oberseits grüne, am Rand und unterseits silbrig-seidenhaarige, vorne gezähnte Abschnitte zerteilt; Bl. gelbgrün, etwa 3 mm br., in dichten Bl.ständen, diese meist kürzer als die B. ✻ 6–8. △ Silikatmagerrasen; kalkmeidend; zerstreut. Gebirge Mittel- und Nordeuropas. – Ähnlich ist der **Verwachsene Frauenmantel,** *A. conjuncta* Bab., aber B.abschnitte zu $^1/_5$–$^1/_2$ verwachsen; Bl.stand so lg. oder länger als die B.; △ kalkreiche Matten, Kalkfelsbänder; verbreitet. Gebirge Mittel- und Südeuropas.

Schmetterlingsblütengewächse / Fabaceae oder Papilionaceae

5 Alpen-Tragant, *Astragalus alpinus* L., Pfl. 7–25 cm, liegend oder aufsteigend; B. unpaarig gefiedert, mit 15–25 elliptischen, stumpfen, anfangs beiderseits behaarten B.chen; Bl. 10–15 mm lg., zu 5–15 in fast kugeliger Traube; Fahne bläulich oder violett, Flügel weißlich, Schiffchen mit violetter Spitze; Hülse dunkel zottig behaart. ✻ 7–8. △ Steinrasen, Matten, windexponierte Grate, etwa 1500–2800 m; verbreitet. Nordeuropa, Alpen, Pyrenäen, Karpaten, Kaukasus.

6 Seidenzottiger Spitzkiel, *Oxytropis halleri* Bunge, Pfl. mit dicker Pfahlwurzel, 10–25 cm; B. unpaarig gefiedert, beiderseits dicht zottig behaart, mit 11–29 ei-lanzettlichen, 10–15 mm lg. Fiederb.; Nebenb. häutig, netznervig, gewimpert; Bl. zu 6–16 in kopfiger oder ährenförmiger Traube; Krone blau bis rotviolett, 15–20 mm lg., mit hellem, kurz bespitztem Schiffchen. ✻ 6–8. △ Trockne, magere Bergwiesen. Alpen (in Deutschland fehlend), Pyrenäen, Karpaten, Schottland.

7 Alpen-Spitzkiel, *Oxytropis campestris* (L.) DC., Pfl. 5–15 cm; B. unpaarig gefiedert, beiderseits behaart, graugrün, mit 10–12 ei-lanzettlichen Fiederpaaren; Bl. zu 10–18 in kopfigen, lg. gestielten Trauben; Kelch mit lg. weißen und kurzen schwarzen Haaren besetzt; Krone gelblichweiß, Schiffchen lg. zugespitzt, oft beiderseits mit violettem Fleck. ✻ 7–8. △ Steinige Matten, Berggrate; ziemlich selten. Alpen, Apennin, Karpaten, Pyrenäen, Gebirge der Balkanhalbinsel, Schottland, Skandinavien.

5
3
6
2
7
4
1

Schmetterlingsblütengewächse / Fabaceae oder Papilionaceae

1 Alpen-Süßklee, *Hedysarum hedysarioides* (L.) Sch. et Thell., Pfl. 10–30 cm, aufrecht oder aufsteigend; B. unpaarig gefiedert, mit 11–19 elliptischen, oberseits dunkelgrünen, unterseits hellgrünen B.chen; B. purpurrot, 15–20 mm lg., zu 12–35 in 1seitswendiger Traube; Fruchthülse flachgedrückt, 2–4 cm lg., zur Reife in 2–6 rundliche, 1samige Glieder zerfallend. ✻ 7–8. △ Bergwiesen, Matten, Zwergstrauchheiden, etwa 1600–2800 m; verbreitet. Gebirge Mittel- und Südeuropas.

Veilchengewächse / Violaceae

2 Gelbes Veilchen, *Viola biflora* L., St. 8–12 cm, mit 2 hellgrünen, br. nierenförmigen, gekerbten B. und 1–2 gelben Bl. mit 2–3 mm lg. Sporn. ✻ 5–8. △ Feuchtes Geröll, schattige, lehmige Stellen, von den Tälern bis 3000 m; verbreitet. Gebirge Mittel- und Südeuropas.

Doldengewächse / Umbelliferae oder Apiaceae

3 Alpen-Mutterwurz, *Ligusticum mutellina* (L.) Crantz, Pfl. aromatisch riechend, 10–50 cm; B. 2–3fach gefiedert, mit häutigen B.scheiden; Dolden 7–10strahlig; Hüllchen 3- bis mehrblättrig; Bl. weiß, rosa bis purpurn. ✻ 6–8. △ Bergwiesen, Hochstaudenfluren, bis 2800 m; verbreitet. Gebirge Mittel- und Südeuropas.

Heidekrautgewächse / Ericaceae

4 Alpen-Azalee, Gamsheide, *Loiseleuria procumbens* (L.) Desv., Spalierstrauch teppichartig ausgedehnt; B. lederig, immergrün, schmal elliptisch, ganzrandig, 4–7 mm lg., gegenständig, am Rand umgerollt; Bl. zu 2–5; Krone 5spaltig, glockenförmig, rosa; Kelchb. 5, rot; Staubbeutel 5, purpurn. ✻ 6–8. △ Silikatschutt, Grate, etwa 1600–3000 m; verbreitet. Nordeuropa, Alpen, Pyrenäen, Karpaten.

5 Zwerg-Alpenrose, *Rhodothamnus chamaecistus* (L.) Rchb., zierlicher Zwergstrauch, 10–30 cm, mit immergrünen, lederigen, schmal elliptischen, feinbewimperten B.; Bl. meist zu 2, lg. gestielt, rosarot. ✻ 5–7. Geschützt! Kalkfelsen, Steinrasen, Latschengebüsch; zerstreut, etwa 1000–2400 m. Gebirge Mittel- und Südeuropas.

6 Rostblättrige Alpenrose, *Rhododendron ferrugineum* L., Zwergstrauch, bis 1 m, B. wintergrün, derb, elliptisch bis länglich, am Rand umgerollt, nicht bewimpert, oben dunkelgrün, unten von gelbgrünen, später rostbraunen Drüsenschuppen besetzt. ✻ 6–7. Geschützt! △ Zwergstrauchheiden, Wälder nahe der Waldgrenze, kalkmeidend, etwa 1500–2800 m; verbreitet. Gebirge Mittel- und Südeuropas.

7 Bewimperte Alpenrose, *Rhododendron hirsutum* L., Zwergstrauch, bis 1 m, mit wintergrünen, elliptischen, lg.haarig bewimperten B.; Bl. zu 3–10; Kelchzipfel lanzettlich, zugespitzt; Krone trichterförmig-glockig, hellrot, innen behaart. ✻ 7–8. Geschützt! △ Auf Kalkböden, Zwergstrauchheiden, Wälder im Bereich der Waldgrenze, etwa 1200–2600 m. Alpen.

Diapensiaceae

8 *Diapensia lapponica* L., Immergrüne Polsterpfl., 2–6 cm; B. lederig, spatelförmig, 5–10 cm lg., in dichten Rosetten; Bl. einzeln, an 5–40 mm lg. Stielen; Krone 5zählig, weiß, 10–15 mm br.; Narbe 3lappig. ✻ 5–6. △ Felsspalten, steinige Matten. Nordeuropa, in den Alpen fehlend.

5
4
2
1
6
3
8
7

Tafel 189 Alpen

Primelgewächse / Primulaceae

1 **Echtes Alpenglöckchen,** *Soldanella alpina* L., Pfl. zierlich, 5–15 cm; B. grundständig, rundlich-nierenförmig, 1–3 cm br., mit Basalbucht und oberseits hervortretenden Nerven; Bl.schaft 2–3blütig, b.los; Krone 8–15 mm lg., blauviolett, selten weißlich, trichterförmig, bis zur Mitte zerschlitzt. ✻ 4-6. Geschützt! △ Kalkhaltige Schneeböden, Rieselfluren, feuchte Mulden, etwa 1000-3000 m; verbreitet. Gebirge Mittel- und Südeuropas.

2 **Kleines Alpenglöckchen,** *Soldanella pusilla* Baumg. Pfl. 4–8 cm; B. dünn, rundlich-nierenförmig, unter 1 cm br.; Bl. einzeln; Krone eng glockenförmig, 10–15 mm lg., blaßviolett, zu ¼ zerschlitzt. ✻ 5-8. Geschützt! △ Kalkarme Schneeböden, feuchter Ruhschutt, Magerrasen, etwa 1500-3000 m; zerstreut. Gebirge Mittel- und Südeuropas, (östlich). - Ähnlich ist das **Zwerg-Alpenglöckchen,** *S. minima* Hoppe, aber B. dicklich, kreisrund, ohne Basalbucht; Bl. blaßlila bis weißlich; Rieselfluren, feuchter Steinschutt; selten. Geschützt! GefGr. 4!

3 **Gletscher-Mannsschild,** *Androsace alpina* (L.) Lam., Pfl. 2–5 cm, in lockeren Polstern; B. dicht, lanzettlich, stumpflich, 3–10 mm lg., mit Sternhaaren; Bl. einzeln, 5–6 mm br., an 2–12 mm lg. Stielen, rosa bis weiß, im Schlund gelb; Kronb. nicht ausgerandet. ✻ 7-8. Geschützt! △ Feuchter Silikatschutt, Moränen, etwa 2000-4200 m; verbreitet. Alpen.

4 **Milchweißer Mannsschild,** *Androsace lactea* L., Rosettenpfl., lockerrasig, 5–15 cm; B. linealisch, zugespitzt, 1–2 cm lg., spärlich bewimpert; Bl. in 2–6blütiger Dolde; Krone 8 mm br., weiß, mit gelbem Schlund; Kronzipfel ausgerandet. ✻ 5-7. Geschützt! △ Kalkfelsbänder, steinige Matten, etwa 1600-2200 m; zerstreut. Gebirge Mittel- und Südeuropas, (östlich).

5 **Klebrige Primel, Blauer Speik,** *Primula glutinosa* Wulf., Pfl. 2–8 cm; B. ei-länglich, vorne meist gezähnt, allmählich in den br. geflügelten, kurzen Stiel verschmälert, dunkelgrün, stark klebrig; Bl. zu 2–7, duftend, dunkelblau, später violett; Bl.stiele 1–2 mm lg.; Tragb. braunrot. ✻ 7–8. Geschützt! △ Silikatmagerrasen, Ruhschutt, etwa 1800–3600 m; zerstreut bis selten. Ostalpen.

6 **Zwerg-Primel,** *Primula minima* L., Pfl. 1–4 cm; B. 10–15 mm lg., glänzend, kahl, keilförmig, vorne gestutzt, mit großen, knorpeligen Sägezähnen; Bl.schaft 5–15 mm lg., meist 1blütig; Krone rot, später verblassend, 1–2 cm br., Schlund weiß, drüsenhaarig; Kronzipfel tief eingeschnitten. ✻ 6–7. Geschützt! △ Silikatmagerrasen, feuchter Schutt, Felsspalten; etwa 1200–3000 m; zerstreut. Gebirge Mittel- und Südeuropa. GefGr. 4!

7 **Aurikel,** *Primula auricula* L., Pfl. 5–30 cm; B. dick, fleischig, graugrün, mehlig bestäubt, 5–12 cm lg.; Bl. 8–15 mm br., gelb, zu 4–12 in 1seitswendiger Dolde. ✻ 4–7. Geschützt! △ Kalkfelsspalten, Felsbänder, Steinrasen, selten Flachmoore, etwa 1500–2500 m; verbreitet. Gebirge Mittel- und Südeuropas. GefGr. 3!

8 **Behaarte Primel,** *Primula hirsuta* All., Pfl. 3–10 cm, dicht mit klebrigen Drüsenhaaren besetzt; B. meist grob gezähnt, etwas fleischig, oval, plötzlich in den Stiel verschmälert, 3–6 cm lg.; Bl. 1–2 cm br., rosa; Bl.stiele 3–15 mm lg.; Kronzipfel tief ausgerandet; Kronröhre drüsenhaarig. ✻ 4–7. Geschützt! △ Silikatfelsspalten, Ruhschutt, etwa 1200–3600 m. Alpen, Pyrenäen. GefGr. 4!

9 **Weißrandige Primel,** *Primula marginata* Curt., siehe S. 428.

3
1
2
7
6
4
9
8
5

Fortsetzung von S. 426: Pfl. 5–20 cm, mit kräftigem Wurzelstock; B. fleischig, weißrandig, scharf gezähnt, eiförmig, in den kurzen Stiel verschmälert, 3–8 cm lg., etwas fleischig, kahl; Bl. zu 3-10, rosa bis violett, 15-25 mm br. ✻ 4-7. Geschützt! △ Kalkfelsspalten, Felsbänder, etwa 1000-2600 m; zerstreut. Westalpen.

Enziangewächse / Gentianaceae

1 Stengelloser Enzian, *Gentiana clusii* Perr. et Song., Pfl. 5–10 cm; Rosettenb. ei-lanzettlich, spitz, 2–5 cm lg., in oder unter der Mitte am breitesten, glänzend; Kelch glockig; 5zähnig, Kelchzähne lanzettlich, spitz, anliegend, mindest ½ so lg. wie die Kronröhre; Buchten zwischen den Kelchzähnen spitz; Krone blau, glockig, innen ohne grüne Flecken. ✻ 5–8. Geschützt! △ Kalkhaltige Magerrasen, Wiesenmoore, bis 2 800 m; zerstreut. Gebirge Mittel- und Südeuropas. GefGr. 3!

2 Breitblättriger oder **Keulen-Enzian,** *Gentiana kochiana* Perr. et Song., Pfl. 5–10 cm, ähnlich *G. clusii,* aber Rosettenb. verkehrt-eiförmig bis elliptisch, stumpf, größte Breite im oberen Drittel; Kelchzähne spatelförmig, etwas abstehend, kürzer als die halbe Kronröhre; Buchten zwischen den Kelchzipfeln br.; Krone blau, innen mit olivgrünen Flecken. ✻ 6–8. Geschützt! △ Kalkarme, saure Matten, Steinrasen, etwa 1 200–3 000 m; zerstreut. Gebirge Mittel- und Südeuropas. GefGr. 3!

3 Ungarischer Enzian, *Gentiana pannonica* Scop. Pfl. 30–60 cm; St. aufrecht, oben purpurn überlaufen; B. gegenständig, elliptisch, 5–7nervig, untere gestielt, obere sitzend; Kelch mit 5–8 zurückgekrümmten Zipfeln; Krone trübpurpurn, am Grund gelbgrün, schwarzrot punktiert, innen gelblich. ✻ 7–9. Geschützt! △ Kalkarme Magerrasen, etwa 1 600–2 300 m; selten. Ostalpen, Böhmerwald. GefGr. 3!

4 Gelber Enzian, *Gentiana lutea* L., Pfl. 40–140 cm, mit armdickem Wurzelstock (aus dem der Enzianschnaps gebrannt wird, weshalb der Gelbe Enzian und verwandte Arten durch Ausgraben stellenweise fast ausgerottet wurden); St. mit gegenständigen, elliptischen, bläulichgrünen, von starken Bogennerven durchzogenen B.; Bl. zu 3–10, kurz gestielt, in den Achseln schalenförmiger Hochb.; Krone radförmig, bis zum Grund 5–6teilig, goldgelb. ✻ 7–8. Geschützt! △ Matten, Geröllfluren; etwa 1000–2500 m; zerstreut. Gebirge Mittel- und Südeuropas. GefGr. 3!

5 Punktierter Enzian, *Gentiana punctata* L., St. 20–60 cm, im oberen Teil oft metallisch glänzend; B. eiförmig-länglich, zugespitzt; Bl. meist zu mehreren in den B.achseln, blaßgelb, meist dunkelviolett punktiert; Kelch mit 5–8 ungleichen Zähnen. ✻ 7–8. Geschützt! △ Magerrasen, Geröllfluren, kalkmeidend, etwa 1 400–3 000 m; zerstreut. Gebirge Mittel- und Südeuropas. GefGr. 3!

6 Bayerischer Enzian, *Gentiana bavarica* L., Pfl. 4–20 cm, rasenbildend, dicht beblättert; B. verkehrt-eiförmig, stumpf, fast alle gleich groß; Kelch röhrenförmig, sehr schmal geflügelt; Krone tiefblau, mit hellerer Röhre. ✻ 7–9. Geschützt! △ Feuchte Matten, Quellen, Schneetälchen, kalkmeidend, etwa 1800–2600 m; verbreitet. Alpen, Karpaten. – Ssp. *subacaulis* Cust., eine hochalpine Sippe, hat kürzeren St. mit dachziegeligen fast runden, nach unten kleiner werdenden B.; in den Alpen bis 3 600 m, auf feuchtem Silikatschutt. GefGr. 3!

7 Schnee-Enzian, *Gentiana nivalis* L., Pfl. 2–15 cm, zierlich, ästig; grundständige B. rosettig gehäuft, klein, stumpf; St.b. eiförmig, spitz; Bl. an den Enden der Äste, einzeln, tiefblau; Kelch gekielt oder schmal geflügelt, Kelchzähne lanzettlich, spitz. ✻ 6–8. Geschützt! △ Kalkhaltige Steinrasen, Feinschutt, etwa 1700–3000 m; zerstreut. Nordeuropa, Gebirge Mittel- und Südeuropas.

6
2
1
7
4
3
5

Borretschgewächse / Boraginaceae

1 Alpen-Vergißmeinnicht, *Myosotis alpestris* Schmidt, Pfl. 5–20 cm, rauhhaarig; Stiele der Rosettenb. deutlich von der ei-länglichen B.spreite abgesetzt (bei *M. sylvatica* Ehrh. allmählich in die Spreite übergehend); Bl.stand ziemlich dicht; Kelch mit angedrückten, hakig gekrümmten Haaren; Krone himmelblau, mit gelben Schlundschuppen, ✻ 6–7. △ Bergwiesen, Geröllfluren; verbreitet, etwa 1600–3000 m. Gebirge Mittel- und Südeuropas.

2 Himmelsherold, *Eritrichum nanum* (Amann) Schrad., Polsterpfl., 2–5 cm, seidig glänzend, dicht behaart; B. eiförmig, 5–10 mm lg.; Bl. zu 3–6; jede Bl. mit Tragb.; Krone 5–8 mm br., himmelblau, mit gelben Schlundschuppen. ✻ 7–8. Geschützt! △ Silikatfelsspalten, Ruhschutt, etwa 2400–3500 m; zerstreut. Alpen.

Braunwurzgewächse /Scrophulariaceae

3 Blattloser Ehrenpreis, *Veronica aphylla* L., Rosettenpfl., 2–8 cm; B. br. eiförmig, 10–15 mm lg., am Rand bewimpert; Bl. zu 2–4 in einer lg., gestielten, kopfigen Traube; Kelch 4teilig, drüsig behaart; Krone lila oder tiefblau und dunkler geadert, 6–8 mm br.; Fruchtkapsel drüsig behaart. ✻ 6–8. △ Steinrasen, Felsritzen, Kalkschutt, etwa 1000–2800 m; verbreitet. Gebirge Mittel- und Südeuropas.

4 Felsen-Ehrenpreis, *Veronica fruticans* Jacq., Pfl. 5–15 cm, schwach verholzt, vom Grund aus verzweigt; B. länglich-elliptisch, 1–2 cm lg., schwach gekerbt, glänzend, fast kahl; Bl. in 4–6blütiger Traube; Kelch 4teilig, behaart; Krone azurblau, im Schlund mit purpurnem Ring; Fruchtkapsel eiförmig, kaum ausgerandet. ✻ 6–8. △ Felsbänder, steinige Matten, etwa 1200–2800 m; verbreitet. Nordeuropa, Gebirge Mittel- und Südeuropas.

5 Alpen-Leinkraut, *Linaria alpina* (L.) Mill., Pfl. 5–15 cm; St. niederliegend, an den Enden aufsteigend; B. fleischig, bläulichgrün, kahl, schmal lanzettlich, 8–15 mm lg.; Bl. blauviolett, mit gelbem Gaumenfleck, seltener 1farbig blauviolett, 1–2 cm lg., mit lg. Sporn. ✻ 6–8. △ Kalkschutt, Schuttkare, etwa 1200–3800 m, im Geröll der Alpenflüsse auch tiefer; verbreitet. Gebirge Mittel- und Südeuropas.

6 Geschnäbeltes Läusekraut, *Pedicularis rostrato-capitata* Crantz, Pfl. 5–20 cm; B. lanzettlich, 2fach fiederteilig, 3–10 cm lg.; Grundb. oft violett überlaufen; Kelch röhrig-glockig, mit b.artig gekerbten Zipfeln; Krone purpurrot, 15–25 mm lg.; Oberlippe in einen lg., geraden Schnabel herabgezogen. ✻ 6–8. Geschützt! △ Kalkreiche, steinige Matten, etwa 1600–2800 m; zerstreut. Ostalpen. GefGr. 4!

Lippenblütengewächse / Labiatae oder Lamiaceae

7 Alpen-Steinquendel, *Calamintha alpina* (L.) Lam., Pfl. 10–30 cm; St. niederliegend bis aufsteigend, schwach behaart; B. eiförmig, gegenständig, kurz gestielt, gegen die Spitze gesägt; Bl. zu 3–6 quirlständig, 10–18 mm lg., rotviolett. ✻ 6–9. △ Steinige, kalkreiche Rasen, Halbtrockenrasen, lichte Föhrenwälder, von den Tälern bis 2500 m; verbreitet. Gebirge Mittel- und Südeuropas.

8 Pyramiden-Günsel, *Ajuga pyramidalis* L., Pfl. 10–20 cm; B. gekreuzt-gegenständig, dicht stehend, nach oben kleiner werdend, die unteren rosettig, verkehrt-eiförmig, schwach gekerbt, 5–10 cm lg., obere B. oft violett überlaufen; Bl. zu 2–4 quirlständig; Krone hellviolettblau, 10–18 mm lg. ✻ 7–8. △ Kalkarme Bergwiesen, 1200–2700 m; verbreitet. Nordeuropa, Gebirge Mittel- und Südeuropas. GefGr. 3!

7
6
5
4
2
3
8
1

Tafel 192 Alpen

Kugelblumengewächse / Globulariaceae

1 **Herzblättrige Kugelblume,** *Globularia cordifolia* L., Pfl. 3–10 cm, ästig verzweigt, niederliegend, am Grund verholzt; B. an den Enden der niederliegenden Triebe rosettig gehäuft, spatelig bis verkehrt-eiförmig, vorne herzförmig ausgerandet, lederig, allmählich in den Stiel verschmälert; blühender St. mit 0–2 Schuppenb.; Bl. in 10-15 mm br. Köpfen; Krone der Einzelbl. 6-8 mm lg., blau. ✻ 5-6. Geschützt! △ Sonnige Kalkschuttböden, Felsbänder, Felsspalten, von den Tälern bis 2800 m; verbreitet. Gebirge Mittel- und Südeuropas.

2 **Nacktstengelige Kugelblume,** *Globularia nudicaulis* L., Pfl. 5–25 cm, ähnlich *G. cordifolia,* aber krautig, Einzelrosetten bildend; B. verkehrt-eilänglich, vorne abgerundet, fast so lg. wie der St.; Bl.köpfe 15–25 mm br.; Krone 10–12 mm lg., blau. ✻ 5-8. Geschützt! △ Steinige Kalkmagerrasen, Kalkschutt, von den Tälern bis 2600 m; verbreitet. Gebirge Mittel- und Südeuropas, (westlich).

Glockenblumengewächse / Campanulaceae

3 **Schopf-Teufelskralle,** *Phyteuma comosum* L., Pfl. 5–15 cm; grundständige B. nierenförmig, ungleich tief gesägt, gestielt; St.b. verkehrt-eiförmig bis lanzettlich, scharf gezähnt; Bl. 15–30 mm lg. zu 8–20 in kugeliger Dolde; Krone am Grund bauchig erweitert, blaßlila, in einen lg., blauvioletten Schnabel endend; Kronb. am Grund und an der Spitze verwachsen bleibend. ✻ 6–8. △ Kalk- und Dolomitfelsspalten, etwa 1000–2000 m; ziemlich selten. Südalpen.

4 **Strauß-Glockenblume,** *Campanula thyrsoidea* L., Pfl. 10–40 cm, aufrecht, dicht beblättert, rauhhaarig; B. lanzettlich, gegen den Grund verschmälert; Bl. zahlreich, in kolbiger Ähre; Krone trichter- bis glockenförmig, 15–25 mm lg., gelblich, behaart. ✻ 7-9. Geschützt! △ Sonnige Matten, Bergwiesen, etwa 1500-2600 m; zerstreut. Gebirge Mittel- und Südeuropas.

5 **Bärtige Glockenblume,** *Campanula barbata* L., Pfl. 10–40 cm, steifhaarig; Grundb. rosettig, länglich-lanzettlich, rauhhaarig; Bl. kurz gestielt, nickend, zu 2–12 in 1seitswendiger Traube; Kelch zottig behaart, Buchten zwischen den Kelchzipfeln mit herabgeschlagenen Anhängseln; Krone bauchig-glockig, 15–30 mm lg., hellblau, Zipfel innen bärtig. ✻ 6–8. △ Saure Magerrasen und Zwergstrauchheiden, etwa 1200–2800 m; verbreitet. Alpen, Sudeten, Westkarpaten, südliches Norwegen.

6 **Scheuchzers Glockenblume,** *Campanula scheuchzeri* Vill., Pfl. 5–40 cm, lockerrasig; Grundb. lg. gestielt, rundlich-nierenförmig, gekerbt, zur Bl.zeit meist vertrocknet; St.b. lineal-lanzettlich, fast sitzend, gezähnt bis ganzrandig; Bl. nickend, weitglockig, 15–25 mm lg., dunkel blauviolett, Kelchzipfel linealisch. ✻ 7–8. △ Kalkarme Magerrasen, steinige Matten, etwa 1400–3100 m; verbreitet. Gebirge Mittel- und Südeuropas.

7 **Zwerg-Glockenblume,** *Campanula cochleariifolia* Lam., (*C. pusilla* Haenke), Pfl. 5–20 cm, rasenbildend; untere B. lg. gestielt, rundlich-herzförmig, grob gezähnt, obere B. schmal lanzettlich, sitzend; Bl. einzeln oder in wenigblütiger, 1seitswendiger Traube, bauchig-glockig, blau, 10–20 mm lg. ✻ 7–9. △ Felsbänder, Kalkschutt, Bachgeröll, von den Tälern bis 3000 m; häufig. Gebirge Mittel- und Südeuropas.

3
5
6
1
7
4
2

Korbblütengewächse / Compositae oder Asteraceae

1 Echte Edelraute, *Artemisia laxa* (Lam.) Fritsch (*A. mutellina* Vill.), Pfl. 10–20 cm, aromatisch duftend; B. silberglänzend, die unteren doppelt 3teilig, die oberen fingerig geteilt, Abschnitte kaum 1 mm br.; Bl.köpfe zu 5–20, traubig-ästig angeordnet, 4–6 mm br., 30–40 blütig; Bl. gelb. ✻ 7–9. Geschützt! △ Silikatfelsspalten, Steinrasen, etwa 1600–3700 m; ziemlich selten. Gebirge Mittel- und Südeuropas. GefGr. 4! – Ähnlich ist die **Schwarze Edelraute,** *A. genipi* Web. (*A. spicata* Wulf.), Pfl. 5–10 cm, mit grauseidenhaarigen, 2–3fach handförmig geteilten Grundb.; St.b. sitzend, 1fach gefiedert; Bl.köpfe fast kugelig, in anfangs nickender, dann aufrechter, 1seitswendiger Ähre; Hüllb. filzig, mit schwarzbraunem Rand; Silikatschutt, etwa 2200–3800 m; Alpen. Geschützt!

2 Schwarze Schafgarbe, *Achillea atrata* L., Pfl. 10–25 cm; B. 1fach fiederschnittig, mit 2–3spaltigen Fiedern; Bl.köpfe 12–18 mm br., zu 3–12; Zungenbl. 7–12, weiß, Röhrenbl. gelb.; Hüllb. schwarz berandet. ✻ 7-9. Geschützt! △ Kalkschutt, etwa 1700-4200 m; verbreitet, Ostalpen. - Auf Silikatschutt wächst die **Zwerg-Schafgarbe,** *A. nana* L., Pfl. 5-10 cm, eigenartig riechend; B. wollig-zottig, im Umriß länglich, fiederteilig, Fiedern 3-5spaltig; Bl.köpfe 10 mm br.; Hüllb. zottig, schwarzhäutig berandet; Bl. schmutzig weiß; 1700-3800 m; Alpen. Geschützt!

3 Schwarzrandige Wucherblume, *Chrysanthemum atratum* Jacq., Pfl. 10–30 cm, 1köpfig; B. etwas fleischig, kahl, dunkelgrün, scharf gesägt-gezähnt; Bl.köpfe 3–5 cm br.; Zungenbl. weiß, Röhrenbl. gelb; Hüllb. schwarzberandet. ✻ 7–9. △ Kalkschutt, etwa 1500–2800 m; verbreitet. Ostalpen. – Ähnlich ist die **Alpen-Wucherblume,** *Ch. alpinum* L., aber grundständige B. kammförmig fiederspaltig; St.b. lineal, ganzrandig oder gezähnt; kalkfreier oder kalkarmer Feinschutt, etwa 1800–2800 m. Alpen, Pyrenäen, Karpaten.

4 Alpen-Berufkraut, *Erigeron alpinus* L., Pfl. 5–20 cm; B. spatelförmig, angedrückt behaart, allmählich in den Stiel verschmälert; St. meist 1köpfig; Bl.köpfe 15–30 mm br., Zungenbl. mehrreihig; zwischen den rosaroten Zungenbl. und den gelben Röhrenbl. noch dünnröhrige Fadenbl.; Hüllb. grün, behaart. ✻ 7–9. △ Steinrasen, Matten, etwa 1500–2500 m; ziemlich selten. Gebirge Mittel- und Südeuropas. GefGr. 4!

5 Alpen-Aster, *Aster alpinus* L., Pfl. 5–15 cm, behaart, meist 1köpfig; Rosettenb. spatelförmig, in den kurzen Stiel verschmälert, 3nervig; St.b. lanzettlich, stumpf, sitzend; Bl.köpfe 3–5 cm br.; Hülle 8–12 mm lg., mehrreihig; Zungenbl. violett, 1reihig; Scheibenbl. gelb. ✻ 7-8. Geschützt! △ Bergwiesen, Felsbänder, kalkreiche Steinrasen, etwa 1400-3100 m; verbreitet. Nordeuropa, Alpen, Pyrenäen, Harz, Böhmisches Mittelgebirge, Karpaten, Gebirge der Balkanhalbinsel.

6 Edelweiß, *Leontopodium alpinum* Cass., Pfl. 5–10 cm, dicht wollig filzig; B. lanzettlich, gegen den Grund allmählich verschmälert, filzig; Bl.stand aus 5–10 halbkugeligen, 5–6 mm br., gelblichen, doldenartig gehäuften Bl.köpfen bestehend, sternförmig umgeben von 5–15 stark weißfilzigen Hochb., die die Scheinbl. bilden. ✻ 7–9. Geschützt! △ Felsbänder, kalkreiche, sonnige Steinrasen, etwa 1700–3400 m; zerstreut bis selten. Gebirge Mittel- und Südeuropas. GefGr. 2!

1
6
5
2
3
4

Tafel 194 Alpen

Korbblütengewächse / Compositae oder Asteraceae

1 **Großblütige Gemswurz,** *Doronicum grandiflorum* Lam., Pfl. 15–50 cm; St. reichdrüsig, unten dicht beblättert; untere B. gestielt, br.eiförmig, am Grund gestutzt oder herzförmig, grob buchtig gezähnt; obere B. herzförmig st.umfassend; Bl.köpfe meist 1, 4–7 cm br., gelb; Früchte 2 mm lg., 10rippig. ✻ 7–8. △ Kalkschutt, Felsbänder, steinige Matten, etwa 1500–3100 m; verbreitet. Gebirge Mittel- und Südeuropas. GefGr. 4! – Ähnlich sind noch: **Gletscher-Gemswurz,** *D. glaciale* (Wulf.) Nym., aber grundständige B. länglich, in den Stiel verschmälert, am Rand steif bewimpert und mit kurzen Drüsen; sickerfeuchter Steinschutt der Ostalpen. – **Herzblättrige Gemswurz,** *D. columnae* Ten., mit herzförmigen-3eckigen, lg. gestielten, regelmäßig gezähnten B.; staudenreiche, steinige Matten der Ost- und Südostalpen. GefGr. 4!

2 **Gemswurz-Greiskraut,** *Senecio doronicum* L., Pfl. 20–50 cm; St. spinnwebigwollig; B. lederig, derb, untere länglich-eiförmig, gestielt, grob gezähnt, obere lanzettlich, sitzend; Bl.köpfe 3–6 cm br., gelb, zu 1–5, meist lg. gestielt; Hüllb. wollig, von einer Außenhülle umgeben; Früchte 5–6 mm lg., 10–12rippig. ✻ 7–8. △ Kalkhaltige Steinrasen, Matten, Zwergstrauchgebüsch, etwa 1600–3100 m; verbreitet. Gebirge Mittel- und Südeuropas.

3 **Orangerotes Habichtskraut,** *Hieracium aurantiacum* L., Pfl. 20–50 cm, mit Ausläufern; Rosettenb. ei-lanzettlich, allmählich in den Grund verschmälert, rauhhaarig; St.b. 1–4, rasch an Größe abnehmend; Bl.köpfe 2–3 cm br., zu 2–12 in verkürzter Doldentraube, nur mit gelborangenen bis braunroten Zungenbl.; Hüllb. schmal, schwarzdrüsig. ✻ 6–8. △ Magerrasen, Weiden, etwa 1200–2400 m; verbreitet. Nordeuropa, Norddeutschland, Gebirge Mittel- und Südeuropas.

4 **Zottiges Habichtskraut,** *Hieracium villosum* Jacq., Pfl. 10–30 cm, lg.zottig weißhaarig; Rosettenb. länglich-lanzettlich, ganzrandig, blaugrün; St.b. 1–4, mit abgerundetem Grund sitzend; Bl.köpfe 2–4 cm br., zu 1–4, nur mit hellgelben Zungenbl.; Hüllb. spitz, rauhhaarig. ✻ 7–8. △ Steinrasen, kalkreiche Wiesen, Felsbänder, etwa 1200–2800 m; verbreitet. Gebirge Mittel- und Südeuropas (östlich).

1
2
3
4

Tafel 195 Meeresstrand und -küste

Süßgräser / Gramineae oder Poaceae

1 Salz-Schlickgras, *Spartina townsendii* H. et J. Grev., Pfl. 30–130 cm, mit weit kriechenden Rhizomen; Bl.stand 10–25 cm lg., mit 3–6 schlanken, aufrechten Ähren; Ährchen 12–20 mm lg., 2zeilig angeordnet, dicht der Ährenachse angedrückt, 1blütig; B. steif, flach, 5–8 mm br. ✻ 7–8. (Bastardart aus *S. maritima* (Curt.) Fern. und *S. alterniflora* Lois.). △ Salzhaltiger Schlick, Watt der Nordseeküste, oft gepflanzt.

2 Strandroggen, Blauer Helm, *Leymus arenarius* (L.) Hochst. (*Elymus arenarius* L.), Pfl. 60–120 cm, stark blaugrün, mit lg. Ausläufern; B. steif, stechend, eingerollt, oberseits rauh, 8–20 mm br.; B.häutchen sehr kurz; Ähre dicht, 10–30 cm lg.; Ährchen 2–3 cm lg., meist mit 2 kurz gestielten Seitenährchen, diese »Ährchendrillinge« wechselständig sitzend. ✻ 6–8. △ Dünensand; an den Küsten Europas häufig; im Binnenland selten oder angepflanzt. – Ähnlich ist die **Strand-Quecke,** *Agropyron junceum* (L.) P. B., aber Ährchen ohne Seitenährchen, 15–30 mm lg., 5–8blütig; Ähre 2zeilig, steif, 5–20 cm lg.; Ährenachse sehr brüchig; Pfl. 30–60 cm, blaugrün; B. 8 mm br., oberseits rauh, anfangs flach, später stark eingerollt; Küsten Europas; verbreitet.

3 Strand-Salzschwaden, Andelgras, *Puccinellia maritima* (Huds.) Parl., Pfl. 20–60 cm, mit ausläuferartig verlängerten Trieben im Herbst; B. eingerollt, fleischig, binsenartig, glatt; Rispenäste glatt, aufrecht abstehend, später zusammengezogen, die unteren meist 2; Ährchen 5–9blütig, länglich, 5–10 mm lg., oft violett. ✻ 6–9. △ Strandwiesen der Nord- und Ostsee und des Atlantischen Ozeans; verbreitet. – Ähnlich ist der **Gemeine Salzschwaden,** *P. distans* (Jacq.) Parl., aber Ausläufer fehlend, Rispenäste rauh, waagrecht abstehend, später herabgeschlagen, die unteren zu 4–5; Ährchen 4–5blütig, 4–5 mm lg.; Salzwiesen, Spülsäume der Küsten, Ruderalstellen; zerstreut bis selten.

4 Strandhafer, Sandrohr, *Ammophila arenaria* (L.) Link, Pfl. 60–100 cm; B. graugrün, steif, spitz, meist eingerollt, oberseits gerippt; B.häutchen 1–2 cm lg.; Ährenrispe dicht, walzig, weißlich, 10–20 mm lg.; Ährchen 10–15 mm lg., innen mit feinen Haaren. ✻ 6–8. △ Dünensand; an den Küsten Europas häufig; im Binnenland gelegentlich angepflanzt.

5 Strand-Gerste, *Hordeum marinum* Huds. (*H. maritimum* With.), Pfl. 10–40 cm, am Grund büschelig verzweigt, graugrün; St. knickig aufsteigend, fast bis zur Spitze beblättert; untere B.scheiden kahl oder weichhaarig, obere aufgeblasen; Ähre 4–6 cm lg.; Ährenachse brüchig; Ährchen meist zu 3 (»Ährchendrillinge«); Hüllspelzen rauh, schmal lanzettlich oder borstlich; Deckspelzen mit lg. Granne. ✻ 5–7. △ Salzwiesen und -weiden; an der Nordseeküste und an den Küsten West- und Südeuropas verbreitet, im Binnenland an Ruderalstellen selten.

1
2
3
4
5

Tafel 196 Meeresstrand und -küste

Saldengewächse / Ruppiaceae

1 **Meeres-Salde,** *Ruppia maritima* L., Pfl. untergetaucht, 15–40 cm, mit fadenförmigen, an den Knoten wurzelnden St. und 2zeiligen, 1 mm br., am Grund scheidenförmigen B.; Bl. unscheinbar, ohne Bl.hülle, in 2blütiger Ähre; Staubb. 2. ✻ 6–10. △ Küstengewässer, Brackwasser, salzige Binnengewässer; zerstreut bis selten. Europa. GefGr. 4!

Seegrasgewächse / Zosteraceae

2 **Echtes Seegras,** *Zostera marina* L., Pfl. untergetaucht, 30–100 cm, mit grasartigen, 4–10 mm br., 3nervigen B.; Bl.stand 9–12 mm lg., Bl. klein, ohne Bl.hülle, je 1 ♂ und 1 ♀ Bl. in einer Bl.scheide eingeschlossen. ✻ 6–9. △ Küstengewässer bis in 10 m Tiefe, oft große Flächen bedeckend; verbreitet. Europa.

Dreizackgewächse / Juncaginaceae

3 **Strand-Dreizack,** *Triglochin maritimum* L., Pfl. 15–70 cm; B. linealisch, halbstielrund, grundständig; Bl.traube oben dicht; Bl.b. 6, grün, 2–3 mm lg.; Narben 6; Frucht eiförmig, in 6 Teilfrüchte zerfallend. ✻ 6–8. △ Salzwiesen; an den Küsten Europas verbreitet, im Binnenland selten.

Binsengewächse / Juncaceae

4 **Salz-Binse,** *Juncus gerardii* Loisel., Pfl. 15–50 cm, mit stielrundem St. und linealischen, 1 mm br. B.; Bl.stand endständig, mit kurzen Hochb.; jede Bl. mit 2 häutigen Vorb.; Bl.b. 6, dunkelbraun, mit grünem Mittelstreifen, weiß berandet, 2–3 mm lg. ✻ 6–7. △ Salzwiesen, Salzstellen; an den Küsten zerstreut, sonst selten. Europa.

Riedgrasgewächse oder Sauergräser / Cyperaceae

5 **Strandsimse, Meerbinse,** *Bolboschoenus maritimus* (L.) Palla (*Scirpus m.* L.), Pfl. 30–100 cm; St. scharf 3kantig, rauh; B. flach, gekielt, 3–8 mm br.; Hochb. laubb.artig, viel länger als der Bl.stand; Ähren 1–2 cm lg., rotbraun, kopfig gehäuft. ✻ 6–8. △ Ufer, Gräben, nährstoffreiches, oft salzhaltiges Wasser; selten. Europa.

6 **Sand-Segge,** *Carex arenaria* L., Pfl. 15–40 cm, mit unterirdischen, weit kriechenden Ausläufern; B. starr, rinnig, 3–4 mm br.; Bl.stand 4–6 cm lg., aus 6–16 gleichgestalteten Ähren, die unteren rein ♀, die oberen rein ♂, die mittlerem am Grund ♀, an der Spitze ♂; Schläuche 4–5 mm lg., gelblich, geflügelt; Narben 2. ✻ 5–6. △ Dünensand, trockne Kiefernwälder; an den Küsten Europas verbreitet, sonst selten.

Gänsefußgewächse / Chenopodiaceae

7 **Strand-Salzmelde,** *Halimione portulacoides* (L.) Aellen (*Obione p.* (L.) Moq.), Pfl. 30–80 cm, am Grund holzig, liegend bis aufsteigend; B. gegenständig, untere büschelig, länglich eiförmig, dick, fleischig, bereift; Bl. grünlich, in Scheinähren, 1geschlechtig; Fruchthülle ungestielt, 3lappig, 3–4 mm lg. ✻ 7–9. △ Salzwiesen und Küsten Mittel- und Südeuropas; verbreitet; – Ähnlich ist die **Stielfrüchtige Salzmelde,** *H. pedunculata* (L.) Aellen, aber Pfl. krautig; B. wechselständig, untere B. gegenständig; Fruchthülle lg. gestielt, 3lappig, mit sehr kleinem Mittellappen; Salzböden, auch im Binnenland; zerstreut bis selten. GefGr. 2!

1
2
3
4
5
6
7

Tafel 197 Meeresstrand und -küste

Gänsefußgewächse / Chenopodiaceae

1 Strand-Melde, *Atriplex litoralis* L., Pfl. 30–80 cm, anfangs grau beschilfert; Äste fast rutenförmig, aufrecht; B. lanzettlich, am Grund keilförmig verschmälert, ganzrandig oder buchtig gezähnt; die 2 Vorb. (Fruchthülle) jeder Bl. nur am Grund verwachsen, eiförmig bis 3eckig-rhombisch, oft gezähnt. ✻ 7–9. △ Salzhaltige Sand- und Schlickböden; an den Küsten Europas verbreitet; im Binnenland selten.

2 Kali-Salzkraut, *Salsola kali* L., Pfl. 15–60 cm, graugrün, verzweigt; Äste steif sparrig; B. fleischig, stielrund, stachelspitzig, stechend; Bl. einzeln, b.achselständig, grün, mit 2 spitzen Vorb.; Bl.b. 5, mit Querkiel. ✻ 7–9. △ Salzwiesen, Spülsäume der Küsten Europas, verbreitet; im Binnenland auf Sandböden, selten.

3 Strand-Sode, *Suaeda maritima* (L.) Dum., Pfl. 10–40 cm, kahl, blaugrün oft rot überlaufen; B. linealisch, fleischig, nicht stachelspitzig; Bl. klein, zu 2–3 achselständig; Bl.b. 5, grün. ✻ 7–9. △ Schlickböden der Küsten Europas, verbreitet; im Binnenland auf Salzstellen, selten.

4 Gemeiner Queller, *Salicornia europaea* L., Pfl. 5–30 cm, formenreich, fleischig, grün, im Herbst rot; St. meist stark verzweigt; gegliedert; B. gegenständig, fleischig, dicht dem St. angepreßt, dieser dadurch scheinbar b.los. ✻ 8–10. △ Schlick, Watt, an den Küsten Europas häufig; im Binnenland an Salzstellen selten.

Nelkengewächse / Caryophyllaceae

5 Salzmiere, *Honkenya peploides* (L.) Ehrh., Pfl. 5–25 cm, mit kriechenden, an den Knoten wurzelnden St.; B. fleischig, sitzend, oval, dicht stehend, 4zeilig, gelbgrün, 5–20 mm lg.; Bl. 1geschlechtig, weiß, 6–10 mm br. ✻ 6–7. △ Feuchter Dünensand, Spülsäume der Küsten Nord-, Mittel- und Westeuropas; zerstreut.

6 Flügel-Schuppenmiere, *Spergularia media* (L.) C. Presl., Pfl. 5–30 cm; B. fleischig, linealisch, 10–15 mm lg.; Bl. 8–12 mm br.; Kronb. blaßrosa, allmählich zum Grund hin weiß; Staubb. 10; Samen mit br. Flügelrand. ✻ 7–9. △ Salzhaltiger Schlick und Sand der Küsten Europas, zerstreut, im Binnenland selten.

7 Salz-Schuppenmiere, *Spergularia salina* J. et C. Presl., ähnlich *S. media,* aber Bl. 6–8 mm br.; Kronb. tiefrosa, am Grund plötzlich weiß; Staubb. 2–5. ✻ 5–9. △ Küsten Europas, verbreitet, im Binnenland selten.

Mohngewächse / Papaveraceae

8 Gelber Hornmohn, *Glaucium flavum* Crantz, Pfl. blaugrün, bereift, 20–80 cm; B. fiederteilig, 6–10 cm lg.; Kronb. 4, gelb, 2–3 cm lg.; Frucht eine 2–3 cm lg., gebogene, rauhe Schote. ✻ 6–7. △ Küsten, Schutt, trockne Stellen; im Küstengebiet Süd- und Westeuropas verbreitet, sonst selten, nördlich bis Südschweden.

Kreuzblütengewächse / Brassicaceae oder Cruciferae

9 Meersenf, *Cakile maritima* Scop., Pfl. 15–60 cm; B. fleischig, blaugrün, tief fiederteilig; Bl. duftend, 1–2 cm br.; Kronb. 6–14 mm lg., 2mal so lg. wie der Kelch, violett, rosa oder weißlich; Schote 10–25 mm lg., 2gliederig, das obere Glied viel länger. ✻ 7–10. △ Spülsäume und Sanddünen der Küsten Europas; verbreitet.

1
2
3
4
5
6
7
8
9

Tafel 198 Meeresstrand und -küste

Kreuzblütengewächse / Brassicaceae oder Cruciferae

1 Gebräuchliches Löffelkraut, Löffelkresse, *Cochlearia officinalis* L., Pfl. 5–30 cm; B. fleischig; untere B. br. herzförmig oder nierenförmig; Bl. 8–10 mm br.; Kronb. weiß, 4-9 mm lg.; Schötchen eiförmig bis kugelig, 4-7 mm lg. ✻ 5-8. Geschützt! △ Salzwiesen, Salzsümpfe; an den Küsten Nord-, Mittel- und Westeuropas zerstreut. Im Binnenland selten. GefGr. 3!

2 Dänisches Löffelkraut, *Cochlearia danica* L., Pfl. 5–10 cm; untere B. herzförmig; St.b. gestielt, 3–7lappig, efeuähnlich; Bl. 3–5 mm br., weiß oder rosa; Schötchen 3-6 mm lg., elliptisch, fein netznervig. ✻ 5-6. Geschützt! △ Salzwiesen, Küstensand; verbreitet. Küsten West-, Mittel- und Nordeuropas.

Schmetterlingsblütengewächse / Fabaceae oder Papilionaceae

3 Erdbeer-Klee, *Trifolium fragiferum* L., Pfl. 5–10 cm, mit Ausläufern, an den Knoten wurzelnd; B. 3zählig, fein gesägt; Bl.köpfe lg. gestielt, 1–2 cm br.; Krone 5–7 mm lg., rosa; obere Kelchlippe nach der Blüte stark blasig aufgetrieben, hellbraun oder rötlich, behaart. ✻ 5–9. △ Salzwiesen, Küstenweiden, Trittrasen, Teichufer; an den Küsten Europas verbreitet, sonst seltener. GefGr. 3!

Wolfsmilchgewächse / Euphorbiaceae

4 Euphorbia paralias L., Pfl. 30–60 cm, steif, blaugrün; St. am Grund mit Schuppenb.; B. dick, fleischig, eiförmig, spitz, dachziegelig, 5–20 mm lg.; Bl.dolde 3–6strahlig; Hochb.hülle br. eiförmig, nicht verwachsen; Drüsen des Hüllbechers mit kurzen Hörnern; Frucht feinwarzig. ✻ 5–9. △ Sanddünen, an den Küsten West- und Südeuropas; zerstreut.

Doldenblütengewächse / Umbelliferae oder Apiaceae

5 Meerfenchel, *Crithmum maritimum* L., Pfl. 15–50 cm, kahl, blaugrün, reich verzweigt; St. gerieft; B. fleischig, 2–3fach gefiedert, mit linealischen, spitzen Abschnitten; Dolde 8–20strahlig; Hülle und Hüllchen vielblütig; Bl. gelblich oder grünlichweiß; Frucht eiförmig, mit vorspringenden Rippen. ✻ 7–9. △ Küstenfelsen. West- und Südeuropa.

6 Stranddistel, *Eryngium maritimum* L., Pfl. 20–60 cm, weißlich bereift, oft bläulich; B. buchtig gezähnt, steif, derbstachelig, obere B. st.umfassend; Bl.köpfe 2–3 cm br., umgeben von eiförmigen, fast 3lappigen stacheligen Hüllb.; Hüllchenb. schmal, meist bläulich, länger als die etwa 8 mm lg. Bl. ✻ 6–8. Geschützt! △ Dünensand der Küsten Europas; verbreitet GefGr. 2!

Primelgewächse / Primulaceae

7 Strand-Milchkraut, *Glaux maritima* L., Pfl. 5–15 cm; B. eiförmig, fleischig, dachziegelig, 4zeilig angeordnet, sitzend, 4–12 mm lg.; Bl. sitzend, b.achselständig, 4–6 mm br.; Kronb. fehlend; Kelch 5teilig, glockenförmig, rosa. ✻ 5–8. △ Salzböden, Salzwiesen; an den Küsten Europas verbreitet, im Binnenland selten.

Borretschgewächse / Boraginaceae

8 Pferdezunge, *Mertensia maritima* (L.) S. F. Gray, siehe S. 446.

6
5
2
8
7
1
4
3

Tafel 199 Meeresstrand und -küste

Fortsetzung von S. 444: Pfl. niederliegend, blaugrün, fleischig, 10–60 cm; B. lanzettlich bis spatelig, 1–6 cm lg., oberseits rauh, die unteren B. gestielt, die oberen sitzend; Bl. rot, dunkelblau; Kronröhre walzlich; Kelch kahl; Nüßchen glatt. ✻ 6–8. △ Küstensand, Nordeuropa, England, Irland.

Strandnelkengewächse / Plumbaginaceae

1 Gewöhnliche Grasnelke, *Armeria maritima* (Mill.) Willd., Polsterpfl., 5–30 cm, dichtrasig, mit mehrjährigen Rosetten; B. fleischig, linealisch, 1–2 mm br., 1nervig; Bl. in dichten, kugeligen, 1–3 cm br. Köpfen; Bl.schaft b.los; Bl.stand von häutigen, 4-7 mm lg. Hüllb. umgeben; Bl. 5zählig; Krone 6-8 mm lg. rosa. ✻ 5-11. Geschützt! △ Salzwiesen, Graudünen, Sandböden, bodensaure Trockenrasen, Schwermetallböden, Strandfelsen; zerstreut bis selten. Nord-, Mittel- und Westeuropa. GefGr. 3!

2 Strandflieder, Strandnelke, *Limonium vulgare* Mill. (*Statice limonium* L.), Pfl. 20–50 cm; St. verzweigt; B. verkehrt-eiförmig, ganzrandig, kahl, allmählich in den Stiel verschmälert; Bl. 1seitswendig, in Doldenrispen, mit häutigen Hüllb.; Krone blauviolett, 8 mm lg. ✻ 7-9. Geschützt! △ Salzwiesen, Küsten der Nord- und Ostsee und des Atlantiks; (am Mittelmeer nah verwandte Sippen).

Wegerichgewächse / Plantaginaceae

3 Strand-Wegerich, *Plantago maritima* L., Pfl. 15–30 cm, blaugrün, am Grund verholzt; B. linealisch, fleischig, anfangs rinnig, schwach 3–5nervig, 2–6 mm br.; Ähre 4–10 cm lg.; Krone bläulich; Tragb. und Kelchzipfel kahl oder sehr kurz gewimpert. ✻ 6–9. △ Salzhaltige Böden, Salzwiesen, Küsten; im Küstengebiet häufig, sonst selten. Europa.

4 Krähenfuß-Wegerich, *Plantago coronopus* L., Pfl. 5–30 cm; St. b.los, unverzweigt; B. in grundständiger Rosette, fiederspaltig oder grob gezähnt; Bl. gelblich, in $^1/_2$–4 cm lg. und 3–4 mm br. Ähre; Kronröhre behaart. ✻ 5–10. △ Meeresstrand, Salzwiesen, trockne, sandige Plätze, Wegränder; zerstreut bis selten. Fast ganz Europa.

Korbblütengewächse / Compositae oder Asteraceae

5 Strand-Aster, *Aster tripolium* L., Pfl. kahl, 15–60 cm; St. ästig, mehrköpfig; B. fleischig, länglich-lanzettlich, meist ganzrandig, 7–12 cm lg.; Bl.köpfe 1–3 cm br.; Strahlenbl. lila oder weißlich; Röhrenbl. orangegelb; Hüllb. stumpf, angedrückt, 1–3 mm lg. ✻ 7–9. △ Nasse Salzwiesen, Salzsümpfe; an den Küsten Europas verbreitet, im Binnenland selten.

6 Strand-Beifuß, *Artemisia maritima* L., Pfl. 30–60 cm; B. 2–3fach fiederteilig, mit linealischen, 1–2 mm br., stumpfen Zipfeln, beiderseits weiß- oder graufilzig; Bl.köpfe eiförmig, 2–3 mm lg.; Hüllb. filzig; Bl. 2geschlechtig. ✻ 9–10. △ Salzböden, an den Küsten Europas verbreitet, im Binnenland selten.

6
2
5
1
3
4

Register

Kursiv gesetzte Zahlen weisen darauf hin, daß diese Art nicht abgebildet, jedoch beschrieben ist.

Deutsche Namen

Botanische Namen